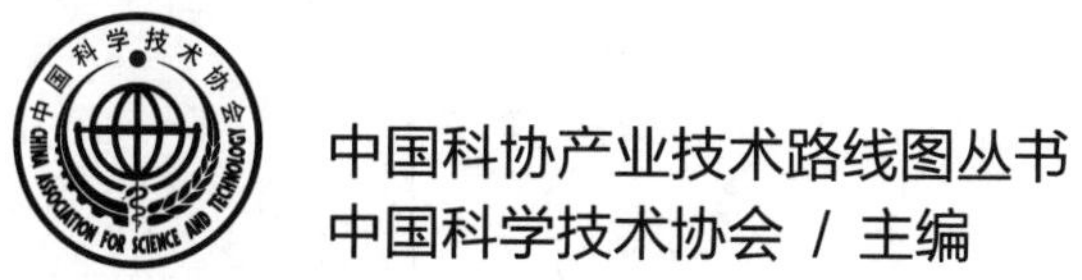

中国科协产业技术路线图丛书
中国科学技术协会 / 主编

生物传感新材料
产业技术路线图

中国科协先进材料学会联合体　编著

中国科学技术出版社
·北　京·

图书在版编目（CIP）数据

生物传感新材料产业技术路线图 / 中国科学技术协会主编；中国科协先进材料学会联合体编著 .-- 北京：中国科学技术出版社，2024.6

（中国科协产业技术路线图丛书）

ISBN 978-7-5236-0728-2

Ⅰ. ①生… Ⅱ. ①中… ②中… Ⅲ. ①生物传感器 - 新材料应用 - 研究 - 中国 Ⅳ. ① TP212.3

中国国家版本馆 CIP 数据核字（2024）第 089509 号

策　划	刘兴平　秦德继
责任编辑	高立波
封面设计	菜花先生
正文设计	中文天地
责任校对	张晓莉
责任印制	徐　飞

出　版	中国科学技术出版社
发　行	中国科学技术出版社有限公司
地　址	北京市海淀区中关村南大街 16 号
邮　编	100081
发行电话	010-62173865
传　真	010-62173081
网　址	http://www.cspbooks.com.cn

开　本	787mm × 1092mm　1/16
字　数	534 千字
印　张	22.5
版　次	2024 年 6 月第 1 版
印　次	2024 年 6 月第 1 次印刷
印　刷	河北鑫兆源印刷有限公司
书　号	ISBN 978-7-5236-0728-2 / TP · 483
定　价	138.00 元

本书编委会

首席科学家 潘曹峰 仲为国

项目指导组 田志凌 韩雅芳 赵 晶 钱九红 刘 静 侯仰龙

编写组专家 任延刚 周家东 马振辉 刘新华 栾仲曦 赵鸿滨 鲍容容 高文超 徐俊杰 何 江 李美丽 闫战恒

学术秘书组 马 雯 丁 波 张建军 曹莉霞 李雪鸣 张 艳 乔 双 冯寅楠 李 娜 赵 宁 顾书豪

序

习近平总书记深刻指出，要积极培育新能源、新材料、先进制造、电子信息等战略性新兴产业，积极培育未来产业，加快形成新质生产力，增强发展新动能。产业是生产力变革的具体表现形式，战略性新兴产业、未来产业是生成和发展新质生产力的主阵地，对新旧动能转换发挥着引领性作用，代表着科技创新和产业发展的新方向。只有围绕发展新质生产力布局产业链，及时将科技创新成果应用到具体产业和产业链上，才能改造提升传统产业，培育壮大新兴产业，布局建设未来产业，完善现代化产业体系，为高质量发展持续注入澎湃动能。

中国科协作为党和政府联系科学技术工作者的桥梁和纽带，作为国家推动科学技术事业发展、建设世界科技强国的重要力量，在促进发展新质生产力的进程中大有可为也大有作为。2022 年，中国科协依托全国学会的学术权威性和组织优势，汇聚产学研各领域高水平专家，围绕信息技术、生物技术、先进制造技术、现代交通技术、空天技术等相关技术产业，以及生命健康、新材料、新能源等相关领域产业，开展产业技术路线图研究，研判国内外相关产业的整体发展态势和技术演进变革趋势，提出产业发展的关键技术，制定发展路线图，探索关键技术的突破路径和解决机制，以期引导广大科技工作者开展原创性、引领性攻关，为培育新质生产力奠定技术基础。

产业技术路线图重点介绍国内外相关领域的产业与技术概述、产业技术发展趋势，对产业技术需求进行分析，提出促进产业技术发展的政策建议。丛书整体兼顾科研工作者和管理决策者的需要，有助于科研人员认清产业发展、关键技术、生产流程及产业环境现状，有助于企业拟定技术研发目标、找准创新升级的发展方向，有助于政府决策部门识别我国现有的技术能力和研发瓶颈、明确支持和投入方向。

在丛书付梓之际，衷心感谢参与编纂的全国学会、学会联合体、领军企业以及有关科研、教学单位，感谢所有参与研究与编写出版的专家学者。真诚地希望有更多的科技工作者关注产业技术路线图研究，为提升研究质量和扩展成果利用提出宝贵意见建议。

前　言

生物传感新材料作为一种新兴的战略技术产业在健康监测、人机交互、假肢系统以及智能机器人应用等方面具有巨大的经济和社会价值。生物传感新材料产业作为战略性产业，其发展水平已成为衡量一个国家或地区经济、科技实力的重要标志。核心技术、关键材料成为大国、强国竞争的焦点。生物传感新材料产业分为柔性可穿戴电子材料产业、柔性可穿戴传感电子器件产业和柔性可穿戴传感电子系统产业三类。

柔性可穿戴电子材料主要包含柔性基底、有机材料、无机半导体传感材料、导电材料、封装材料等几大类。柔性可穿戴传感电子材料的性能决定了传感器件的性能，在整个柔性可穿戴传感电子领域占据最重要的地位。开发出高柔性、稳定耐用、低能耗、绿色环保、生物可降解的可穿戴传感电子材料将会对社会的发展和人们生活的方式产生深远影响。

柔性可穿戴传感电子器件是指可以穿戴在身体上并采集人体各种生理参数的电子设备。具有轻便、柔性、舒适、便携等特点，可长时间穿戴，从而实现人体健康监测、疾病预防和医疗治疗等多种功能，在医疗、健康管理、运动健身、智能家居等领域都有广泛的应用。

柔性可穿戴传感电子系统是将传感器、无线通信、多媒体等技术嵌入直接穿戴在身上的便携式医疗或健康电子设备中，感知、记录、分析、调控、干预甚至治疗疾病或维护健康状态。柔性可穿戴传感电子系统产业对于物联网、大数据、智慧医疗等领域的发展都具有引领作用。

本书系统介绍了生物传感新材料产业中柔性可穿戴传感电子材料产业、柔性可穿戴传感电子器件产业和柔性可穿戴传感电子系统产业的发展历程与现状，通过算法处理，用数据直观显示国内外相关研究进展与产业化水平，分析不同国家和地区发展水平与优劣势，结合目前社会与经济发展的需求展望未来柔性可穿戴传感技术的发展趋势。为了给广大企业和科研机构确定自身的发展方向和重点提供参考，本书绘制了生物传感新材料产业技术路线图并进一步从当前发展方向、可能的技术路径、近中远期阶段发展目标等方面，对生物传感新材料产业技术路线图进行了全面的解析。同时，引导金融投资机构支持研发、生产“技术路线图”中所列产品，从而使资源向国家的战略重点聚集，形成促进生物传感新材料技术发展的合力。最终，结合领域发展需求，提出了相关政策建议，以推动生物传感新材料产业技术的发展。

我们期望本书对全面掌握当前生物传感新材料技术领域的发展现状、发展趋势、技术路径与发展时间节点有一定作用，助力于突破领域发展瓶颈，进而推动智能可穿戴、智慧医疗等相关产业的发展。

中国科协先进材料学会联合体

2024 年 1 月

目录

第一章

生物传感新材料产业概述

本章将从总体层面分析生物传感新材料产业与技术，并比较国内外研究。

第一节　生物传感新材料产业发展历程及现状分析

1　柔性可穿戴传感电子材料产业发展历程及现状分析

近年来，在5G以及其他互联网技术的推动下，物联网应用迅速普及。人们可以通过连接传感器和存储器等对象，对数据和信息进行收集和交换，有效地改善了人们的日常生活[1-3]。其中可穿戴电子产品是一个显著增长的领域，个人可以使用各种新颖方便的设备来访问物联网并与之交互[4, 5]。可穿戴电子产品的柔韧性和柔软性使它们可以作为配件来使用或集成到服装中，使设备和用户在移动时能够持续和实时地交换信息。这种使用方式对于传统的电子技术来说是不可行的，因为传统的电子技术通常由刚性和笨重的材料组成。但是柔性电子是将器件附着于柔性衬底上，形成电路的技术。相对于传统硅电子，柔性电子是指可以弯曲、折叠、扭曲、压缩、拉伸，甚至变形成任意形状但仍保持高效光电性能、可靠性和集成度的薄膜电子器件。

可穿戴电子产品的发展受到技术进步的推动，特别是在微电子、材料科学以及传感器和执行器领域。这些进步带来了广泛的实际应用，包括智能手表[6]、健身追踪器[7]和增强现实（AR）眼镜[8]。近年来，可穿戴设备在医疗保健监测中也表现出了突出的前景[9, 10]，这就要求它们具有灵活性、可拉伸性、可扭转性和生物相容性，以便附着在人体表皮上或植入体内。传感器作为可穿戴电子产品的核心部件之一，将影响可穿戴设备的功能设计与未来发展。柔性可穿戴电子传感器具有轻薄便携、电学性能优异和集成度高等特点，使其成为最受关注的电学传感器之一。传感器在人体健康监测方面发挥着至关重要的作用。近年来，人们已经在可穿戴可植入传感器领域取得了显著进步，例如利用电子皮肤向大脑传递皮肤触觉信息[11]，利用三维微电极实现大脑皮层控制假肢，利用人工耳蜗恢复患者听力等。然而，实现柔性可穿戴电子传感器的高分辨、高灵敏、快速响应、低成本制造和复杂信号检测仍然是一个很大的挑战。

目前，柔性传感器按照感知机制主要分为5类：柔性电容式传感器[12]、柔性压阻式传感器[13]、柔性压电式传感器[14]、柔性电感式传感器[15]和柔性光纤传感器[16]。柔性电容式传感器主要基于电容器原理而制成，由于其对于外力的敏感性较强，故在检测微小的静态力时所需能耗较低，且柔性电容式传感器具备良好的线性响应。柔性电容式传感器以导电薄膜、纤维纱线等柔性材料制成两极板，间隔层通常使用弹性材料制成，将柔性电容式传感器与服装结合后制成的智能纺织品，不仅柔软舒适可弯曲形变，还能感知外界环境变化，灵敏度高且空间分辨率大。压阻式传感器是利用一种可通过应力改变材料电阻率的柔性材料和集成电路技术制成的传感器，通过测量电路中的输出电信号变化即可得到对应应力的数据变化，因此压阻式传感器主要用于压力、重力等物理量的测量。这类传感器具有柔软、结构简单和灵敏度高等优点，广泛地应用于航天航空、航海、生物医学等领域。常用的材料为石墨烯高聚物、炭黑高聚物、半导体硅和锗等。柔性压电式传感器是利用外界作用后压电材料发生形变导致材料电极发生变化的原理制成的传感器，通过测量电路中输出电量的变化即可得到作用力的变化。这类传感器频带宽、灵敏度高、质量轻、结构简单、性能稳定，主要用于压力和加速度的测试，因此被广泛应用于生物医学、电声学等技术领域。常见的压电材料有陶瓷、石英晶体、聚氟乙烯、锦纶等。电感式传感器是利用线圈自感或互感系数的变化来实现非电量电测的一种装置。其具有结构简单、灵敏度高、输出功率大、阻抗小、抗干扰能力强及测量精度高等一系列优点。通常电感式传感器的传感线圈常采用导电纤维、导电纱线与服装结合，从而实现人体呼吸监测及动作捕捉等功能。光纤传感器是利用光学性质变化原理制成的传感器，通过光纤将外界物理量转变为光信号进行测量。光纤传感器具有许多优良性能，其能够代替人们进入一些高危的区域进行信号检测，如高温区、核辐射区，还能接收人的感官所感受不到的外界信息。此外，光纤传感器还具有灵敏度高、形状可塑性强、体积小等优势，因此将光纤应用于纺织服装后可用于测量压力、温度等物理量，并广泛应用于航空航天、军事、通信等领域。

为了确保可穿戴设备与人体表皮的曲面完全兼容，设备中电子元件和衬底都必须具有柔性和可拉伸性，因此需要使用具有不同机械和电气性能的材料。因为衬底可能与皮肤直接接触，所以其电气性能不是主要需要考虑的因素，高透气性、柔性、拉伸性和散热等才是我们应该重点考虑的问题。目前苯乙烯－乙烯－丁烯－苯乙烯（SEBS）热塑性弹性体[17]、聚二甲基硅氧烷（PDMS）[18]和聚酰亚胺（PI）[19]等材料由于其方便易得、化学性质稳定、透明和热稳定性好等优点被广泛应用在可穿戴设备中。另一方面，作为构建电子元件的材料，如传感材料、导电材料就必须具有足够的导电性以及其他机电性能（如压电和光伏），这样才可以满足可穿戴设备的需求。本章节主要介绍各种材料在柔性可穿戴电子产品中的发展，包括作为支撑电子系统的衬底材料、连接不同电子元件的导电材料以及用于将物理量转换为电信号的传感材料。

柔性衬底作为操作平台并与皮肤直接接触，是可穿戴电子系统中必不可少的组件。因此其应该具备冷却性，高透气性，防水性，可回收性以及对电子系统的影响最小等功能来确保设备的生物相容性，实现这些目标的一种实用方法是使用由自然具有生物相容性或者合成聚合物制成的纳米多孔材料，例如明胶[20]，聚癸二酸甘油酯（PGS）[21]，SEBS[22]和聚乙烯（PE）[23]。XU 等人[24]提出的多尺度多孔 SEBS 衬底，与传统的 SEBS 基板相比，这种新型多孔 SEBS 衬底有多尺度纳米孔，不仅提供了柔性衬底的常见特性，而且具有高太阳光反射率和低辐射反射率（IR），可以在不消耗能量的情况下进行被动冷却。多孔 SEBS 使用简单，廉价且可扩展的基于相分离的工艺生产。由于衬底中呈现的相互连接的分层孔隙，所以多孔 SEBS 具有高的水蒸气透过率。这种多功能多孔 SEBS 用作可穿戴电子产品的衬底时，可以显著提高用户的舒适度，降低因汗液堆积而发炎的风险。多孔 SEBS 衬底除了出色的生物相容性，还可以通过喷涂银纳米线（Ag NW）等导电材料来支持各种生物电子设备，例如压力/应变传感器[25]和肌电图（EMG）传感器[26]，这些材料在应用于多孔 SEBS 时表现出了优异的机械顺应性和导电性。

方便易得、化学性质稳定和热稳定性好的聚二甲基硅氧烷（PDMS）也是人们经常选用的衬底材料。Wang 等人[27]基于多壁碳纳米管（MWCNT）和聚二甲基硅氧烷制备了具有优异机电性能的 MWCNT/PDMS 导电层，并开发了电阻应变传感器的集成制备工艺。PDMS 封装层和 MWCNT/PDMS 传感层的均匀性赋予了传感器整体结构稳定性。在弯曲/恢复和拉伸/释放行为下，电阻应变传感器可以产生明显且连续的动态响应，相对电阻变化与应变在 0~100% 范围内有显著的线性关系。人们通过引入一种简单快速的微观结构转移法，来仿生多刺微观结构，制备了一种高灵敏度、宽线性范围的电阻式压力传感器。作为可穿戴智能手套的一部分，电阻应变传感器被编织到织物手套的指关节中，用于解码和传输手势语言，并在手背集成电阻压力传感器来感知压力信号。高度集成的智能手套可用于关节运动和放置信号的实时监测，视觉信号可在电脑设备上读取，在运动监测、医疗、人机交互等领域具有广阔的应用前景。Ge 等人[28]基于摩擦效应和静电感应原理，提出了一种柔性自供电多孔摩擦电压力传感器（PTPS）。该传感器由 MXene 水溶胶和 PDMS 材料组成，研究了孔隙占用率对 MXene-PDMS 薄膜传感性能的影响。研究人员也通过有限元仿真分析了 PTPS 的电场，研究了 PTPS 在不同应力下的响应特性，验证了 PTPS 的稳定性和可靠性。对此，采用手势运动识别和小力检测两种工作场景来评价所制造传感器在人体运动传感领域的性能。

同样地，聚酰亚胺（PI）也是一种常见的衬底材料。QIN 等人[29]利用具有独特蜂窝结构的超弹性高压敏 PI/ 还原氧化石墨烯（rGO）复合气凝胶，通过双向冷冻技术设计并制备了一种柔性压力传感器。这种独特的蜂窝结构具有大纵横比，由排列的薄层状和相互连接的桥组成，是通过在双向温度梯度下适当控制冰晶的成核和生长来实现的。由于 PI/rGO 气凝胶的大长径蜂窝结构和薄孔壁，压力的微小变化会导致气凝胶的明显变形，导致平行层的接触更紧密，并产生更多的导电途径，从而实现高压灵敏度（1.33 kPa^{-1}）、超低检测限（3 Pa）和快速响应时间（60 ms）。此外，排列的层状层和电桥的集成有利于实现高压缩性和优秀的超弹性，使压力传感器具有宽感应范围（80% 应变，59 kPa）、出色的压阻恢复性和重复性（超过 1000 次循环）。石墨烯因其极高的导电性、优异的机械柔韧性、大比表面积以及热稳定性和化学稳定性而被用作导电填料。在这里，水溶性 PI 前驱体聚酰胺酸盐（PAAS）可以与氧化石墨烯（GO）形成强烈的界面相互作用，促进 GO 在水溶液中的均匀分散，这是制备高性能复合气凝胶的先决条件。由于复合气凝胶具有优异的耐低温性和热稳定性，研究人员探索了复合气凝胶在 -50℃、100℃和 200℃条件下在空气中的传感性能，而大多数商用聚合物泡沫在相同条件下无法保持其结构完整性。最后，将压力传感器连接到人体的各个部位，以检测人体的全方位运动。这些优秀的传感特性使 PI/rGO 气凝胶在人类健康监测、人工智能、人造皮肤等领域具有广泛的潜在应用。

如果可穿戴电子系统的衬底可以被视为摩天大楼的地基，那么导体可以被视为摩天大楼的主体。这是因为可穿戴电子产品中使用的导电材料不仅必须具有柔韧性，而且还必须具有良好的导电性，以确保电子系统的功能不会降低。与传统刚性导体（如铜或金）组成的导体相比，银纳米线（AgNW）是用于柔性导体的最流行的纳米材料之一，这是因为它具有高导电性，并且易于通过喷漆、涂层和喷墨印刷等方法制造[30, 31]。Jiang 和他的团队[32]提出了纳米网状弹性导体，这种多孔纳米网型导体由通过界面氢键产生的两层纳米纤维（NF）或纳米线（NW）制成。通过将高导电性银纳米线黏附到可拉伸的聚氨酯纳米纤维上来实现高导电性和拉伸性。该导体具有良好的循环耐久性，有助于延长可穿戴寿命。据报道，他们提出的柔性导体表现出接近 9190 S/cm 的电导率，拉伸性高达 310%。在高达 82% 的拉伸应变下，经过 1000 次拉伸 / 释放循环后，导体的电阻增加了 70%。值得注意的是，他们制作了一种具有纳米网状导体的电极，该导体宽 2.5 mm，长 20 mm，其电阻可以小于 1.5 Ω。这种性能非常接近传统的金属材料，证明了其在可穿戴设备中连接电子系统的巨大潜力。

由于石墨烯具有出色的电性能，单层氧化石墨烯（GO）或少层氧化石墨烯（FGO）导电薄膜[33-35]是柔性导体的有前景的替代品。Huang 等人[36]提出了一种极其简单的使用廉价的商用喷墨打印机来制作 GO 或 FGO 导体制造工艺。使用喷墨印刷制造软电子产品有几个优点，包括与不同基材的兼容性、非接触式和非掩模图案化以及无真空处理。用改进的 Hummers 法氧化石墨得到 GO 和 FGO 溶液，经过适当的制备，达到一定的黏度后，注入清洗干净的墨盒中。GO 和 FGO 遵循预先设计的图案被打印在柔软的基材上，如纸张、聚对苯二甲酸乙二醇酯（PET）和 PI。通过重复打印或使用 FGO 墨水可以显著提高导电性。这可能是由于多个印刷品导致不同印刷品之间的级联连接，有效地降低了导电膜的表面阻抗。与以前的基于 AgNW 的导体相比，尽管它们的导电性较低，但是 GO 和 FGO 具有更简单的制造工艺。此外，也可以通过多次打印来提高导电性，但不同打印之间的对齐可能是一个挑战。作者演示了该导体作为 H_2O_2 传感，对电导率没有严格的要求。因此，这些 GO 和 FGO 导电材料具有很好的前景，例如，作为可穿戴心电图（ECG）和 EMG 传感器的电极。通过集成石墨烯纳米结构柔性电极，可设计新一代可穿戴生物传感器，开发电化学汗液传感器，增强电化学生物传感信号及其灵敏度。石墨烯纳米结构的生物相容性与其高载流子迁移率、优异的物理和光学性质以及大的表面积，使化学 / 生物链接的同质功能化成为可能。石墨烯的上述特性使其成为开发柔性可穿戴生物传感器最理想的纳米材料之一。利用合适的表面化学对石墨烯的二维结构进行进一步的表面修饰，可以使多种官能团功能化，亲和力强，不受化学 / 生物分子耦合的几何约束。引入一个新的维度来改进石墨烯的应用并利用其优越的性能，特别是在非侵入性汗液生物传感和监测应用中，石墨烯的优越性能被证明是有效的。石墨烯可通过光刻、电子束蒸发、激光诱导石墨烯图案化、油墨打印、化学合成和石墨烯表面改性等多种制备方法实现在可穿戴式汗液传感设备中的接口。

由于碳纳米管（CNT）具有非常优越的载流子迁移率、稳定性和出色的机械柔韧性，所以它也是柔性电子中一种十分有前途的纳米材料。可以通过在柔性（通常是非导电的）衬底上加入碳纳米管，创建用于各种传感应用的功能电极。目前最常用的方法为溶液沉积或 CVD 生长转移将 CNTs 掺入柔性衬底上。碳纳米管可以转移到部分固化的 PDMS 基板上，以保持排列并赋予其柔韧性。碳纳米管也可以转移到热塑性材料上，如聚碳酸酯（PC）衬底。此外，CNTs 可以转移到衬底上，例如在铜箔上作为石墨烯生长的衬底，从而形成用于压力传感器的柔性电极。在溶液沉积中，碳纳米管通常随机定向并纠缠在一起，在衬底上形成无序的薄膜。相反，垂直排列的 CNTs 可以通过 CVD 制备，生成均匀的碳纳米管层。因此，通过 CVD 生长的碳纳米管实现的排列通常会导致碳纳米管基电极的电性能优于溶液处理的碳纳米管。碳纳米管层是由碳纳米管阵列组成的电极表面，其中相邻的碳纳米管由于范德华力而相互纠缠；这些电极具有低重量和超高强度的特点，且具有优异的电子和热性能。溶液沉积通常对应于随机定向的纠缠碳纳米管，已知通过吸引范德华力在溶液中聚集。这种碳纳米管沉积方法经常用于工业应用，因为它产量高，成本低，并通过基于溶液的打印实现对沉积的局部控制。通过激光烧蚀或电弧放电合成的 CNTs 通常首先经过预处理阶段，通过去除无定形碳和富勒烯的副产物来纯化 CNTs。超声方法通常用于解决 CNTs 分散在溶液中的团聚问题，但超声被证明了会造成 CNTs 缺陷。为了避免这一问题，生长时的 CNTs 可以直接转移到所需的衬底上。

除用于软导体和柔韧导体的新兴纳米材料外，传统金属导体采用新颖的制造工艺来实现柔性和可拉伸的要求也引起了许多研究人员的兴趣[37, 38]。Akihito Miyamoto 和他的同事[39]提出的金纳米网格直径范围为 300 nm 至 500 nm 的纳米纤维由聚乙烯醇（PVA）溶液生产，使用阴影遮罩将金层沉积到工作台上。这种纳米网导体可以直接放置在表皮或其他柔性基材上，并且 PVA 纳米纤维可以通过喷水轻松去除。该研究提出的纳米网格导体宽度为 2.5 mm，长度为 80 mm，电阻接近 600 Ω，明显优于以前的纳米导体。此外，这种金纳米网格导体在拉伸 / 释放循环方面表现出出色的稳定性，电导性在 15% 应变内保持不变，并且在 50% 应变内只发生了有限的降低。即使在 500 次拉伸循环之后，电导性也不会发生很大的变化，这表明它具有出色的稳定性。与 GO 和 FGO 导体相比，这种金纳米网格导体的缺点可能是其相对复杂的制造工艺，需要沉积和后处理，以及金的高成本。

相同的是，液态金属作为下一代皮肤界面生物电子学的柔性导电材料引起了越来越多研究人员的研究兴趣[40, 41]。与液态金属导体相关的主要挑战是难以将液态金属限制在用作导体的特定区域内，以及在基材变形过程中液态金属不可避免地泄漏。最简单的液态金属传感器可能是那些使用液态金属作为软连接的传感器。检测机制与刚性相同，但拉伸性大大提高。液态金属具有良好的导电性和流动性，可以确保拉伸和弯曲过程中连接的可靠性。例如，基于光电容积脉搏波（PPG）技术，Li 等人[42]设计了一种具有液态金属互联和软基板的可拉伸脉冲生物传感器。该系统被证明可进行方便舒适的心率监测。Hong 等人[43]设计了一种软聚苯胺纳米纤维温度传感器阵列，其互联由镓铟锡合金组成。它可以用作测量体温的便携式和可穿戴设备。通过将液态金属布线与石墨烯传感器相结合，Ren 等人[44]开发了一种使用寿命长、具有集成电极传感器的可穿戴功能人机界面，嵌入导电共晶镓铟合金和 PDMS 作为注入微米级微通道的材料。独特的线形电极设计可在拉伸、触觉和弯曲载荷下进行灵敏的电阻检测。结果表现出 98.29%~97% 的高线性度，以及 3%~4% 的最小迟滞误差。该可穿戴传感器在 10 个多向拉伸和弯曲的重复循环中还表现出出色的鲁棒性，并且重复性误差小于 4%，随后的实验表明它还具有良好的抗疲劳性。对于功能性人机界面，传感器与手套和无线模块相结合，可以非常灵敏地测量手指弯曲角度，并且已经实现了一系列应用，例如通过多向拉伸和弯曲的双指手势控制蓝牙汽车。结果表明，所开发的液态金属基传感器具有多功能传感能力，并验证了其在可穿戴应用中作为人机交互界面的潜力。

除传统的金属材料外，研究人员还对新兴的金属氧化物导体进行了大量研究，例如氧化锌[45]和二氧化锰。ZnO 因其宽带隙（3.3 eV）、高导电性、生物相容性、良好的稳定性以及对还原和氧化气体的高敏感性而成为应用最广泛的材料。在最近十年中，一些报道集中在基于 ZnO 纳米材料的 H_2，H_2S，O_2，NH_3，NO_2，CO，CH_3CHO 和 Eethoh 的柔性气体传感器上。Zheng 等人[46]利用氧化铟锡（ITO）-PET 衬底上的薄 ZnO NP 层制备了光控透明柔性乙醇气体传感器。他们通过在受控的紫外线照射下产生高密度的自由载流子和氧离子来调节传感器的灵敏度。该传感器即使在曲率角为 90° 的情况下也能很好地工作。在可生物降解的柔性热电联产（CHP）衬底上制备了基于 ZnO 的气体传感器。In_2O_3 也因其宽带隙（3.6 eV）和光学透明性而成为首选的半导体金属氧化物材料。基于 In_2O_3 纳米材料的 NO_2 和 Ethoh 柔性气体传感器已被报道。Seetha 等人[47]通过改进的水热方法在低温下合成了 In_2O_3 纳米立方体，并制作了反应快、恢复时间快的 Ethoh 传感器。通过与聚乙烯醇组成复合材料，纳米立方体获得了柔韧性。Wang 等人[48]制作了一种在 RT 下工作的 In_2O_3 的 NW 基柔性透明 NO_2 传感器，为了降低传感器的工作温度，也将可见光照射在传感器上以降低激活能。

在柔性衬底和导体之后，可穿戴电子产品中的传感器也是其中十分重要的组成部分。传感器是将所需物理量转换为可处理的电信号的设备。传感器包括温度传感器[49]、压力 / 应变传感器[50]、离子浓度传感器等。Ye 等人[51]利用 Ga LMs 在自由基聚合反应中的高反应性在甘油、水二元溶剂体系中构建聚合物网络，在 10 分钟内实现了离子导电有机水凝胶（LMIO）的快速制备。与耐环境性差的灰色和不透明 Ga LMs 基水凝胶相比，LMIOs 在较宽的温度范围内具有显著的稳定性，其在可见光范围内的透射率调节后达到 70% 以上。在 GaLMs、甘油和所制备的聚合物网络之间形成的丰富的动态相互作用确保了 LMIO 优异的力学性能和自愈能力，从而使它们成为 WFE 的有吸引力的候选者。有趣的是，LMIO 在 0.1%~1000% 的应变范围内表现出令人印象深刻的应变传感灵敏度，并具有较宽的正常工作温度范围（–20~100℃）。上述特性使 LMIO 成为理想的 WFE 设备，以实现人体运动中应变信号的皮肤检测。研究人员进一步探索了 LMIOs 的快速凝胶化行为，以在不同的基材表面上制造 LMIO“皮肤”，包括乳胶手套、手骨模型和假手指，从而赋予它们类似人皮肤的传感能力。带有 LMIO 皮肤的乳胶手套可以将各种手势运动转换为电信号，具有识别人类手势的潜力。同时，由于它们与人体皮肤和骨骼的接触相似，假肢手指的关节运动也可以被 LMIO 皮肤检测到，有了给予机器人类似人类皮肤的机会。因此，LMIO 在皮肤附着设备中，和机器人技术中都具有巨大的应用潜力。Zhang 等人[52]介绍了一种基于磁水凝胶的软应变传感器，该传感器利用明胶甲基丙烯酸酯（GelMA）/Fe_3O_4 磁水凝胶薄膜的相对磁场变化。这种材料具有优异的磁性能（12.74 emu/g），良好的生物相容性，优异的稳定性，非常低的杨氏模量。制作应变传感器需要制备 GelMA，然后将其溶解在含有 1% 光引发剂的磷酸盐缓冲盐水（PBS）溶液中 10 分钟。随后将超顺磁性氧化铁纳米颗粒添加到 GelMA 溶液中并超声 30 分钟。应用具有特定磁通密度的静态磁场使纳米颗粒移动并达到热平衡。然后在紫外光下获得磁水凝胶薄膜，它与磁性纳米颗粒（MNPs）的有序分布交联。当外部应变施加到薄膜上时，它会显示出不同的磁场，可以用作应变传感器。该传感器表现出对应变变化的敏感性，响应可以低至 50 μm 的弯曲。且该传感器十分稳定，使用寿命长，不受离子干扰。这种基于磁水凝胶的软应变传感器在可穿戴电子设备中显示出巨大的实现潜力，如 ECG 信号、呼吸调节和骨骼生长的监测。

新兴的离子液体电解质越来越被人们关注。它已被应用于超级电容器[53]、锂离子电池[54]、场效应晶体管[55]等。同时，离子液体与聚合物复合材料结合形成离子凝胶作为介电层，也被广泛应用于压力传感器[56, 57]，并取得了良好的传感性能。IG 具有出色的性能，例如高离子电导率，低界面电阻，良好的机械强度和柔韧性。由于微结构表面和 IG 的双电层（EDL）效应产生的界面电容的综合作用，电容式压力传感器的性能得到了极大的提高。在应用方面，绝大多数设备都针对人类活动等正压的信号反馈。还有一些场景需要检测负压，例如对吸附生物的研究[58]、飞机机翼压力分布[59]等。与负压相关的传感器的研究要少得多。大多数压力传感器设备容易分层并且无法检测到负压。传感器的各层需要彼此很好地黏合。在现有的少数正负压柔性探测器中[60]，它们都通过改变电容器的两个平行极板之间的距离来测量负压。并且制备过程复杂，测试范围小。所以有必要研究具有较大压力范围的负压柔性传感器的简单制备。Wei 等人[61]报道了一种电容式柔性压力传感器，可以测量正压和负压。正压和负压的测试范围为 –98 kPa 至 100 kPa。当大气压约为 982 hPa 时，通过在砂纸上固化获得的具有随机微观结构的 IG 薄膜用作介电层。传感器在一定的预压下真空层压和封装。在接触界面处形成的 EDL 产生用于测试负压的大电容。上下电极在与中空玻璃膜的接触周围用光学透明黏合剂（OCA）黏合，形成气密状态。这允许微结构薄膜在正压和负压下增加或减少 EDL 的接触面积，然后得到相应的电容变化。此外，由于 OCA 在预压层压后与聚对苯二甲酸乙二醇酯（PET）的牢固结合，传感器在 –98 kPa 的压力下不会分层。

实际应用方面，柔性可穿戴电子传感器还需要实现新型传感原理、多功能集成、复杂环境分析等科学问题上的重大进展，以及制备工艺、材料合成与器件整合等技术上的突破。可穿戴换能器的灵敏度也至关重要，这需要开发能够实现对不同物理量的敏感响应的新兴材料。此外，可穿戴电子产品预计将是无线和无电池的。在这种情况下，各种生理体征，如压力、应变、振动、温度、离子浓度、葡萄糖和血氧水平、心电图和肌电图，可以通过移动设备进行非接触式询问以进行诊断，并且患者在医疗过程中可以拥有更多的移动性和舒适性。提高可穿戴传感器的性能，包括灵敏度、响应时间、检测范围、集成度和多分析等，提高便携性，降低可穿戴传感器的制造成本；接下来，发展无线传输技术，与移动终端结合，建立统一的云服务，实现数据实时传输、分析与反馈。另外，应拓宽可穿戴传感器的功能，特别是在医疗领域，如健康监测、药物释放、假体技术等。

2　柔性可穿戴传感电子器件产业发展历程及现状分析

2.1　现有的脉搏、心跳传感器

2.1.1　现有的脉搏、心跳传感器的发展历程

20世纪80年代初期，医学科技的进步激发了科学家们对健康监测的研究热情。经历了技术的不断创新和发展，可穿戴传感电子器件技术不断成熟。柔性可穿戴传感电子器件是指可以穿戴在身体上，并采集人体各种生理参数的电子设备，从而对人体进行实时的健康监测。发展至今，脉搏、心跳传感器作为可穿戴传感电子器件中的一种重要类型，它们能够实时监测人体脉搏和心跳状态，具有轻便、柔性、舒适、便携等特点。因此，人们可以长时间穿戴而实现对人体的健康监测、疾病预防和医疗治疗等多种功能。目前，脉搏、心跳传感器在医疗、健康管理、运动健身、智能家居等领域都有广泛的应用。

2.1.2　现有的脉搏、心跳传感器的发展现状分析

随着柔性电子技术的不断发展，柔性可穿戴传感电子器件开始逐渐走入人们的视野。越来越多的柔性可穿戴设备利用超薄和柔软的材料进行优化设计，目前有一种已获FDA认可的柔性心电图监测设备（图1–1 a）。它的电极区域薄且柔软，然而其电路、存储和电池模块被集成为一个较大的刚性凸起模块，虽然可连续记录长达14天的单导联心电图，但不能实时流化心电图数据，需从仪器中下载数据才能分析使用。而另一种获得FDA许可的商用BioStamp nPoint，其处理器BioStampRC是一种更薄且可拉伸的单导联心电图传感器，可以通过蓝牙将心电图数据实时无线传输到移动设备上（图1–1 b）。这种岛加桥的设计使其具有延展性，并且可以通过手机激活ECG传感器（图1–1 c），将NFC功能集成到贴片平台中；尽管整个贴片很薄且有轻微的拉伸性，但BioStamp使用的仍然是刚性干电极。相比之下，超薄金电极可以做成柔性甚至是可拉伸的电极。如图1–1 d所示，通过喷墨打印技术将Au电极打印在50 μm厚的Kapton薄膜上作为柔性电极。Kapton是一种耐高温（400℃）的基底材料，其集成电路可以直接焊接在芯片上来构建蓝牙系统。此外，也有将纺织品作为电极的。如图1–1 e所示，背心（左）和女士内衣（右）均采用纳米结构的干纺织品电极和带有印刷导电墨水的传感器电子模块相结合，以捕获表面生物电势，电子模块能够通过无线传输实时监测心电数据（图1–1 f）。

通过以往的学习研究，我们知道心脏通过有节奏的跳跃活动将氧气和营养循环到全身，它是身体整体功能的一个“领导者”。其中，心率值是体现心脏是否健康的重要参数。心排血量主要由心率和每搏量决定，健康成年人的心率为60~100 bpm[63]（每

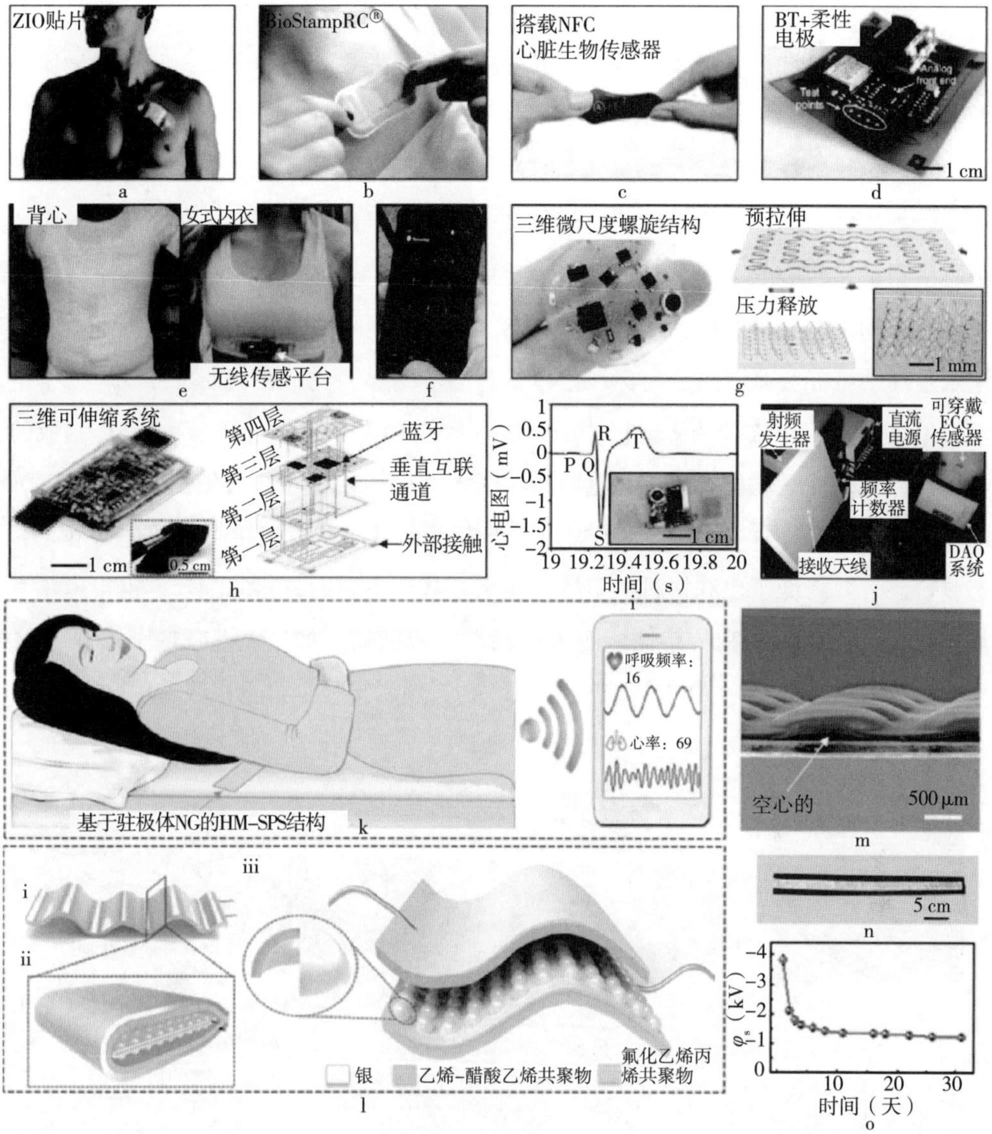

a. 单导联 ZIO 贴片的光学图像，可记录长达 14 天的 ECG 数据。b. BioStampRC 的光学图像，可以捕捉表面生物电位信号。c. 集成了电池的 NFC 功能的一次性心脏生物传感器的光学图像。d. 双面喷墨打印的可穿戴式心电图传感器贴片与 BT SoC 集成的光学图像。e. 基于纺织品的心电图平台的光学图像，男性（左）和女性（右）。f. 无线传输的实时信号显示在智能手机上。g. 用于无线软电子的三维微尺度螺旋结构的螺旋网络的光学图像（左）及其有限元分析（右）。h. 三维集成可拉伸电子器件的光学图像（左），通过激光烧蚀方法制造的多层示意图（右）。i. 通过无线数据、电源传输，通过微流控室增强的可拉伸心电图装置获取的心电图，插图展示了微流控组件的光学图像。i. 和 j. 中微流体组件的心电图测量装置。k. 基于 HM-SPS 结构的非接触式心跳和呼吸监测系统示意图[9]。l. HM-SPS 条的结构示意图；（i）整体视图，（ii）斜截面视图，（iii）扩展视图。m. 带有 HM 的 EVA 薄膜的 SEM 图像。n. HM-SPS 条的数字图像。o. 氟化乙烯丙烯共聚物（FEP）驻极体薄膜的表面电位（Øs）衰减图像。

图 1-1　柔性连续心电传感器[62]

分钟心跳次数），低于 60 bpm 或高于 120 bpm 都可能出现心脏疾病[64]。柔性可穿戴传感电子检测技术发展至今，目前已可以通过多种方式测量心率来监测人体健康，例如生物电、光电、机械电和超声波等方法[65]。

（1）生物电技术[66]

生物电技术利用生物体内的电信号来进行研究、诊断和治疗，在临床上被广泛用于心率测量，其中 ECG 信号是诊断众多心脏疾病的重要信息[67]。一般来说，传统的电极采用的是凝胶辅助的 Ag/AgCl 湿电极，但由于凝胶的黏附性和水分蒸发，在长期记录过程中可能会刺激皮肤而出现信号变差的情况。因此，在长期可穿戴应用中，通常使用可以附着于皮肤的干电极[68]。Zhang 等人利用 PEDOT：PSS 和 WPU 制成的干电极进行长期的运动稳态表皮心电监测（图 1-2 a）。由于 WPU 的可拉伸性、PEDOT：PSS 的导电性以及 D- 山梨糖醇的加入，电极完全可以与皮肤接触，并进行静态和动态测量，有效降低了皮肤接触的阻抗和噪声。基于不同的材料和配置，也报道了其他具有机械、物理化学和传感性能的可穿戴心电传感器，如在多孔基底上喷涂 AgNWs 导体制成电极[69]，或在 PDMS 基底上涂覆 Au，然后接枝聚合物以改善皮肤接触。

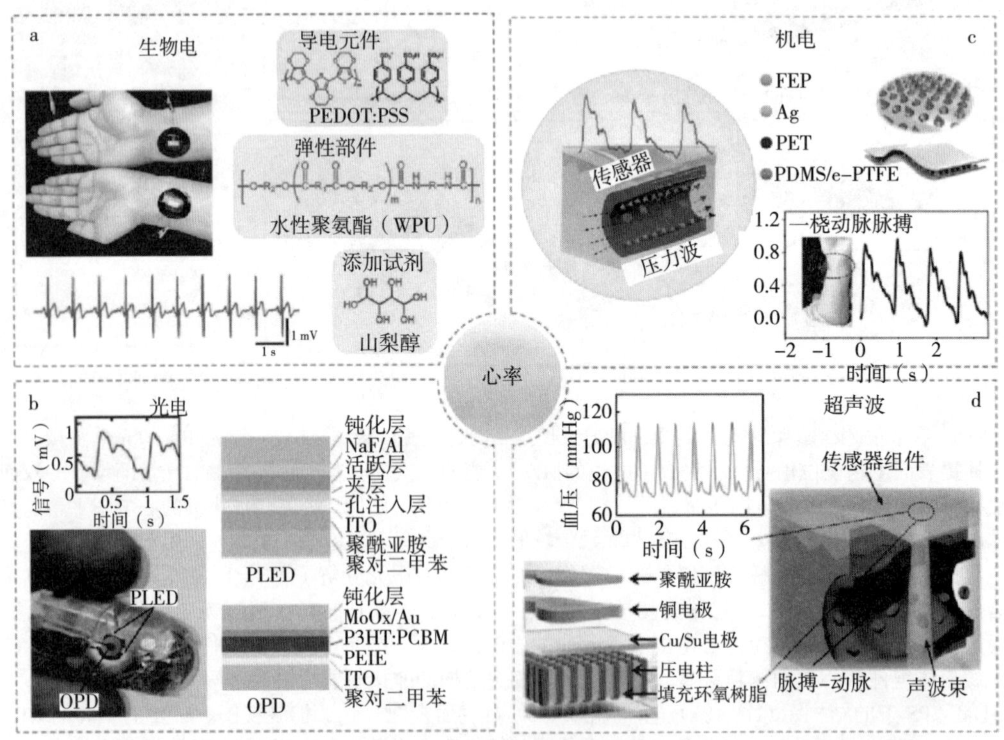

a. 柔性心电图传感器。b. PPG 传感器。c. 机电传感器。d. 用于心率监测的超声波传感器。

图 1-2　用于心率监测的柔性可穿戴传感器[65]

（2）光电技术

光电技术是一种利用光与电相互作用的技术，也常用于计算心率，该技术是通过动脉直径的变化以及 Hb：HbO_2 的比例，诱导光的吸收率随心跳发生变化。因此，可以通过 PPG 信号获得心率值。目前，大多数市售的 PPG 传感器是戴在手腕上或夹在手指上的，均使用基于刚性配置的 IC 芯片。为了解决刚性问题，多数研究人员提出基于聚合物的 PPG 传感器，其中 PLED、OLED 和 OPD 都可以被集成在塑料衬底上。例如，Yokota 等人展示了一种超灵活、超薄的有机光子皮肤，其三色（蓝、绿、红）PLED 和 OPD 以反射模式集成在 1 μm 厚的对二甲苯衬底上；基于芴、苯烯和其他多聚合芳香族化合物的发光材料以及 P_3HT：PCBM 的光活性材料被选为 PLED 和 OPD 的活性材料，五个交替的 SiON 和对二甲苯层被用作钝化层，延长了它在环境中的稳定性从而记录了稳定的 PPG 信号（图 1–2 b）。

（3）机械电技术[70]

机械电技术是一种基于机械电方法的柔性可穿戴应变和压力传感器，也常被用于胸部、手腕和颈部等位置的心率监测。因压阻式应变 / 应力传感器的配置简单且灵活而率先被研究，例如通过将 ECaIn 注入 PDMS 构筑的可拉伸超薄压阻纤维传感器，实现了对颈动脉、桡动脉和肱动脉等不同位置的脉搏波形的记录[71]。另外，将注入 EGaIn 的微管从单腔管修改为双腔管，就形成了电容式微纤维传感器，也可用于监测脉搏波形[72]。尽管柔性压阻式和电容式传感器对心率监测是可行的，但它们需要依赖外部电源。因此，以自供电方式工作的柔性压电和三电压力传感器就引起了研究者的关注，图 1–2 c 展示了一个分层弹性体和塑料基底的自供电压力传感器，用于心率和其他心血管参数的监测。此外，Takao Someya 小组也报道了一种基于全纳米纤维的、超灵敏的、可透气的压电传感器，它表现出高达 1005.6 mV · Pa^{-1} 的灵敏度，成功实现了体表 SCG 信号的长期实时记录。

（4）超声波技术[73]

超声波技术是用于心率监测的超声波传感器，它的检测原理是依赖于对动脉直径的监测。现在商业上用于心率测量的超声传感器是手持式多普勒超声传感器，它是刚性的，不适合连续监测。另外，由于皮肤与刚性超声探头之间的接触问题，信号质量很容易下降。当操作人员使用探头时，可能会对容器造成压缩，导致信号压缩中断[74]。为了解决这些问题，现已探索出了超柔性超声传感器（采用超薄 PI 衬底，总厚度为 240 μm），获取动脉直径的脉冲波形，然后转换为 BP 信号，如图 1–2 d 所示。由于自黏附和与人体皮肤的保形接触，该设备可在无须手动操作的情况下进行工作，因此不会引入由于操作人员抖动或振动导致的运动伪影；另外该设备的重量只有 150 mg，对皮肤施加的压力只有 3.68 Pa，因此它可以在不影响血管脉动行为的情况下进行准确可靠的测量。

此外，柔性可穿戴传感器除了上述在监测技术上的改进，对可穿戴电子传感器件在结构上的优化也做了大量的研究[62]。例如，为了实现具有皮肤柔弹性的无线心电传感器，研究者们利用三维架构来取代平面蛇形结构，即在脂肪族芳香族无规共聚酯（Ecoflex）衬底上通过三维微观螺旋结构相互连接成螺旋网络集成电路；由于应力分布的均匀性，该电子器件表现出显著的可拉伸性（>1.8 倍）（图 1–1 g）。另外，一种多功能的实时心脏监测贴片采用模块化设计将可重复使用的部件和一次性部件分开，降低了成本并解决了交叉接触的卫生问题。然而，由于信号处理元件、放大器和过滤器没有集成到设备中，所以须与外部电源和数据链路连接才可以进行数据处理。此外，由于所使用的柔性聚合物衬底不具备皮肤顺应性，所以还需要添加导电医用润滑脂来增强电极与皮肤之间的接触。基于此科学问题，Liu 等人展示了一种柔软的、保形效果好的有线机械 – 声学 – 电生理传感平台，通过将电容电极、数字加速度计和有源滤波器元件集成到设备中，可以采集到心电图和机械声学信号，如胸部的 SCG。然而，单层电路的面积限制了功能需求，为了解决这一局限性而提出了三维叠加柔性电路的设计理念。通过激光加工技术，采用软弹性体作为三维可拉伸电路层与层之间的介电层（图 1–1 h），经激光烧蚀多余的软弹性体来制作垂直互连通道，接通电源后可拉伸的三维叠加贴片通过蓝牙实时传输心电图和运动情况。然而，可穿戴设备能否长时间实时监测人体的健康，其长时间供电的问题成为可穿戴电子设备的另一个挑战。

因此，研究者们又提出了多种无线供电、充电策略，如射频数据、电力传输技术等。其中，电力传输已在微流体室增强可拉伸心电图装置中实现（图 1–1 i）。然而，为了实现完全的无线数据、电力传输，还须结合体积较大的外部波形发生器、接收天线、频率计数器和电源模块等（图 1–1 j）。因此，面对这一挑战，需将电子技术、柔性材料与信号采集集成电路结合在一起，柔性可穿戴传感电子器件就迈上了一个全新的台阶。一种非接触性心跳和呼吸监测系统（图 1–1 k）已被报道，该系统能够在高体重压力下工作，并且在非接触模式下可以成功检测到连续可靠的心跳和呼吸信息，并传输到移动电话[75]。随后，研究人员又展示了一种基于灵活的空心微结构 – 自供电压力传感器（图 1–1 l）的非接触性心跳和呼吸监测系统。由于空心微结构的高变形能力（图 1–1 m、n），同时实现了 18.98 V · kPa^{-1} 和 40 kPa（图 1–1 o）的宽工作范围。

此外，研究人员还观察到该设备可以在高压下的生理检测特性，明确了其可用于睡眠的健康监测，实现了成功检测连续可靠的心跳和呼吸信息并传输到手机上的功能。因此，随着脉搏、心跳传感器的快速发展，其相关应用也被拓宽到了各个领域。

脉搏、心跳传感器不仅可以用于个人健康管理，帮助人们实时监测心率、心律、运动状态、睡眠质量等生理指标；也可以用于疾病的预防和治疗，如高血压、心律失常等心血管疾病、糖尿病等代谢疾病。此外，脉搏、心跳传感器还可以用于体育训练和竞赛，帮助运动员掌握自己的身体状况，制订科学的训练计划等。然而，柔性可穿戴传感电子器件在监测技术和实际的市场应用方面仍面临诸多挑战。首先，如何解决传感器的精度和可靠性问题是当前的难点之一。其次，由于传感器的制造和集成需要涉及多个学科领域，其研发成本较高，生产难度也较大。此外，个人隐私保护和数据安全等问题也需要得到足够的重视。因此，这些关键问题也激发了研究者们对诸如温度传感器、呼吸传感器、血氧传感器等可穿戴电子器件的研究热情，并且与脉搏、心跳传感器相互结合，实现了更加全面和深入的生理参数监测和分析。

2.2　现有的呼吸、运动传感器

2.2.1　现有的呼吸、运动传感器的发展历程

柔性可穿戴呼吸、运动传感器电子器件兴起后，医学领域的科学家们开始使用传感器来监测患者的心率和呼吸频率等生命体征。然而，当时使用的这些传感器比较粗糙，并且只能在特定环境下使用。随着可穿戴传感技术的不断进步，传感器变得越来越小、越来越精确。早在 20 世纪 80、90 年代，人们就开始将传感器嵌入体育设备中，比如跑步机和心率监测器，通过汗液监测人体的健康状态也是当前的一大发展趋势。目前，常用的柔性汗液传感器主要是基于薄膜衬底[76]，存在透气性差、需要附加可穿戴设备等缺点。尽管这些设备可以让人们更好地了解自己的身体状况和健康水平，但由于其便携性低、需要外接电源、呼吸样本采集困难等缺陷，成为当前研究的难点。尽管如此，随着健康意识的普及和生活水平的提高，柔性可穿戴呼吸、运动传感电子器件作为一种创新的健康监测手段，可以实时监测人体呼吸、运动等情况，已经逐渐成为现代健康管理的重要组成部分。

在过去的十年中，新型可穿戴传感器技术得到了广泛的应用。例如，可穿戴传感器可以改善诊断、治疗和个性化临床管理[77]，从而使患有骨科或神经系统疾病的患者受益。此外，可穿戴传感器还可以为患者在康复过程中提供持续的身体力量训练和退化技能练习等活动监测[78]。这些传感器可以安装在人体的不同部位[79]，例如胸部、

腰部、上肢和下肢，甚至可以嵌在口袋或鞋子里，也可以贴在皮肤上，快速方便地收集运动中的相关数据。另外，传感器还可以被集成到矫形器和外骨骼这些可穿戴设备中，适用于偏瘫患者、老年人和工人，达到辅助控制的目的。

2.2.2 现有的呼吸、运动传感器的发展现状分析

随着智能手机和可穿戴设备的兴起，柔性可穿戴呼吸、运动传感器电子器件产业得到了快速的发展。然而，由于其便携性差、需要外部电源、呼吸样本采集困难以及无法连续监测等原因阻碍了其实际应用。为解决这些问题，一种基于呼吸的可穿戴生物电子设备被报道，利用摩擦纳米发电机技术[80]将机械能快速转化为电能，实现了对化合物的化学传感、对呼吸模式和呼吸量进行物理感应。呼吸传感器是将呼吸作为可再生能源的动力来源，嵌入手环、智能手表、智能鞋垫等各种可穿戴设备中，使人们可以随时随地实时监测自己的健康状况和运动情况。

可穿戴呼吸、运动传感器，按信号源可分为三大类：机电传感器、生物电传感器和生物力学传感器。如图 1–3 a 所示，检测肢体运动并收集运动学和动力学信息的传感器包括加速度计、编码器（角度、角速度、线性加速度、角加速度、倾斜角）、具有更多运动学数据的 IMU，以及脚部开关和压力鞋垫。检测 CNS 活动的传感器可分为侵入性和非侵入性，有创生物电信号主要包括皮质脑电图、皮质神经记录、有创外周神经记录和有创 EMG，非侵入性测量方法主要包括 sEMG 和 EEG。根据生物力学原理开发的用于检测生物力学活动（如肌肉收缩）的传感器包括 FSR（无创）、电容传感器和磁测量（有创）。

目前市场上有许多可穿戴传感器产品[81]（图 1–3 b），最常见的商业传感器是腕戴式三轴加速度计。这些商业化产品使用专有算法，依赖大于设定阈值的惯性或旋转信号来定义活跃计数。例如，Fitbit Flex 是一款用于运动追踪的智能手表，包括步数、距离、燃烧的卡路里、活动时间、每小时活动量和静止时间。类似产品包括智能手环（Jawbone Up）、智能健身腕带（Nike FuelBand）、小米手环和华为 Zero。然而，当行走速度较慢，腿部摆动时的加速度较小且不规则时，用腕部和躯干佩戴的传感器计算步数的方法可能不准确，如偏瘫步态的人。

然而，当心率信号与商业手腕传感器测量的惯性信号相融合后，可以提供有关新陈代谢的信息，很好地解决计步不准的问题。因此，将无线传感器纳入心电图、脑电图或肌电图信号后，压电棒可以测量脚压和 FMG。最终，传感器的信息可以通过智能手机或智能手表展示。例如，Movesense 医疗公司开发了一种轻型医疗心电图

和运动传感器，用于在家庭和临床环境中跟踪人体健康。可穿戴式惯性运动捕捉系统（Noraxon）可以在一个统一的软件平台内连续收集各种数据，同时可以补充整合EMG、力、压力、运动和高速视频。脊柱表面传感系统（TracPatch）可以被动地收集伤口部位的温度数据，收集患者在护理期间的运动范围、行走和运动数据。另外，BioX 结合了 IMU 和 FSR，能准确而方便地检测肢体运动、肌肉力量和手势。因此，这些呼吸、运动可穿戴电子传感器件在实际应用中也得到了较为广泛的应用。

其中 TENGs 作为一种可再生能源，可将机械运动收集并转化为电能，使用呼吸作

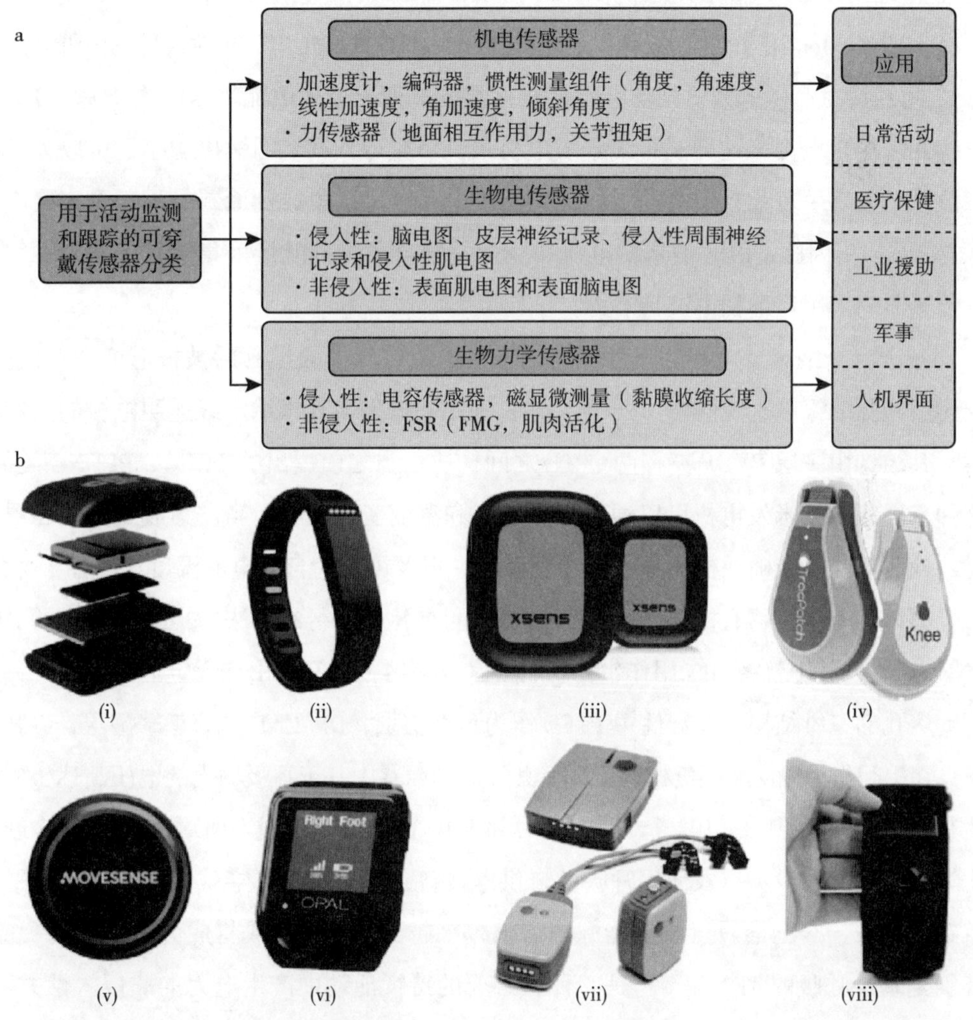

a. 用于活动监测和跟踪的可穿戴传感器分类。b. 用于活动监测和跟踪的典型商用可穿戴设备（i）Vicon；（ii）Fitbit Flex；（iii）Xsens；（iv）TracPatch；（v）OVESENSE；（vi）APAL；（vii）Noraxon；（viii）BioX 谱带。

图 1-3　可穿戴传感器分类图及部分设备[81]

为机械源可以创造出简单、非侵入性的电源。最早的呼吸动力 TENGs 是在 2015 年被报道的，它利用呼出的气流来收集能量，如图 1–4 a 所示。这种 TENG 由夹在两个铜电极之间的 Kapton 薄膜组成，当空气流经 TENG 时，该层在与上下的聚四氟乙烯（PTFE）和 Cu 层接触、分离时因振动产生电能。该 TENG 的最大输出功率密度为 9 kW/m^3，因体积小使其能够集成到面罩中，实现了自供电温度传感器长时间人体健康监测（图 1–4 b）。

另外，气流驱动的纳米发电机也可以由混合纳米发电机制成。一种混合的 TENG 和 PPENG 早在 2018 年已被报道，它可以利用呼吸来发电[82]（图 1–4 c）。该传感器的装置主要由 FEP 和 Cu 层组成的 TENG 构成，而 PPENG 包含了 PVDF 和 Cu 层，下面还有一层 Kapton 用来防止水汽。当空气被吹入该装置时，TENG 通过 FEP 和上面的 Cu 之间的接触产生电力，而热释电层根据温度的变化产生电能，压电模块基于 PVDF 的应变来产生电力。这种混合纳米发电机最高可生成 5 mW 的输出功率，可以为发光二极管、数字手表和自供电的无线传感器供电，也可以集成到面罩中用于可穿戴应用（图 1–4 d）。因此，混合纳米发电机实际上是结合了多种能量采集模式来发电，在推进传感器的实用化进程中极具潜力。

基于混合纳米发电机的三叠压电纳米发电机传感器紧随其后被报道[83, 84]，它基于天然叶脉的银纳米线网络（图 1–4 e），利用叶子作为其银纳米线透明电极的天然图案，其结构由一层 PVDF 夹在两个 TE 之间构成。与之前提出的 TENG、PPENG 类似，这种三层压电纳米发电机可以通过机械运动和温度变化发电，当被集成到一个面罩中时，该装置能够准确地检测呼吸的物理感应，以及可作为自供电的温度计（图 1–4 f）。

另外，基于生物有机体创建 TENGs 成为目前比较流行的方法。2020 年报道的 DF–CNF TENG，其中就将 DFs 用作生物材料[85]（图 1–4 g）。DFs 由纯无定形硅制成，具有高度多孔的三维结构。在器件中 PTFE 作为负摩擦层，DF–CNF 作为正摩擦层，FEP 薄膜夹在中间作为振动摩擦负材料层，将其集成到面罩中基于呼吸输出的电压高达 388 V，使其能够作为电源照亮 102 个 LED（图 1–4 h）。因此，使用嵌入面罩的 TENGs 来创建化学和物理传感设备以及使用呼吸的自供电设备，为自供电可穿戴生物电子学铺平了道路。随着当今社会对可再生能源的需求越来越大，TENGs 或将成为电池的替代品。特别是基于呼吸的 TENGs，它是一种从必要的持续活动中产生电力的非侵入性方法，其作为电源非常有吸引力，尤其是混合纳米发电机结合了每个纳米发电机的优势，可以提供更高的能量输出。然而，可穿戴设备的商业化还需要进一步改进其结构、电路设计，并将其与物联网相结合，使自供电的可穿戴生物电子学进入一个新的时代，用于个性化医疗[86]（图 1-4 i）。例如，患者在家中通过远程监护就可以让医生实时监测其身体状况，并得到相应的医疗建议；工作中可以监测工人的身体状况，防止工伤事故的发生；以及根据人体姿势的变化自动调整，让人们更加舒适地使用设备。

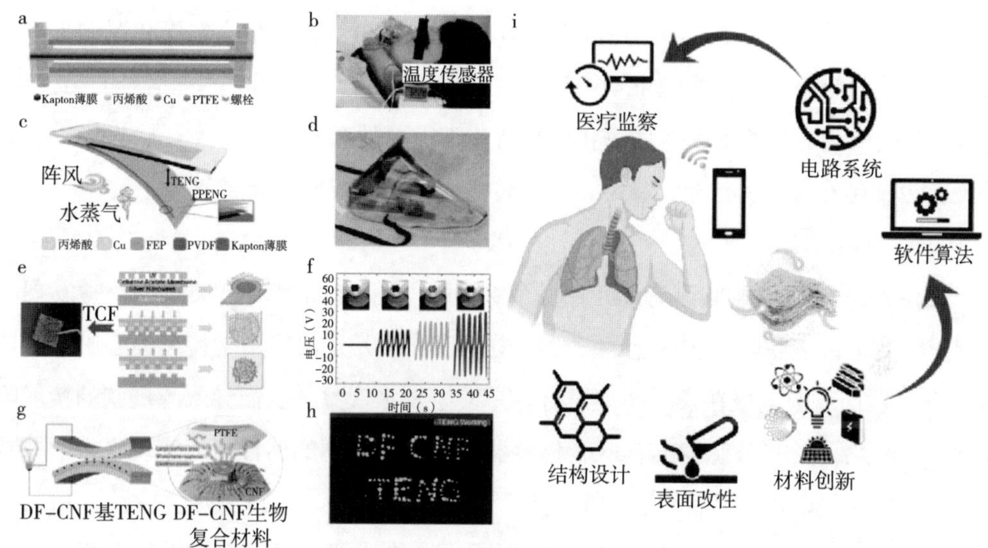

a. 弹性空气动力学驱动的 TENG 示意图。b. 弹性空气动力学驱动的 TENG 集成到一个面罩中，为温度传感器供电的展示图。c. ENG-PPENG 的结构示意图。d. TENG-PPENG 作为电源集成到面罩中的展示图。e. 擦 - 压电 - 热释电纳米发电机示意图。f. 在不同的呼吸行为（从无呼吸到深呼吸）下获得的装置的电压输出。g. DF-CNF TENG 原理图。h. DF-CNF TENG 利用呼吸为 102 个 LED 供电的能力演示。i. 启用 TENGs 的呼吸传感器在物联网时代的作用，对当前设备的改进，如对物理方面（结构设计、表面改性和材料创新）和技术方面（电路系统和软件算法）的改进，有助于进入自供电的便携式个性化医疗系统的新时代。

图 1-4　摩擦纳米发电机工作原理示意图[86]

总之，柔性可穿戴呼吸、运动传感器电子器件产业是一个快速发展的产业，具有广阔的市场前景和潜力。随着技术的不断进步，这些传感器将会变得更加精确、灵活和智能化，为人们的健康和运动带来更多的便利和好处，它的市场规模将会不断扩大，随着人们健康意识的不断提高和智能穿戴设备的普及，这些传感器的市场需求将会越来越大，给产业化带来更多的机遇和挑战。

2.3　现有的表皮信号、脑电、心电传感器

2.3.1　现有的表皮信号、脑电、心电传感器的发展历程

从 1872 年亚历山大·缪尔黑德（Alexander Muirhead）博士利用汤姆森波纹计首次记录到心脏搏动的电信号开始，心电传感器经历了心电图机、便携式心电监测仪、具

有报警功能的心律失常智能监护系统以及穿戴式心电传感器等。特别是进入20世纪以来，随着无线通信的发展，不受线路约束的柔性可穿戴式ECG传感器的研究方兴未艾。20世纪20年代末，汉斯·伯杰（Hans Berger）发现了脑电信号活动，并发明了测量脑电信号的技术，随着对脑电信号的进一步研究，越来越多的脑电信号传感器正在被发明[87]。

作为生命体征之一，长期连续监测的电生理信号可以提供个人健康状况的关键临床线索。其中使用皮肤生物电子学的ECG、EEG和EMG等人体电生理信号的无害化、实时、准确检测对于判断人体健康状况具有非常重要的意义。

2.3.2　现有的表皮信号、脑电、心电传感器的发展现状分析

（1）ECG传感器

长期、持续的心电监测有助于心血管疾病的早期诊断，确保疾病被及时发现并处理。因此，许多贴附于皮肤上的柔性心电传感器被开发出来用于持续的心脏健康监测[88-91]。然而，湿电极在长时间使用时容易发生失水现象，从而导致与皮肤的接触阻抗增加。因此，干电极更适合于ECG传感器。同时，更薄的器件可以实现更好的一致性，更低的接触阻抗，从而获得更高的信噪比。Dong等人用自相似蛇纹石结构的Au/PMMA/PI制作了约3 μm厚的ECG传感器[92]，该传感器可以承受较大的重复皮肤变形。Ameri等人开发了一种只有大约460 nm厚的石墨烯纹身传感器。电子纹身的透明度为85%左右，可以拉伸到40%以上的应变[93]。由于其自身的超薄结构使得传感器仅靠范德华力就可以在人体皮肤上附着数小时，传感器的开放式网状结构还使其具有极好的透气性和柔韧性。一种165 nm厚的纳米膜电极可以保持一周的皮肤附着，用于长期的心电监测[94]。薄的几何结构导致了足够的气体渗透性，纳米膜电极在一周的心电监测中达到了高信噪比（34 dB）。此外，章鱼启发的微吸盘电极也已经被开发出来，可以实现干湿皮肤粘连，这表明它在长期健康监测中具有很好的应用前景[95]。由生物材料构成的电子文身具有良好的潜力，它们可以实现与人体皮肤微观形态的共形接触使得ECG更加稳定，同时通过无创和生物相容性方法监测ECG。Wang等人开发了一种多功能石墨烯/丝素蛋白/Ca^{2+}能够监测心电图信号的电子文身[96]。除了抗损伤性外，该电子文身还具有与人体皮肤相当的自愈能力。

（2）EEG传感器

脑电图可以提供神经元活动的重要信息，癫痫发作、中风、神经肌肉疾病等脑相关疾病，均可以通过脑电图监测来诊断。由于脑电图对脑电活动的无创监测具有高时间分辨率、便携性和相对较低的成本等优势，脑电图在临床环境研究领域发挥了重要

作用[97]。与 ECG 和肌电信号等其他电生物信号相比，EEG 相对较弱，具有典型的微伏级振幅，主频率范围为 0.3~30 Hz，对实现高效记录 EEG 更具挑战性。电极与皮肤表面之间的共形接触对于连续稳定监测具有高信噪比值的电生理信号非常重要，因为它可以提供紧密的电极－皮肤界面。例如皮肤共形电极[98-100]、超薄电子文身[93, 101]、柔性海绵电极[102]、弹性毛发电极、微柱结构电极以及微针电极[103]等。

其中，皮肤共形和超薄文身电极仅适用于无毛的皮肤表面，例如外耳位置、额叶区域和剃光的头皮[99]，同时需要具有一定的皮肤黏附力。在为了收集大范围内的头皮脑电图信号的情况下，通常需要剃掉头发，以便在头皮上保形地安装表皮电极。图 1–5 a 显示了透气大面积表皮电极在全头皮和长期脑电图记录中的应用。由于其薄而柔软，大面积表皮金属网状电极与额外的导电聚丙烯酸酯凝胶薄层结合进一步降低了界面阻抗，安装在没有毛发的头皮上记录了全头皮覆盖的脑电图信号（图 1–5 b、图 1–5 c）。然而，如果是为了捕获来自毛发头皮的脑电图信号，则有必要设计具有特定结构的干电极，可以使电极绕过头发从而可以与头皮良好接触。例如弹性体支撑柱条结构、弹性海绵结构[102]、微柱结构和微针结构[103]等。然而对于这些类型的干电极，通常需要外部机械夹确保电极与头皮接触。如图 1–5e 所示，开发了一种带有导电弹性体支撑柱条电极，结合可拉伸的柔性电极和灵活的小型化无线电子电路，作为用于脑电图记录的完全便携式电子设备。由于毛发电极导电支撑柱条的弹性，施加在毛发电极上的轻微压力使导电支撑柱条分离毛发并与头皮形成良好的接触，因此使用织物头带固定毛发电极并对其施加压力（图 1–5f）。该无线头皮电子系统被证明可用 BMI 脑机接口 SSVEP 稳态视觉诱发电位（图 1–5f）。尽管干电极提高了用户友好性和长期脑电图记录的潜力，然而仍存在电极头皮阻抗相对较高、信号质量较差以及易受运动伪影等影响的局限性。

基于此，Wang 等人利用明胶的优点报道了一种生物相容性凝胶，这种生物凝胶在液体和固体之间具有容易相变的能力[104]。基于明胶的液态生物凝胶可以很容易地涂在无毛的人类皮肤和毛茸茸的头皮上。在较低温度下转化为固态后，可以长期获取、分类脑电图及 SSVEP。生物凝胶在高温下处于流体状态，当温度降至室温时，由于可逆的非共价交联，生物凝胶将转变为固相。由于它是完全基于生物相容性的生物材料，因此高温下的液体凝胶可以直接涂在皮肤上，而不会对人体皮肤造成任何刺激，其保真度与商用脑电电极采集的信号相当。

（3）EMG 传感器

肌电图是由骨骼肌诱导的电信号，可用于评估神经肌肉功能，特别是对于卒中或帕金森病患者。此外，肌电图信号可用于分析人体工程学、运动科学、运动障碍的物理治疗或康复环境，或作为电刺激器[105, 106]。对于皮肤生物电子学，表面肌电图是通过表皮非侵入性地测量的，表皮在很大程度上取决于目标肌肉上的皮肤表面。通常，EMG 传感器连接到面部、手臂和腿部的肌肉上，以获得相关的 EMG[107]。

Shahandashti 等人报道了具有长期健康监测能力的图案化 Au/Cu/PI/PDMS EMG 电极[108]。电极的接触阻抗与湿 Ag/AgCl 电极相当，来自前臂的肌电图信号的信噪比为 55 dB。使用印刷石墨烯 /PI/Ecoflex 电极和电路制备了无线 EMG 传感系统。受试者将设备戴在大腿上，并通过肌肉屈曲测量肌电图信号。柔性电极可重复多次使用（> 10），具有一致的黏附性能和肌电图信号[109]。在与深度学习算法集成后，该设备可以区分六种肌肉活动，准确率在 97% 以上。将 SEBS 纳米膜与银纳米线集成以获得透气的表皮肌电图电极，其中纳米膜的厚度为 90 nm，使得超薄纳米膜电极的厚度仅有 160 nm。所制得的干燥电极黏附在人体皮肤上 5 小时，而不会引起皮肤过敏或损伤。由石墨烯 /PEDOT：PSS 制成了顺形的超薄电极（厚约 100 nm）。五对电极连接到人脸肌肉，测得的肌电图信号的信噪比值为 20 dB。然后，使用这些 EMG 信号可以精确控制机器人手[98]。

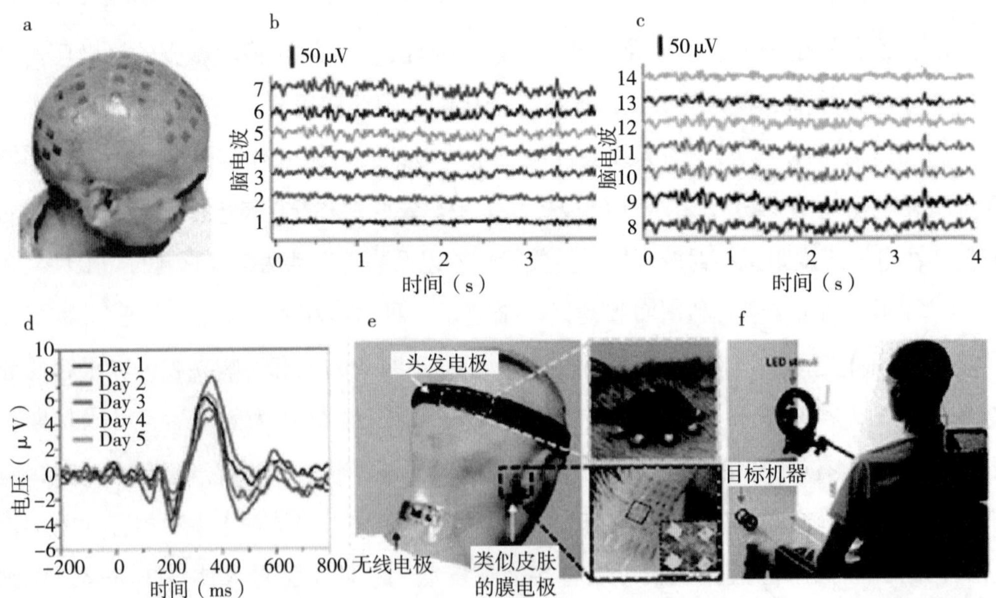

a. 覆盖头皮的大面积表皮电极，用于多通道脑电记录。b. 和 c. 由表皮多电极采集的 EEG。d. 在连续佩戴五天期间，表皮电极捕捉到的事件相关电位。e. 灵活的无线头皮电子设备，由干燥的头发电极、类似皮肤的膜电极和微型无线电子系统组成。f. 基于 SSVEP 的 BMI 的无线头皮电子设备的活体演示。[87]

图 1-5 用于脑电记录的皮肤生物电子学

2.4 现有的可穿戴温度传感器

2.4.1 现有的可穿戴温度传感器的发展历程

温度传感器从诞生到现在产生了包括水银温度计、红外温度计和柔性温度传感器等。这些温度传感器的测量，大多通过某些物理参数变化来检测温度。具体来说，水银温度计可以根据热胀冷缩原理准确测量人体温度，但是完成测量需要更长的时间，因玻璃易破碎以及水银有毒，对使用者构成了潜在的危险。红外测温仪是量程广、响应快、灵敏度高的温度计，它从热辐射（有时称为人类发出的黑体辐射）推断温度。但它容易受到人体发射率的影响，因此温度测量精度达不到实际应用标准。另外，柔性温度传感器因其灵敏度高、精度高、响应快、界面友好等优点而引起了人们的强烈兴趣。得益于柔软性和顺应性，柔性温度传感器可以直接连接到人体皮肤上，轻松连续和长期地记录人体温度和外部环境温度。可以精确捕获温度变化，然后将这些信息及时传输到人体神经系统，为感知和响应环境或生理刺激提供了有力的检测手段。因此，柔性温度传感器为新兴的个人医疗保健提供了便利[110, 111]，如电子皮肤[112]、人工智能[113, 114]以及下一代智能机器人[115]等。

柔性温度传感器一般根据导电材料中电阻的变化或热电材料中表面电荷的变化分为热阻温度传感器、热敏温度传感器、热电偶温度传感器和热致变色温度传感器等。

2.4.2 现有的可穿戴温度传感器发展现状分析

（1）热阻温度传感器

热阻传感器是最常见的柔性温度传感器，热阻传感器在实际应用中需要高灵敏度，高灵活性和出色的可靠性。目前，已经开发出了许多可以应用于热阻传感器的材料（图1–6）。例如，各种活性材料如石墨烯、炭黑、碳纤维、CNT以及金属材料（如Pt、Au、Ag、Mg），由于它们的高导电性、低成本和高稳定性而被引入热阻传感器作为导电填料。另外，赋予器件柔性化、可拉伸化的聚合物材料包括PDMS[116]、硅橡胶、PVDF、PMMA以及PEDOT：PSS[117]。结合纳米/微孔结构可以获得具有更高灵敏度和响应速度的传感器，基于渗透效应进一步增加温度传感器的灵敏度[117]。例如，通过将导电材料填充到绝缘聚合物基质中，热阻传感器的电阻显著降低了几个数量级。渗流型热阻传感器通常具有较高的 $\Delta R/R$ 值，但这种电阻变化通常发生在较窄的温度范围内，限制了其在宽范围温度检测中的应用。与窄工作温度不同，FRTC专注于更宽的温度感应范围（20~100℃）。除了上述材料，生物相容性良好的材料也可以用于柔性温度传感器的开发，例如Huang等人报道了一种热阻温度传感器，通过丝素蛋白与聚氨酯之间的强相互作用形成 SFCM，这种膜改变了丝素蛋白固有脆性并增加了其热稳定性。然后再溅射铂纳米纤维在 SFCM 衬底上形成纤维网络[118]。但是，这种方法当填充物是刚性的，会影响设备的灵活性和舒适性[118]。

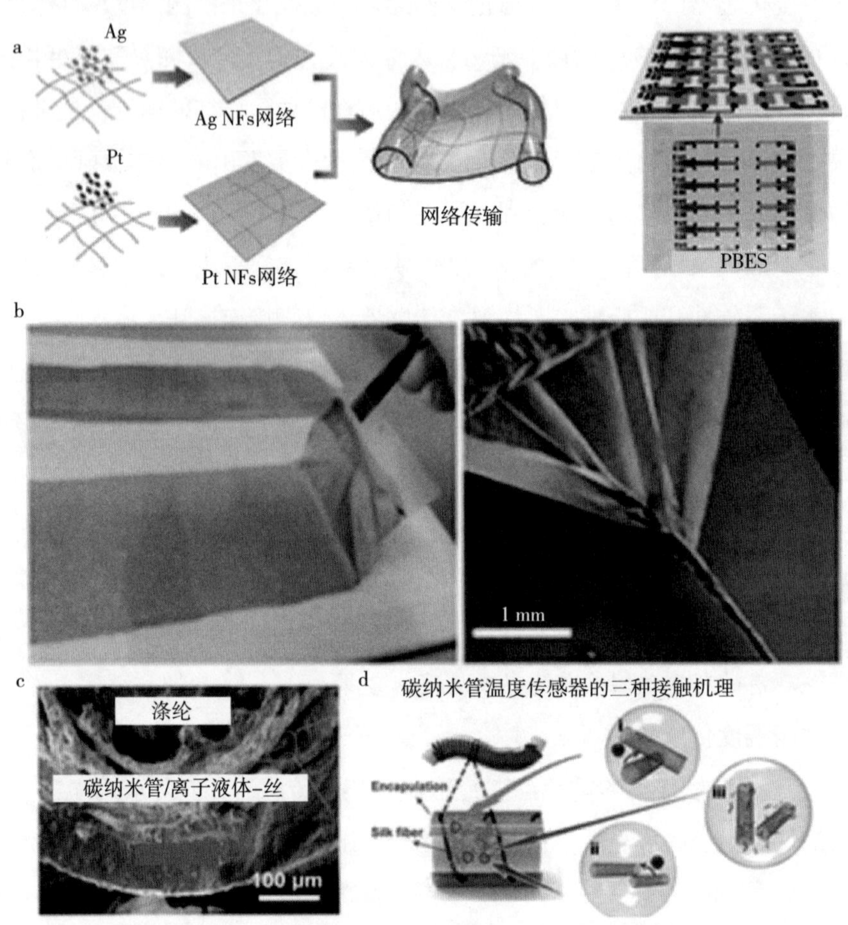

a. 实现导电纳米纤维网络的溅射和沉积工艺示意图[118]。b. GO 膜的照片和 GO 胶片被卷成纤维的 SEM 图像[125]。c. 和 d. 碳纳米管 / 离子液体 – 丝复合材料纱线结构的 SEM 图像及其温度传感机理[126]。

图 1-6　光纤温度传感器的光纤结构成型方法及温度传感机理

（2）热敏温度传感器

热敏电阻包括 PTC 和负温度系数 NTC 热敏电阻。热敏温度传感器是一种主要由半导体材料制成的温度敏感元件，过渡金属氧化物（如 NiO、CoO 和 MnO）和钙钛矿晶体（如 $BaTiO_3$、$SrTiO_3$ 和 $PbTiO_3$）也是热敏电阻的常用材料，但因其刚性限制无法用来制作柔性热敏电阻传感器。柔性衬底上的柔性热敏电阻通常采用微机电系统技术、柔性技术、印刷技术和涂层技术等制备而成。带有热阻薄膜的柔性热敏电阻在柔性 PI，PET 或 PDMS 衬底上制造，其中热阻薄膜包括铂膜、铜膜、金膜、银膜、还原氧化石墨烯膜、石墨烯膜、氧化石墨烯膜以及银纳米线[119]。

在长期应用中，必须保持皮肤温度传感器的稳定传感性能。通过设计蛇形结构的独立式可拉伸纤维（还原氧化石墨烯 /PU 复合材料）实现了应变不敏感温度传感器。在 0~50% 的应变范围内，温度变化可以忽略不计，且在 50% 应变下可以承受 10000 次拉伸和释放循环。集成到绷带上后，温度传感器的最大检测分辨率为 0.1℃。将绷带贴在人体皮肤上后，即使在各种身体运动中，也能实现稳定的体温感应[120]。为了尽量减少湿度干扰，Wang 等人引入一种（3- 缩水甘油氧基丙基）三甲氧基硅烷和 PEDOT：PSS 的交联剂。全印刷温度传感器在 30%~80% 的环境湿度下表现出很高的稳定性，在 25~50℃时，传感器温度灵敏度为 $-0.77\%℃^{-1}$[121]。

（3）热电偶温度传感器

柔性热电偶属于基于合金膜的柔性温度传感器。柔性基板上的柔性热电偶基于微机电系统技术、印刷技术或涂层技术制造。带有热电偶合金薄膜的柔性热电偶在柔性 PI 或 PDMS 基板上制造，其中热电偶合金薄膜为镍铝硅锰合金薄膜，镍铝合金薄膜、p-Sb_2Te_3 膜、n-Bi_3Te_3 膜、Bi-Te 膜和 Sb-Te 膜等[122]。当两种不同组件的合金膜组合成一个电路并且两个结点的温度不同时，电路中会产生热电势。通过在两个不同合金膜的连接处测量温度相关的电压，柔性热电偶可以进行温度测量[123]。

（4）热致变色温度传感器

热致变色材料在温度传感器中具有潜在的应用前景。当加热或冷却时，热致变色材料将具有热记忆功能，然后这些材料的颜色将出现明显的变化。将热致变色材料的颜色与标准颜色进行比较，可以轻松快速地了解被测物体的表面温度[124]。He 等人通过将热致变色材料分散到聚乙烯醇和水溶性聚氨酯复合材料中，对敷料和可穿戴柔性温度传感器进行了研究。制备的热致变色材料为 TMC 与 NPCMs 的化学整合而成的 TC-M/NPCMs，表现出优异的温度指示性能。通过将柔性温度传感器连接到体表的不同位置并将其颜色与标准颜色进行比较来获得体表不同位置的温度[124]。

2.5　现有的可穿戴湿度传感器

2.5.1　现有的可穿戴湿度传感器的发展历程

湿度对人类生产、生活的影响无处不在，早在文艺复兴时期，达・芬奇就用羊毛或人发制成了毛发湿度计来检测环境湿度。随着现代科学技术的发展与电气时代的到来，基于湿度的传感器被广泛研究。1939 年，顿蒙首次利用材料的电学特性制备出了氯化锂电解质湿度传感器，其原理是利用盐类的潮解性在受潮后电阻的变化，然而因其检测范围有限而限制了其实际应用。20 世纪 70 年代，又发展成含浸式湿敏传感器，采用两种不同浓度的氯化锂水溶液浸泡多孔的无碱玻璃衬底，可得到响应范围为 20%~80% 相对湿度的器件。

进入 21 世纪，柔性电子产品因其在可穿戴健康监测和护理系统中的潜在应用而受到广泛关注，未来在物联网中将具有一定的应用前景。物联网是一个设备和物体通过互连形成广泛网络的基本概念，各种柔性可穿戴湿度传感器的快速发展拓宽了柔性电子在物联网中的新应用范围，如非接触和实时触觉、电子皮肤、远程医疗监测和可穿戴电子系统等。各种柔性电子器件所用的衬底（如 PET），各种微加工技术（如光刻和激光直写），以及各种先进材料（如各种化合物纳米材料和各种功能聚合物材料），均被用来发展高性能柔性可穿戴湿度传感器。

2.5.2 现有的可穿戴湿度传感器的发展现状

（1）基于无机材料的湿度传感器

现有的可用于柔性湿度传感器的活性材料主要分为无机材料和有机材料。无机纳米材料主要包括碳材料、金属硫化物和金属氧化物，这些材料具有高的暴露面积和对水分子的优异的亲和力[127]。在碳材料中，石墨烯及其衍生物（即氧化石墨烯和还原氧化石墨烯）具有丰富的活性位点（缺陷、空位和亲水基团），容易捕获水分子，有助于进行湿度传感。其中，氧化石墨烯因其绝缘性质而被应用于电容式湿度传感器，还原氧化石墨烯因其电阻对湿度变化敏感而应用于电阻式器件，基于这两种材料的湿度传感器及其阵列器件已被应用于人体呼吸监测[128]和非接触传感[129]。此外，与半导体微加工工艺（光刻、激光直写等）兼容性[130, 131]，使得石墨烯及其衍生物具有显著的产业化应用优势。被应用于柔性湿度传感器的金属硫化物包括 MoS_2[132]、VS_2[133]、WS_2[134]、$ZnInS_4$[135]、CdS[136]等，这类材料的突出优势是表面丰富的亲水位点和可调的能带结构，一旦相对湿度上升便可发生由吸收水分子引起的质子跃迁。此外，超薄的过渡金属硫化物可用于制备透明的湿度传感器，其内禀的优异机械柔性使其还可发展成为可拉伸的湿度传感器[137]。基于半导体器件原理将此类材料设计成高性能湿度传感器，例如基于单层 MoS_2 的湿度传感器阵列可通过栅压调控使器件灵敏度超过 10^4，通过在两种活性材料的接触界面构建 p–n 异质结也可被用于优化湿度传感性能[138]。与金属硫化物类似，金属氧化物纳米材料也表现出亲水性[139]。但由于氧化物材料一般带隙相对较窄，其主要被发展成电阻式或阻抗式柔性湿度传感器[140, 141]，现有的氧化物活性材料主要有 TiO_2[142]、ZnO[143]、CuO[144]、SnO_2[145]、MoO_3[146] 和 HNb_3O_8[147]。表面改性是提升此类活性材料湿度敏感性的重要方法，如 TiO_2 的高湿度响应性与暴露于水分子时晶体中的晶格氧（Ti–O）和羟基（Ti–OH）有关，通过氮掺杂后导致晶格畸变形成缺陷中氧的取代[148]。除了金属硫化物和金属氧化物，钙钛矿也具有优异的湿度传感性能，包括氧化物钙钛矿和卤化物钙钛矿。氧化物钙钛矿表面存在丰富的氧空位，对水分子非常敏感，包括 $Bi_{3.25}La_{0.75}Ti_3O_{12}$[149]、$BaTiO_3$[150] 和 $NaNbO_3$[151] 等。对于卤化物钙钛矿（如 $CH_3NH_3PbI_3$[152] 和 $Cs_2BiAgBr_6$[153]），尽管较弱的氢键导致相对低的湿度敏感性，但此性质使得吸附的水分子容易脱附，从而缩短了恢复时间。然而，对柔性可穿戴器件实际应用场景的要求，钙钛矿内在的机械脆性和湿度不稳定性是两个最大的阻碍因素。

（2）基于有机材料的湿度传感器

以基于功能聚合物为代表的可穿戴湿度传感器由于其生物相容性和生物可降解性，而被认为是最具有应用潜质的湿度传感器。聚合物内含有各种官能团，如 –OH、–COOH 和 $–NO_2$ 等，这些官能团的亲水性决定了聚合物的湿度活性[154]。用于湿度传感器的聚合物包括天然聚合物和人造聚合物。包括纤维素和蛋白质等天然聚合物具有内禀的亲水性，通过直接利用天然聚合物或合成仿生聚合物可以制备具有高湿度响应性的传感器。例如受蚕茧仿生结构的启发，将具有优异光学性能和导电性的透明丝素蛋白膜涂覆在 PET 衬底的银叉指电极上，可以获得在不同湿度水平下表现出肉眼可见的颜色变化的湿度传感器[155]。另外，基于纤维素纳米纤维的湿度传感器表现高透明性和亲水性，这得益于纤维膜表面大量的 –OH 和 –COOH 基团[156]。为了提升纤维素的导电性，碳纳米管被引入 2，2，6，6- 四甲基哌啶 –1- 氧基氧化纤维素纤维中形成复合材料，由于电荷转移能力的提升，器件在 11%~95% 的相对湿度范围内表现出出色的线性响应性[157]。对于人工合成的聚合物，优异的物理化学稳定性和优良的导电性使其在柔性电子领域备受关注，根据其电荷载流子的类别可将其分为电子导电聚合物和离子导电聚合物。本征电子导电聚合物具有共轭长链，双键上的离域 π 电子可以迁移形成电流。典型的本征导电聚合物是指 PANI[158]、PPy[159] 和 PEDOT[160] 等。例如，基于 PANI 纳米纤维的湿度传感器的湿度传感行为显示[161]，在低湿度水平（0~52%）下电阻降低，而在高湿度水平（50%~84%）下电阻呈相反趋势。低湿度时电阻的降低归因于吸水过程中有效的电荷转移。通过进一步增加湿度，在聚合物链中发生溶胀现象，这限制了电荷载流子的移动，从而导致反向响应。通过将 PANI 改造成纳米颗粒结构，使其具有抗溶胀的能力，从而获得了很高的响应线性度。此外，通过将聚合物与无机材料复合也可以改善湿度响应能力。对于离子导电聚合物，离子充当电荷载流子，由液体电解质组成的聚合物复合材料被认为是典型的离子导体。在将离子液体与PVDF结合后，频率相关的介电常数随着离子液体含量的增加而上升，导致电子电导率的增强。此外，由于离子液体优异的疏水性，可以实现超快的响应和恢复时间（20 ms）[162]。通过采用不同的策略优化聚合物的结构和亲水性，可以获得一种对湿度变化具有优异性能的导电聚合物基湿度传感器。

2.6　现有的可穿戴血压传感器

2.6.1　现有的可穿戴血压传感器的发展历程

血压是循环血液对动脉血管壁施加的压力，通常表示为两个重要参数，收缩压（SBP）和舒张压（DBP），对于健康人来说，SBP/DBP值约为120/80 mmHg[163]。作为一项重要的生理指标，血压的测量极其重要。1733年，英国医生哈尔斯首次通过铜管与玻璃管测量了马的血压。19世纪80年代，意大利人希皮奥内·里瓦罗奇发明了水银血压计，作为首个真正意义上的血压计由此诞生。20世纪初，俄国学者尼古拉·柯洛特科夫改进了水银血压计。随着现代电子技术的发展，小型化与智能化的电子血压计开始出现并普及。21世纪，柔性电子的出现使得血压测量真正进入可穿戴时代。

传统的动脉血压监测仪基于示波法，需要在手臂上安装一个体积庞大的充气袖带，并且只提供间歇性测量。然而，一些高血压诱导的疾病在人体发生严重损伤之前不会显示出明确的症状，这就需要持续监测血压，为早期疾病干预和治疗提供机会。此外，柔性连续血压监测仪比刚性监测仪更贴合皮肤，并为不引人注目的监测提供更舒适的体验。血压通常可以基于脉搏波传导时间（PTT）、脉搏波到达时间（PAT）、超声波和机器学习技术进行连续监测。

2.6.2　柔性可穿戴血压传感器的发展现状

（1）基于PAT的可穿戴血压传感器

用于PAT的技术包括用于监测来自心脏的电信号的ECG传感器和用于记录脉搏波的机械活动的PPG/BCG/SCG/压力传感器[164]。Fan等人[165]开发了一种可穿戴的LCPS，具有高线性（0~50 kPa）、最小滞后、高稳定性（>30000次循环）和低功耗（35 nW）。将压阻炭黑修饰的织物层浸涂在叉指电极上，并用PEN膜覆盖，然后将传感器嵌入一个填充有甘油的硅胶弹性体胶囊中。基于帕斯卡原理，通过液体将脉冲信号传输到传感器，降低了传感器对准的严格要求，公差为8.5 mm。使用LCPS测量的脉冲信号以及用于基于 PAT 逐拍监测的 ECG 信号，SBP 和 DBP 的平均绝对差值与来自 PPG/ECG 对的结果相比均小于 3 mmHg。尽管通过参考 ECG 的 R 波更容易获得 PAT，但 PEP 的存在为基于 PAT 的血压估计增加了一个额外的变量，因为它很容易因各种原因而改变，如压力、情绪、年龄和体力，将 PEP 考虑在内可以促进更准确的血压监测系统。

（2）基于 PTT 的可穿戴血压传感器

脉搏波在两个动脉部位之间传播的时间间隔即 PTT，可以根据检测到的 PPG、BCG、SCG 或压力信号等计算，已被广泛用于基于各种数学模型的连续血压估计[166, 167]。但用于记录上述信号的传感器容易受到运动伪影的影响，已采用不同的方法来解决这个问题，例如提高顺应性[168]、悬挂运动[169]和使用差分信号[166]等。Li 等人[166]开发了一种用于连续血压监测的皮肤状双通道光电器件，该器件包括超薄无机红外（850 nm，GaAs 基）、红色（620 nm）和绿色（515 nm，基于 Al_2O_3）LED，LED 位于中间位置，以及位于 LED 两侧四个光电探测器（400~1100 nm，基于硅），器件工作时通过两个 PPG 信号导出 PTT。该器件使用 50μm 厚的生物相容性薄膜封装，仅通过范德华相互作用与皮肤保形。通过假设运动伪影对每个 PPG 信号的影响相似，检测到的绿色和红色 / 红外强度之间的差异可以有效地抑制运动伪影。在静态和步行状态下测试 DBP/SBP 的绝对误差，分别为 ±7/±10 mmHg 和 ±10/±14 mmHg。另外，可检测动脉脉冲的压力传感器也可以用于提取 PTT 以进行连续的血压监测。Jin 等人[167]开发了一种低成本的柔性温度和力传感器，仅使用放置在 1 cm^2 的柔性印刷电路板基板上，上面有聚酰亚胺膜封装的两个碳纤维梁，其中碳纤维充当热和机械传感活性部件。交叉点最小可感应 3 mN 的力和 0.66 kPa^{-1} 的压强，展现出优异的灵敏度。四个传感器被放置在不同的身体部位，以测量血压、心率、体温和呼吸频率。从记录在左颈动脉和左食指上的两个脉搏波中提取 PTT，随后可以计算血压。

（3）基于超声波的可穿戴血压传感器

CBP 波形比 PBP 波形传递更多与心血管疾病相关的信息，因为心脏、大脑和肾脏直接暴露于中心动脉[170]。因此，基于 CBP 的医疗指令比 PBP 更可靠。然而，中央动脉通常嵌入皮肤下，深度为 3 cm，其中 CBP 信号无法被安装在皮肤上的光学 PPG 传感器或压力传感器捕获[171]。由于超声波在人体组织中的深度穿透，柔性超声波传感器有望连续记录 CBP 信息。Wang 等人[172]开发了一种 240 μm 厚的柔性超声波器件，该器件由 4×5 阵列的刚性 1-3 复合压电柱组成，用于自动映射血管的位置，并在聚酰亚胺衬底上绘制蛇形铜电极，以提供60%的拉伸性。该器件在不同的身体部位和不同的姿势下通过范德华力与人体皮肤稳定一致，显示出比商用眼压计更强大的血压监测能力。校准后用商用眼压计评估CBP读数的准确性，显示收缩压和重搏波的切迹的差值分别为0.05 mmHg和0.28 mmHg。

（4）基于机器学习技术用于可穿戴血压传感器的信号处理

利用多因素估计血压有望提高精度，实现无标定血压计算[173]。基于机器学习的技术的主要目的是从PPG、ECG或生物力学信号的时域和频域中提取与血压相关的多个特征，然后使用机器学习从训练的数据中计算血压[174]（图1-7）。通常，用于连续

◆脉搏传播时间（PTT）法

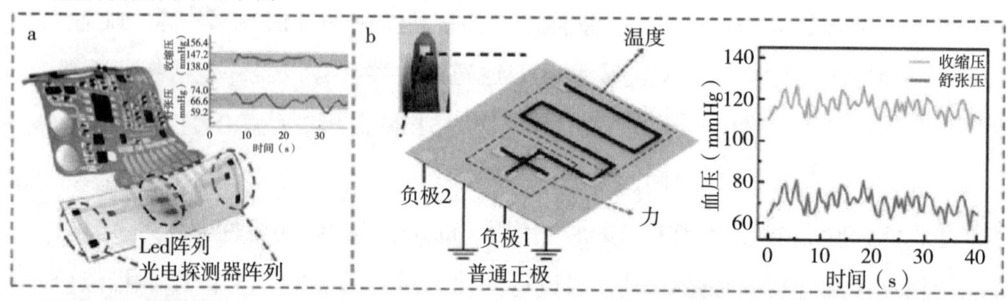

◆脉搏到达时间（PAT）法

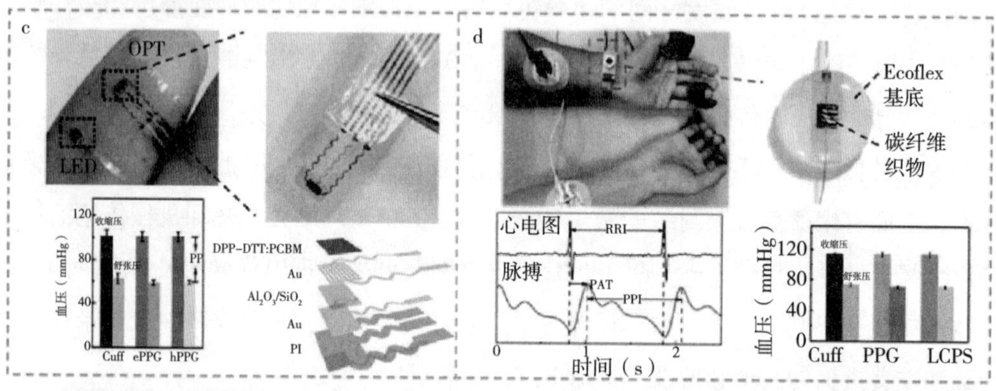

◆超声波法

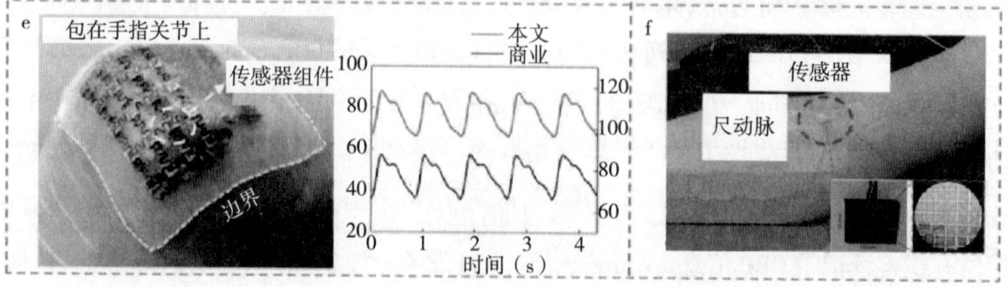

图1-7 基于PTT、PAT、超声波方法的柔性可穿戴传感器用于连续的血压监测

血压监测的机器学习算法包括但不限于线性回归、神经网络、支持向量机、随机森林和深度学习。基于 PTT/PAT 的血压监测器需要两个传感器一起工作，以记录两个同步信号，用于 PTT/PAT 提取。然而，机器学习算法允许仅使用一个传感器基于从一个信号中选择的多个特征进行精确的血压估计，这减小了监测系统的尺寸并提高了可穿戴性。例如，Huang 等人[175]开发了一种柔性压力传感阵列，该阵列由 parylene-C 衬底和具有微体结构的导电聚合物膜组成，以提高灵敏度（$-0.533\ kPa^{-1}$）。从脉搏波中选择了 11 个特征，80% 的数据用于训练三种采用的机器学习算法。结果表明，随机森林算法比梯度增强回归和自适应增强回归具有更好的性能，SBP 和 DBP 的估计参考血压和基于袖带的参考血压之间的系数 R_2 分别为 0.871 和 0.794。

2.7　现有的可穿戴离子传感器

2.7.1　现有的可穿戴离子传感器的发展历程

柔性的可穿戴器件为推进远程医疗在医院和家庭之间架起了一座桥梁。传统的生物传感器最初作为侵入式设备，用于生物化学指标的检测。科学技术的发展使得非侵入的可穿戴生物化学传感器的实现成为可能。1969 年，首个用于检测尿素的电位传感器被发明。1975 年，基于电化学生物传感器的葡萄糖分析仪实现了商业化。电化学分析可以实现原位检测、高灵敏度、快速响应和简单的检测过程[176]。然而，这些离子的检测大多在实验室进行[177]。这些过程烦琐且成本高昂，无法进行实时监测和分析。因此，开发舒适、灵活、可穿戴的设备来实时监测离子浓度是十分重要的。近年来，电子器件在材料、制备工艺、处理电路等方面的发展使得可穿戴离子传感器有了长足的发展。

2.7.2　现有的可穿戴离子传感器的发展现状

（1）单一离子传感器

基于电化学原理的离子可穿戴离子传感器取得了重要的进展。一种基于文身的离子选择性传感器[178]，其采用聚苯胺（PANI）修饰的离子选择电极作为 pH 敏感电极，具有优良的选择性和生物相容性。将商业临时文身纸等技术与传统丝网印刷和固体接触聚合物离子浓度测量方法相结合，使用电位型电化学检测方法能够快速、实时地监测运动过程中人体汗液中的 pH 水平。随后，实现了对汗液中的电解质如铵离子（$NH4^+$）[179]、钾离子（K^+）和钙离子（Ca^{2+}）[180]的无创实时监测。此外，聚乙烯醇缩丁醛（PVB）首次被用作可穿戴设备中的固态参考膜。

Schazmann 等人[176]基于钠离子选择电极、不透水塑料（通过丙烯腈－丁二烯的

3D 打印制成）和连接到电位计的吸汗材料（Lycra，用于收集汗液），制造了一种用于收集和分析背部汗液的钠传感带。Bandodkar 等人[181]发明了一种基于体表文身电位的钠传感器，该传感器也基于钠离子浓度检测方法。文身贴片与皮肤的黏附可以有效抵抗皮肤变形对电极的干扰，实现稳定的监测。该传感器连接到嵌入臂章中的蓝牙无线收发器，用于实时连续监测人体表皮汗液中的钠离子水平。然而，传感器带体积大，佩戴舒适性差。基于文身电位的钠传感器对皮肤有很好的黏附性，但透气性需要提高。这些因素限制了传感器的长期使用。Wang 等人[182]通过一步电沉积在微孔图案化芯片上原位制备了金纳米树枝状（AuND）阵列。AuND 电极表现出三维支化结构，显示出显著高的表面积和疏水性。最后，设计了一个可穿戴的汗液带状平台，用于连续收集汗液并分析 Na^+ 的浓度。Bujes-Garrido 等人[183]在 Gore-Tex 织物上使用丝网印刷电极来测量氯离子。氯离子的检测是基于二茂铁乙醇在氯离子存在下的伏安峰电位能斯特位移。在 PET 衬底上通过光刻制备 Cr/Au 电极阵列，然后通过电化学沉积制备钙离子选择电极[184]。钙离子的对数浓度与离子选择电极和参比电极之间的电势差成比例。柔性传感器连接到柔性印刷电路板，与手机的蓝牙连接实现信号转换、处理和无线传输。身体表面的离子浓度可以通过手机实时监测。上述离子传感器只能实现对单个离子的检测，且传感器体积相对较大，弹性模量高，与皮肤的黏附性较差，且不透气，限制了其在可穿戴领域的应用。

（2）多离子传感器

将两种或多种离子的检测集成在一个传感器中，提高可穿戴性已成为下一代研究的重点。基于具有集成离子选择电极的高柔性纸的石墨烯电极可以实现对钠离子、钙离子、钾离子和氯离子的同时监测[185, 186]。Xu 等人[187]集成了 NFC 模块、现场信号处理电路和全印刷可拉伸电极阵列，允许实时检测各种生物流体中的钙离子和氯离子。但是这种柔性器件需要胶带固定在皮肤上，并通过电路连接到一个庞大的刚性器件，这导致其不便被长时间使用。钠离子和钾离子传感器以及钠离子和氯离子传感器同时集成在机械柔性 PET 基板上，通过结合柔性印刷电路板，实现两种离子的同时监测以及数据的分析和传输。此外，人体体液中也有许多重金属离子，这些重金属离子也与人体健康密切相关。Gao 等人[188]在 PET 衬底上制造了一种离子传感器，通过阳极溶出伏安法选择性地测量各种重金属离子（Zn、Cd、Pb、Cu 和 Hg）。通过将传感器与直接在皮肤上的柔性印刷电路板集成，可以在运动过程中实时监测汗液中重金属离子的浓度。然而，PET 对皮肤的黏附性较差，并且由于在佩戴过程中不能适应皮肤变形，这可能导致监测结果中的误差。目前，大多数开发的可穿戴实时离子含量传感器都是基于织物、纸张或柔性 PET 薄膜材料与可用于无线传输的柔性印刷电路板之间的连接。但是，这些材料具有高弹性模量值，不容易黏附在皮肤上。它们的拉伸性也很差。因此，这种可穿戴设备无法避免由皮肤和电极滑动引起的检测误差，并且长期佩戴可能会引起不适。此外，传感器中的检测电极的数量是有限的，并且电极分布是不均匀的；这可能导致数据不完整和产生检测的误差。在随后的研究中，应研究使用具有较低弹性模量值、较好皮肤黏附性和较高穿着舒适度的材料（如 SEBS、PDMS、Ecoflex 等），以实现高密度电极阵列的集成，从而在有限的区域内进行检测。

3　柔性可穿戴传感电子系统产业发展历程及现状分析

3.1　柔性电极及接口发展现状

理想的柔性电极是高可拉伸性的，在较宽的工作范围具有高电极性能。电极的可拉伸性是根据其在机械变形下保持其导电性的能力来表示的。定量地讲，电极的可拉伸性与临界应变值有关，从导电到非导电模式。可穿戴系统相关的柔性电极需要承受由身体运动或皮肤变形引起的应变能力，这意味着需要复杂的结构和高达 100% 的可逆拉伸性。在可穿戴应用中，弹性体由于其轻微的内在延塑性行为，可以在弹性极限之前防止机械裂纹，从而显示出达到所需黏合值的拉伸性并允许面外变形。由于大应变极限和低弹性模量，各种弹性体如 PDMS，PU 和 SEBS 具有固有的可拉伸性，促进了可穿戴设备在机械性能方面的发展。目前，电极的可拉伸性最高可达 1300%，这是通过使用各种弹性成分来实现的，包括聚合物弹性体，如 PDMS、Ecoflex 和其他共嵌段聚合物[189]。其他结构如聚合物水凝胶、海绵和纤维结构也表现出优异的拉伸性能。

迄今为止，在使用可拉伸衬底的可拉伸电子产品的众多研究中，确定了三类可拉伸电极：衬底结构改造、弹性体和功能性导体的复合材料以及本征可拉伸的导体。第一种方法包括蛇形[195]、分形[196]、网格型[197]、折纸和剪纸工程[198]，以及 mogul 型结构[199]等多种图案结构。这种含有导电材料的可拉伸结构在聚合物基板上显示出其在机械条件下的高导电性能。另外，据报道使用剪纸结构具有高拉伸性，这是一种引入许多细线切割的方法，例如，图 1-8a 中 Amanogawa 的剪纸结构可以获得 1100% 的拉伸性[190]。除了这些结构，为了实现电极在高应变条件下的机械稳定性，还过度使用了岛状互连结构。这种结构通常是将预光刻网格结构重新定位到双轴拉伸的PDMS来制备的，随着拉伸基板的释放，使互连结构弯曲。基于该技术，在给定器件调节连接导体能力的情况下，该器件不会因外力的施加而在岛状结构中发生变形。此外，衬底的约束值决定了结构的可拉伸性。随着互连长度的增加，电子器件的可拉伸性和可压缩性也随之提高。图 1–8b 中 Rogers 等人扩展了岛状结构在 PDMS 曲面上的应用。通过在曲面上制备 PDMS，对弯曲的 PDMS 进行径向拉伸，然后在应变的 PDMS 上传递预制电路。将应变释放到正常位置，得到具有高拉伸性的弯曲导体[191]。

另外，还有一种方法是制备具有理想拉伸性和功能性的复合材料。替代在基板上制备分层系统的方法，填充材料的集成法可以通过随机或有序分散的方式将导电填料填充在弹性体内。由于几种填料的不可拉伸特性，许多低维纳米材料，如一维[200]或杂化形式[201]是在确保透明度的同时增强拉伸性的理想材料。例如图 1–8c 中，使用 AgNWs 可以获得更高的导电性[192]。通常通过在弹性体中嵌入预制的 AgNWs 来获得可拉伸的 AgNWs。随着 AgNWs 载荷的增加，拉伸性能提高，应变电阻变化减小。通过在 PDMS 中嵌入 AgNWs，电阻低至 0.11 Ohm · sq^{-1} 的同时可实现 200% 的拉伸性[202]。图 1–8d 中 SWCNT 网络也是制备可拉伸导体的典型导电填料，它是通过均匀分散的溶液涂层形成的[193]。已知干燥的 SWCNTs 会形成束，通过在适当的有机溶剂或其他有分散剂的溶剂中粉碎（如超声、碾磨）束可以获得均匀分散的溶液，尽管过于苛刻的粉碎条件会使 SWCNTs 变短并降低其导电性。例如，SWCNTs 可以通过超声的方式分散在 NMP 中，由此产生的薄片其电阻为 328 Ohm · sq^{-1}，拉伸性大于 150%，同时显示出 79% 的高透明度[203]。

除此之外，以离子导体和导电聚合物为代表的本征可拉伸的导体目前也正在被广泛研究。离子可拉伸电极是由含有离子或离子液体的水凝胶制成的，并且具有高度透明的特性。这些凝胶可能具有非常高的拉伸性（大于 600%），并且它们的变形对离子传导的影响可以忽略不计[204]。当它们的电导率低至 10^{-3} S cm^{-1}、面电阻为 102~104 Ohm · sq^{-1}，然而依然可以实现毫米厚的薄膜，并且薄膜仍然保持柔软（杨氏模量：10~100 kPa）和高透明度（在可见光下约 100%）。导电聚合物可拉伸导体是以固体分子级可拉伸材料为基础的，经常用于构造需要平滑接口的电子设备（图 1–8e 和图 1–8f）。此外，导电聚合物具有离子和电子的混合输运特性，这有利于降低电子输运和离子输运材料之间的界面阻抗，因此被广泛应用于电生理学[205]、激励器和电

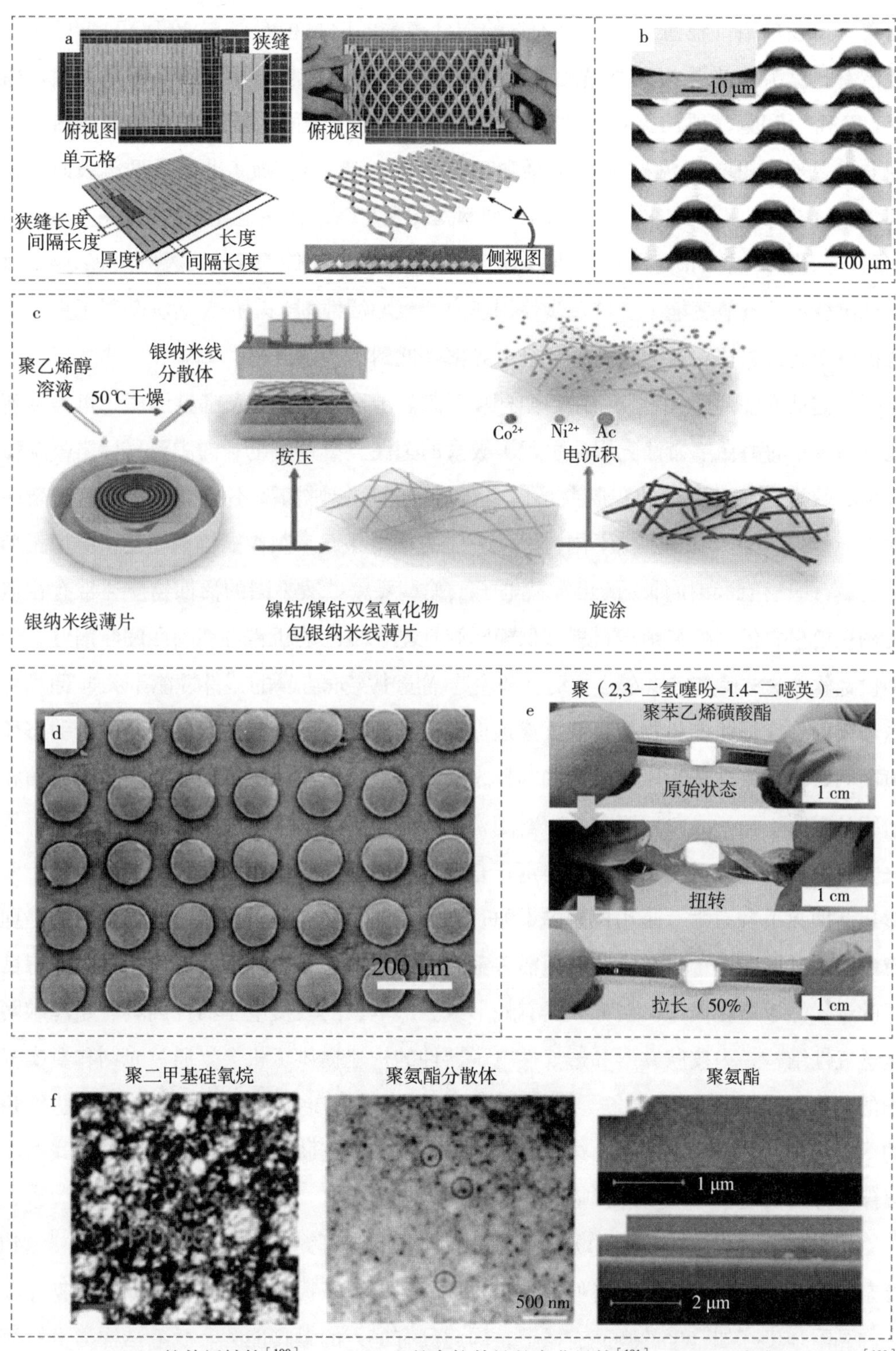

a. Amanogawa 的剪纸结构[190]。b. PDMS 上的高拉伸性的弯曲导体[191]。c. PDMS 中嵌入 AgNWs[192]。d. SWCNTs/TPU 薄膜上直接制备准半球形微图案阵列[193]。e.，f. 各种导电聚合物[194]。

图 1–8　柔性电极

池[206]。PEDOT：PSS 是一种很有前途的聚合物基可拉伸导体[194]。PEDOT：PSS 是由酸性 PSS 掺杂的共轭 PEDOT 聚合物组成的聚合物，已被证明具有很高的导电性。由于 PEDOT 和 PSS 本质上都是半结晶的，PEDOT：PSS 的固有拉伸率被限制在约 5%。因此，必须使用增塑剂来实现高拉伸的 PEDOT：PSS[207]。加入非离子型氟表面活性剂 Zonyl FS-300 后，PEDOT：PSS 的拉伸率提高到 80%，初始电导率达到 436 S · cm^{-1}。在另外的研究中，Oh 等人利用 PEDOT：PSS 制作了可拉伸 LED，在小于 40% 应变时表现出稳定的抗应变能力。进一步使用非离子表面活性剂 Triton-X 后，获得了更稳定的抗应变能力，拉伸性达到 60%，且电导率降低到了 78 S cm^{-1}[208]。

在过去的二十年中，可穿戴电子因其在电子医疗[209]、人机界面[210]和人工智能[211]方面的潜在革命性应用而引起了极大的关注。可穿戴电子的主要目标之一是设计薄、软、轻、多功能和皮肤共形的电子设备，这通常需要不同类型材料的复杂结构。与传统的刚性电子器件不同，设计合适的材料界面来制作能够承受复杂机械变形（包括弯曲、扭曲和拉伸）的可穿戴电子至关重要。虽然不同的活性物质通常有相似的杨氏模量，但高模量活性材料和低模量弹性基板之间的机械性能不匹配。因此，合理设计软 / 硬材料接口以在各种动态和生物环境中实现可靠的器件性能至关重要[212]。这需要额外考虑诸如生物相容性、渗透性、生物条件下的长期耐久性以及复杂动态环境下的材料稳定性。为了解决这些问题，一些研究小组设计了表皮界面、仿生界面和纺织品界面。

人体皮肤的特性在不同的身体部位是不同的，皮肤从广义上可大致分为两种主要形式，即无毛和有毛。多毛的皮肤几乎占身体表面积的 90%[216]。在这种情况下，理想的贴合皮肤的电子设备应该对粗糙多毛的人体皮肤具有很强的附着力，同时保持良好的透气性以防止炎症。例如，具有蛇形或分形电极的表皮电子器件因具有超薄的网状透气性结构，为皮肤共形和透气性电子器件的构建提供了机会。通过光刻和金属沉积的方法，在 PI 衬底上制备了超薄的金电极图案（图 1-9a）[210]。然后，将这些复杂的图案转移到可溶于水的聚乙烯醇胶带上并贴在人体皮肤上，其超薄的导电模式可以以保形方式安装在耳廓上进行脑电波测量。

另外，还可以通过仿生的方法来增强人体皮肤与可穿戴设备之间的黏附性。受到复杂生物系统的启发，研究者们提出了几种界面设计来提高设备在各种动态生物环境中的黏附强度。如壁虎的脚底有微毛，因此具有惊人的攀爬能力。微毛结构为目标衬底提供了数百万根毛发，由于范德华力和毛细相互作用，产生了大约 10 N · cm^{-2} 的强作用力[217]。为了证明微毛状界面的优点，制作了一个金基压力传感器并将其与微毛状 PDMS 集成在一起。与扁平 PDMS 支撑的传感器相比，微毛传感器检测腕部脉搏的信噪比提高了 12 倍[218]。尽管受壁虎启发的界面在粗糙的生物表面上显示出很高的黏附强度，但在潮湿条件下并没有效果[219]。因此，科研工作者们又进一步设计出模仿树蛙脚趾垫和章鱼吸盘结构的可穿戴传感器，使可穿戴电子适应人体皮肤表面的潮湿环境[213, 214]（图 1-9 b、图 1-9 c）。

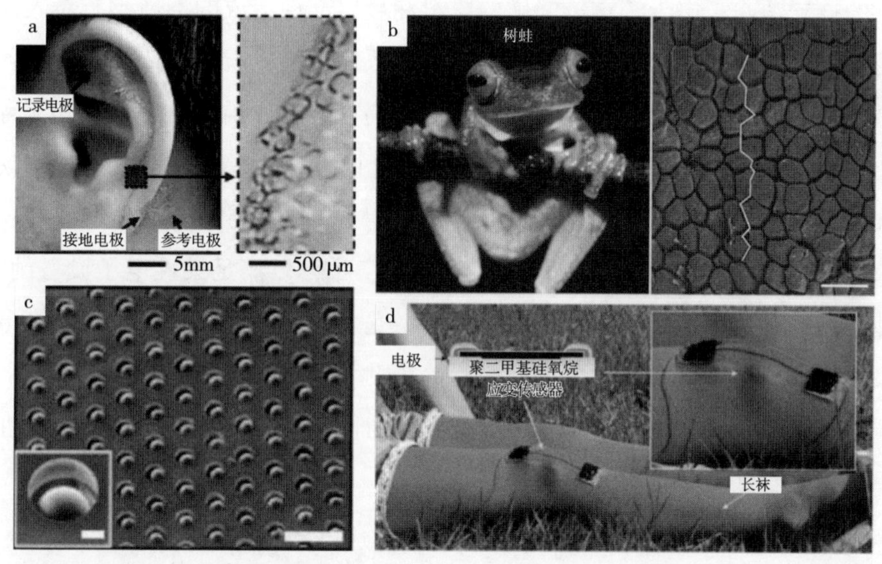

a. 聚酰亚胺衬底上制备的超薄金电极图案[210]。b. 模仿树蛙脚趾垫[213]。c. 模仿章鱼吸盘的微结构[214]。d. 纺织品集成可穿戴电子设备[215]。

图 1-9 部分柔性电极应用

虽然文身电子产品仍然是一个遥远的目标，但将可穿戴电子无缝集成到日常服装中可能会在短期内产生实际影响。由于这些材料的机械灵活性、重量轻和成本效益，纺织材料被认为是设备和人类之间优秀的中间部件。更重要的是，纺织产品在我们的日常生活中无处不在，适用于多个不同的领域。到目前为止，已经提出了几种纺织设备的接口设计与人的无缝集成，如附着集成[215]、打印集成[220]和编织、针织集成技术等。对于附着集成，可穿戴电子设备可以简单地附着在纺织品上，用于人体运动检测。为了避免打滑，通常使用缝纫包或橡胶将软装置缝或粘在目标纺织品上[215]（图 1-9 d）。此外，为了避免活性材料与刚性电极之间的连接处发生机械故障，还使用了导电胶。编制和针织是传统纺织工业的基本生产工艺。在可穿戴电子系统中，编制和针织是将活性材料改性纤维或纱线集成到类布电子纺织品中的关键技术。例如，排列整齐的多壁碳纳米管片可以包裹在弹性橡胶纤维上，形成电阻率为 0.086 kΩ cm^{-1} 的导电导体[221]。由于排列的碳纳米管薄片的超薄性质（厚度约 440 nm），导电薄膜可以在[222]高达 100% 的拉伸应变下牢固地缠绕在橡胶纤维上而不会破裂或分层。

3.2 柔性衬底及封装发展现状

对可穿戴和植入式设备的需求有效地推动了柔性电子材料的市场。可穿戴电子产品的概念消除了由于笨重、坚硬的材料和金属部件造成的不适感和对人体运动监测的限制。此外，它们运用于教育、时尚、医疗保健、能源制造和安全等各个应用领域。目前，可穿戴设备研究的重点是构建高度柔性、柔软、无刺激和无毒的产品[223]。要实现上述的多重特性，则需要对柔性衬底进行深入的研究。一般来说，灵活可穿戴系统中器件的基础结构包括三个主要组成部分：导电网络、衬底和功能材料层。所有这三个组成部分都应该被装配在设备中，以满足柔性电子设备的需求。在这些组件中，衬底控制着器件的整体性能，是实现优异的机械稳定性、高电学性能以及柔性和可穿戴设备所需的关键特性。因此，选择和集成具有合适特性的衬底技术是必要的[189]。这些特性可能包括机械柔韧性、生物相容性、光学透明性和渗透性。

柔性一词是指各种机械变形模式的容忍度。在可穿戴传感器中，由于传感 / 通信设备需要直接集成到皮肤上，柔性衬底需要实现高应变的特性。结合衬底的低杨氏模量、高应变、高弹性极限等力学要求，可以实现灵活和可拉伸的系统[225]。在其他要求中，通常用杨氏模量表示的材料刚度来定义在单轴变形的线弹性系统中应变与应力的比值。衬底的低模量值导致较宽的应力范围，在不降低机械和电学性能的情况下表现出理想的性能。为了阐明机械因素与柔性和可穿戴设备之间的关系，图 1–10 给出了柔性和可穿戴系统常用衬底的各种杨氏模量范围。此外，作为柔性和可拉伸性电极衬底的加工过程中，电极的最终应力与封装电极的衬底的杨氏模量成正比。因此，为了增强柔性，最关键的是衬底的选择和优化、材料结构和加工方法。对于柔性和可穿戴系统，衬底应具有低模量，从而允许电极在平面以上完全变形，并在最大结合后保持显著的可拉伸性[226]。例如，弹性模量 E 为 360~870 kPa 的 PDMS 在机械变形条件下表现出优异的机械相容性，从而使其在柔性和可穿戴系统中具有很高的适用性。此外，随着聚合物塑料衬底 PET 和 PI 厚度的减小，模量可以通过增加或减小薄膜厚度来调节[227]。

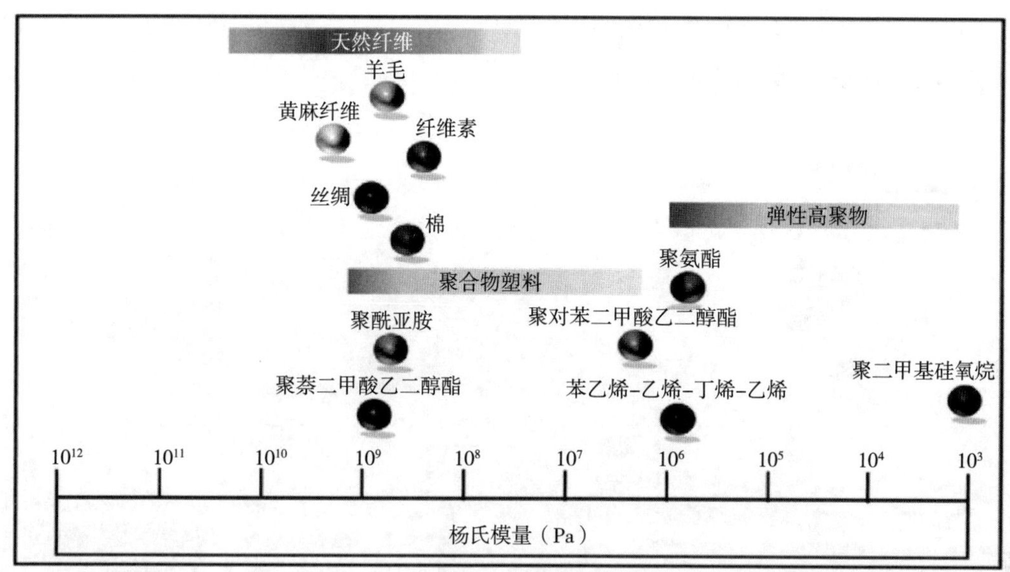

图 1-10　常用衬底的各种杨氏模量范围[224]

材料的生物相容性是指其在特定情况下实现适应宿主的能力。对于可穿戴系统，衬底的生物相容性被认为是至关重要的，因为它需要与生物界面直接关联。各种因素如表面电荷、化学成分和 pH 值是导致细胞毒性和降低生物相容性的因素。尽管控制生物相容性的因素很多，但各种材料，如 PDMS、纤维素基质和丝绸基纺织基质都具有生物相容性。此外，为了提高生物相容性，各种天然存在的材料，包括硬明胶、淀粉和焦糖葡萄糖，已被证明是电子器件的合适底物（图 1-11 a）[228]。类似地，仿生纳米纤维聚合物，如几丁质、纤维素和蚕丝，可以产生具有天然生物重复序列的层次结构，是合适的衬底[233]。如细菌纤维素被报道是一种可穿戴式健康监测应用的生物相容性纤维（图 1-11 b）[229]。实现生物相容性的另一种策略是用生物相容性衬底封装柔性器件，并且进行了各种尝试，如用 PU[234]、Ecoflex[235] 和 PDMS[236] 来封装器件。

光学透明衬底对于具有低双折射的可穿戴显示设备，特别是液晶显示器（LCD）来说是至关重要的。对于柔性显示应用，要求在 400~800 nm 内的透光率大于 85%，雾度值小于 0.7%。例如，PET 和 PEN 等聚合物塑料薄膜不太可能用作衬底，因为它们具有高双折射值，可以改变偏振状态。然而，聚酯薄膜是增强 LCD 性能所需要的，例如棱镜片。此外，非晶聚合物薄膜具有较低的双折射率值，被认为更适合作为 LCD 的衬底[237]。许多含金属的 PDMS 复合材料在可见光区表现出很高的透明度，如 PDMS/（Au NWs/Ag NWs）的透明度为 86%（图 1-11 c）[230]，AgNWs/PDMS 的透明度为 88.3%，以及 AgNPs/PDMS 的透明度为 86%（图 1-11 d）。此外，PU 对（NPs）/（PU）具有 77% 的高透明度（图 1-11 e）[232]。

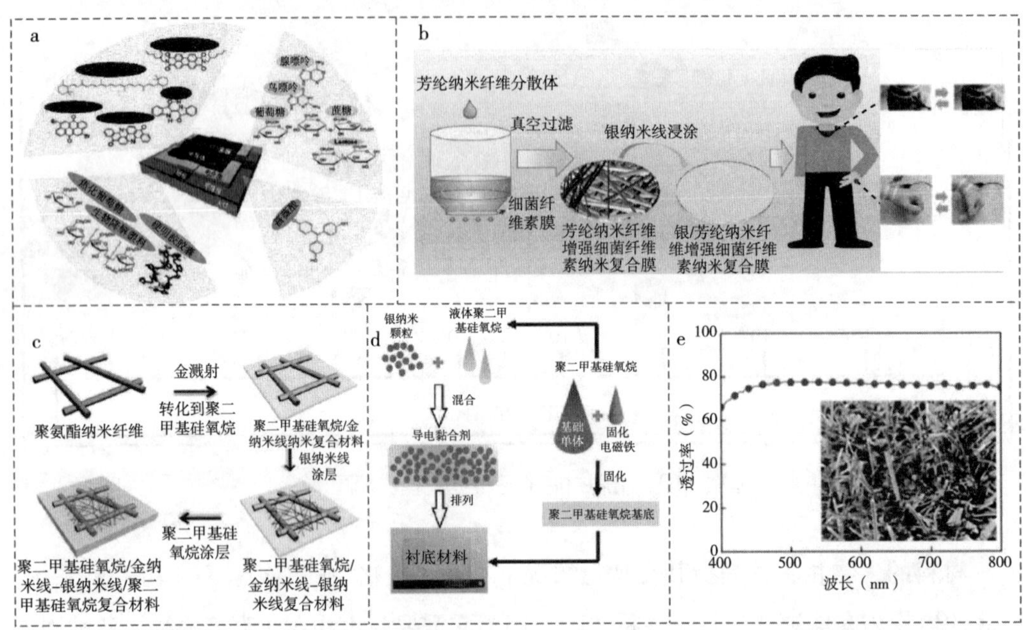

a. 天然材料衬底[228]。b. 细菌纤维素生物相容性纤维[229]。c. PDMS/（Au NWs/Ag NWs）衬底制备过程[230]。d. Ag NPs/PDMS 衬底制备过程[231]。e. PU 对（NPs）/（PU）不同波长透过率[232]。

图 1-11　衬底材料制备示意图

柔性和可穿戴设备在佩戴过程中会接触到包括气体、液体和分子的复杂环境，这些气体、液体或分子可能会通过渗透的方式渗透到柔性设备的表面，而降低设备的性能和灵敏度。此外，由于暴露在湿气中，设备下方的积水会降低设备性能并损害表皮，从而导致疼痛、感染和延迟愈合[238]。因此，衬底的不可渗透或选择性渗透来自生物环境的蛋白质、液体气体、水分和其他分子。可拉伸基质与小分子相比，由于其长链和较大的孔径，因此大多可渗透氧气和水。例如，PDMS 具有优异的柔韧性和生物相容性，对小的亲脂性分子、有机溶剂和水具有渗透性。这个缺点主要是通过使用附加涂层进行多层涂层工艺来克服的。例如，聚对二甲苯表现出低的透湿性，并且可以通过调节衬底表面的渗透性来提供较高的稳定性。Lewis 等人使用三个步骤：蒸发、热解和沉积，将聚对二甲苯沉积在 PDMS 聚合酶链式反应芯片装置上。其中，沉积厚度为 4.5 μm 的聚对二甲苯层降低了器件对湿气和气体的渗透性[239]。另一个例子是 PI，它表现出显著的耐用性和灵活性，由于其较低的渗透性，被认为是一种潜在的候选者。此外，与 PDMS 相比，它可以在水和盐水溶液中长时间表现出电性能[240]。另一种替代方法是无机封装，例如具有氮化硅双层的热 SiO_2，因具有对水和离子的低渗透性已被用于在恶劣环境中抢救电子设备。

为了充分发挥可穿戴和柔性电子产品的潜力，开发在机械应变下也能封装并防止敏感电子设备在环境中衰变耐用、可拉伸以及 GDBF 至关重要。一般来说，PDMS 和 Ecoflex 等弹性体通常用作可穿戴电子的封装材料[241]。然而，这些弹性体的水分和气体透过性过高，这使它们有时不适合封装一些可穿戴电子产品。GDBF 封装可抵抗气体分子（包括水蒸气和氧气）的渗透，以抑制底层柔性电子器件的降解，从而延长所有器件的寿命[242]。目前已经进行了大量研究，以开发具有低水蒸气和氧气透过率、高柔性和透明度的阻挡膜[243]。通常，GDBF 是在柔性聚合物衬底（如 PET、PI 或 PEN）上制备的，通过使用真空沉积技术（如原子层沉积、溅射和等离子体增强化学气相沉积）沉积无机氧化物（Al_2O_3、ZnO、TiO_2 和 HfO_2）的交替层，以及通过溶液处理技术的聚合物层[244, 245]。尽管这些 GDBF 具有优异的阻隔性能，然而却缺乏拉伸性和自修复能力。另外，基于真空沉积技术耗时、产量低，并且在每一步之后都需要改变膜沉积方法[246]。由于这些阻挡膜在弯曲和拉伸过程中会形成裂纹，因此传统的 GDBF 不适合用作可拉伸和可穿戴电子设备的结构封装。为了使下一代柔性电子器件商业化，仍然需要研究开发具有低成本和易于制造解决方案的长期耐用的 GDBF。

最近，二维（2D）材料纳米片和 L-B-L 沉积在制备用于各种应用的 GDBF 方面受到了极大的关注[247]。L-B-L 技术可用于使用水溶液形成保形超薄膜。各种二维材料，如 LDH 黏土、还原氧化石墨烯和 hBN 纳米片，由于其多层板状结构、相对高的纵横比以及对水蒸气和氧气的不渗透性，已被探索用于气体阻挡应用[248]。二维材料的这些特性，使其适合用作薄膜封装或者填充材料，如用在聚合物基质纳米复合薄膜中[249]。

在使用过程中，GDBF 中发生的裂纹导致薄膜失去阻隔性能，从而允许水蒸气和氧气渗透[250]。因此，为了保持 GDBF 的耐用性和长寿命，需要新的方法和材料在使用过程中自主修复机械损伤。自愈性材料在各种应用过程中，通过修复机械损伤，可以自主保护薄膜表面免受外部机械力的影响。自愈合材料既可以用作传统 GDBF 顶部的薄膜，也可以用作开发可拉伸和完全自愈合气体阻挡膜的基底。例如，Song 等人使用八层 PEI 和聚丙烯酸开发了一种可自愈的氧气阻隔膜[251]。此外，Dou 等人通过 LDH 纳米片和 PSS 的逐层组装后渗透 PVA 来制备 GDBF 薄膜，显示出优异的氧阻隔性能和湿度触发的自愈功能。[252]。

3.3 电池及自供能发展现状

3.3.1 电池

能量是可穿戴传感器在应用过程中至关重要的部分，目前电池和自供能是可穿戴传感器的主要供能方式[253]。

随着5G和物联网时代的推进，可穿戴市场将迎来爆发式增长。由于用户需求产品不断向小型化、轻量化方向发展，因此制备具有优异电化学性能、高安全性和良好机械柔韧性的小型化储能设备，对于穿戴电子设备供电的发展变得越来越重要。一般来说，电池由电极、隔膜和包装材料等硬而脆的部件组成，而其不能承受应变而无法满足可穿戴设备的要求。可拉伸材料和各种结构工程概念已被用于设计具有高拉伸性和合理设备性能的各种可拉伸电池系统。目前主要应用于柔性可穿戴电子设备的可伸缩电池，主要包括锂基电池、多价电池和金属空气电池。

（1）锂基电池

锂基电池包括锂离子电池（LIB）、锂硫电池和锂氧电池，均以锂离子为电荷载体。锂（Li）元素具有低氧化还原电位和低原子序数的性质，从而可实现电池的高比能量密度。在锂基电池中，LIB被认为是最有前途的储能系统之一，因为其没有记忆效应，且能量密度高、技术成熟而被用于可拉伸电池的制备[254]。可拉伸锂离子电池的关键部件包括阴极、阳极、隔膜和电解质，这些组件通常容易受到机械变形的影响。因此，设计材料和开发制造新型结构对于实现可靠的可拉伸锂离子电池非常重要，使锂离子电池在外部作用下依然可以保持其优良的性能。

此外，Bao和Cui的团队通过波浪/屈曲工艺设计了一种碳/硅/聚合物泡沫作为可拉伸阳极，如图1-12 a所示[255]。电极外层由高弹性自修复聚合物和脂肪酸混合物组成，通过二聚体和三聚体与二亚乙基三胺（DETA）之间发生反应，可有助于在拉伸/释放过程中保持其电化学性能。为了研究泡沫电极聚合物层的稳定拉伸特性，研究人员使电极在25%应变下循环测试1000次，然后测量循环时的电阻。测试结果显示，虽然电阻最终会增加，但该值足以将该材料用作电池电极。因此，证明了弹性聚合物层在施加外力时可以保持良好的整体电极接触。为了实现可拉伸性和机械强度，Cui和同事还提出了一种新的电池组件设计，这种新的锂碳氧化物（LCO）电池具有波浪结构和PU/PVDF聚合物组成的弹性和黏性隔膜，如图1-12 b所示[256]。测试结果表明，弹性及黏性聚合物可以减轻机械应力并在变形过程中保持与阴极和阳极的恒定附着。同时，在重复拉伸并释放50%应变期间，该LCO电池持续为LED设备供电，

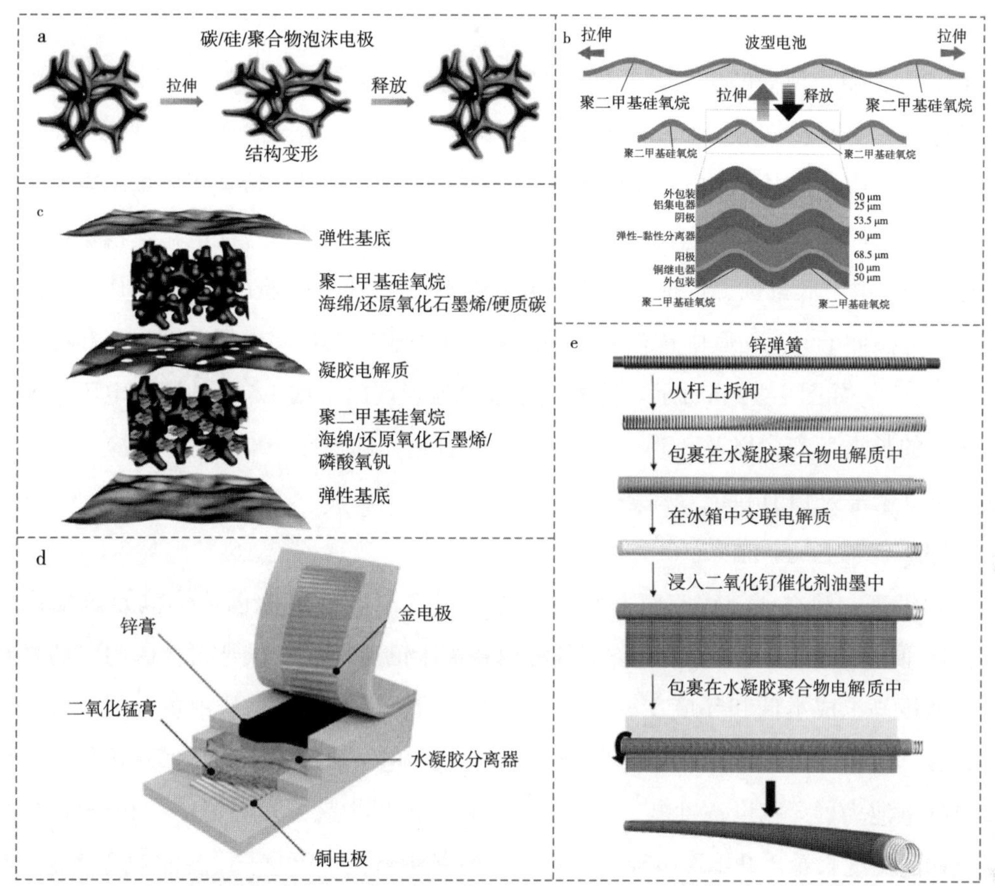

a. 碳 / 硅 / 聚合物泡沫作为可拉伸阳极的锂基电池。b. 具有波浪结构由 PU/PVDF 聚合物组成的 LCO 电池。c. 可拉伸的钠离子电池。d. 可拉伸的锌基干电池。e. 可拉伸的纤维状锌空气电池。

图 1-12　可拉伸电池示意图

在供电过程中保持了稳定的电化学性质。

尽管锂离子电池作为可伸缩电池系统是一个很有前途的候选者，但它们因为潜在的环境危害、高成本和本质安全问题方面存在的问题限制了其广泛的应用。同时，这些锂离子电池是在与人体直接接触的情况下运行的，因此上述问题尤其是安全问题变得尤为关键[257]。

（2）多价电池

为缓解锂基电池造成的环境问题，科学家们想到了用其他金属离子电池来替代锂基电池。此类金属离子电池的阳离子可分为两组，一价金属阳离子（Na^+ 和 K^+）和多价金属阳离子（Mg^{2+}、Al^{3+}、Ca^{2+} 和 Zn^{2+}），具体取决于金属离子的氧化态。其中 Na 离子电池是具有成本效益的碱性材料，同时由于钠离子是一价阳离子，与锂离子相似具有类似的电化学性质。例如，Yu 等报道了一种可拉伸的钠离子电池[258]，如图 1–12 c 所示。他们的电池系统即使在 50% 的拉伸状态下也能正常工作，并且可以在各种机械变形下点亮 LED。与单价金属阳离子相比，多价金属阳离子理论上通过实现多电子转移具有更大的电化学储能能力。锌基电池系统是多价金属阳离子电池中目前研究最为广泛的，因为它们具有与水性系统的相容性、高化学 / 电化学稳定性、易于充电 / 放电、低毒性、低成本以及环境友好性等特性。另外，Bauer 及其同事报道了一种可拉伸干电池，其中锌糊阳极和锰糊阴极制造在弹性集电器（即炭黑和硅油糊膜）上[259]，如图 1–12 d 所示。这种干凝胶电池表现出大约 1.5 V 的开路电压、大于 1000 h 的长循环寿命以及 3.5 mA・h・cm^{-2} 的容量，即使在 100%的单轴应变下，电池也可以正常为 LED 供电等优势。

（3）金属空气电池

近年来，锂空气、锌空气和铝空气电池等金属空气电池已成为满足电动汽车（EV）、便携式设备和可穿戴设备等各种设备需求的有前途的候选者，因为它们具有能量密度高、成本低和环境友好等优点。传统的金属 – 空气电池由负金属电极（例如，Li、Zn 和 Al）、带催化剂的多孔空气阴极膜和电解质组成。为了实现可拉伸的金属空气电池为可穿戴设备供电，人们付出了巨大的努力来开发电池结构和新型材料。从结构的角度来看，纤维形电池设计具有各种有利于可穿戴电子设备的独特性能。例如，纤维型金属空气电池不仅可以编织成各种形式的布料，而且很容易与功能性可穿戴设备一起集成到纺织品结构中。这些优势使纤维状可拉伸金属空气电池成为可穿戴电子设备领域的热门电源选择。Peng 等人提出了可拉伸纤维状锌空气电池，包括用于氧还原反应的交叉堆叠 CNT 片状阴极、用于析氧反应的 RuO_2 催化剂和锌弹簧阳极[260]，如图 1–12 e 所示。研究结果表明，含有添加剂的凝胶电解质抑制了碱性电解质中铝金属阳极的腐蚀，还防止了物理变形而引起的内部短路。另外，使用凝胶电解质时，固态纤维状铝空气电池在 30% 的应变下提供 1% 的高度稳定的工作电压。

3.3.2　自供能

目前关于在可穿戴传感器上电池领域的研究已经取得了很大的进展。然而，上述大多数可穿戴传感器设备的设计都涉及庞大的板载电源、直接物理连接和相关电路，这极大地限制了它们的实际应用[261]。因此，应用于个人的医疗保健和人类活动监测的可穿戴应用迫切需要通过自供电的方式为传感器供能，使之实现不间断的连续工作。目前关于自供能系统的主要方式包括收集机械能集成自供电传感系统、收集热能集成自供电传感系统以及光伏电池供电传感系统。

（1）收集机械能集成自供电传感系统

振动、摩擦等机械能是自然界中普遍存在的绿色资源，是我们身边取之不尽、用之不竭的能源。可穿戴系统中使用的机械能可以从人体中获取持续的电力供应。因此，人类在日常生活中活动所产生的能量，如果能够收集起来并将其转化为电能驱动传感器，将非常有利于可穿戴设备在人体上的应用。通常，利用摩擦电效应和压电效应是获取机械能的主要方式。近年来，摩擦起电效应被广泛应用于可穿戴自供电传感系统，它是一种通过接触摩擦运动（包括滑动运动、垂直触摸和扭转应力）在材料表面形成感应电荷方法。例如，Wang 等人制造并研究了一种基于摩擦生电过程的、具有良好的机械柔韧性的透明纳米发电机，随后将其用于具有高灵敏度和透明度、高检测分辨率以及快速响应时间的自供电压力传感器的能量供应系统中[262]，如图 1–13 a 所示。高分离距离变化和大接触面积使感应电流与摩擦电材料之间产生的电荷量大幅增加。由于图案化 PDMS 阵列的设计大幅增加了摩擦电效应和电容变化，使能量的输出效率大大提高。同时柔性摩擦纳米发电机（FTNG）成本低廉且制造工艺简单，将其与可穿戴传感器集成后在实际应用和工业生产中具有很大优势。

（2）收集热能集成自供电传感系统

热能收集系统可以利用热电效应和热释电效应从人体活动中收集能量，将热能转化为电能。Zhu 等人报道了一种微结构框架支撑的有机热电（MFSOTE）材料，其可用于自供电双参数（温度和压力）传感器中[263]，如图 1–13 b 所示。由于独立的热电效应和压阻效应，外部温度和压力刺激可以转换成单独的电信号产生响应。该器件具有 0.1 K 的高温检测分辨率和 28.9 kPa^{-1} 的压力传感响应度。同时，当物体与具有耦合压力和温度刺激的装置接触时，装置和物体之间的温度通过热电效应和产生的电势来测量。

（3）光伏电池供电传感系统

除上述热能和机械能，太阳能是另一种重要的可再生清洁能源。集成光伏系统通过收集太阳能并将其转化为电能，为构建能源自主系统提供了一种有效的方式。与传统的固态太阳能电池和染料敏化太阳能电池相比，钙钛矿太阳能电池（PSCs）因其不断提高的转换效率而成为目前该领域研究重点。目前，多种集成 PSCs 系统也已成功实现制备。例如 Dahiya 及其同事成功制备了集成太阳能电池的透明触觉传感器单元[264]，如图 1–13 c 所示。这种基于石墨烯的电容式传感器，直接图案化制备在钙钛矿太阳能电池的顶部，实现了能量自主的触觉皮肤的制备。由于其特殊的透明特性，钙钛矿太阳能电池的能量－电压性能不受传感器覆盖在其表面的影响。这项研究充分证明了太阳能电池－传感器系统的合理性。

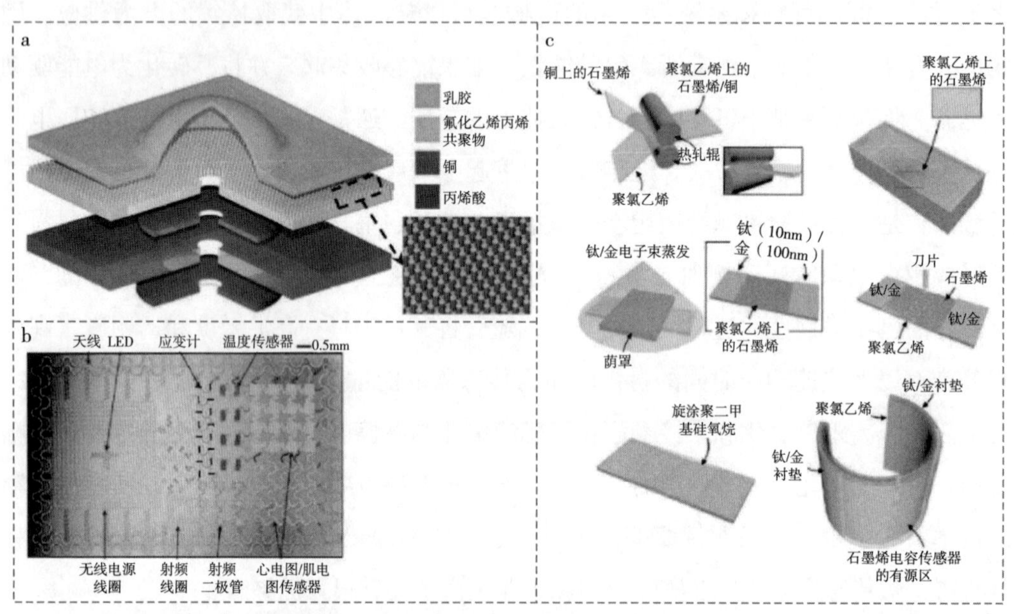

a. 一种基于摩擦生电过程的透明自供电压力传感器。b. 一种微结构框架支撑的有机热电自供电双参数传感器。c. 一种集成太阳能电池的透明触觉传感器。

图 1-13　自供电传感器

3.4　智能化发展现状

过去几年，可穿戴电子设备在我们日常生活各个方面都产生了重大影响，例如在医疗保健监测和治疗、环境监测、软体机器人、假肢、柔性显示、通信、人机交互等方面，可穿戴电子设备都实现了越来越广泛的应用[265]。随着技术的发展和产业的升级，下一代可穿戴电子设备正在快速迈向人工智能（AI）和物联网（IoT）时代，以帮助人类实现更高水平的舒适、便利、连接和智能的生活。最近，新兴人工智能与功能电子技术的融合催生了一个新的智能系统领域，可以通过机器学习辅助算法进行检测、分析和决策。此外，受益于 5G 网络，传感数据的采集率能够满足大数据分析和更高形式的 AI 的要求。基于 AI 和 IoT 所集成的 AIoT（AI + IoT）系统也已经出现并开始快速发展，其可在广泛的物联网应用中实现智能生态系统的构建和运行。将可穿戴电子设备与人工智能技术相结合时，由此产生的可穿戴系统能够对获取的数据进行更复杂、更全面的分析和训练集，所得分析和训练集远超出了传统方法所能达到的水平。然后，可以使用这个经过训练的模型来预测新输入数据的分类，作为触发预期事件的条件。通过选择合适的算法，调整算法参数，以及融合来自不同传感器的不同类型的数据，可以不断提高预测的准确性[266]。因此，从根本上说，智能系统可以改变感知和交互的方式，从而实现可穿戴电子设备在高级身份识别、个性化医疗监控和治疗、智能家居/办公/楼宇、智能物联网、虚拟现实（VR）和增强现实（AR）环境中的加密交互等多方面多领域的广泛应用，进而实现未来人类社会生产生活的进步和升级。

传统的信号分析方法是从感知信号中手动提取基本特征。相比起来，人工智能技术的快速发展，实现了感知数据在采集、处理分析和传输过程中的智能化，强有力地推动了可穿戴电子产品的巨大进步[267]。人工智能技术不仅可以辅助可穿戴传感器检测更复杂多样的传感器信号，还可以自动从传感器中提取代表数据集内部关系的关键性特征。通过匹配合适的学习模型通过特定的传感应用，可以从这些设计多样的传感器中提取更加全面的信息，从而实现可穿戴电子产品的飞速发展。

目前，关于可穿戴电子设备的智能化应用已经有了很多相关研究。例如，研究人员设计了一种基于三明治结构的高效压电性的主动脉冲传感系统，其可以通过基于机器学习分析人体桡动脉的微弱振动模式，实现对于微弱脉搏信号的检测和分析，如图1-14 a所示[268]。通过动态时间扭曲（DTW）算法比较两个脉搏波之间的相似性，其中DTW距离可以用于计算并反映相似性。测试结果显示，真阳性率（TPR）值为77.0%，这意味着志愿者将在1000次试验中的770次中实现成功识别。此外，研究人员还提出了一种能够检测吞咽活动的可穿戴柔性应变传感器，可用于头颈癌患者的吞咽困难监测和吞咽功能退化的潜在识别，如图1-14 b所示[269]。研究人员设计了一种机器学习算法，它通过基于L1-distance的方法识别人体吞咽过程，即区分健康受试者（86.4%准确率）和吞咽困难患者（94.7%准确率）吞咽同一团块时的信号，上述成果可用于构建监测吞咽功能异常的非侵入式和家庭式健康监测系统，以及实现此类可穿戴电子设备的临床使用。除此之外，一种能够识别人说话声音的高精度柔性压电声学传感器（f-PAS）也已经被研究成功，如图1-14 c所示[270]。该声学传感器是使用了基于高斯混合模型（GMM）的算法，可通过高度灵敏的多通道膜来获取识别说话者声音的信息，其最高可达到97.5%的极为出色的说话人识别精度，与目前的商业化MEMS传感器相比，错误率降低了75%，该结果强有力地表明了基于机器学习的算法，可以使f-PAS平台进一步应用于基于语音的生物识别认证和高精度语音识别。

随着技术的不断发展，几十年来，传统的机器学习技术因处理自然数据集的能力相对较弱而不断受到限制，进而限制了可穿戴设备在智能化领域上更进一步的发展。此时，另一种技术，深度学习应运而生。与传统的机器学习不同的是，深度学习可以通过训练端到端的神经网络来提取更高层次和更有意义的特征信息[271]。此外，深度学习作为机器学习的一个新的子领域，提供了一种从收集到的原始信号中自适应学习代表性特征的有效方法，尤其是在无监督和增量学习方面和图像处理、语音识别、人类活动识别等方面取得了巨大的成就。随着各种传感机制的发展，可穿戴电子产品的设计也朝着海量数据点和具有显著复杂性的高级特征发展。因此，为实现可穿戴电子设备更智能化的发展，结合深度学习技术变得至关重要。深度学习方法可以发现大型数据集中的复杂结构，因而在处理高维和非线性数据方面具有独特的优势[272]。例如，研究人员基于深度学习技术，开发了一种带有摩擦电层和石墨烯传感器阵列的自供电神经手指皮肤，用于模仿人体皮肤中的快速和慢速自适应机械感受器，以实现对于施加的压力的持续检测，如图 1–14 d 所示[273]。得益于深度学习技术的优势，其提出的神经网络模式方法可以帮助设备区分在 12 种织物表面纹理之间的细微差异，测试准确率高达 99.1%。除此之外，一种低成本的可扩展的触觉手套（STAG）也已经实现了成功研发，如图 1–14 f 所示[274]。通过类比视觉和触觉域之间的基本感知原语，该手套将用于图像处理的 584（32 × 32 像素点）个压阻传感器阵列分布在手掌上，实现了通过装配最少的传感器数量来与 26 个不同的物体进行交互。通过使用基于 ResNet–18 的深度学习网络架构，在识别 32 × 32 触觉传感器阵列中的具体传感器坐标后，其可实现在七个随机输入帧中达到最大分类精度。上述方法表明，随着柔性电子器件的不断改进和深度学习技术的不断发展与结合，智能化柔性电子设备与系统可以获取数量更大的信息来进行更深层次地研究交互，从而有助于未来设计和开发下一代可穿戴电子产品和系统。

根据可穿戴电子设备的最新进展，下一代可穿戴电子设备将继续朝着多功能、自主可持续和更高智能的系统发展。在实现将更多功能集成到一个可穿戴设备中以实现更高的生产力，即使用机械柔性和可拉伸传感器网络来模拟人体皮肤的体感系统，该网络可以检测和量化多种外部刺激，包括但不限于压力、应变、温度、湿度、光照等多重信息信号。此外，还可以进一步集成可穿戴光电显示和光子通信及传感模块，以实现具有易于可视化、高数据传输率和无 EMI 无线通信的完整监控系统。最后但同样也是最重要的是，智能化已经成为可穿戴电子设备的重要发展方向和发展要求。目

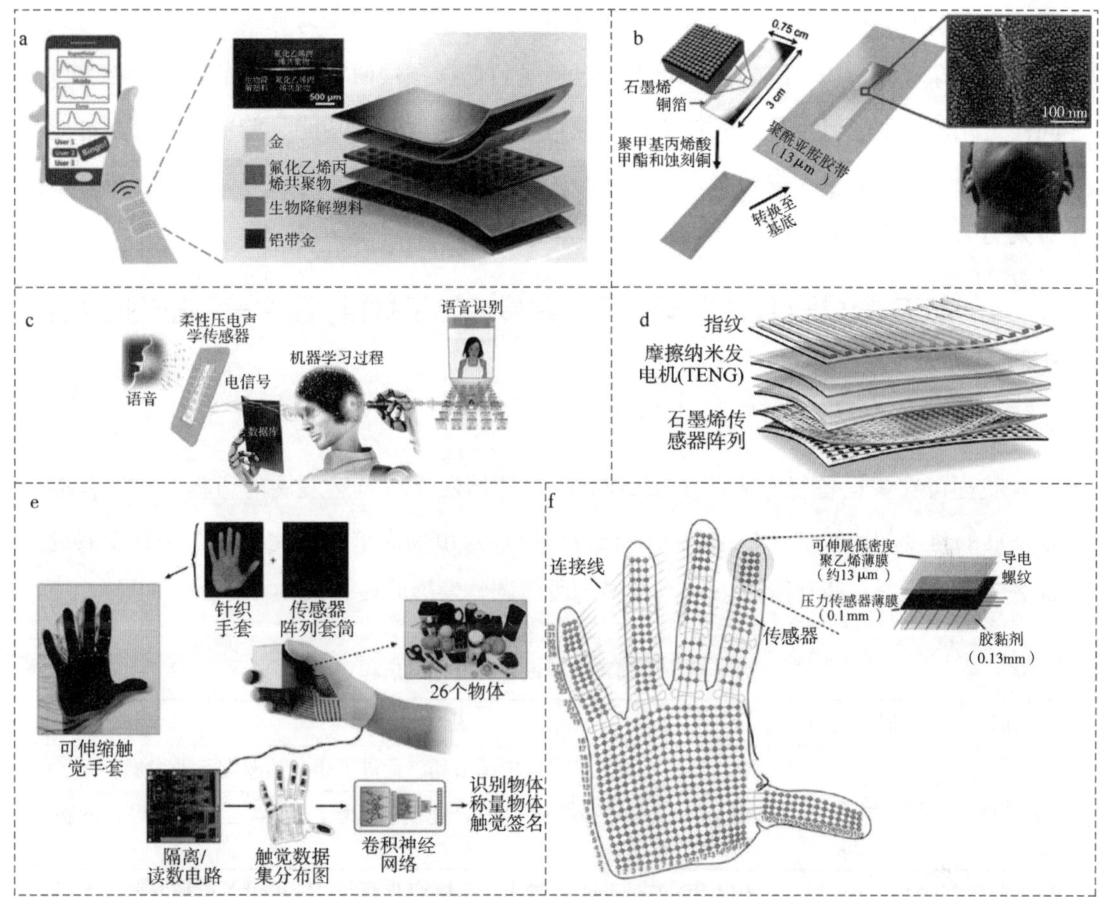

a. 一种高效压电性的主动脉冲传感系统。b. 一种能够检测吞咽活动的可穿戴柔性应变传感器。c. 一种能够识别人说话声音的高精度柔性压电声学传感器。d. 一种带有摩擦电层和石墨烯传感器阵列的自供电神经手指皮肤。f. 一种低成本的可扩展的触觉手套。

图 1-14　部分可穿戴智能化传感器示意图

前，人工智能和可穿戴电子学的蓬勃发展已经催生出了一个全新的研究领域，即智能化可穿戴系统，以实现其在个性化医疗监测和治疗、身份识别、VR/AR 环境下的智能交互以及智能化生产和生活等多方面更加广泛的应用。得益于这几十年关于机器学习算法和深度学习算法的蓬勃发展，可穿戴电子设备可以实现更加复杂多样的感官信息的数据分析过程，并从中自动分析并提取含有内在关系的所需要重点监测的关键特征指标，从而实现可穿戴智能系统的构建。通过将可穿戴传感器所实现的特定的功能系统与适当的机器学习模型相匹配，可以提取更全面的信息信号，实现信息的最高效利用，从而用于后续的如身份识别和决策制定等操作过程，形成高度智能化的可穿戴系统。综上所述，下一代可穿戴柔性电子设备的发展趋势将在人工智能和物联网时代不断向多功能、自主可持续和智能系统推进，结合诸如机器学习算法等新技术的技术爆炸，可穿戴设备与系统的智能化发展已经是目前该领域研究和应用的重中之重，也同样是此领域未来最重要的发展方向。通过实现高精度、多功能、精准预测等多种应用，智能化可穿戴电子设备及系统，必将大幅便利人类未来生活的方方面面，也必将对人类未来生产活动和产业升级起到至关重要的作用。

4　基于“数据+算法”柔性可穿戴传感电子材料-器件-系统产业发展历程及现状分析

4.1　发展历程

我国可穿戴设备行业大体上从 2000 年才开始发展。虽然发展的历程比较短，但是发展的速度却比较快。根据政策的扶持情况以及市场需求的变化，可以将其发展过程分为三个阶段：萌芽阶段、快速发展阶段、调整发展阶段（表 1-1）。

表 1-1　中国可穿戴设备行业发展历程

阶段	时间范围	标志性事件
萌芽阶段	2000—2013 年	2000 年，外资陆续进入中国市场，促进了生物传感器行业发展。
		2013 年，国务院发布《生物产业发展规划》，为柔性可穿戴设备发展奠定政策基础。
快速发展阶段	2014—2016 年	2014 年，Googleglass 推出，引爆商业消费可穿戴设备市场，智能手环市场火爆。
		2016 年，国务院《“十三五”国家科技创新规划》鼓励发展新一代信息技术重点加强新型传感器研发能力。
调整发展阶段	2017 年至今	2017 年，工业和信息化部制定《促进新一代人工智能产业发展三年行动计划》，同时可穿戴设备产品同质化严重，行业进入调整发展阶段。
		2018 年，可穿戴设备在医疗设备等专业领域得到更多关注。

在中国可穿戴设备萌芽阶段，外资陆续进入中国，这就促进了中国生物传感器行业的高速发展。此外，政策提出要推进生物基产品的规模化发展应用和绿色生物工艺的应用，培养生物服务新业态，这就为智能可穿戴设备的发展奠定了政策基础。在中国可穿戴设备的快速发展阶段，特别是 2014 年 7 月，小米推出 79 元高性价比智能手环，快速提高了中国消费者对智能穿戴产品的认知，刺激了中国智能手环市场需求，为商业消费级柔性可穿戴行业高速发展奠定了需求基础。在中国可穿戴设备的调整发展阶段，相关政策的出台促进了中国生物传感产业向智能化的转型与升级。这一阶段

的商业消费级柔性可穿戴设备的市场热度已经消退很多，制造商开始深化产品垂直领域的专业功能，所以专业级别的可穿戴医疗设备受到市场更多的关注。

4.2　现状分析

（1）市场规模

从供给端来看，中国可穿戴设备市场供给持续放量，五大厂商主导市场。2017—2022年中国可穿戴设备出货量不断增加。根据国际数据公司互联网数据中心（IDC）可穿戴设备市场跟踪报告，中国的可穿戴设备市场供给量在2017—2022年处于不断增加的状态（图1-15），特别是2022年达到了1.64亿台，2023年2亿台。

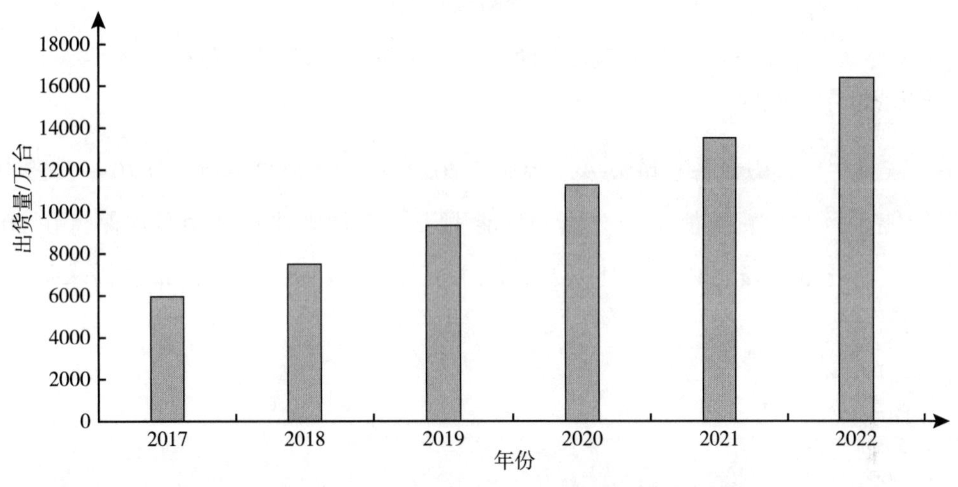

图1-15　2017—2022年中国可穿戴设备出货量

数据来源：IDC，挚物产业研究院整理。

根据Canalys，2022年第三季度前五大可穿戴设备厂商分别为华为、小米、苹果、OPPO以及步步高，市场占比情况分别为24%、22%、10%、9%以及4%。从厂商出货量数据的具体比拼上不难看出，华为优势地位明显，小米、苹果紧随其后。手机厂商凭借移动生态、品牌和渠道等资源，将进一步在可穿戴设备市场上快速增长。未来可穿戴设备厂商会加大研发，开发多样化、产品定位明确、应用领域细分的可穿戴产品，刺激市场需求增长。前五大厂商所占市场份额的详细情况可见图1-16。

从需求端来看，中国可穿戴设备市场需求市场细分化、专业化。可穿戴设备种类众多，根据IDC数据显示，我国可穿戴设备消费主要类型为耳戴设备、智能手环以及智能手表，智能手表包括儿童智能手表以及成人智能手表。在中国主要可穿戴设

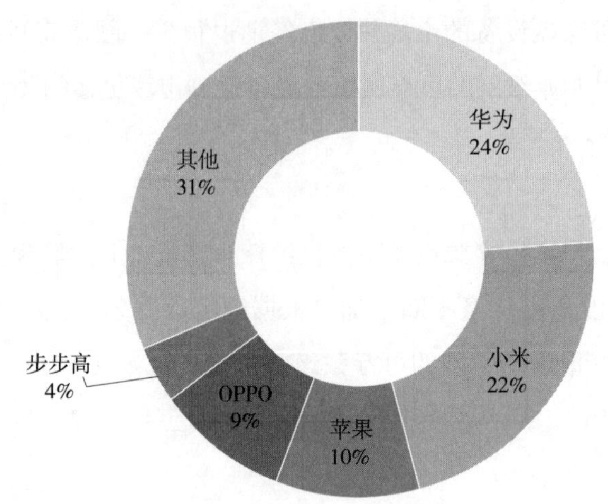

图 1-16　2022 年第三季度前五大可穿戴设备厂商市场份额

数据来源：Canalys。

备消费产品中，耳戴设备数量最多，特别是 2022 年出货 9000 万台。2020—2022 年，我国智能手环、儿童智能手表、成人智能手表需求量则比较平稳，均保持在 2000 万台左右。耳戴设备、智能手环以及智能手表在 2020—2022 年的市场需求量可见图 1-17。

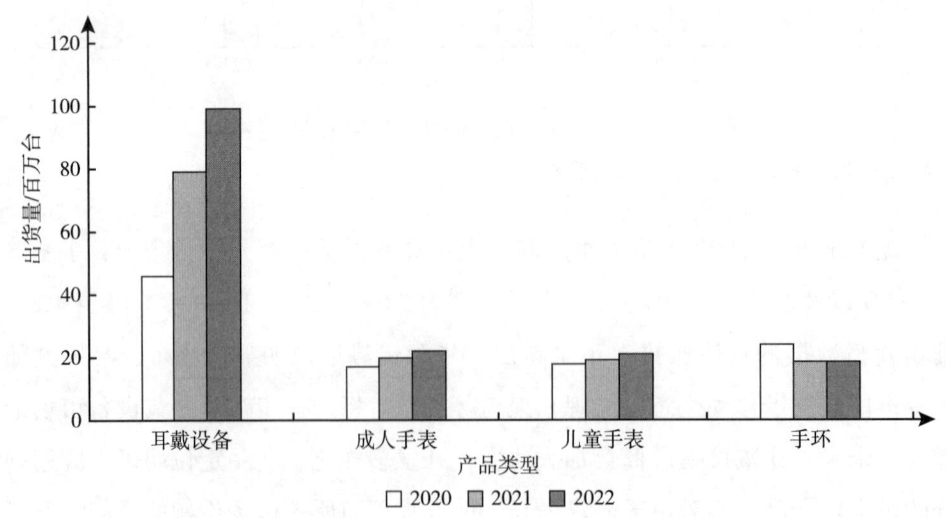

图 1-17　中国可穿戴设备主要产品出货量（2020—2022）

数据来源：IDC。

（2）竞争格局

从区域竞争格局上来看，中国可穿戴设备企业以东部沿海为主，广东最为集中。

可穿戴设备行业的聚集与下游应用领域息息相关。由于下游应用领域的特殊性，我国可穿戴设备行业主要集中于长三角、珠三角、环渤海湾等区域，地域性集中分布的特点明显。其中深圳市是我国最大的可穿戴设备企业集聚地，可穿戴设备相关生产商达542家。长三角地区可穿戴设备数量仅次于珠三角地区，环渤海区域可穿戴设备有很大的市场发展潜力。

从企业竞争格局来看，中国可穿戴设备市场竞争激烈，专业级设备后来居上。可穿戴设备主要产品可以区分为智能手表、智能耳机以及其他专业领域的可穿戴设备。其他专业领域可穿戴设备包括工业可穿戴设备、医疗可穿戴设备以及娱乐可穿戴设备等。随着传感、无线和电池技术的成熟和可穿戴设备标准的完善，中国可穿戴设备在越来越多专业细分领域得到应用，创造出更多生产级别的消费需求。

市场上目前智能手表的企业有小米、华为、苹果、步步高、vivo、努比亚、三六零、科大讯飞、万普拉斯、立讯电子等。智能耳机的企业有小米、华为、苹果、vivo、百度、爱国者、万魔、奋达科技、杰科数码等（表1–2）。

表1–2　中国可穿戴设备行业重点企业业务布局

企业	主要产品	应用领域
小米	智能耳机、智能手表、智能手环	健康监测、信息娱乐
华为	智能耳机、智能手表、智能手环、智能眼镜	健康监测、信息娱乐
OPPO	智能耳机、智能手表、智能手环	健康监测、信息娱乐
万魔声学	智能耳机、智能手表	信息娱乐
小天才	智能手表	健康监测、儿童保护
华米科技	智能耳机、智能手表	健康监测、信息娱乐
北京佳明	智能手表	航空、高尔夫、潜水专业领域
佳禾智能	智能耳机	声学设备、信息娱乐
九安医疗	体温计、血压计、胎心仪、按摩仪	家用医疗、健康监测
乐心医疗	智能手表、智能手环、智能枕头	家用医疗、健康监测

在柔性可穿戴设备行业中，硬件水平和软件水平是衡量企业产品的两个重要维度。目前商业消费级的可穿戴设备产品具备更好的软件设计能力，因此具有更好的操作体验。而医疗专业级可穿戴设备产品具有更精确、更全面的生物传感技术，在专业医疗检测、治疗、康复方面能提供更大的帮助（表1–3）。

表 1–3 可穿戴设备行业头部企业对比

类型	商业消费级	医疗专业级
企业代表	华为、小米等	九安医疗、乐心医疗、乐普等
应用领域	运动健身、信息娱乐	专业医疗检测、治疗、康复
硬件技术	运动传感器、心率传感器、环境传感器等	全种类生物传感器
硬件水平	低	高
软件技术	操作系统、大数据、云计算	—
软件水平	高	低

第二节 产业技术国内外研究进展比较

1 柔性可穿戴传感电子材料产业国内外研究进展比较

随着人工智能、大数据、物联网、5G 等前沿技术的快速发展，智能健康、疾病辅助治疗、生物标志物分析和人机交互等生物传感电子设备引起人们越来越多的关注，对此类电子设备的深入研究不仅可以在人体健康、智能生活方面推进人类的历史进程，而且使得科学技术实现新突破成为可能[275]。集成电子技术、材料科学、无线通信等领域的不断突破推动了类似于 iwatch、小米手环等可穿戴运动健康类产品的出现。已经有诸多产品利用柔性传感技术通过佩戴于人体手臂、脚腕、耳后等部位用于人体信号监测。柔性可穿戴传感电子设备通过利用物理、化学和生物传感器以非侵入性或微创的方式传递实时生理信息，为临床诊断开辟了新途径。由于可穿戴生物传感设备独特的操作限制，要求整体材料不仅具备设备组件功能所需的性能，还必须具有可穿戴服装或配件所需的机械性能，如柔韧性、弹性和韧性[276]。在此，我们聚焦于国内外有关柔性可穿戴传感电子材料产业的最新研究热点和发展动态，从前沿领域和发展趋势两个方面对比国内外的相关柔性可穿戴传感电子材料产业进展。

近年来，可穿戴传感电子产品取得了长足进步，不同类型的可穿戴传感电子设备陆续推出丰富了功能性柔性传感电子设备产业市场，例如：压力传感器、光学传感器、温度传感器、湿度传感器等，这些功能性传感设备主要用于连续、实时地跟踪和监测健康状况。此外，为了更好地实现传感设备的可穿戴性，多种有机和无机材料被投入到产品应用，使得电子设备具备灵活轻便、高度耐用等特有属性[277]。以往关于可穿戴传感材料的报道主要集中在碳材料、金属材料和导电聚合物材料上。随着柔性器件从传统的坚固耐用的单一形状向多功能的灵活、生物相容、可靠的传感设备的转变，新一代柔性器件候选材料成为柔性可穿戴传感电子材料产业的研究热点，例如，二维材料 MXenes（代表层状过渡金属碳化物或氮化物，结构类似于石墨烯）是通过对 MAX 相中的 A 元素进行选择性刻蚀而产生，如 Ti_2C，V_2C，Nb_2C 等已经被成功合成[278]。MXenes 材料具有独特的优势，如出色的导电性、比表面积大、独特的层状结构，与其他材料组装而成的复合材料可有效结合不同材料的优异性能，使得 MXenes 复合材料兼备导电性和柔韧性，可集成到可穿戴电子产品的纺织品或平面基板中，成为柔性可穿戴传感电子设备极具发展潜力的应用材料。四川大学的魏阳等人报道了一种银纳米线（AgNW）/ 水性聚氨酯（WPU）–MXene 纤维，该纤维通过逐层浸涂制成多层结构，所得的复合光纤表现出优异的应变传感性能[279]；东华大学的杜兆群等人通过浸涂开发出具有 0D（银纳米颗粒）–1D（AgNWs）–2D（MXene 纳米片）多维纳米结构的可拉伸 MXene/ 银复合材料。由于分层结构，装配该复合材料的应变传感器的 GF 高达 872.79，范围很宽，可达 350%[280]。除了织物衍生的 MXene 复合材料，柔性 MXenes 薄膜也被用于应变传感器。杨健等人采用逐层喷涂技术制备出具有编织结构的 MXene/CNTs 复合薄膜用于组装可穿戴和可拉伸器件，这种类似夹层的 MXene/CNT 传感组件使所获得的皮肤可附着应变传感器具有理想的 GF（772.60）。除此之外，基于天然聚合物的水凝胶由于其与生物组织的相似性以及在电气、机械和生物功能工程中的多功能性，已成为下一代柔性器件有前途的候选材料。使用具备出色生物相容性的天然聚合物水凝胶可以构建电子设备与人体之间的理想界面。导电天然高分子水凝胶还可以作为柔性器件信号传输的重要组成，刘亚明等人通过使用水凝胶和液态金属对嵌入式任意导电网络的全水凝胶生物电子器件进行设计，被证明成为可穿戴应变传感设备的有效材料[281]；张珊等人使用导电水凝胶通过掺杂具有所需电导率的 CNT 开发了具有出色的柔韧性，弹性模量为 0.001~0.15MPa 的柔性可拉伸压力传感器[282]。欧洲议会科学和技术选择评估小组（SROA）将可穿戴设备确定为将改变社会的头号技术之一[283]。配备移动无线连接技术的柔性设备刺激了可穿戴传感电子技术的强劲增长，将感测数据从可穿戴传感器无线传输到外部设备的能力能够与提供自动反馈以改善用户行为的无数应用程序耦合，这为传感材料、制造方法和传感技术的不断发展提供了强大的驱动力，推动了柔性传感器技术领域的不断发展。静电纺丝纤维在开发传感器领域具有广阔的应用前景，材料的适当选取对基于静电纺丝材料的只能传感设备特性带来很大影响（如灵敏度、响应时间和应变 / 压力下的稳定性），Keerthi G.

Nair 团队使用双金属镍 – 铂纳米催化剂功能化碳纳米纤维（CNFs@Ni–Pt）在柔性平台制造 H_2 气体传感器[284]。Dong–Ha Kim 等人将氧化铟锡（ITO）溅射沉积到通过静电纺丝产生的一维多孔纳米纤维（NFs）上，在表面额外涂覆沸石咪唑酸盐骨架保护层所得支撑材料有利于分析物扩散和表面活性[285]。

2 柔性可穿戴传感电子器件产业国内外研究进展比较

柔性可穿戴传感电子器件是泛指具备机械柔韧性并且能够直接或间接与皮肤紧密贴合的检测装置，它们能够感受到被检测信息并将其按一定规律转化成电信号或其他所需形式的信息输出，以满足信息传输、处理、存储及显示等需求[286]。柔性可穿戴传感电子器件是集传感、电子、柔性材料等多项技术于一体的高科技产物，可用于心跳、运动、脑电、心电、体温和血压等身体物理信号的检测，实现对人体进行临床诊断、健康评估和监控等，近年来在国内外得到了广泛的关注和研究[287]。

2.1 柔性可穿戴传感电子器件产业国外研究进展

柔性可穿戴传感电子器件领域的兴起在国外更早、发展相对更成熟，目前欧美发达国家已有计划地培养了一批相关领域的创新人才。2012 年，美国《总统报告》中将柔性电子制造作为先进制造 11 个优先发展的尖端领域。同年，美国航空航天局制定柔性电子战略，2014 年成立柔性混合电子器件制造创新中心。早在 2013 年，美国加州大学伯克利分校就推出了一种可穿戴的柔性电子皮肤。该团队制作的这种电子皮肤分辨率为 16 × 16 像素的柔性屏，可以作为交互式壁纸，用于腕表的屏幕或集成到汽车仪表盘中实现触摸控制。该研发团队认为这种电子皮肤还可以让机器人拥有更精确的触觉[288]。另外，美国的斯坦福大学也在柔性可穿戴传感电子器件领域有着很大的突破。他们曾研发了一种可以贴在肌肉表面的柔性传感器，可以精确测量人体运动状态和呼吸率[289]。该设备不需要任何机载的电子芯片以及刚性的其他部件，其通过附近的射频设备实现供能和数据传输，并且射频设备以及数据收集器都可以整合到衣服里，极大地简化了可穿戴设备的尺寸以及重量，提高了佩戴者的舒适度。具有其他类型传感功能的器件也在研发过程中，如温度、汗液以及其他身体分泌物等。在亚洲地区，日本、韩国等是较早发展柔性可穿戴传感电子器件的国家，并成立了相应的研究机构。韩国浦项科技大学在柔性可穿戴传感电子器件领域也有着不俗的表现。他们研发了一种柔性、可穿戴、振动响应的传感器[290]。该传感器可以粘贴到颈部，通过颈部皮肤的振动来精准地识别语音，并且不会受到环境噪声和声音音量的影响。

2.2 柔性可穿戴传感电子器件产业国内研究进展

我国在柔性可穿戴传感电子器件领域已做出颇多努力，国家自然科学基金委员会针对柔性电子技术专门设立了重大国际合作项目和系列面上项目，如：柔性与可穿戴材料化学、个性定制与柔性制造智能化技术等。尽管国内在柔性可穿戴传感电子器件领域的发展晚于国外，但在近几年也取得了一系列突破性的研究进展。在黄维院士的带领下，西北工业大学柔性电子研究院、南京工业大学先进材料研究院和南京邮电大学，目前已在高性能柔性健康传感器的研制方面取得了许多不俗的研究成果[291]。清华大学航天航空学院、柔性电子技术研究中心冯雪教授课题组，在柔性传感与健康医疗等方向也取得了一系列重要突破[292]。除此之外，中国的多所高校和科研机构都在开发新型的柔性可穿戴传感电子器件。中科院上海微系统与信息技术研究所科研人员报道了一套柔性的、可拉伸的、可穿戴的、可植入的和可降解的机械传感器，可以检测多种机械信号，如压力、应变和弯曲角度[293]。中国科学院深圳先进技术研究院研究出了一种具有低成本、可印刷、高电导率等功能特性的柔性可拉伸导电材料，并成功应用于柔性应变传感器，实现了对人体运动行为的实时监测[294]。该研究成果为促进医疗、健康管理、运动监测等领域的商业化应用奠定了基础。另外，北京纳米能源与系统研究所研究人员基于单电极模式的摩擦纳米发电机原理，通过气纺丝技术设计制备了一种大面积且可直接裁剪的全纤维压力传感器阵列，该器件透气性高且能实现自供能，提高了可穿戴电子的长期穿着舒适性与安全性[295]。

总体来说，国外在柔性可穿戴传感电子器件领域的研究更早、更深入、更成熟，但国内在近几年也迅速发展了起来，并取得了一系列突破性的研究成果。国内研究多以医疗、运动、生活等领域为主，而国外的应用领域更加广泛，包括机器人、智能家居、环境监测等。相信在未来的发展中，国内的柔性可穿戴传感电子器件产业有望在技术创新和市场拓展方面迎头赶上。

3 柔性可穿戴传感电子系统产业国内外研究进展比较

柔性可穿戴传感电子系统是指基于柔性电子技术，采用柔性材料和薄膜电子器件制造的可穿戴传感电子设备，在人机交互、状态监测、医疗保健等领域具有广泛的应用[296]。新型的集成化、智能化、自供能柔性可穿戴传感电子系统的研究备受国内外研究者广泛关注，并逐渐成为当前重要的前沿研究领域之一[297]。

3.1 国外研究进展

在国外，柔性可穿戴传感电子系统的研究早在20世纪90年代就已经开始。目前，国外的相关研究已经相对成熟，产业链也相对完整。

美国作为柔性可穿戴传感电子系统技术最早的研究地之一，自20世纪90年代开始就已经进行了相关的研究。现在，美国柔性可穿戴传感电子系统领域的公司和研究组有很多，其中代表性的有：① MC10：是一家专注于柔性电子和生物医疗技术的公司，其主要产品是基于医疗领域的柔性可穿戴传感器和电子贴片。该公司曾研发过一种新型医学仪器－生物印章，使用方便，适于携带轻薄如一张粘纸，贴在皮肤表面或皮下，可以随时监测人们的身体状况。② Fitbit：是一家集可穿戴设备设计、生产、销售于一体的公司，其主要产品为可穿戴智能手环、智能手表和智能耳机等。③ Intel：是一家全球知名的半导体制造商，其柔性可穿戴传感器技术也处于领先地位。④鲍哲南研究组：开创了有机电子材料的一些设计概念，相关的工作使柔性电子电路和柔性电子皮肤成为可能[298, 299]。在最新研究中，她们研究团队开发了一种可拉伸的皮肤状聚合物膜组成的柔性可穿戴传感电子系统，其中嵌入了集成电路，将传感器连接到一个小型电子背包上，代表了一种全新、快速、廉价、免提和准确的抗癌药物疗效测试方法[300]。

日本也是柔性可穿戴传感电子系统领域的重要国家之一，其主要研究机构和公司包括：①索尼公司：作为日本知名的电子厂商，索尼公司在柔性可穿戴传感电子系统领域也有一定的研究实力。其主要产品有智能相机、智能手表、智能眼镜等。②日本理化研究所：该团队合作开发了一种基于纳米图案化有机太阳能电池的自供能超柔性生物传感器，可以对心率实时精准监测[301]。该研究实现了柔性可穿戴生物传感器进行自供能驱动，是近年来柔性可穿戴传感电子领域的里程碑之作，为柔性可穿戴传感电子系统的发展指明了方向。

3.2 国内研究进展

在国内，柔性可穿戴传感电子系统的研究相对较晚，但近年来国内的相关技术已经得到了迅速的发展，也已经涌现出了一些领先的研究团队和企业。

清华大学是国内柔性可穿戴传感电子系统的领先研究机构，其柔性电子研究团队在相关领域的研究取得了多项重大成果[302]。例如，该团队曾利用类皮肤柔性传感技术建立了新的无创血糖测量医学方法，为解决无创血糖动态连续监测提供了一条新途径，实现了医学意义上在人体皮肤表面的无创血糖测量，并具有医疗级精度[303]。

中国科学院也是柔性可穿戴传感电子系统研究领域的重要机构，其柔性电子技术研究团队已经取得了多项重要进展[304，305]。其中，中国科学院深圳先进技术研究院绕开了用“商业胶水”组装柔性电子器件的思路，开发了一种基于双连续纳米分散网络的界面，这种新型界面能够作为柔性电子器件通常所包含的柔性模块、刚性模块以及封装模块的通用接口，只需要按压10秒，就可以实现高效稳定组装[306]。

国内的柔性可穿戴传感电子系统相关企业也越来越多。例如，麦克风科技是一家专注于柔性电子技术的企业，其主要产品包括柔性可穿戴传感器、柔性电池等，已经在智能健康、智能家居等领域得到广泛应用。另外，华为、小米等大型科技公司也在柔性可穿戴传感电子系统领域有一定的研究力量。

总体而言，国外在柔性可穿戴传感电子系统领域的研究已经相对成熟，产业链也相对完整。而国内的相关研究虽然相对较晚，但近年来已经得到了迅速的发展，也已经涌现出了一些领先的研究团队和企业。未来，随着柔性可穿戴传感电子系统技术的不断创新和进步，相信这一领域的研究和应用将会更加广泛和深入。

4　基于“数据+算法”柔性可穿戴传感电子材料–器件–系统产业国内外研究进展比较

4.1　定义和分类

可穿戴设备，即直接穿在身上，或是整合到用户的衣服或配件的一种便携式设备。作为一种硬件设备，它可以通过软件支持、数据交互、云端交互来实现强大的功能，从而为我们的生活提供极大的便利性。

目前可穿戴设备的产品形态主要有智能眼镜、智能手表、智能手环等。可穿戴设备通过连接互联网，并与各类软件应用相结合，使用户能够感知和监测自身生理状况与周边环境状况，无须手动便能迅速查看、回复和分享信息，其功能覆盖了健康管理、运动测量、社交互动、休闲游戏、影音娱乐、定位导航、移动支付等诸多领域。可以根据产品形态、产品功能、技术角度对其进行不同的分类，具体情况如表1–4所示。

表1–4　可穿戴设备的产品分类

分类标准	具体类别
产品形态	头戴：眼镜和头盔
	手戴：手表和手环
	衣服类：外农、内衣和鞋类

续表

分类标准	具体类别
产品功能	人体健康、运动追踪类：通过传感装置对用户的运动情况和健康状况做出记录和评估，大部分需要与智能终端设备进行连接显示数据。如 Nike+ 系列产品和应用（Fuelband）、JaboneUp、叮咚手环、GlassUp、FitbitFlex 等
	综合智能终端类：这些设备虽然也需要与手机相连，可是功能更加强大，独立性更强。未来将成为可穿戴设备的主导产品，如 GoogleGlass 等
	智能手机辅助类：这些可穿戴设备作为其他移动设备的功能补充，一方面必须与智能手机等设备配合使用，另一方面可以简化智能手机的操作。如 Pebble 等
技术角度	高端产品：特点是内置通用 0S、多媒体和连接性不间断。如智能手表、眼镜和头戴式可视设备等
	工作应用：特点是内置 RTOS、连接性不间断和信号处理。如智能手表和运动跟踪器等
	专业市场：特点是小型和连接性不间断。如健康医疗、健身和时尚类型产品等

4.2 市场规模

2014—2022 年全球可穿戴设备出货量不断增加。根据 IDC 的相关数据，全球可穿戴设备出货量处于不断增加的态势。2014—2018 年处于较为缓慢的增长阶段，2018—2021 年处于加速增长的阶段，特别是 2021 年达到了顶峰。虽然与 2021 年相比，2022 年的市场出货量有所减少，但仍然处于比较高的水平。全球可穿戴设备在近些年来的市场规模情况，可详见图 1–18。

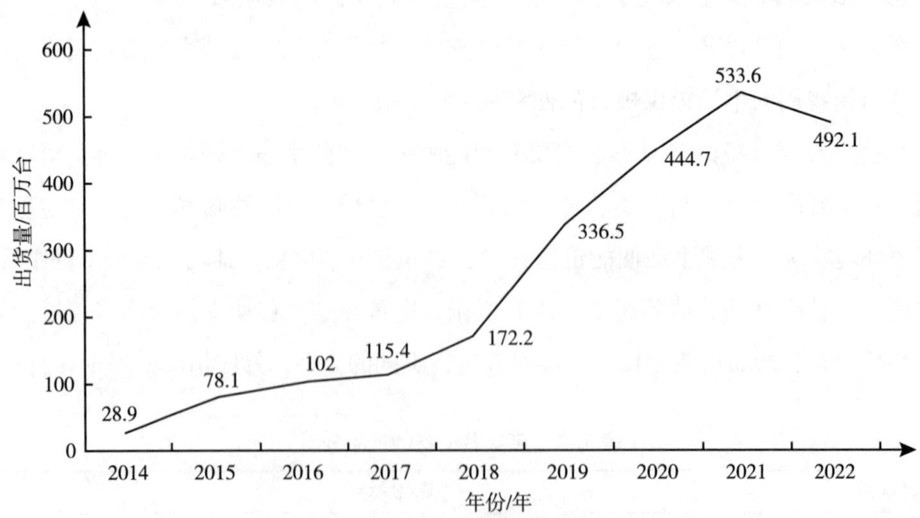

图 1–18 全球可穿戴设备市场出货量

数据来源：IDC。

4.3 竞争格局

苹果在全球可穿戴设备市场主要厂商中一枝独秀。根据 IDC2022 年第四季度的相关数据，排名前五的供应商分别为苹果、三星、华为、小米以及 Imagine Market。苹果所占的市场份额最大，为 33.6%。其他四个厂商所占的比例比接近，均在 4% 到 8% 之间，它们所占的比例加总起来仍然比苹果的市场份额要小。由此可见，苹果是全球可穿戴设备市场中最主要的供应商。各个厂商在全球可穿戴设备市场中的市场份额可详细参见图 1-19。

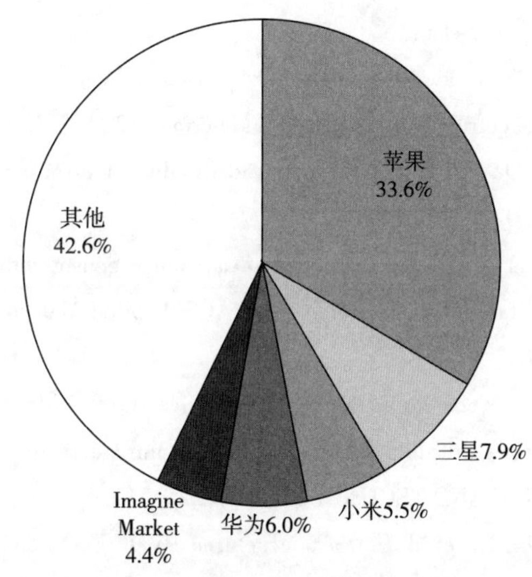

图 1-19　2022Q4 全球可穿戴设备市场主要厂商份额

数据来源：IDC。

参考文献

[1] Bandyopadhyay D，Sen J. Internet of Things：Applications and Challenges in Technology and Standardization. Wireless Personal Communications，2011，58（1）：49-69.

[2] Wortmann F，Flüchter K. Internet of Things. Business&Information Systems Engineering，2015，57（3）：221-224.

[3] Yang J C，Mun J，Kwon S Y，et al. Electronic Skin：Recent Progress and Future Prospects for Skin-Attachable Devices for Health Monitoring，Robotics，and Prosthetics. Advanced Materials，2019，31（48）：1904765.

[4] Stoppa M，Chiolerio A. Wearable Electronics and Smart Textiles：A Critical Review. Sensors，2014，14（7）：11957-11992.

[5] Cima M J. Next-generation wearable electronics. Nature Biotechnology，2014，32（7）：642-643.

[6] Lu T C, Fu C M, Ma M H M, et al. Healthcare Applications of Smart Watches A Systematic Review. APPLIED CLINICAL INFORMATICS, 2016, 7 (3): 850-869.

[7] Xie J Q, Wen D, Liang L Z., et al. Evaluating the Validity of Current Mainstream Wearable Devices in Fitness Tracking Under Various Physical Activities: Comparative Study. JMIR MHEALTH AND UHEALTH, 2018, 6 (4).

[8] Kim H, Kwon Y-T, Lim H-R, et al. Recent Advances in Wearable Sensors and Integrated Functional Devices for Virtual and Augmented Reality Applications. Advanced Functional Materials, 2021, 31 (39): 2005692.

[9] Kim J, Khan S, Wu P, et al. Self-charging wearables for continuous health monitoring. NANO ENERGY, 2021, 79, 105419.

[10] Fang Y, Zou Y, Xu J, et al. Ambulatory Cardiovascular Monitoring Via a Machine-Learning-Assisted Textile Triboelectric Sensor. Advanced Materials, 2021, 33 (41): 2104178.

[11] Nie B Q, Liu S D, Qu Q, et al. Bio-inspired flexible electronics for smart E-skin. ACTA BIOMATERIALIA, 2022, 139: 280-295.

[12] Yu P, Li X, Li H, et al. All-Fabric Ultrathin Capacitive Sensor with High Pressure Sensitivity and Broad Detection Range for Electronic Skin. ACS Applied Materials&Interfaces, 2021, 13 (20): 24062-24069.

[13] Wang Y C, Chen Z J, Mei D Q, et al. Highly sensitive and flexible tactile sensor with truncated pyramid-shaped porous graphene/silicone rubber composites for human motion detection. COMPOSITES SCIENCE AND TECHNOLOGY, 2022, 217.

[14] Deng W, Yang T, Jin L, et al. Cowpea-structured PVDF/ZnO nanofibers based flexible self-powered piezoelectric bending motion sensor towards remote control of gestures. Nano Energy, 2019, 55: 516-525.

[15] Jerančе N, Vasiljević D, Samardžić N, et al. A Compact Inductive Position Sensor Made by Inkjet Printing Technology on a Flexible Substrate Sensors [Online], 2012, 1288-1298.

[16] Qian S, Wang X, Yan, W. Piezoelectric fibers for flexible and wearable electronics. Frontiers of optoelectronics, 2023, 16 (1): 3.

[17] Pan S R, Pei Z, Jing Z, et al. A highly stretchable strain sensor based on CNT/graphene/fullerene-SEBS. RSC ADVANCES, 2020, 10 (19): 11225-11232.

[18] Tripathy A, Sharma P, Sahoo N, et al. Moisture sensitive inimitable Armalcolite/PDMS flexible sensor: A new entry. SENSORS AND ACTUATORS B-CHEMICAL, 2018, 262: 211-220.

[19] Thakur N, Mandal D, Nagaiah T C. A novel NiVP/Pi-based flexible sensor for direct electrochemical ultrasensitive detection of cholesterol. CHEMICAL COMMUNICATIONS, 2022, 58 (16): 2706-2709.

[20] Lu J, Hu O D, Gu J F, et al. Tough and anti-fatigue double network gelatin/polyacrylamide/DMSO/Na_2SO_4 ionic conductive organohydrogel for flexible strain sensor. EUROPEAN POLYMER

JOURNAL，2022，168.

[21] Yan Y，Sencadas V，Zhang J S，et al. Processing，characterisation and electromechanical behaviour of elastomeric multiwall carbon nanotubes–poly (glycerol sebacate) nanocomposites for piezoresistive sensors applications. COMPOSITES SCIENCE AND TECHNOLOGY，2017，142：163–170.

[22] Chen T J，Wu G Z，Panahi–Sarmad M，et al. A novel flexible piezoresistive sensor using superelastic fabric coated with highly durable SEBS/TPU/CB/CNF nanocomposite for detection of human motions. COMPOSITES SCIENCE AND TECHNOLOGY，2022，227.

[23] Charoonsuk T，Muanghlua R，Sriphan S，et al. Utilization of commodity thermoplastic polyethylene (PE) by enhanced sensing performance with liquid phase electrolyte for a flexible and transparent triboelectric tactile sensor. Sustainable Materials and Technologies，2021，27，e00239.

[24] Xu Y D，Sun B H，Ling Y，et al. Multiscale porous elastomer substrates for multifunctional on–skin electronics with passive–cooling capabilities. PROCEEDINGS OF THE NATIONAL ACADEMY OF SCIENCES OF THE UNITED STATES OF AMERICA，2020，117 (1)：205–213.

[25] Zhou B，Liu Z，Li，C，et al. A Highly Stretchable and Sensitive Strain Sensor Based on Dopamine Modified Electrospun SEBS Fibers and MWCNTs with Carboxylation. Advanced Electronic Materials，2021，7 (8)：2100233.

[26] Hsu P–C，Song A Y，Catrysse P B，et al. Radiative human body cooling by nanoporous polyethylene textile. Science，2016，353 (6303)：1019–1023.

[27] Zhao X，Mei D，Tang G，et al. Strain and Pressure Sensors Based on MWCNT/PDMS for Human Motion/Perception Detection Polymers [Online]，2023.

[28] Wang Z，Xu Z，Li N，et al. Flexible Pressure Sensors Based on MXene/PDMS Porous Films. Advanced Materials Technologies 2023，n/a (n/a)，2200826.

[29] Xu Q，Chang X，Zhu Z，et al. Flexible pressure sensors with high pressure sensitivity and low detection limit using a unique honeycomb–designed polyimide/reduced graphene oxide composite aerogel. RSC Advances，2021，11 (19)：11760–11770.

[30] Wu C，Kim T W，Li F，et al. Wearable Electricity Generators Fabricated Utilizing Transparent Electronic Textiles Based on Polyester/Ag Nanowires/Graphene Core–Shell Nanocomposites. ACS Nano，2016，10 (7)：6449–6457.

[31] Kwon J，Suh Y D，Lee J，et al. Recent progress in silver nanowire based flexible/wearable optoelectronics. Journal of Materials Chemistry C，2018，6 (28)：7445–7461.

[32] Jiang Z，Nayeem M O G，Fukuda K，et al. Highly Stretchable Metallic Nanowire Networks Reinforced by the Underlying Randomly Distributed Elastic Polymer Nanofibers via Interfacial Adhesion Improvement. Advanced Materials，2019，31 (37)：1903446.

[33] Song P，Song J，Zhang Y. Stretchable conductor based on carbon nanotube/carbon black silicone

rubber nanocomposites with highly mechanical, electrical properties and strain sensitivity. Composites Part B: Engineering, 2020, 191, 107979.

[34] Yu Y, Yan C, Zheng Z. Polymer-Assisted Metal Deposition (PAMD): A Full-Solution Strategy for Flexible, Stretchable, Compressible, and Wearable Metal Conductors. Advanced Materials, 2014, 26 (31): 5508–5516.

[35] Yoon S, Kim Y J, Lee Y R, et al. Highly stretchable metal-polymer hybrid conductors for wearable and self-cleaning sensors. NPG Asia Materials, 2021, 13 (1): 4.

[36] Sultana N, Chang H C, Jefferson S, et al. Application of conductive poly (3, 4-ethylene-dioxythiophene): poly (styrenesulfonate) (PEDOT: PSS) polymers in potential biomedical engineering. Journal of Pharmaceutical Investigation, 2020, 50 (5): 437–444.

[37] Malakooti M H, Kazem N, Yan J, et al. Liquid Metal Supercooling for Low-Temperature Thermoelectric Wearables. Advanced Functional Materials, 2019, 29 (45): 1906098.

[38] Xu Y, Su Y, Xu X, et al. Porous liquid metal-elastomer composites with high leakage resistance and antimicrobial property for skin-interfaced bioelectronics. Science Advances, 9 (1): eadf0575.

[39] Hu L, Kim H S, Lee J-Y, et al. Scalable Coating and Properties of Transparent, Flexible, Silver Nanowire Electrodes. ACS Nano, 2010, 4 (5): 2955–2963.

[40] Won P, Jeong S, Majidi C, et al. Recent advances in liquid-metal-based wearable electronics and materials.iScience, 2021, 24 (7): 102698.

[41] Yu Y R, Guo J H, Ma B, et al. Liquid metal-integrated ultra-elastic conductive microfibers from microfluidics for wearable electronics. SCIENCE BULLETIN, 2020, 65 (20): 1752-1759.

[42] Li G, Lee D-W. An advanced selective liquid-metal plating technique for stretchable biosensor applications. Lab on a Chip, 2017, 17 (20): 3415–3421.

[43] Hong S Y, Lee Y H, Park H, et al. Stretchable Active Matrix Temperature Sensor Array of Polyaniline Nanofibers for Electronic Skin. Advanced Materials, 2016, 28 (5): 930–935.

[44] Tao Y, Han F, Shi C, et al. Liquid Metal-Based Flexible and Wearable Sensor for Functional Human– Machine Interface Micromachines [Online], 2022.

[45] Fu W, Zhao E, Ren X, et al. Hierarchical Fabric Decorated with Carbon Nanowire/Metal Oxide Nanocomposites for 1.6 V Wearable Aqueous Supercapacitors. Advanced Energy Materials, 2018, 8 (18): 1703454.

[46] Zheng Z Q, Yao J D, Wang B, et al. Light-controlling, flexible and transparent ethanol gas sensor based on ZnO nanoparticles for wearable devices. Scientific Reports, 2015, 5 (1): 11070.

[47] Seetha M, Meena P, Mangalaraj D, et al. Synthesis of indium oxide cubic crystals by modified hydrothermal route for application in room temperature flexible ethanol sensors. MATERIALS

CHEMISTRY AND PHYSICS 2012，133（1），47–54.

[48] Wang S R，Yang J D，Zhang H X，et al. One–pot synthesis of 3D hierarchical SnO_2 nanostructures and their application for gas sensor. SENSORS AND ACTUATORS B–CHEMICAL，2015，207：83–89.

[49] Shin J，Jeong B，Kim J，et al. Sensitive Wearable Temperature Sensor with Seamless Monolithic Integration. Advanced Materials，2020，32（2）：1905527.

[50] Amjadi M，Kyung K–U，Park I，et al. Stretchable，Skin–Mountable，and Wearable Strain Sensors and Their Potential Applications：A Review. Advanced Functional Materials，2016，26（11）：1678–1698.

[51] Chen B，Liu G，Wu M，et al. Liquid Metal–Based Organohydrogels for Wearable Flexible Electronics. Advanced Materials Technologies，2023，n/a（n/a），2201919.

[52] Zhang Q，Yang G，Xue L，et al. Ultrasoft and Biocompatible Magnetic–Hydrogel–Based Strain Sensors for Wireless Passive Biomechanical Monitoring. ACS Nano，2022，16（12）：21555–21564.

[53] She Z，Ghosh D，Pope M A. Decorating Graphene Oxide with Ionic Liquid Nanodroplets：An Approach Leading to Energy–Dense，High–Voltage Supercapacitors. ACS Nano，2017，11（10）：10077–10087.

[54] Niu H Z，Wang L，Guan P，et al. Recent Advances in Application of Ionic Liquids in Electrolyte of Lithium Ion Batteries. JOURNAL OF ENERGY STORAGE，2021，40.

[55] Lieb J，Demontis V，Prete D，et al. Ionic–Liquid Gating of InAs Nanowire–Based Field–Effect Transistors. Advanced Functional Materials，2019，29（3）：1804378.

[56] Kim J S，Lee S C，Hwang J，et al. Enhanced Sensitivity of Iontronic Graphene Tactile Sensors Facilitated by Spreading of Ionic Liquid Pinned on Graphene Grid. Advanced Functional Materials，2020，30（14）：1908993.

[57] Bai N，Wang L，Wang Q，et al. Graded intrafillable architecture–based iontronic pressure sensor with ultra–broad–range high sensitivity. Nature Communications，2020，11（1）：209.

[58] Kier W M，Smith A M. The Structure and Adhesive Mechanism of Octopus Suckers1. Integrative and Comparative Biology，2002，42（6）：1146–1153.

[59] Xiong W N，Zhu C，Guo D L，et al. Bio–inspired，intelligent flexible sensing skin for multifunctional flying perception. NANO ENERGY，2021，90.

[60] Shi H，Al–Rubaiai M，Holbrook C M，et al. Screen–Printed Soft Capacitive Sensors for Spatial Mapping of Both Positive and Negative Pressures. Advanced Functional Materials，2019，29（23）：1809116.

[61] Zhang M，Gu M，Shao L，et al. Flexible Wearable Capacitive Sensors Based on Ionic Gel with Full–Pressure Ranges. ACS Applied Materials&Interfaces，2023，15（12）：15884–15892.

[62] Yongseok Joseph Hong，Hyoyoung Jeong，Kyoung Won Cho，et al. Wearable and Implantable

Devices for Cardiovascular Healthcare: from Monitoring to Therapy Based on Flexible and Stretchable Electronics. Adv. Funct. Mater, 2019, 29 (19).

[63] Gregor Schwartz, Benjamin C.-K. Tee, Jianguo Mei, et al. Flexible polymer transistors with high pressure sensitivity for application in electronic skin and health monitoring. Nat. Commun., 2013, 4, 1859.

[64] Yan Wang, Li Wang, Tingting Yang, et al. Wearable and Highly Sensitive Graphene Strain Sensors for Human Motion Monitoring. Adv. Funct. Mater, 2014, 24 (29): 4666–4670.

[65] Shuwen Chen, Jiaming Qi, Shicheng Fan, et al. Flexible Wearable Sensors for Cardiovascular Health Monitoring. Adv. Healthc. Mater. 2021, 10 (17), e2100116.

[66] Lei Zhang, Kirthika Senthil Kumar, Hao He, et al. Fully organic compliant dry electrodes self-adhesive to skin for long-term motion-robust epidermal biopotential monitoring. Nat. Commun., 2020, 11 (1): 4683.

[67] M. J. REED, C. E. ROBERTSON, P. S. ADDISON. Heart rate variability measurements and the prediction of ventricular arrhythmias. QJM, 2005, 98 (2): 87–95.

[68] Robert A. Nawrocki, Hanbit Jin, Sunghoon Lee, et al. Self-Adhesive and Ultra-Conformable, Sub-300 nm Dry Thin-Film Electrodes for Surface Monitoring of Biopotentials. Adv. Funct. Mater., 2018, 28 (36).

[69] Yadong Xu, Bohan Sun, Yun Ling, et al. Multiscale porous elastomer substrates for multifunctional on-skin electronics with passive-cooling capabilities. Proc Natl Acad Sci USA, 2020, 117 (1): 205–213.

[70] Shuwen Chen, Nan Wu, Shizhe Lin, et al. Hierarchical elastomer tuned self-powered pressure sensor for wearable multifunctional cardiovascular electronics. Nano Energy, 2020, 70.

[71] Longteng Yu, Joo Chuan Yeo, Ren Hao Soon, et al. Highly Stretchable, Weavable, and Washable Piezoresistive Microfiber Sensors. ACS Appl. Mater. Interfaces, 2018, 10 (15): 12773–12780.

[72] Longteng Yu, Yuqin Feng, Dinesh S/O M Tamil Selven, et al. Dual-Core Capacitive Microfiber Sensor for Smart Textile Applications. ACS Appl. Mater. Interfaces, 2019, 11 (36): 33347–33355.

[73] Chonghe Wang, Xiaoshi Li, Hongjie Hu, et al. Monitoring of the central blood pressure waveform via a conformal ultrasonic device. Nat Biomed Eng, 2018, 2 (9): 687–695.

[74] Jayaraj Joseph, Srinivasa Karthik, Mohanasankar Sivaprakasam, et al. Bi-Modal Arterial Compliance Probe for Calibration-Free Cuffless Blood Pressure Estimation. IEEE Trans Biomed Eng, 2018, 65 (11): 2392–2404.

[75] Shuwen Chen, Nan Wu, Long Ma, et al. Noncontact Heartbeat and Respiration Monitoring Based on a Hollow Microstructured Self-Powered Pressure Sensor. ACS Appl. Mater. Interfaces, 2018, 10 (4): 3660–3667.

[76] Dan Luo，Haibo Sun，Qianqian Li，et al. Flexible Sweat Sensors：From Films to Textiles. ACS Sens.，2023，8（2）：465–481.

[77] Duarte Dias，João Paulo Silva Cunha. Wearable Health Devices–Vital Sign Monitoring，Systems and Technologies. Sensors（Basel），2018，18（8）.

[78] Bruce H. Dobkin，Clarisa Martinez. Wearable Sensors to Monitor，Enable Feedback，and Measure Outcomes of Activity and Practice. Curr Neurol Neurosci Rep，2018，18（12）：87.

[79] Rafael Caldas，Marion Mundt，Wolfgang Potthast，et al. A systematic review of gait analysis methods based on inertial sensors and adaptive algorithms. Gait Posture，2017，57：204–210.

[80] Jian–Guo Sun，Tse–Ning Yang，Chiu–Yen Wang，et al. A flexible transparent one–structure tribo–piezo–pyroelectric hybrid energy generator based on bio–inspired silver nanowires network for biomechanical energy harvesting and physiological monitoring. Nano Energy，2018，48：383–390.

[81] Xiaoming Wang，Hongliu Yu，Søren Kold，et al. Wearable sensors for activity monitoring and motion control：A review. Biomimetic Intelligence and Robotics，2023，3（1）.

[82] Araz Rajabi–Abhari，Jong–Nam Kim，Jeehee Lee，et al. Diatom Bio–Silica and Cellulose Nanofibril for Bio–Triboelectric Nanogenerators and Self–Powered Breath Monitoring Masks. ACS Appl. Mater. Interfaces，2021，13（1）：219–232.

[83] Xiandai Zhong，Ya Yang，Xue Wang，et al. Rotating–disk–based hybridized electromagnetic–triboelectric nanogenerator for scavenging biomechanical energy as a mobile power source. Nano Energy，2015，13：771–780.

[84] Long Jin，Jun Chen，Binbin Zhang，et al. Self–Powered Safety Helmet Based on Hybridized Nanogenerator for Emergency. ACS Nano，2016，10（8）：7874–7881.

[85] Melkie Getnet Tadesse，R Harpa，Y Chen，et al. Assessing the comfort of functional fabrics for smart clothing using subjective evaluation. Journal of Industrial Textiles，2018，48（8）：1310–1326.

[86] Sophia Shen，Xiao Xiao，Xiao Xiao，et al. Triboelectric Nanogenerators for Self–Powered Breath Monitoring. ACS Appl. Energy Mater.，2021，5（4）：3952–3965.

[87] Wang Yan，Hossam Haick，Shuyang Guo，et al. Skin bioelectronics towards long–term，continuous health monitoring. Chem Soc. Rev.，2022，51（9）：3759–3793.

[88] Youhua Wang，Yitao Qiu，Shideh Kabiri Ameri，et al. Low–cost，μm–thick，tape–free electronic tattoo sensors with minimized motion and sweat artifacts.npj Flexible Electronics，2018，2（1）.

[89] Rui Guo，XueLin Wang，WenZhuo Yu，et al. A highly conductive and stretchable wearable liquid metal electronic skin for long–term conformable health monitoring. Science China Technological Sciences，2018，61（7）：1031–1037.

[90] Yuki Yamamoto，Daisuke Yamamoto，Makoto Takada，et al. Efficient Skin Temperature Sensor

and Stable Gel-Less Sticky ECG Sensor for a Wearable Flexible Healthcare Patch. Adv. Healthc. Mater.，2017，6（17）：1700495.

[91] Ha Uk Chung，Bong Hoon Kim，Jong Yoon Lee，et al. Binodal，wireless epidermal electronic systems with in-sensor analytics for neonatal intensive care. Science，2019，363（6430）：eaau0780.

[92] Wentao Dong，Xiao Cheng，Tao Xiong，et al. Stretchable bio-potential electrode with self-similar serpentine structure for continuous，long-term，stable ECG recordings. Biomed Microdevices，2019，21（1）：6.

[93] Shideh Kabiri Ameri，Rebecca Ho，Hongwoo Jang，et al. Graphene Electronic Tattoo Sensors. ACS Nano，2017，11（8）：7634-7641.

[94] Yan Wang，Sunghoon Lee，Haoyang Wang，et al. Robust，self-adhesive，reinforced polymeric nanofilms enabling gas-permeable dry electrodes for long-term application. Proc Natl Acad Sci U S A，2021，118（38）：e2111904118.

[95] Sungwoo Chun，Wonkyeong Son，Da Wan Kim，et al. Water-Resistant and Skin-Adhesive Wearable Electronics Using Graphene Fabric Sensor with Octopus-Inspired Microsuckers. ACS Appl. Mater. Interfaces，2019，11（18）：16951-16957.

[96] Qi Wang，Shengjie Ling，Xiaoping Liang，et al. Self-Healable Multifunctional Electronic Tattoos Based on Silk and Graphene. Adv. Funct. Mater.，2019，29（16）：1808695.

[97] Martin Seeber，Lucia-Manuela Cantonas，Mauritius Hoevels，et al. Subcortical electrophysiological activity is detectable with high-density EEG source imaging. Nat. Commun.，2019，10（1）：753.

[98] Yan Zhao，Song Zhang，Tianhao Yu，et al. Ultra-conformal skin electrodes with synergistically enhanced conductivity for long-time and low-motion artifact epidermal electrophysiology. Nat. Commun.，2021，12（1），4880.

[99] James J. S. Norton，Dong Sup Lee，Jung Woo Lee，et al. Soft，curved electrode systems capable of integration on the auricle as a persistent brain-computer interface. Proc Natl Acad Sci USA，2015，112（13）：3920-3925.

[100] Phillip Won，Jung Jae Park，Taemin Lee，et al. Stretchable and Transparent Kirigami Conductor of Nanowire Percolation Network for Electronic Skin Applications. Nano Lett.，2019，19（9）：6087-6096.

[101] Dmitry Kireev，Emmanuel Okogbue，RT Jayanth，et al. Multipurpose and Reusable Ultrathin Electronic Tattoos Based on PtSe（2）and PtTe（2）. ACS Nano，2021，15（2）：2800-2811.

[102] Sen Lin，Junchen Liu，Wenzheng Li，et al. A Flexible，Robust，and Gel-Free Electroencephalogram Electrode for Noninvasive Brain-Computer Interfaces. Nano Lett.，2019，19（10）：6853-6861.

[103] Musa Mahmood，Shinjae Kwon，Hojoong Kim，et al. Wireless Soft Scalp Electronics and

Virtual Reality System for Motor Imagery-Based Brain-Machine Interfaces. Adv. Sci., 2021, 8 (19): e2101129.

[104] Wang Chunya, Wang Haoyang, Wang Binghao, et al. On-skin paintable biogel for long-term high-fidelity electroencephalogram recording. Sci. Adv., 8 (20), eabo1396.

[105] Acar Gizem, Ozturk Ozberk, Golparvar Ata Jedari, et al. Wearable and Flexible Textile Electrodes for Biopotential Signal Monitoring: A review. Electronics, 2019, 8 (5): 479.

[106] Chen Ying, Zhang Yingchao, Liang Ziwei, et al. Flexible inorganic bioelectronics.npj Flexible Electronics, 2020, 4 (1): 2.

[107] Akihito Miyamoto, Sungwon Lee, Nawalage Florence Cooray, et al. Inflammation-free, gas-permeable, lightweight, stretchable on-skin electronics with nanomeshes. Nat. Nanotechnol., 2017, 12 (9): 907-913.

[108] Fayyaz Shahandashti Peyman, Pourkheyrollah Hamed, Jahanshahi Amir, et al. Highly conformable stretchable dry electrodes based on inexpensive flex substrate for long-term biopotential (EMG/ECG) monitoring. Sensors and Actuators A: Physical, 2019, 295, 678-686.

[109] Young-Tae Kwon, Hojoong Kim, Musa Mahmood, et al. Printed, Wireless, Soft Bioelectronics and Deep Learning Algorithm for Smart Human-Machine Interfaces. ACS Appl. Mater. Interfaces, 2020, 12 (44): 49398-49406.

[110] Qiao Li, LiNa Zhang, XiaoMing Tao, et al. Review of Flexible Temperature Sensing Networks for Wearable Physiological Monitoring. Adv. Healthc. Mater., 2017, 6 (12): 1601371.

[111] Kuniharu Takei, Wataru Honda, Shingo Harada, et al. Toward flexible and wearable human-interactive health-monitoring devices. Adv. Healthc. Mater., 2015, 4 (4): 487-500.

[112] Binghao Wang, Anish Thukral, Zhaoqian Xie, et al. Flexible and stretchable metal oxide nanofiber networks for multimodal and monolithically integrated wearable electronics. Nat. Commun., 2020, 11 (1): 2405.

[113] Yang Tingting, Xie Dan, Li Zhihong, et al. Recent advances in wearable tactile sensors: Materials, sensing mechanisms, and device performance. Materials Science and Engineering: R: Reports, 2017, 115: 1-37.

[114] Xiandi Wang, Lin Dong, Hanlu Zhang, et al. Recent Progress in Electronic Skin. Adv. Sci., 2015, 2 (10), 1500169.

[115] Tran Quang Trung, Subramaniyan Ramasundaram, Byeong-Ung Hwang, et al. An All-Elastomeric Transparent and Stretchable Temperature Sensor for Body-Attachable Wearable Electronics. Adv. Mater., 2016, 28 (3): 502-509.

[116] Xin-Hua Zhao, Sai-Nan Ma, Hui Long, et al. Multifunctional Sensor Based on Porous Carbon Derived from Metal-Organic Frameworks for Real Time Health Monitoring. ACS Appl. Mater. Interfaces, 2018, 10 (4): 3986-3993.

[117] Shogo Nakata, Takayuki Arie, Seiji Akita, et al. Wearable, Flexible, and Multifunctional Healthcare Device with an ISFET Chemical Sensor for Simultaneous Sweat pH and Skin Temperature Monitoring. ACS Sens., 2017, 2(3): 443–448.

[118] Huang Jiani, Xu Zijie, Qiu Wu, et al. Stretchable and Heat-Resistant Protein-Based Electronic Skin for Human Thermoregulation. Adv. Funct. Mater.2020, 30(13), 1910547.

[119] Tran Quang Trung, Hoang Sinh Le, Thi My Linh Dang, et al. Freestanding, Fiber-Based, Wearable Temperature Sensor with Tunable Thermal Index for Healthcare Monitoring. Adv. Healthc. Mater., 2018, 7(12), e1800074.

[120] Tran Quang Trung, Thi My Linh Dang, Subramaniyan Ramasundaram, et al. A Stretchable Strain-Insensitive Temperature Sensor Based on Free-Standing Elastomeric Composite Fibers for On-Body Monitoring of Skin Temperature. ACS Appl. Mater. Interfaces, 2019, 11(2): 2317–2327.

[121] Reo Miura, Tomohito Sekine, Yi-Fei Wang, et al. Printed Soft Sensor with Passivation Layers for the Detection of Object Slippage by a Robotic Gripper. Micromachines (Basel), 2020, 11(10): 927.

[122] TanPhat Huynh, Hossam Haick. Autonomous Flexible Sensors for Health Monitoring. Adv. Mater., 2018, 30(50): e1802337.

[123] Lee Su Hyeon, Shen Haishan, Han Seungwoo. Flexible Thermoelectric Module Using Bi-Te and Sb-Te Thin Films for Temperature Sensors. Journal of Electronic Materials, 2019, 48(9): 5464–5470.

[124] He Yayue, Li Wei, Han Na, et al. Facile flexible reversible thermochromic membranes based on micro/nanoencapsulated phase change materials for wearable temperature sensor. Appl. Energy, 2019, 247: 615–629.

[125] Rodolfo Cruz-Silva, Aaron Morelos-Gomez, Hyung-ick Kim, et al. Super-stretchable Graphene Oxide Macroscopic Fibers with Outstanding Knotability Fabricated by Dry Film Scrolling. ACS Nano, 2014, 8(6): 5959–5967.

[126] Ronghui Wu, Liyun Ma, Chen Hou, et al. Silk Composite Electronic Textile Sensor for High Space Precision 2D Combo Temperature-Pressure Sensing. Small, 2019, 15(31): e1901558.

[127] Seon-Jin Choi, Hayoung Yu, Ji-Soo Jang, et al. Nitrogen-Doped Single Graphene Fiber with Platinum Water Dissociation Catalyst for Wearable Humidity Sensor. Small, 2018, 14(13): 1703934.

[128] Yu Pang, Jinming Jian, Tao Tu, et al. Wearable humidity sensor based on porous graphene network for respiration monitoring. Biosensors and Bioelectronics, 2018, 116: 123–129.

[129] Xuewen Wang, Zuoping Xiong, Zheng Liu, et al. Exfoliation at the Liquid/Air Interface to Assemble Reduced Graphene Oxide Ultrathin Films for a Flexible Noncontact Sensing Device. Adv. Mater., 2015, 27(8): 1370–1375.

[130] Elias Torres Alonso，Dong-Wook Shin，Gopika Rajan，et al. Water-Based Solution Processing and Wafer-Scale Integration of All-Graphene Humidity Sensors. Adv. Sci.，2019，6 (15)：1802318.

[131] Jinguang Cai，Chao Lv，Eiji Aoyagi，et al. Laser Direct Writing of a High-Performance All-Graphene Humidity Sensor Working in a Novel Sensing Mode for Portable Electronics. ACS Appl. Mater. Interfaces，2018，10 (28)：23987-23996.

[132] Md Ridwan Adib，Yongbum Lee，Vijay V. Kondalkar，et al. A Highly Sensitive and Stable rGO：MoS2-Based Chemiresistive Humidity Sensor Directly Insertable to Transformer Insulating Oil Analyzed by Customized Electronic Sensor Interface. ACS Sens，2021，6 (3)：1012-1021.

[133] Jun Feng，Lele Peng，Changzheng Wu，et al. Giant Moisture Responsiveness of VS2 Ultrathin Nanosheets for Novel Touchless Positioning Interface. Adv. Mater.，2012，24 (15)：1969-1974.

[134] Amit S. Pawbake，Ravindra G. Waykar，Dattatray J. Late，et al. Highly Transparent Wafer-Scale Synthesis of Crystalline WS2 Nanoparticle Thin Film for Photodetector and Humidity-Sensing Applications. ACS Appl. Mater. Interfaces，2016，8 (5)：3359-3365.

[135] Yuyao Lu，Kaichen Xu，Lishu Zhang，et al. Multimodal Plant Healthcare Flexible Sensor System. ACS Nano，2020，14 (9)：10966-10975.

[136] Mitradip Bhattacharjee，Dipankar Bandyopadhyay. Mechanisms of humidity sensing on a CdS nanoparticle coated paper sensor. Sensors and Actuators A：Physical，2019，285：241-247.

[137] Huayang Guo，Changyong Lan，Zhifei Zhou，et al. Transparent，flexible，and stretchable WS2 based humidity sensors for electronic skin. Nanoscale，2017，9 (19)：6246-6253.

[138] Jing Zhao，Na Li，Hua Yu，et al. Highly Sensitive MoS2 Humidity Sensors Array for Noncontact Sensation. Adv. Mater.，2017，29 (34)：1702076.

[139] Kausar Shaheen，Zarbad Shah，Behramand Khan，et al. Electrical，Photocatalytic，and Humidity Sensing Applications of Mixed Metal Oxide Nanocomposites. ACS Omega，2020，5 (13)：7271-7279.

[140] Zhilin Wu，Xia Sun，Xuezheng Guo，et al. Development of a rGO-BiVO4 Heterojunction Humidity Sensor with Boosted Performance. ACS Appl. Mater. Interfaces，2021，13 (23)：27188-27199.

[141] Li Guo，Hao-Bo Jiang，Rui-Qiang Shao，et al. Two-beam-laser interference mediated reduction，patterning and nanostructuring of graphene oxide for the production of a flexible humidity sensing device. Carbon，2012，50 (4)：1667-1673.

[142] Ning Li，Yue Jiang，Chuanhong Zhou，et al. High-Performance Humidity Sensor Based on Urchin-Like Composite of Ti3C2 MXene-Derived TiO2 Nanowires. ACS Appl. Mater. Interfaces，2019，11 (41)：38116-38125.

[143] Shuguo Yu, Chu Chen, Hongyan Zhang, et al. Design of high sensitivity graphite carbon nitride/zinc oxide humidity sensor for breath detection. Sensors and Actuators B: Chemical, 2021, 332, 129536.

[144] Ryosuke Nitta, Hwai-En Lin, Yuta Kubota, et al. CuO nanostructure-based flexible humidity sensors fabricated on PET substrates by spin-spray method. Appl. Surf. Sci., 2022, 572: 151352.

[145] Yalei Zhao, Bin Yang, Jingquan Liu. Effect of interdigital electrode gap on the performance of SnO2-modified MoS2 capacitive humidity sensor. Sensors and Actuators B: Chemical, 2018, 271, 256-263.

[146] Juehan Yang, Ruilong Shi, Zheng Lou, et al. Flexible Smart Noncontact Control Systems with Ultrasensitive Humidity Sensors. Small, 2019, 15 (38): 1902801.

[147] Yuyao Lu, Kaichen Xu, Min-Quan Yang, et al. Highly stable Pd/HNb_3O_8-based flexible humidity sensor for perdurable wireless wearable applications. Nanoscale Horizons, 2021, 6 (3): 260-270.

[148] Zhong Li, Azhar Ali Haidry, BaoXia Dong, et al. Facile synthesis of nitrogen doped ordered mesoporous TiO_2 with improved humidity sensing properties. Journal of Alloys and Compounds, 2018, 742: 814-821.

[149] Yong Zhang, Jinping He, Mengjiao Yuan, et al. Effect of Annealing Temperature on Bi3.25La0.75Ti_3O_{12} Powders for Humidity Sensing Properties. Journal of Electronic Materials, 2017, 46 (1): 377-385.

[150] Yuan He, Tong Zhang, Wei Zheng, et al. Humidity sensing properties of $BaTiO_3$ nanofiber prepared via electrospinning. Sensors and Actuators B: Chemical, 2010, 146 (1): 98-102.

[151] Youdong Zhang, Xumin Pan, Zhao Wang, et al. Fast and highly sensitive humidity sensors based on $NaNbO_3$ nanofibers. RSC Adv., 2015, 5 (26): 20453-20458.

[152] Md Azimul Haque, Ahad Syed, Faheem Hassan Akhtar, et al. Giant Humidity Effect on Hybrid Halide Perovskite Microstripes: Reversibility and Sensing Mechanism. ACS Appl. Mater. Interfaces, 2019, 11 (33): 29821-29829.

[153] Zhenhua Weng, Jiajun Qin, Akrajas Ali Umar, et al. Lead-Free Cs2BiAgBr6 Double Perovskite-Based Humidity Sensor with Superfast Recovery Time. Adv. Funct. Mater., 2019, 29 (24): 1902234.

[154] Jianxun Dai, Hongran Zhao, Xiuzhu Lin, et al. Humidity Sensors Based on 3D Porous Polyelectrolytes via Breath Figure Method. Adv. Electron. Mater., 2020, 6 (1): 1900846.

[155] Yiqiang Zheng, Lili Wang, Lianjia Zhao, et al. A Flexible Humidity Sensor Based on Natural Biocompatible Silk Fibroin Films. Adv. Mater. Technol., 2021, 6 (1): 2001053.

[156] Almudena Rivadeneyra, Antonio Marín-S ά nchez, Bernd Wicklein, et al. Cellulose nanofibers as substrate for flexible and biodegradable moisture sensors. Composites Science and Technology,

2021, 208, 108738.

[157] Penghui Zhu, Yudi Kuang, Yuan Wei, et al. Electrostatic self-assembly enabled flexible paper-based humidity sensor with high sensitivity and superior durability. Chemical Engineering Journal, 2021, 404: 127105.

[158] S. Kotresh, Y. T. Ravikiran, S. C. Vijaya Kumari, et al. Polyaniline Niobium Pentoxide Composite As Humidity Sensor At Room Temperature. Adv. Mater. Lett., 2015, 6 (7): 641-645.

[159] Xiaohua Liu, Dongzhi Zhang, Dongyue Wang, et al. A humidity sensing and respiratory monitoring system constructed from quartz crystal microbalance sensors based on a chitosan/polypyrrole composite film. Journal of Materials Chemistry A, 2021, 9 (25): 14524-14533.

[160] Tae-Gyu Kang, Jin-Kwan Park, Gi-Ho Yun, et al. A real-time humidity sensor based on a microwave oscillator with conducting polymer PEDOT: PSS film. Sensors and Actuators B: Chemical, 2019, 282: 145-151.

[161] Fan-Wu Zeng, Xiao-Xia Liu, Dermot Diamond, et al. Humidity sensors based on polyaniline nanofibres. Sensors and Actuators B: Chemical, 2010, 143 (2): 530-534.

[162] L. C. Fernandes, D. M. Correia, N. Pereira, et al. Highly Sensitive Humidity Sensor Based on Ionic Liquid-Polymer Composites. ACS Appl. Polym. Mater., 2019, 1 (10): 2723-2730.

[163] Yasser Khan, Aminy E. Ostfeld, Claire M. Lochner, et al. Monitoring of Vital Signs with Flexible and Wearable Medical Devices. Adv. Mater., 2016, 28 (22): 4373-4395.

[164] Ningqi Luo, Wenxuan Dai, Chenglin Li, et al. Flexible Piezoresistive Sensor Patch Enabling Ultralow Power Cuffless Blood Pressure Measurement. Adv. Funct. Mater., 2016, 26 (8): 1178-1187.

[165] Xiangyu Fan, Yan Huang, Xiaorong Ding, et al. Alignment-Free Liquid-Capsule Pressure Sensor for Cardiovascular Monitoring. Adv. Funct. Mater., 2018, 28 (44): 1805045.

[166] Haicheng Li, Yinji Ma, Ziwei Liang, et al. Wearable skin-like optoelectronic systems with suppression of motion artifacts for cuff-less continuous blood pressure monitor. National Science Review, 2020, 7 (5): 849-862.

[167] Ying Jin, Guoning Chen, Kete Lao, et al. Identifying human body states by using a flexible integrated sensor.npj Flexible Electronics, 2020, 4 (1): 28.

[168] Jeonghyun Kim, Philipp Gutruf, Antonio M. Chiarelli, et al. Miniaturized Battery-Free Wireless Systems for Wearable Pulse Oximetry. Adv. Funct. Mater., 2017, 27 (1): 1604373.

[169] Haicheng Li, Yun Xu, Xiaomin Li, et al. Epidermal Inorganic Optoelectronics for Blood Oxygen Measurement. Adv. Healthc. Mater., 2017, 6 (9): 1601013.

[170] Carmel M. McEniery, John R. Cockcroft, Mary J. Roman, et al. Central blood pressure: current evidence and clinical importance. European Heart Journal, 2014, 35 (26): 1719-1725.

[171] M. Sandberg, Q. Zhang, J. Styf, et al. Non-invasive monitoring of muscle blood perfusion by photoplethysmography: evaluation of a new application. Acta Physiol. Scand., 2005, 183 (4): 335-343.

[172] Chonghe Wang, Xiaoshi Li, Hongjie Hu, et al. Monitoring of the central blood pressure waveform via a conformal ultrasonic device. Nat. Biomed. Eng., 2018, 2 (9): 687-695.

[173] Aldenor G. Santos, Gisele O. da Rocha, Jailson B. de Andrade. Occurrence of the potent mutagens 2-nitrobenzanthrone and 3-nitrobenzanthrone in fine airborne particles. Scientific Reports, 2019, 9 (1): 1.

[174] Solmaz Rastegar, Hamid GholamHosseini, Andrew Lowe. Non-invasive continuous blood pressure monitoring systems: current and proposed technology issues and challenges. Physical and Engineering Sciences in Medicine, 2020, 43 (1): 11-28.

[175] Kuan-Hua Huang, Fu Tan, Tzung-Dau Wang, et al. A Highly Sensitive Pressure-Sensing Array for Blood Pressure Estimation Assisted by Machine-Learning Techniques. Sensors, 2019, 19 (4): 848.

[176] Benjamin Schazmann, Deirdre Morris, Conor Slater, et al. A wearable electrochemical sensor for the real-time measurement of sweat sodium concentration. Anal. Methods, 2010, 2 (4): 342-348.

[177] Dong-Hoon Choi, Jin Seob Kim, Garry R. Cutting, et al. Wearable Potentiometric Chloride Sweat Sensor: The Critical Role of the Salt Bridge. Anal. Chem., 2016, 88 (24): 12241-12247.

[178] Amay J. Bandodkar, Vinci W. S. Hung, Wenzhao Jia, et al. Tattoo-based potentiometric ion-selective sensors for epidermal pH monitoring. Analyst, 2013, 138 (1): 123-128.

[179] Tomàs Guinovart, Amay J. Bandodkar, Joshua R. Windmiller, et al. A potentiometric tattoo sensor for monitoring ammonium in sweat. Analyst, 2013, 138 (22): 7031-7038.

[180] Tomàs Guinovart, Marc Parrilla, Gast ó n A. Crespo, et al. Potentiometric sensors using cotton yarns, carbon nanotubes and polymeric membranes. Analyst, 2013, 138 (18): 5208-5215.

[181] Amay J. Bandodkar, Denise Molinnus, Omar Mirza, et al. Epidermal tattoo potentiometric sodium sensors with wireless signal transduction for continuous non-invasive sweat monitoring. Biosensors and Bioelectronics, 2014, 54: 603-609.

[182] Shuqi Wang, Yongjin Wu, Yang Gu, et al. Wearable Sweatband Sensor Platform Based on Gold Nanodendrite Array as Efficient Solid Contact of Ion-Selective Electrode. Anal. Chem., 2017, 89 (19): 10224-10231.

[183] J. Bujes-Garrido, M. J. Arcos-Martínez. Development of a wearable electrochemical sensor for voltammetric determination of chloride ions. Sensors and Actuators B: Chemical, 2017, 240: 224-228.

[184] Hnin Yin Yin Nyein, Wei Gao, Ziba Shahpar, et al. A Wearable Electrochemical Platform

for Noninvasive Simultaneous Monitoring of Ca2+ and pH. ACS Nano，2016，10（7）：7216-7224.

[185] Jo Hee Yoon，Seon-Mi Kim，Youngho Eom，et al. Extremely Fast Self-Healable Bio-Based Supramolecular Polymer for Wearable Real-Time Sweat-Monitoring Sensor. ACS Appl. Mater. Interfaces，2019，11（49）：46165-46175.

[186] Sam Emaminejad，Wei Gao，Eric Wu，et al. Autonomous sweat extraction and analysis applied to cystic fibrosis and glucose monitoring using a fully integrated wearable platform. Proceedings of the National Academy of Sciences，2017，114（18）：4625-4630.

[187] Gang Xu，Chen Cheng，Wei Yuan，et al. Smartphone-based battery-free and flexible electrochemical patch for calcium and chloride ions detections in biofluids. Sensors and Actuators B：Chemical，2019，297：126743.

[188] Wei Gao，Hnin Y. Y. Nyein，Ziba Shahpar，et al. Wearable Microsensor Array for Multiplexed Heavy Metal Monitoring of Body Fluids. ACS Sens，2016，1（7）：866-874.

[189] Yuji Gao，Longteng Yu，Joo Chuan Yeo，et al. Flexible hybrid sensors for health monitoring：materials and mechanisms to render wearability. Adv. Mater.，2020，32（15）：1902133.

[190] Yusuke Morikawa，Shota Yamagiwa，Hirohito Sawahata，et al. Flexible Devices：Ultrastretchable Kirigami Bioprobes（Adv. Healthcare Mater.3/2018）. Adv. Healthc. Mater.，2018，7（3）：1870017.

[191] J Song，Hanqing Jiang，Y Huang，et al. Mechanics of stretchable inorganic electronic materials. Journal of Vacuum Science&Technology A：Vacuum，Surfaces，and Films，2009，27（5）：1107-1125.

[192] Danning Fu，Rendang Yang，Yang Wang，et al. Silver Nanowire Synthesis and Applications in Composites：Progress and Prospects. Adv. Mater. Technol.，2022，7（11）：2200027.

[193] Yajie Zhang，Yi Zhao，Wei Zhai，et al. Multifunctional interlocked e-skin based on elastic micropattern array facilely prepared by hot-air-gun. Chemical Engineering Journal，2021，407：127960.

[194] Lambertus Groenendaal，Friedrich Jonas，Dieter Freitag，et al. Poly（3，4-ethylenedioxythiophene）and its derivatives：past，present，and future. Adv. Mater.，2000，12（7）：481-494.

[195] Yihui Zhang，Shuodao Wang，Xuetong Li，et al. Experimental and theoretical studies of serpentine microstructures bonded to prestrained elastomers for stretchable electronics. Adv. Funct. Mater.，2014，24（14）：2028-2037.

[196] Jonathan A Fan，Woon-Hong Yeo，Yewang Su，et al. Fractal design concepts for stretchable electronics. Nat. Commun.，2014，5（1）：3266.

[197] Zhihui Wang，Ling Zhang，Jin Liu，et al. Highly stretchable，sensitive，and transparent strain sensors with a controllable in-plane mesh structure. ACS Appl. Mater. Interfaces，2018，11（5）：5316-5324.

[198] Hyesu Choi，Yichi Luo，Gina Olson，et al. Highly Stretchable and Strain-Insensitive Liquid Metal based Elastic Kirigami Electrodes（LM-eKE）. Adv. Funct. Mater.，2023，2301388.

[199] Eun Roh，Han-Byeol Lee，Do-Il Kim，et al. A solution-processable，omnidirectionally stretchable，and high-pressure-sensitive piezoresistive device. Adv. Mater.，2017，29（42）：1703004.

[200] Chenxin Zhu，Alex Chortos，Yue Wang，et al. Stretchable temperature-sensing circuits with strain suppression based on carbon nanotube transistors. Nature Electronics，2018，1（3）：183-190.

[201] Xinlei Shi，Shuiren Liu，Yang Sun，et al. Lowering internal friction of 0D-1D-2D ternary nanocomposite-based strain sensor by fullerene to boost the sensing performance. Adv. Funct. Mater.，2018，28（22）：1800850.

[202] Jiajie Liang，Lu Li，Xiaofan Niu，et al. Elastomeric polymer light-emitting devices and displays. Nature Photonics，2013，7（10）：817-824.

[203] Darren J Lipomi，Michael Vosgueritchian，Benjamin CK Tee，et al. Skin-like pressure and strain sensors based on transparent elastic films of carbon nanotubes. Nature nanotechnology，2011，6（12）：788-792.

[204] Christoph Keplinger，Jeong-Yun Sun，Choon Chiang Foo，et al. Stretchable，transparent，ionic conductors. Science，2013，341（6149）：984-987.

[205] Dion Khodagholy，Jennifer N Gelinas，Thomas Thesen，et al. NeuroGrid：recording action potentials from the surface of the brain. Nature neuroscience，2015，18（2）：310-315.

[206] Graeme A Snook，Pon Kao，Adam S Best. Conducting-polymer-based supercapacitor devices and electrodes. Journal of power sources，2011，196（1）：1-12.

[207] Yue Wang，Chenxin Zhu，Raphael Pfattner，et al. A highly stretchable，transparent，and conductive polymer. Sci. Adv.，2017，3（3）：e1602076.

[208] Jin Young Oh，Sunghee Kim，Hong-Koo Baik，et al. Conducting polymer dough for deformable electronics. Adv. Mater.，2016，28（22）：4455-4461.

[209] Jiaqing Xiong，Peng Cui，Xiaoliang Chen，et al. Skin-touch-actuated textile-based triboelectric nanogenerator with black phosphorus for durable biomechanical energy harvesting. Nat. Commun.，2018，9（1）：4280.

[210] Dae-Hyeong Kim，Nanshu Lu，Rui Ma，et al. Epidermal electronics. Science，2011，333（6044）：838-843.

[211] Benjamin C-K Tee，Alex Chortos，Andre Berndt，et al. A skin-inspired organic digital mechanoreceptor. Science，2015，350（6258）：313-316.

[212] Bowen Zhu，Yunzhi Ling，Lim Wei Yap，et al. Hierarchically structured vertical gold nanowire array-based wearable pressure sensors for wireless health monitoring. ACS Appl. Mater. Interfaces，2019，11（32）：29014-29021.

[213] Huawei Chen，Liwen Zhang，Deyuan Zhang，et al. Bioinspired surface for surgical graspers based on the strong wet friction of tree frog toe pads. ACS Appl. Mater. Interfaces，2015，7（25）：13987–13995.

[214] Francesca Tramacere，Nicola M Pugno，Michael J Kuba，et al. Unveiling the morphology of the acetabulum in octopus suckers and its role in attachment. Interface focus，2015，5（1）：20140050.

[215] Takeo Yamada，Yuhei Hayamizu，Yuki Yamamoto，et al. A stretchable carbon nanotube strain sensor for human–motion detection. Nature Nanotechnology，2011，6（5）：296–301.

[216] William Montagna. The structure and function of skin. Elsevier：2012.

[217] Andre K Geim，SV Dubonos，IV Grigorieva，et al. Microfabricated adhesive mimicking gecko foot–hair. Nat. Mater.，2003，2（7）：461–463.

[218] Changhyun Pang，Ja Hoon Koo，Amanda Nguyen，et al. Highly skin–conformal microhairy sensor for pulse signal amplification. Adv. Mater.，2015，27（4）：634–640.

[219] Julian KA Langowski，Dimitra Dodou，Marleen Kamperman，et al. Tree frog attachment：mechanisms，challenges，and perspectives. Frontiers in zoology，2018，15（1）：1–21.

[220] Alexander D Valentine，Travis A Busbee，John William Boley，et al. Hybrid 3D printing of soft electronics. Adv. Mater.，2017，29（40）：1703817.

[221] Zhibin Yang，Jue Deng，Xuemei Sun，et al. Stretchable，wearable dye–sensitized solar cells. Adv. Mater.，2014，26（17）：2643–2647.

[222] Md Milon Hossain，Mostakima M Lubna，Philip D Bradford. Multifunctional and Washable Carbon Nanotube–Wrapped Textile Yarns for Wearable E–Textiles. ACS Appl. Mater.，Interfaces 2023.

[223] Shuai Wang，Peng Xiao，Yun Liang，et al. Network cracks–based wearable strain sensors for subtle and large strain detection of human motions. Journal of Materials Chemistry C，2018，6（19）：5140–5147.

[224] Muhammad Hassan，Ghulam Abbas，Ning Li，et al. Significance of flexible substrates for wearable and implantable devices：Recent advances and perspectives. Adv. Mater.，Technol.，2022，7（3）：2100773.

[225] Darren J Lipomi. Stretchable figures of merit in deformable electronics. Adv. Mater.，2016，28（22）：4180–4183.

[226] Xiaowei Yu，Wan Shou，Bikram K Mahajan，et al. Materials，processes，and facile manufacturing for bioresorbable electronics：a review. Adv. Mater.，2018，30（28）：1707624.

[227] Alexander I Fedorchenko，An–Bang Wang，Henry H Cheng. Thickness dependence of nanofilm elastic modulus. Appl. Phys. Lett.，2009，94（15）：152111.

[228] Mihai Irimia–Vladu，Pavel A Troshin，Melanie Reisinger，et al. Biocompatible and

biodegradable materials for organic field-effect transistors. Adv. Funct. Mater.，2010，20（23）：4069-4076.

[229] Shiqiang Chen，Yidi Wang，Bin Fei，et al. Development of a flexible and highly sensitive pressure sensor based on an aramid nanofiber-reinforced bacterial cellulose nanocomposite membrane. Chemical Engineering Journal，2022：430：131980.

[230] Shasha Duan，Zhihui Wang，Ling Zhang，et al. Strain Sensors：A Highly Stretchable，Sensitive，and Transparent Strain Sensor Based on Binary Hybrid Network Consisting of Hierarchical Multiscale Metal Nanowires（Adv. Mater. Technol.6/2018）. Adv. Mater. Technol.，2018，3（6）：1870020.

[231] Pengdong Feng，Hongjun Ji，Ling Zhang，et al. Highly stretchable patternable conductive circuits and wearable strain sensors based on polydimethylsiloxane and silver nanoparticles. Nanotechnology，2019，30（18）：185501.

[232] Donghwa Lee，Jongyoun Kim，Honggi Kim，et al. High-performance transparent pressure sensors based on sea-urchin shaped metal nanoparticles and polyurethane microdome arrays for real-time monitoring. Nanoscale，2018，10（39）：18812-18820.

[233] Shengjie Ling，David L Kaplan，Markus J Buehler. Nanofibrils in nature and materials engineering. Nature Reviews Materials，2018，3（4）：1-15.

[234] Lixue Tang，Lei Mou，Wei Zhang，et al. Large-scale fabrication of highly elastic conductors on a broad range of surfaces. ACS Appl. Mater. Interfaces，2019，11（7）：7138-7147.

[235] Yi Zhao，Miaoning Ren，Ying Shang，et al. Ultra-sensitive and durable strain sensor with sandwich structure and excellent anti-interference ability for wearable electronic skins. Composites Science and Technology，2020，200：108448.

[236] Ran Wang，Xin Jin，Qianfei Wang，et al. A transparent，flexible triboelectric nanogenerator for anti-counterfeiting based on photothermal effect. Matter. 2023.

[237] Ralph Delmdahl，Malene Fricke，Burkhard Fechner. Laser lift-off systems for flexible-display production. Journal of Information Display，2014，15（1）：1-4.

[238] Karen Zulkowski. Understanding moisture-associated skin damage，medical adhesive-related skin injuries，and skin tears. Adv. Skin Wound Care，2017，30（8）：372-381.

[239] Jay Lewis. Material challenge for flexible organic devices. Materials today 2006，9（4），38-45.

[240] Taewi Kim，Taemin Lee，Gunhee Lee，et al. Polyimide encapsulation of spider-inspired crack-based sensors for durability improvement. Applied Sciences，2018，8（3）：367.

[241] David G Mackanic，Ting-Hsiang Chang，Zhuojun Huang，et al. Stretchable electrochemical energy storage devices. Chemical Society Reviews，2020，49（13）：4466-4495.

[242] Sujith Sudheendran Swayamprabha，Deepak Kumar Dubey，Rohit Ashok Kumar Yadav，et al. Approaches for long lifetime organic light emitting diodes. Adv. Sci.，2021，8（1）：2002254.

[243] Iman Soltani，Steven D Smith，Richard J Spontak. Effect of polyelectrolyte on the barrier

efficacy of layer-by-layer nanoclay coatings. Journal of Membrane Science，2017，526：172-180.

[244] Shuang Qin，Sisi Xiang，Bailey Eberle，et al. High moisture barrier with synergistic combination of SiOx and polyelectrolyte nanolayers. Adv. Mater. Interfaces，2019，6（16）：1900740.

[245] Yun Li，Yingfei Xiong，Weiran Cao，et al. Flexible PDMS/Al2O3 nanolaminates for the encapsulation of blue OLEDs. Adv. Mater. Interfaces，2021，8（20）：2100872.

[246] Yongmin Jeon，Ilkoo Noh，Young Cheol Seo，et al. Parallel-stacked flexible organic light-emitting diodes for wearable photodynamic therapeutics and color-tunable optoelectronics. ACS nano，2020，14（11）：15688-15699.

[247] Taehyung Kim，Thang Hong Tran，Sung Yeon Hwang，et al. Crab-on-a-tree：all biorenewable，optical and radio frequency transparent barrier nanocoating for food packaging. ACS nano，2019，13（4）：3796-3805.

[248] Jinhwan Byeon，Jong-Hoon Lee，Geunjin Kim，et al. Solution-Processed and Transparent Graphene Oxide/TiOx Gas Barrier via an Interfacial Photocatalytic Reduction. Adv. Mater. Interfaces，2020，7（8）：1901318.

[249] Jungmo Kim，Sung Ho Song，Hyeon-Gyun Im，et al. Moisture barrier composites made of non-oxidized graphene flakes. Small，2015，11（26）：3124-3129.

[250] Xiaolin Xiao，Ye Li，Rong-Jun Xie. Blue-emitting and self-assembled thinner perovskite CsPbBr 3 nanoplates：synthesis and formation mechanism. Nanoscale，2020，12（16）：9231-9239.

[251] Yixuan Song，Kevin P Meyers，Joseph Gerringer，et al. Andreas A Polycarpou，Sergei Nazarenko，Jaime C Grunlan，Fast Self-Healing of Polyelectrolyte Multilayer Nanocoating and Restoration of Super Oxygen Barrier. Macromolecular Rapid Communications，2017，38（10）：1700064.

[252] Yibo Dou，Awu Zhou，Ting Pan，et al. Humidity-triggered self-healing films with excellent oxygen barrier performance. Chemical Communications，2014，50（54）：7136-7138.

[253] Woo-Jin Song，Seungmin Yoo，Gyujin Song，et al. Recent Progress in Stretchable Batteries for Wearable Electronics. Batteries & Supercaps，2019，2（3）：181-199.

[254] Woo-Jin Song，Seungmin Yoo，Jung-In Lee，et al. Zinc-Reduced Mesoporous TiOx Li-Ion Battery Anodes with Exceptional Rate Capability and Cycling Stability. Chemistry-An Asian Journal，2016，11（23）：3382-3388.

[255] Yongming Sun，Jeffrey Lopez，Hyun-Wook Lee，et al. A Stretchable Graphitic Carbon/Si Anode Enabled by Conformal Coating of a Self-Healing Elastic Polymer. Adv. Mater.，2016，28（12）：2455-2461.

[256] Wei Liu，Jun Chen，Zheng Chen，et al. Stretchable Lithium-Ion Batteries Enabled by Device-

Scaled Wavy Structure and Elastic-Sticky Separator. Adv. Energy Mater., 2017, 7 (21): 1701076.

[257] Shu Gong, Wenlong Cheng. Toward Soft Skin-Like Wearable and Implantable Energy Devices. Adv. Energy Mater., 2017, 7 (23): 1700648.

[258] Hongsen Li, Yu Ding, Heonjoo Ha, et al. An All-Stretchable-Component Sodium-Ion Full Battery. Adv. Mater., 2017, 29 (23): 1700898.

[259] Daniela Wirthl, Robert Pichler, Michael Drack, et al. Instant tough bonding of hydrogels for soft machines and electronics. Sci. Adv., 3 (6), e1700053.

[260] Yifan Xu, Ye Zhang, Ziyang Guo, et al. Flexible, Stretchable, and Rechargeable Fiber-Shaped Zinc-Air Battery Based on Cross-Stacked Carbon Nanotube Sheets. Angew. Chem. Int. Ed., 2015, 54 (51): 15390-15394.

[261] Zheng Lou, La Li, Lili Wang, et al. Recent Progress of Self-Powered Sensing Systems for Wearable Electronics. Small, 2017, 13 (45): 1701791.

[262] Peng Bai, Guang Zhu, Qingshen Jing, et al. Membrane-Based Self-Powered Triboelectric Sensors for Pressure Change Detection and Its Uses in Security Surveillance and Healthcare Monitoring. Adv. Funct. Mater., 2014, 24 (37): 5807-5813.

[263] Dae-Hyeong Kim, Nanshu Lu, Rui Ma, et al. Epidermal Electronics. Science, 2011, 333 (6044): 838-843.

[264] Carlos García Núñez, William Taube Navaraj, Emre O. Polat, et al. Energy-Autonomous, Flexible, and Transparent Tactile Skin. Adv. Funct. Mater., 2017, 27 (18): 1606287.

[265] Yu Shrike Zhang, Julio Aleman, Su Ryon Shin, et al. Multisensor-integrated organs-on-chips platform for automated and continual in situ monitoring of organoid behaviors. Proceedings of the National Academy of Sciences, 2017, 114 (12): E2293-E2302.

[266] Muhammad Syafrudin, Ganjar Alfian, Norma Latif Fitriyani, et al. Performance Analysis of IoT-Based Sensor, Big Data Processing, and Machine Learning Model for Real-Time Monitoring System in Automotive Manufacturing. Sensors, 2018, 18 (9): 2946.

[267] Jun Chen, Guang Zhu, Jin Yang, et al. Personalized Keystroke Dynamics for Self-Powered Human-Machine Interfacing. ACS Nano, 2015, 9 (1): 105-116.

[268] Yao Chu, Junwen Zhong, Huiliang Liu, et al. Human Pulse Diagnosis for Medical Assessments Using a Wearable Piezoelectret Sensing System. Adv. Funct. Mater., 2018, 28 (40): 1803413.

[269] Julian Ramírez, Daniel Rodriquez, Fang Qiao, et al. Metallic Nanoislands on Graphene for Monitoring Swallowing Activity in Head and Neck Cancer Patients. ACS Nano, 2018, 12 (6): 5913-5922.

[270] Jae Hyun Han, Kang Min Bae, Seong Kwang Hong, et al. Machine learning-based self-powered acoustic sensor for speaker recognition. Nano Energy, 2018, 53: 658-665.

[271] Yann LeCun，Yoshua Bengio，Geoffrey Hinton. Deep learning. Nature，2015，521（7553）：436–444.

[272] Guangquan Zhao，Jin Yang，Jun Chen，et al. Keystroke Dynamics Identification Based on Triboelectric Nanogenerator for Intelligent Keyboard Using Deep Learning Method. Adv. Mater. Technol.，2019，4（1）：1800167.

[273] Sungwoo Chun，Wonkyeong Son，Haeyeon Kim，et al. Self–Powered Pressure–and Vibration–Sensitive Tactile Sensors for Learning Technique–Based Neural Finger Skin. Nano Lett.，2019，19（5）：3305–3312.

[274] Subramanian Sundaram，Petr Kellnhofer，Yunzhu Li，et al. Learning the signatures of the human grasp using a scalable tactile glove. Nature.，2019，569（7758）：698–702.

[275] G. Liu，Z. Lv，S. Batool，et al. Small.，2023，e2207879.

[276] H. C. Ates，P. Q. Nguyen，L. Gonzalez–Macia，et al. Nat Rev Mater.，2022，7：887–907.

[277] C. Ma，M. G. Ma，C. Si，et al. Advanced Functional Materials，2021，31.

[278] M. Naguib，V. N. Mochalin，M. W. Barsoum，et al. Adv Mater.，2014，26：992–1005.

[279] J.–H. Pu，X. Zhao，X.–J. Zha，et al. Journal of Materials Chemistry A.，2019，7：15913–15923.

[280] H. Li，Z. Du. ACS Appl Mater Interfaces，2019，11，45930–45938.

[281] Z. Wang，H. Wei，Y. Huang，et al. Chem Soc Rev，2023.

[282] S. Zhang，Z. Zhou，J. Zhong，et al. Adv Sci（Weinh），2020，7，1903802.

[283] S. P. Sreenilayam，I. U. Ahad，V. Nicolosi，et al. Materials Today，2020，32：147–177.

[284] K. G. Nair，R. Vishnuraj，B. Pullithadathil. ACS Applied Electronic Materials，2021，3：1621–1633.

[285] D. H. Kim，S. Chong，C. Park，et al. Adv Mater，2022，34，e2105869.

[286] Yiran Yang，Wei Gao. Wearable and flexible electronics for continuous molecular monitoring. Chemical Society Reviews.，2019，48（6）：1465–1491.

[287] Zheng Lou，Lili Wang，Guozhen Shen*. Recent Advances in Smart Wearable Sensing Systems. Adv. Mater. Technol.，2018，3（12）：1800444.

[288] Chuan Wang，David Hwang，Zhibin Yu，et al. User–interactive electronic skin for instantaneous pressure visualization. Nat. Mater.，2013，12（10）：899–904.

[289] Simiao Niu，Naoji Matsuhisa，Levent Beker，et al. A wireless body area sensor network based on stretchable passive tags. Nat. Electron.，2019，2（8）：361–368.

[290] Siyoung Lee，Junsoo Kim，Inyeol Yun，et al. An ultrathin conformable vibration–responsive electronic skin for quantitative vocal recognition. Nat. Commun.，2019，10：2468.

[291] Jiuwei Gao，Yubo Fan，Qingtian Zhang，et al. Ultra–Robust and Extensible Fibrous Mechanical Sensors for Wearable Smart Healthcare. Adv. Mater.，2022，34（20）：2107511.

[292] Fengle Wang，Peng Jin，Yunlu Feng，et al. Flexible Doppler ultrasound device for the

monitoring of blood flow velocity. Sci. Adv., 2021, 7 (44): eabi9283.

[293] Shan Zhang, Zhitao Zhou, Junjie Zhong, et al. Body–Integrated, Enzyme–Triggered Degradable, Silk–Based Mechanical Sensors for Customized Health/Fitness Monitoring and In Situ Treatment. Adv. Sci., 2020, 7 (13): 1903802.

[294] Yougen Hu, Tao Zhao, Pengli Zhu, et al. A low–cost, printable, and stretchable strain sensor based on highly conductive elastic composites with tunable sensitivity for human motion monitoring. Nano Research, 2018, 11 (4): 1938–1955.

[295] Huayu Xu, Juan Tao, Yue Liu, et al. Fully Fibrous Large–Area Tailorable Triboelectric Nanogenerator Based on Solution Blow Spinning Technology for Energy Harvesting and Self–Powered Sensing. Small, 2022, 18 (37): 2202477.

[296] Kenry, Joo Chuan Yeo, Chwee Teck Lim. Emerging flexible and wearable physical sensing platforms for healthcare and biomedical applications. Microsystems & Nanoengineering, 2016, 2: 16043.

[297] Wei Gao, Hiroki Ota, Daisuke Kiriya, et al. Flexible Electronics toward Wearable Sensing. Acc. Chem. Res., 2019, 52 (3): 523–533.

[298] Yeongjun Lee, Yuxin Liu, Dae–Gyo Seo, et al. A low–power stretchable neuromorphic nerve with proprioceptive feedback. Nat. Biomed. Eng., 2022, 6 (9): 1085–1085.

[299] Yuanwen Jiang, Zhitao Zhang, Yi–Xuan Wang, et al. Topological supramolecular network enabled high–conductivity, stretchable organic bioelectronics. Science, 2022, 375 (6587): 1411–1417.

[300] Alex Abramson, Carmel T. Chan, Yasser Khan, et al. A flexible electronic strain sensor for the real–time monitoring of tumor regression. Sci. Adv., 2022, 8 (37): eabn6550.

[301] Sungjun Park, Soo Won Heo, Wonryung Lee, et al. Self–powered ultra–flexible electronics via nano–grating–patterned organic photovoltaics. Nature, 2018, 561 (7724): 516–521.

[302] Yinji Ma, Yingchao Zhang, Shisheng Cai, et al. Flexible Hybrid Electronics for Digital Healthcare. Adv. Mater., 2020, 32 (15): 1902062.

[303] Yihao Chen, Siyuan Lu, Shasha Zhang, et al. Skin–like biosensor system via electrochemical channels for noninvasive blood glucose monitoring. Sci. Adv., 2017, 3 (12): e1701629.

[304] Xuewen Wang, Zheng Liu, Ting Zhang. Flexible Sensing Electronics for Wearable/Attachable Health Monitoring. Small, 2017, 13 (25): 1602790.

[305] Lianhui Li, Mingming Hao, Xianqing Yang, et al. Sustainable and flexible hydrovoltaic power generator for wearable sensing electronics. Nano Energy, 2020, 72: 104663.

[306] Ying Jiang, Shaobo Ji, Jing Sun, et al. A universal interface for plug–and–play assembly of stretchable devices. Nature, 2023, 614 (7948): 456–462.

第二章

生物传感新材料产业技术发展趋势与需求分析

第一节　柔性可穿戴传感电子材料产业发展趋势与需求分析

传统的高性能电子器件主要由硅或砷化镓等刚性半导体材料制成，其刚性特点大大限制了电子器件与生物组织之间的良好兼容性。随着有机材料、无机材料、导电聚合物的逐步开发和机械制造技术的不断进步，柔性可穿戴传感电子材料产业引起研究学者更多的关注，伴随软光刻技术的兴起，柔性电子器件的进步驶入发展快车道。柔性可穿戴传感电子材料的日益进步与深入研究成为柔性可穿戴传感电子产业技术提升的重要基石。柔性可穿戴传感器件作为人们获取更为全面的生物信息来源和环境交互的重要手段，在精准医疗等领域具有非常广阔的应用前景。柔性可穿戴传感电子设备中的主要柔性材料包括柔性基底、导电材料、传感介质。柔性可穿戴传感材料的研究内容主要包括设计与开发新型柔性材料和改变现有材料结构以实现更好的延展性。

为满足柔性可穿戴传感电子器件的应用要求，轻薄、透明、柔性和拉伸性好、绝缘耐腐蚀等性质成为柔性基底的关键指标。柔性材料研究常用的衬底材料是将聚对苯二甲酸乙二醇酯（PET）、聚乙烯醇（PVA）、聚二甲基硅烷（PDMS）、聚萘二甲酯乙二醇酯（PEN）、聚酰亚胺（PI）、聚丙烯酰胺（PAAm）等聚合物通过电极打印或沉积在柔性基底材料上得到，实现传感器更加动态地与生物组织交互。聚对苯二甲酸乙二醇酯（PET）是一种常见的柔性衬底，具备成膜性能好，绝缘性能优良，拉伸强度高等特性。Gao 团队提出了在 PET 柔性衬底上经过光刻和后续加工后制备出多传感器集成的汗液传感阵列，可用于检测识别人体汗液中的生物标志物如 Na^+、K^+、葡萄糖浓度和体温等信息来推进大规模和实时地生理临床研究。[1]Rogers 等人利用聚二甲基硅烷（PDMS）制作出具有微流控结构的可穿戴汗液传感器，实现对汗液的精确控制，同时检测出人体汗液中的多种目标分析物。柔性弹性纤维材料本质上是可变形和可恢复的（弯曲、拉伸、扭曲、剪切），以应对外部刺激，可满足设备配制或应用场景方面的要求。通常弹性纤维来自天然和合成材料，其中，天然弹性纤维由于植物和动物的自然生理特征可以提供固有的可变性微观结构，而人工合成弹性纤维受益于可变性基体，通过动态分子置换和重组减轻导电填料在变形时可能出现的损伤。由于纤维的天然特性和结构稳固的特点，通常很难赋予纤维较高的弹性。随着现代加工技术的不断进步，对传统的纺纱技术进行革新，柔性衬底材料的选择扩展到聚合物、半导体和导体。增强纤维材料拉伸性的常用方法是将弹性材料直接纺成纤维，或将其作为其他功能性填料的柔性基质进行纺丝。弹性聚合物通常由柔性长链和刚性短链的动态组合组成。由于柔性段的随机弯曲，制备的纤维在非拉伸条件下是柔软的。外力使刚性短链段被分子间力部分破坏，使无定形链段的轴向位移，从而引起柔性长链段的伸长，导致纤维的轴向几何变化，表现为宏观变形。当外部应力消除时，柔性非晶链段可以从松弛纤维中恢复。通常，聚氨酯（PU）是最常使用的商业弹性聚合物，因为它由长柔性聚乙二醇链和坚硬部分组成，可以拉伸到其原始尺寸的500倍。PU作为弹性基体，已通过传统的纺丝或生产技术，如湿法纺丝、热拉丝、挤出、流延、涂层、模板、印花等，广泛用于功能性弹性纤维的加工，允许加入不同的功能成分，以丰富弹性纤维织物的功能和应用。除了弹性材料的化学结构赋予的内在变形特性外，纱线的各种机织设计也可以为织物提供弹性。纱线是通过缠绕产生的纤维聚集体，它们的机械性能取决于纱线中纤维的排列以及纤维本身的特性。纱线可以通过加捻或构建包芯纺结构来扭转，这会引起聚合物链段的结构出现螺旋取向，纱线中的纤维变得更加致密，这一过程也被认为是使纱线具有一定强伸长率和稳定外观所必需的。结构紧密耐用的纱线弹性较强，而形式疏松的纱线弹性相对较差，复合纱的性能还与混纺中纤维的成分和含量有关，弹力混纺纱线的添加也提高了纱线的整体弹性和恢复性。具有皮肤亲和性和渗透性优势的传统纺织品（纤维、纱线和织物）在可穿戴设备中被赋予了新的生命力。作为理想的媒介之一，纺织品有望成为促进可穿戴设备、生物界面和人机环境相互作用发展的桥梁。综合考虑实际应用的需求，可穿戴设备需要机械柔顺性、自附着性、高保真度和舒适性等性能，基于弹性纤维的设备在满足高质量可穿戴要求方面具备突出优势。与成熟的平板薄膜制造技术相比，将微观结构引入单根光纤仍具有挑战。刘志远等人采用瞬态热固化新方法实现了改性弹性微纤维的大规模制备，并且该策略普遍应用于各种活性材料；[2]Yehu David Horev 等人开发了基于 SIS 纳米纤维的 SIS-PANI 弹性传感膜，可以检测复杂的运动行为，包括不同角度（1°~180°）和变形速度（3~18rpm）的弯曲和扭曲。超薄（300~10000nm）应变传感器可以连续准确地判断不同的机械刺激。[3] 用于可穿戴应用的光纤 / 织物，在电输出、功率密度和灵敏度方面的更高综合性能对于促进实际应用非常重要。当前的技术为突破发展的界限提供了有前途的战略需求。同时，纤维和织物材料的不断创新也出现了新的材料和技术，可以很好地满足机械柔顺性和渗透性的性能。对于未来的发展，多功能衍生、集成以及在一个设备中更好地平衡这些性能对于促进可穿戴设备的纤维 / 织物具有重要意义。

柔性导电材料作为柔性可穿戴传感器件中的导电介质成为研究重点之一，金属纳米线、纳米碳材料、石墨烯、导电高分子（聚乙烯二氧噻吩）等纳米材料被广泛用作导电材料。导电材料主要依靠添加金属纳米颗粒、氧化石墨烯、碳纳米管等导电物质来制备。纳米材料具有高的比表面积，可以有效增加传感器与靶标分子的接触表面，从而提高传感器的检测灵敏度，由此在柔性可穿戴传感器中充分利用。不同维度的纳米材料被用于构建柔性传感器，其中，二维层状材料由于原子薄层的平面结构、优异的机械柔性和电学性能，并提供大量表面活性位点，使得表面易于功能化，作为传导元件和支撑基底在柔性可穿戴传感电子材料领域具有广泛应用。二维材料是指厚度为单个原子到几个原子不等的层状材料，主要包括：石墨烯、过渡金属硫化物（TMDs）、二维过渡金属碳化物 / 氮化物（MXene）、六方氮化硼（h-BN）和黑磷（BP）等。石墨烯自首次通过机械剥离分离制备以来引起不同研究领域的广泛关注，其具有许多适合传感器应用的特征属性，例如，载流子迁移率高、透明性好以及良好的柔韧性等，这些特性使其在柔性电子器件中具有重要价值，其制备方法不依赖传统硅基半导体技术，在软基板上易于负载，这提升了其在柔性电子领域的巨大潜力。具有高度灵活性的石墨烯传感器已用于许多类型的皮肤安装和可穿戴传感器，在人体运动检测、健康监测和人机界面（HMI）方面具有广泛的应用[4]（图 2-1）。

石墨烯 / 柔性基复合材料也是通过将柔性聚合物渗透到三维石墨烯结构中或石墨烯片在柔性聚合物基质中均匀分散来生产的。柔性聚合物，如聚二甲基硅氧烷（PDMS）、橡胶、Ecoflex、聚酰亚胺（PI）和聚氨酯（PU），因其优异的柔韧性而被广泛用作基材或基质。三维石墨烯结构，包括泡沫、水凝胶、气凝胶和海绵，由于其独特的结构互连性，很容易被液体聚合物渗透，高孔隙率和稳定的机械性能。孙立涛等人以还原氧化石墨烯（rGO）为电极，以氧化石墨烯（GO）为电介质，构建了石墨烯电容式压力传感器。[5] 当施加微小外部压力时，上下电极之间的距离减小导致电容

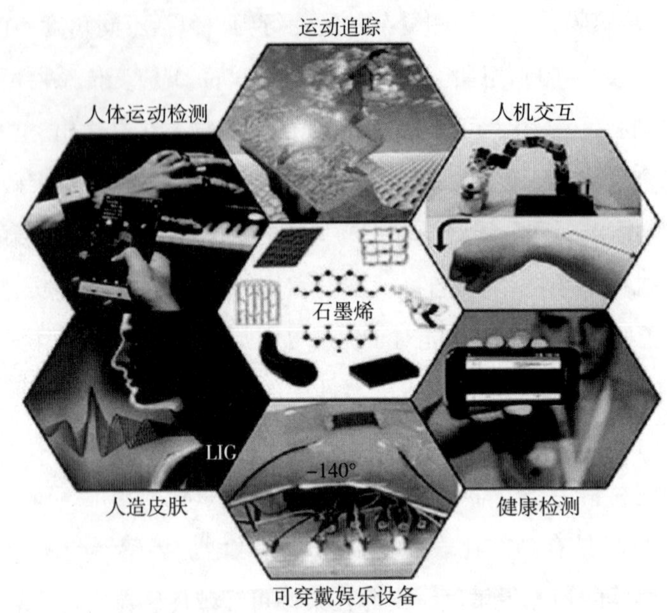

图 2-1 基于石墨烯材料的可穿戴压阻式传感器相关应用[4]

增加，从而实现压力与电容之间的转换。该传感器可以对低至 0.24Pa 的外部压力进行快速响应，在低压下可以达到 0.8kPa^{-1} 的压力灵敏度。单层石墨烯的带隙为零，这一缺陷限制了石墨烯传感器的响应时间和光电效率。因此，通过表面工程在石墨烯内部引入官能团来对石墨烯的电化学性能进行优化，从而扩展石墨烯在柔性可穿戴传感器中的应用。将石墨烯与具有各种形态和功能的材料结合形成功能化的复合材料可以进一步对石墨烯的电学性能和机械性能进行优化。韩国成均馆大学的赵正浩等人开发了一种透明且可拉伸的全石墨烯多功能电子皮肤传感器矩阵（图 2–2），该矩阵中包含三种不同的功能传感器：湿度、热传感器和压力传感器，并通过简单的层压工艺巧妙地集成到逐层几何形状中。[6]

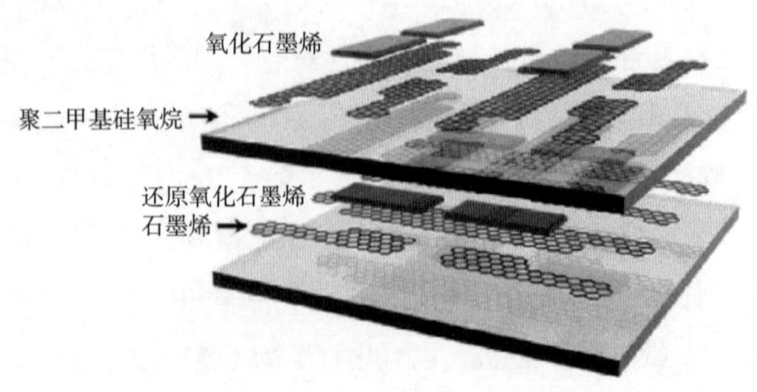

图 2-2 透明可拉伸的全石墨烯多功能电子皮肤传感矩阵[6]

CVD 生长的石墨烯用于形成这三种传感器的电极和互连，而 GO 和 rGO 分别用作湿度和温度传感器的有源传感材料。带有 GO 湿度传感器阵列的顶部聚二甲基硅氧烷（PDMS）基板以纵横交错的方式层压到底部 PDMS 基板的顶部，该基板带有 rGO 温度传感器阵列。阵列准备具有相同的几何形状。夹在两个 CVD- 石墨烯电极之间的顶部 PDMS 衬底充当电容式压力和应变传感器的活性层。这些传感器一起以出色的灵敏度监测各种日常生活感觉（例如，热风吹、呼吸和手指触摸）。矩阵中的每个传感器都表现出单纯型传感性能：它只对其特定的刺激敏感，对其他刺激没有反应。矩阵中的三个传感器同时检测外部刺激并传递独立的电信号。研究人员收集了同步多功能传感的二维颜色映射。这里开发的用作多功能电子皮肤传感器矩阵的设备架构避免了单独制备几种材料；它使用简单的层压方法实现了传感器集成。

过渡金属硫化物（TMDs）是指过渡金属与硫属原子形成的化合物，化学式通常表示为 MX_2，其中 M 表示过渡金属、X 表示硫属原子，其中应用较为广泛的有二硫化钼、二硫化钒、二硫化钨等。TMDs 具有大于 1eV 的带隙，电化学性能优异，是可穿戴传感器件中常用的一类二维材料。原子薄层二硫化钼纳米片具有优异的柔性、生物相容性和电学性能，是 TMDs 中最具有发展前景的材料，在物理化学和生物传感器件领域有广泛应用。美国西北大学约翰·罗杰斯等人制备了可植入式二硫化钼多功能传感器，可以对小鼠脑颅内的压力和温度等信息参数进行实施监测，此外，该传感器具有生物可降解特性，避免了在生物医学应用的负面影响。[7]Park 等人研究出以有源矩阵为基底的大面积二硫化钼触觉传感器。[8]与 PM 传感器阵列相比，代表性的触觉传感器阵列有效地将串扰隔离值提高了 6.6dB。该传感器可以监测 1~120kPa 的压力值，远优于人类皮肤的感应范围。同时，该传感器具有多点高灵敏检测的优点，可以通过对不同位置外部压力的同时监测，准确识别人手抓握物体的形状，达到的压力范围覆盖人体皮肤的感应范围和多点触控灵敏度。

柔性传感材料的开发与设计是柔性可穿戴传感器件的主要研究内容之一，尽管已经进行了大量的研究，在柔性基板上使用各种功能材料开发传感器，制造具有高灵敏度和拉伸性的传感器仍然是个挑战。高灵敏度要求在小应变下进行较大的结构形变，而高拉伸性要求即使在大应变下也保持结构互联的网络。因此，传感材料应拥有适当的几何结构和互联效果至关重要。DNA 水凝胶具有良好的力学性能和生物相容性，通过合理设计和可控制备可以得到多种基于 DNA 纳米结构的功能性材料。DNA 纳米技术已经被广泛应用于材料制造、生物传感等领域，可用于制造可穿戴传感器的柔性材料组件。在温度、酸度、离子强度和溶剂组成等因素发生变化时，DNA 水凝胶的结构和性能将发生突变，利用这一特征表现可构建只能可穿戴传感器件，并将其用于人体生理变化的实时监测。DNA 水凝胶按照合成方法分为物理型 DNA 水凝胶和化学型 DNA 水凝胶。DNA 分子间通过相互缠绕作用或非共价相互作用（如静电作用、氢键等）形成物理型 DNA 水凝胶。其优点是在形成过程中不会引入酶等物质，不会干扰后续的传感过程。然而，非共价键的结合是可逆的，因此物理型 DNA 水凝胶的交联不稳定，目前已经发展了多种提高物理型 DNA 凝胶的力学性能的策略。近年来的研究表明，核酸适配体具有与抗体类似的特异性和亲和力，相比于抗体，核酸适配体还具有分子量小、可设计性高、易于合成和易于修饰等优势。此外，核酸适配体易与 DNA 纳米结构整合的特点使其在生物学、医学领域具有广泛的发展前景。樊春海等人报道了设计核酸适配体触发的二维杂交链反应（HCR），构建了多孔 DNA 水凝胶，在该设计中，含有 ATP 核酸适配体的一条 DNA 短链作为触发链，触发二维 HCR 反应，实现了 DNA 水凝胶的原位合成。[9] 当靶标 ATP 存在时，其与核酸适配体结合，诱发 DNA 双链解链，最终导致水凝胶降解。化学型 DNA 水凝胶是由共价键结合形成的三维网络聚合物，与物理型 DNA 水凝胶相比，其力学性能更好。但是，化学键的断裂通常是不可逆的，因此，化学型 DNA 水凝胶的刺激响应能力有限，延展性和自愈能力不及物理型 DNA 水凝胶。

为了提高传感器的拉伸性和灵敏度以满足可穿戴电子产品的要求，在橡胶中嵌入了大量的导电纳米材料以形成传感膜，例如碳纳米管（CNT）、石墨烯、贵金属纳米球和纳米线等。其中，碳纳米管是一种高纵横比一维导电填料，具有优异的机械、电学和热学性能，是制造橡胶可拉伸应变传感器的理想增强导电纳米填料。碳纳米管因其卓越的电子和机械性能以及电化学稳定性而受到许多研究人员的关注，电荷可以在无缺陷的管中可以实现近弹道传输。据报道，电荷载体移动性高达 10000cm-2V-1S-1。更重要的是可以通过各种大容量、低纯度技术来生产碳纳米管，具有较高的经济性。例如，Su 等人制造了一种基于 HAPAM/CNCs@CNTs 水凝胶的应变传感器，具有高灵敏度（GF = 7.63）和超可拉伸（>2900%）。[10] Roh 等人创造了一个 PU-PEDOT：PSS/SWCNT/PU-PEDOT：PSS 传感器，其表压系数为 62，并且可以在失效前拉伸到 100%。[11] 这些工作体现了高灵敏度和可拉伸传感器材料的实用制造。然而，这些传感器仅对单个机械刺激做出响应，无法监测温度变化，这对于可穿戴设备指示健康状况也至关重要。此外，由于应变传感器在各种实际应用中的复杂性，除了高灵敏度和大拉伸性外，还有更多因素需要考虑。基于渗流的传感器材料很少表现出良好的线性度，因为电阻变化对应变敏感，导致在渗流阈值附近断开不受控制的导电填料网络。在低填料负荷下，CNT 在聚合物基质中的有效和均匀分布在渗流网络的形成中起着重要作用。不幸的是，碳纳米管的巨大范德华力和强烈的 π－π 相互作用使得很难均匀分散在橡胶中，特别是在一种无须强化机械混合的乳胶成膜制备方法中。由于有机材料和无机材料在性能和价格上存在互补，因此混合材料将发挥巨大的研究价值。化学改性，如氧化、等离子体处理和聚合物接枝已被用于改变碳纳米管的表面特性，以提高碳纳米管在溶剂和聚合物基质中的分散性。例如，Neena George 和同事使用 H_2SO_4/HNO_3 共价改性碳纳米管的混合物，以促进碳纳米管在 NR 中的均匀分散。[12] Wang 等采用超支化聚（偏苯三酸酐－二甘醇）酯环氧树脂（HTDE）对碳纳米管表面进行功能化，提高了碳纳米管在环氧树脂中的稳定性和分散性。广西大学徐传辉等人设计了一种大型可拉伸和增强的可穿戴多功能 CNTs 传感器，该传感器具有高灵敏度，较低的渗透阈值，低检测限和高温度系数，这是通过 XSBR 乳胶成膜制造的。[13] 丝胶是一种具有优异性能的可再生材料，是蚕茧中存在的两种主要蛋白质之一。其选择含有大量亲水性氨基酸的丝胶作为改性剂，以改善碳纳米管在橡胶基体中的分散性，而不会对碳纳米管进行任何化学破坏。丝胶蛋白能够在没有任何人工添加剂帮助的情况下使 CNTs 在 XSBR 基质中均匀分散。实验和理论研究表明，少量丝胶修饰的碳纳米管与 XSBR 的极性羧基形成氢键交联网络，使 XSBR/SSCNT 传感器具有相当的力学和电学性能。这有助于解决碳基传感器材料在机械强度、拉伸性、导电性和低渗透阈值方面的长期困境。XSBR/SSCNT 传感器对拉伸变形表现出很高的灵敏度，可以组装成多功能传感器来检测人体运动。同时，XSBR/SSCNT 传感器表现出优异的热敏能力，满足了实时和连续的皮肤温度监测要求。该团队的这项研究成果提出了一种新的高性能可穿戴传感材料，可广泛应用于各种柔性功能器。导电小分子和聚合物是一种柔性的、碳基的共轭材料，在电子皮肤应用中已经表现出很大的前景，常用的小分子半导体包括乙炔、低聚噻吩和其他具有稠合芳香环的分子。而常见的半导体和导电聚合物以及它们的衍生物，虽然它们的电子性能还不能和无机半导体相比，但这类材料因其成本较低且能制备大面积器件阵列而备受追捧。因为这些材料比碳纳米管、石墨烯和纳米线具有更强的加工性能。

随着智能可穿戴设备在国内外市场的快速发展，智能可穿戴设备行业标准化建设也被列入政策清单，同时“互联网＋健康医疗”战略的落地推进也在不断加速行业发展。伴随中国智能可穿戴设备行业的快速发展，中国可穿戴联盟于 2015 年组织召开了“中国可穿戴联盟标准”会议，工信部等政府部门共同探讨智能可穿戴标准体系，建立智能可穿戴设备行业的标准化体制，旨在从安全性、智能型及可穿戴性三个方面考核产品品质。政府将严格把控智能可穿戴设备本身、电池、电源适配器的安全性、无线连接、有害物质的安全认证，尤其是对于干预人体健康的植入性产品，强调要建立严格明确的行业标准进行规范。行业标准化体制的逐步建立在一定程度上缓解了由标准化体制不健全导致的产品质量参差不齐等问题。自 2014 年，中国工程院启动“中国全民健康与医药卫生事业发展战略研究”项目，并将“医疗器械与新型穿戴医疗设备的发展战略研究”作为重点研究课题。伴随智能可穿戴设备在医疗领域的优势逐渐凸显，政府对于医用级智能可穿戴设备的重视程度逐渐加深。2015 年，国务院印发《中国制造 2025》，强调要提高医疗器械创新能力和产业化水平，推动移动互联网、云计算、大数据等技术在智能制造领域的突破，重点发展可穿戴、远程诊疗等移动医疗产品，智能可穿戴设备上升为国家战略。2016 年国务院印发的《关于促进和规范健康医疗大数据应用发展的指导意见》中明确指出，政府将通过部署“互联网 + 健康医疗”鼓励探索服务新模式。政府为规范和推动“互联网 + 健康医疗”服务，积极部署具体工作重点和任务方向，主要包括：建设统一权威、互联互通的健康信息平台，推动健康医疗大数据资源共享开放，积极研究数字化健康医疗智能设备，以及加强提高智能设备、智能可穿戴设备在疑难疾病等方面的研究。该政策推动了智能可穿戴设备在医疗健康领域的深化和发展，作为健康大数据应用的优选终端，智能可穿戴设备将在互联网医疗、远程诊断等“互联网 + 健康医疗”背景趋势下，不断催生新的应用场景和商业模式，以契合智慧医疗服务新业态。

全球智能可穿戴设备出货量继续保持强劲增长。根据 IDC 最新数据显示，2021 年第四季度中国可穿戴设备市场出货量为 3753 万台，同比增长 23.9%。2021 年中国可穿戴市场出货量近 1.4 亿台，同比增长 25.4%。2022 年，中国可穿戴市场出货量超过 1.6 亿台，同比增长 18.5% [来源:《中国可穿戴设备市场季度跟踪报告（2021 年第四季度）》]。截至 2021 年，我国可穿戴设备出货量大约 1.4 亿台，同时根据京东商品加权平均价格进行计算，目前我国可穿戴设备行业市场规模约 600 亿元（来源:《2021 年中国可穿戴设备行业市场规模体量测算》）。未来五年全球智能可穿戴设备需求仍保持强劲增长态势，但考虑到智能可穿戴设备需求火爆期已过，预测 2020—2025 年全球智能可穿戴设备出货量复合增长率约 25%，2025 年预计出货量为 13.58 亿台。亚太地区成为全球最大智能可穿戴设备市场。按地区分布，2020 年亚太地区智能可穿戴设备全球市场份额占比 32.4%，位居首位，其次是北美地区，占比 30.1%。2025 年中国智能可穿戴设备市场规模将达 1573.1 亿元。中国智能可穿戴设备市场规模近年来增长迅速，2016—2020 年市场规模复合增长率为 37.8%，其中，2020 年智能可穿戴设备市场规模为 632.2 亿元，同比增长 21.0%。预计到 2025 年，中国智能可穿戴设备市场规模将达 1573.1 亿元，复合增长率将达 20.0%。中国医用级智能可穿戴设备行业保持高速增长态势，市场增速高于行业整体水平。数据显示，2016—2020 年中国医用级智能可穿戴设备市场规模复合增长率为 46.2%，其中，2020 年医用级智能可穿戴设备市场规模为 124.6 亿元，同比增长 35.1%。目前，中国医用级智能可穿戴设备已结束野蛮生长，开始迎来精细发展时代。预计 2020—2025 年中国医用级智能可穿戴设备市场规模复合增长率达 30.0%，2025 年中国医用级智能可穿戴设备市场规模将达 462.6 亿元（来源:《2021 中国智能可穿戴设备产业研究报告》）。

在中国可穿戴设备产品产量增长的保障下，相关传感器，例如加速度传感器、温湿度传感器和生物传感器占据了较大的市场份额。据赛迪顾问预测，在未来三年的传感器市场产品结构方面，随着物联网技术的不断提升，图像传感器、距离传感器、生物传感器等产品的市场份额将会进一步提升，而传统的流量传感器等产品会由于增速减缓而使得市场份额有所下降。传统传感器企业的研发与生产方向同样受可穿戴设备的影响。便携式、可移动式、可穿戴式及远程化的应用对设备端的传感器的信号采集及芯片融合提出了更高的要求，尤其是在性能、功耗、体积及方案的完整性方面都与传统的稍大型设备有很大不同，其整体要求更为苛刻。新的挑战给可穿戴设备和传感器的发展带来了新的市场机会。目前市场上以手表 / 手环为代表的穿戴设备所使用的传感器，如运动监测、环境监测及健康管理等已成为主流，并将不断发展完善。随着人们生活应用的不断丰富，传感器感测多个物理信号的功能需求也变得越来越多，使用多个传感器，系统可以实现更高的进度或获取更多细节。

中国智能可穿戴设备行业保持高速增长态势，预计 2020—2025 年市场规模复合增长率 20%，到 2025 年，中国智能可穿戴设备市场规模有望突破 1500 亿元。医用级智能可穿戴设备将催生出更大的移动医疗市场，远程病人监控及在线专业医疗应用未来将成为医用级智能可穿戴设备的重要入口；随着移动医疗平台的快速发展，未来智能可穿戴设备将实现与云端互联，患者数据可实现“云端数据集成化”，医生远程即可开立药物、提出诊疗建议等。围绕某一疾病垂直领域，聚焦细分市场、细分人群，实现数据监测 – 疾病诊断 – 数据分析 – 医疗服务健康类垂直市场布局。智能可穿戴设备将实现为用户提供监测、诊断、干预、治疗一体化服务，由最初的实时监测向疾病干预治疗转变。盈利模式将从传统硬件销售，逐渐向挖掘诊断价值、数据价值、医学价值和服务价值的新模式转变。目前，可穿戴移动医疗已发展出不同的商业模式，通过向医院 / 医生 / 药企 / 保险公司收费实现盈利。尽管智能可穿戴设备在快速发展的过程中，也面临着一些问题和挑战，如数据安全、行业标准不统一、监测数据精准度不够、医疗设备认证等，但随着人口老龄化趋势不断加快、慢性病群体规模不断扩大以及新技术应用不断出现，智能可穿戴设备市场规模未来仍将保持持续快速增长态势，并开启健康管理和干预治疗新时代。

可穿戴设备随着集成的传感器的发展而发展，可穿戴设备市场增长的关键之一就是传感器。目前，可穿戴设备中用到的传感器包括运动型传感器、生物型传感器和环境传感器三大类。传感器作为可穿戴设备的核心器件，根据测量参数不同被使用在不同的产品中，可穿戴设备的功能和性能均离不开传感器核心技术的支持。2016 年 9 月，工信部发布和发改委联合发布《智能硬件产业创新发展专项行动（2016—2018 年）》，可穿戴设备产业开始上升到国家新经济战略层面。在智能穿戴设备产品方面，“提升产品功能、性能及工业设计水平，推动产品向工艺精良、功能丰富、数据准确、性能可靠、操作便利、节能环保的方向发展”；在核心关键技术方面，发展高性能智能感知技术，“发展高精度高可靠生物体征、环境监测等智能传感、识别技术与算法”。2017 年 7 月，国务院发布《新一代人工智能发展规划》，指出培育高端高效的智能经济，鼓励开发智能手表、智能耳机、智能眼镜等可穿戴终端产品，拓展产品形态和应用服务；大力发展智能企业，在可穿戴设备领域培育一批龙头企业。在智能医疗方面，研发柔性可穿戴、生物兼容的生理监测系统等健康管理可穿戴设备。结合国内可穿戴设备的发展现状来看，规范可穿戴设备的检测与产品标准，促进可穿戴产品间的互操作、数据互联与数据安全等可能成为未来政策规范的方向。

第二节　柔性可穿戴传感电子器件产业发展趋势与需求分析

1　脉搏、心跳传感器的需求

随着智能穿戴设备的普及，越来越多的人开始使用脉搏和心跳传感器来监测自己的健康状况。这些设备可以与智能手表、智能手机等设备连接，从而帮助人们更方便地获取自己的健康数据。例如，心脑血管疾病目前依然是困扰人类的一大疾病，通过实时监测人体的脉搏以及心跳可以有效地降低该类疾病的发病概率。因此，柔性传感技术以及可穿戴的脉搏、心跳传感器引起了科学家们浓厚的研究兴趣。

人体脉搏可以从其表皮的动脉测量中得到，当左心室将血液喷射到主动脉中后，会产生全身动脉脉搏，血液会在主动脉中流向全身的动脉。当心室舒张时，主动脉会收缩并让血液流回心脏。在收缩期间，主动脉会松弛并将血液输送到身体的其他部位。以上整个过程由血液流动造成的压力波动组成了动脉脉搏，通过实时监测脉搏波的变化即可了解人体心血管状况[14, 15]。因此，有心脑血管疾病的人们对可穿戴脉搏、心跳传感器的需求迫在眉睫。

目前基于动脉脉搏监测的传感器，它的工作原理包括摩擦电、压电、磁弹性、压阻、电容以及光电信号等[16]。PPG 技术是一种成熟且被广泛采用的脉搏测量技术，其采用的就是检测活体组织中血容量的变化。当特定波长的光照射到皮肤表面的时候，光束以透射或反射的方式被传送到光电接收器，皮肤内血容量由于心脏收缩以及舒张产生相应的变化，从而导致检测到的光强发生变化。尽管这是一项成熟且被广泛采用的脉搏测量技术，然而它仍然面临着受环境光和佩戴者肤色的测量干扰、信噪比较低以及无法贴近皮肤测量等挑战。因此，克服 PPG 技术的不足，研发高舒适度、高灵敏度的可穿戴脉搏、心跳传感器设备是顺应当今医学发展的趋势（图 2-3）。

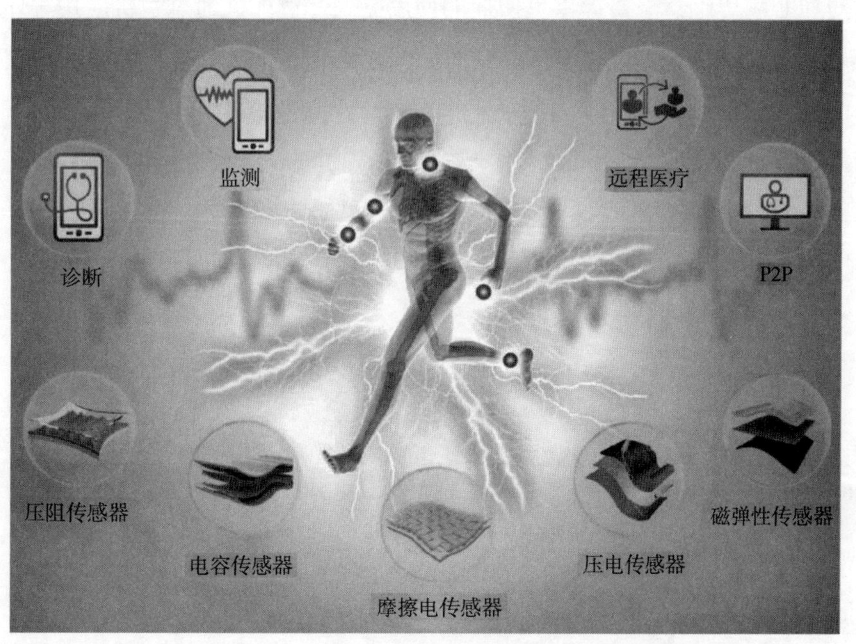

图 2-3　基于不同原理的脉搏传感器及其潜在应用场景[16]

人们对脉搏、心跳传感器的需求具体体现在以下六个方面。①更准确的数据：脉搏和心跳传感器的准确性对于健康监测来说至关重要，因此人们希望这些设备能够提供更准确的数据，以便更好地了解自己的健康状况，未来随着技术的不断发展，这些设备的准确性将会进一步提高。②更舒适的设计：对于长时间佩戴脉搏和心跳传感器的用户来说，舒适性也是非常重要的因素。因此，人们希望这些设备能够提供更舒适的设计，以便用户能够更愿意佩戴它们，未来这些设备的设计将会更加人性化，更符合用户的需求。③更多的功能：除了测量心率和脉搏之外，人们也希望脉搏和心跳传感器能够提供更多的功能；例如，一些设备已经开始提供睡眠监测、运动跟踪等功能，未来还有可能增加更多的健康监测功能，这些功能将使脉搏和心跳传感器更加实用，对用户的健康监测更加全面。④更好的数据分析：随着数据的不断积累，脉搏和心跳传感器所提供的数据量也会越来越大；因此人们也希望这些设备能够提供更好的数据分析功能，以便更好地了解自己的健康状况，未来这些设备的数据分析功能将会更加智能化，更符合用户的需求。⑤更好的数据隐私保护：随着脉搏和心跳传感器的应用范围扩大，用户对于数据隐私的关注也越来越高。因此，这些设备应该遵循数据隐私保护法规，并采用安全的数据存储和传输方式，以保护用户的数据不被未授权的人获取。⑥更便捷的使用方式：用户对于设备的易用性也是一个重要的考虑因素，未来的脉搏和心跳传感器需要提供更便捷的使用方式。例如，通过手机应用程序实时监测健康状况等，用户可以更方便地使用这些设备，从而更好地了解自己的健康状况（图 2-4）。

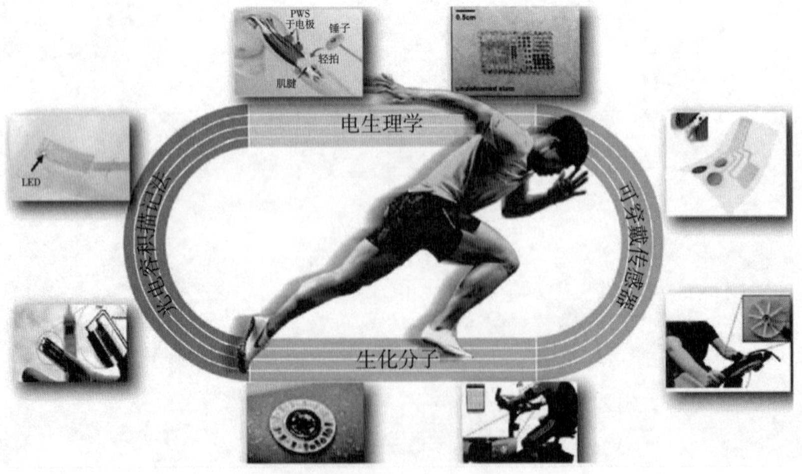

图 2-4　基于不同传感、分析原理设计的传感器，针对运动生理信号进行运动监测与科学分析[19]

2 呼吸、运动传感器的需求

呼吸和运动传感器是现代医疗保健领域中非常重要的设备，可以用于监测病人的呼吸和运动情况。尤其是呼吸传感器，它可以通过检测病人的呼吸频率、呼吸深度和呼吸节律等参数来监测病人的生命体征，探测疾病的早期症状，尽早采取治疗措施而避免疾病的恶化。例如，在医院中监测病人的生命体征，或在家庭护理中监测老年人的健康状况等，都需要更加便捷高效的呼吸传感器来实时监测（图 2–5）。另外，在运动过程中人体会产生各种类型的运动生理信号，常见的运动生理信号包括运动生物姿态信号、电生理信号、分子标记的生物化学信号、生物组织动力学信号等[17, 18]。不同类型的信号蕴含着特定的生理信息，实时监测这些信息也可以实现对人体的运动与身体状况的客观评价。因此，深入分析呼吸和运动传感器的功能、优缺点以及不同的应用场景，设计并研发高效便捷的呼吸、运动传感器的需求是提高当今人们生活质量和健康水平的重要发展趋势。

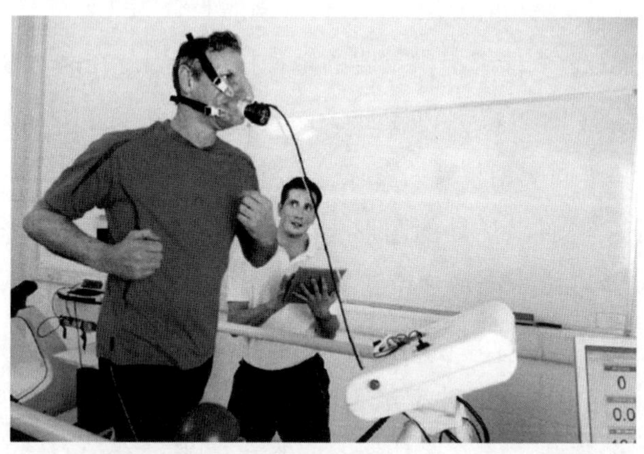

图 2-5 呼吸以及运动传感器应用于医院和家庭护理

呼吸、运动传感器通常用于监测病人的生命体征和运动情况，包括呼吸频率、呼吸深度、呼吸节律以及行走、站立和坐姿等。相比健康人群，监测病人的这些健康参数对传感器的性能要求非常高，尤其是对于老年人和未康复病人来说更为关键。另外，呼吸、运动传感器的佩戴舒适性、安全性以及成本效应都是决定其能否真正商业化，能否真正走进千家万户的重要因素。

因此，结合人们对呼吸和运动传感器的实际需求，其未来的发展趋势主要体现在以下方面。①精度和可靠性：精确测量病人的呼吸和运动情况并提供准确的数据，对医生和护士更好地了解病人的健康状况至关重要；另外还需要具有高可靠性以确保数据不会丢失或出现错误。②适应不同病人的需求：例如对于婴儿和儿童来说，传感器需要小巧轻便并且容易安装和使用；对于老年人和慢性病病人来说，传感器需要更加简单易用，并且可以长时间佩戴。③安全性和隐私性：采用安全的数据传输和存储技术，以确保病人数据的安全性和隐私性。④可扩展性：能够与其他设备和系统集成，并能够适应不同的场景和需求；例如，它们需要与医院信息系统和电子病历系统等其他医疗设备集成，实现数据共享和协同工作。⑤成本效益：以较低的成本提供高质量的服务，确保更多的医疗机构和家庭可以使用。另外通过维护和更新，达到较长的使用寿命，确保长期的成本效益。

3 表皮信号EEG、ECG等生物电极的需求

EEG（表面脑电图）、ECG（心电图）和 EMG（肌电图）信号监测是医学诊断和治疗中常用的重要工具，其分别记录了心脏电、脑电以及肌肉电的活动信息。通过监测这些信号，医生可以诊断和治疗许多疾病，例如心脏疾病、癫痫、肌肉和神经疾病等。ECG、EEG 和 EMG 监测能够提供重要的生理指标，因此在医学领域中被广泛应用，具有重要的临床意义（图 2-6）。基于此，在这里我们将简单介绍这三种不同类型的电极，并分析它们在不同应用领域的需求以及发展趋势。

ECG 是一种记录心脏电活动的图形化工具。心脏在工作时，会产生电信号，这些电信号可以通过在身体表面放置电极来测量和记录。ECG 记录了心脏在每次跳动时产生的电信号，可以用来诊断心脏疾病和其他心脏问题。其通常包括三个主要的波形：P 波、QRS 波和 T 波。P 波表示心房收缩，QRS 波表示心室收缩，T 波表示心室舒张，这些波形的形状、大小和持续时间都可以提供有关心脏健康状况的重要信息[20]。对于 ECG 电极的需求分析，主要包括以下几个方面。①稳定性：心电生物电极需要稳定地与胸部表面接触，以避免因身体运动或其他因素引起的干扰。②灵敏度：心电生物电极需要具有足够的灵敏度，以检测微弱的电位变化。③抗干扰性：心电生物电极需要具有足够的抗干扰能力，以避免来自环境和身体其他部位的干扰。④安全性：心电生物电极需要使用安全的材料制成，以避免对人体产生不良反应。⑤尺寸和形状：心电生物电极的尺寸和形状需要适合不同的实验和临床场景，例如可穿戴设备和胸带。

图 2-6　心电监测系统的总体架构[20]

EEG 是一种记录大脑电活动的技术。它通过在头皮上放置电极来测量大脑皮层神经元的电活动，可以用于研究大脑的功能和异常。在 EEG 测量中，电极被放置在头皮上，记录大脑皮层神经元的电活动。这些电信号可以用于研究大脑的功能，如意识、情感、认知和行为（图 2-7）。

对于 EEG 而言，不同的应用场景下对准确性、速度、可靠性和易用性有不同的要求。对于临床诊断应用（如癫痫发作检测、阿尔茨海默病检测和脑损伤检测），结果的准确性和可靠性超过了速度和用户易用性的要求。对于脑机接口和神经反馈应用（如轮椅控制、外骨骼控制和神经假肢等），算法的速度与其准确性、易用性和可靠性同样重要，因此必须权衡速度与准确性。对于神经营销应用程序（如客户的反应预测、葡萄酒偏好和汽车品牌偏好），速度和准确性没有硬性限制，用户的易用性应该是主要关注点[21]。

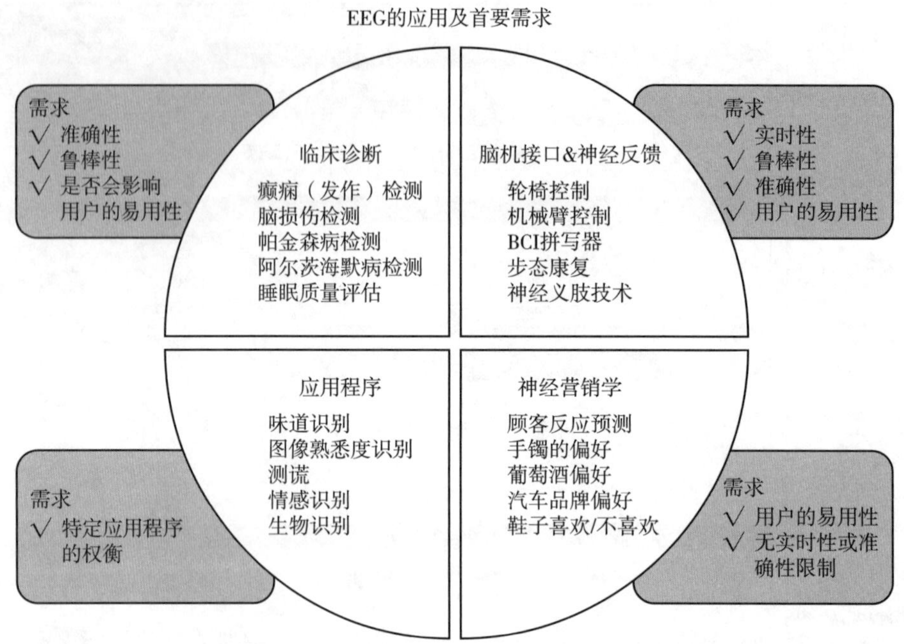

图 2-7　脑电信号测量的不同应用场景与要求[21]

EMG 是测量肌肉电活动的一种技术。它可以记录肌肉收缩和放松时的电活动，帮助医生评估肌肉和神经疾病。EMG 是一种使用连接到皮肤或插入肌肉的电极记录肌肉产生的电活动的技术。由于表面电极的使用提供了一种非侵入性的记录方式，因此 sEMG 通常优于带针电极的 EMG。sEMG 通过观察面部和颈部周围言语肌肉组织发出的电活动来评估肌肉的功能。这些信号可用于 ASR 并克服一些限制，能够在非常嘈杂的环境中识别语音，成为有语言障碍的人的语音接口，并通过结合声音信号来提高性能（图 2-8）[22]。

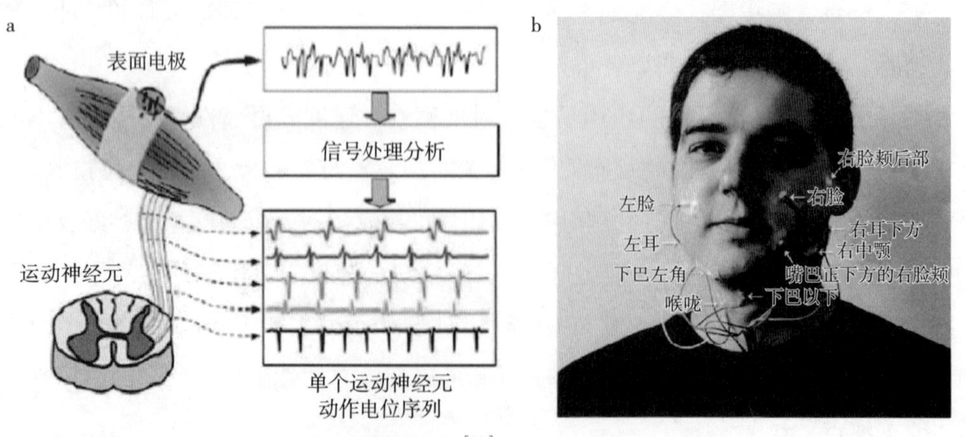

a. 肌电信号测量原理。b. 脸部信号测量实例[22]。

图 2-8　肌电信号测量示意图

sEMG 技术的发展趋势主要体现在以下几个方面。①信号处理技术的改进：随着计算机技术和信号处理技术的不断进步，EMG 信号的处理方法和算法得到了很大的提高；目前，许多新的信号处理技术被应用于 EMG 信号的处理，如小波变换、时频分析、自适应滤波等。②传感器技术的进步：EMG 技术的传感器也在不断改进，从传统的针形电极到表面电极的发展，使得 EMG 测量更加方便、安全和舒适；同时，一些新型的传感器，如无线传感器和穿戴式传感器等，也被广泛应用于 EMG 监测领域。③应用领域的扩展：EMG 技术不仅被用于肌肉和神经疾病的诊断和治疗，还被广泛应用于康复医学、人机交互、智能穿戴和健身等领域。随着需求以及应用领域的不断扩展，EMG 技术在康复医学、人机交互和健身等领域的需求也在不断增加，未来的 EMG 技术将会更加注重创新和应用，并且有望为人类健康和生活带来更多的福祉[22]。

此外，EGG 是一种测量胃肠道电活动的技术。它可以记录胃肠道电活动的频率、振幅、节律等指标，为临床诊断和治疗提供重要的辅助信息。随着医疗技术的不断进步，EGG 也在不断发展。对于胃电图的发展趋势和需求有如下方面。①无创性：目前 EGG 胃电图主要通过贴附电极在患者皮肤上进行测量。然而，对于一些特殊病例，比如肠胃炎症或胃肠道肿瘤等，皮肤电极可能会受到干扰。因此，未来 EGG 胃电图的发展趋势是向无创性技术发展，比如利用无线胃肠道胶囊、贴片式电极等实现胃电活动的监测。②多通道记录：EGG 胃电图记录到的是胃肠道整体的电活动情况，但是胃肠道中不同的区域电活动可能有所不同。因此，未来 EGG 胃电图的发展趋势是实现多通道记录，可以记录到不同胃肠道区域的电活动情况。③实现实时监测：比如将胃肠道胶囊或贴片式电极与移动设备或智能手表等连接，实现实时监测。

4 可穿戴温度传感器的需求

随着可穿戴设备技术的不断发展和人们对健康关注程度的提高，可穿戴温度传感器已成为一个新兴的市场。人们对可穿戴温度传感器的需求及其发展趋势主要包括以下四个方面：①更高的精度：现在的可穿戴温度传感器已经可以实现非常高的精度，可以达到 0.1℃的精度；这种高精度的传感器可以更准确地监测人体温度，为医疗和健康管理提供更加精确的数据支持。②多样化的使用场景：可穿戴温度传感器不仅可以用于人体温度监测，还可以用于各种其他场景，比如监测宠物的体温、监测食品的温度等。③与其他可穿戴设备的整合：将可穿戴温度传感器与智能手表、智能眼镜等设备结合，可以实现更多的功能，比如监测人体温度、心率、血压等，为人们的健康提供更加全面的保障。④低功耗、长寿命：可穿戴温度传感器的电池寿命一直是一个重要的问题。未来，随着技术的进一步发展，可穿戴温度传感器的低功耗和长寿命将成为一个重要的趋势。比如，可以采用新型的材料和结构设计，以减少能量的消耗，从而延长电池的使用寿命。

可穿戴温度传感器在生活中的各个领域都具有广泛的应用，其中医疗领域是可穿戴温度传感器的一个重要应用领域。其可实时监测患者的体温，对于一些需要密切监护的患者来说，这种技术可以起到很好的作用。比如，在新冠疫情期间，可穿戴温度传感器被广泛应用于医疗领域，可以实时监测患者的体温，及时发现体温异常的情况，帮助医生及时采取措施，避免病情恶化。在幼儿园、小学等场所，可穿戴温度传感器可以监测孩子的体温，及时发现孩子身体不适的情况，帮助保障孩子的健康。工业领域也是可穿戴温度传感器的一个应用领域。比如，在一些高温环境下，可穿戴温度传感器可以监测工人的体温，避免出现中暑等问题。另外，在一些需要严格控制温度的场所，比如实验室、制药厂等，可穿戴温度传感器可以帮助实现精确控温，从而提高产品的质量。在娱乐、军事以及安全领域，可穿戴温度传感器也有一定的应用前景。在体育比赛中，运动员可以佩戴可穿戴温度传感器来监测自己的体温变化，以及适当的休息和补充水分，从而提高比赛的表现。在军事训练和作战中，监测士兵的体温变化，避免由于高温和低温等环境因素引起的健康问题，保障士兵身体健康。其还可用于监测一些高危职业人员的体温变化，例如消防员、采矿工人等，及时预警并采取必要的救援措施，降低事故的发生率和人员伤亡率。

随着大数据以及人工智能技术的不断发展，未来的可穿戴温度传感器也将不断融入大数据分析以及人工智能技术。例如，通过大数据分析技术将成为可穿戴温度传感器的重要发展方向，可以挖掘出更多的健康信息和健康趋势。再结合机器学习和深度学习等技术，自动识别和预测体温变化，提高体温监测的准确性和精度，帮助人们更好地了解自己的健康状况和健康趋势。综上所述，可穿戴温度传感器的应用前景十分广阔，未来可穿戴温度传感器将不断发展，从而更好地服务于人们的健康需求，为人们的健康管理带来更加精准和全面的支持。

5 可穿戴湿度传感器的需求

在过去的十年里，各种柔性传感器在人类医疗保健、物联网、人机界面、人工智能和软机器人等多个领域的应用都取得了一系列重要的进展。其中，柔性湿度传感器凭借其对环境湿度的快速响应，在非接触测量中发挥着重要作用。例如，可穿戴湿度传感器可以实时监测环境湿度，通过蓝牙确保数据与智能设备的共享，最终实现了佩戴者对环境湿度的智能化实时监测。如图 2-9 展示了柔性湿度传感器的各种应用场景[23]。因此，可穿戴湿度传感器的使用为佩戴者提供了健康舒适的湿度环境，也因此而激发了可穿戴湿度传感器的发展需求。

图 2-9　多功能湿度传感器概述图[23]

柔性湿度传感器根据测量原理分为电阻型、电容型、阻抗型和电压型，其中电阻式湿度传感器因其制造简单、成本低以及性能好而被广泛研究。电阻式湿度传感器的原理是水分子与传感材料作用引起电阻的变化，通过解析电阻变化产生的信号可以得到相应的湿度信息[24]。由于湿度传感器传感材料表面水分子的数量决定了传感信号的强度，所以活性材料的亲水性对传感性能起着至关重要的作用，可以通过改进传感材料自身性能以及表面亲水性来提高湿度传感器的性能。[25]因此，可穿戴湿度传感器面临的挑战与发展趋势归结如下：①材料的稳定性差：由于水分子长期与传感材料接触导致传感器很难长时间运行，尤其是高湿度环境（$>90\%$）限制了传感器的持久应用。②制备方法复杂：传统湿度传感器的制备需用到光刻、激光直写等技术，具有复杂不可控的缺点。③传感信号易产生串扰：大多可穿戴湿度传感器为多种信号模态集成的系统，因此不同信号间可能存在交叉耦合效应，如湿度会对集成在一起的其他传感器造成影响。④更多功能有待升级与完善：由于相关技术的不断创新与进步，人们对柔性传感器的功能需求也在不断提升[26]。例如，更加实时与准确的监测人体周围的环境湿度、对湿度变化做出预测和调整、智能调节室内湿度的舒适度等。如图 2-10 所示展示了多模式湿度传感器的系统[23]。

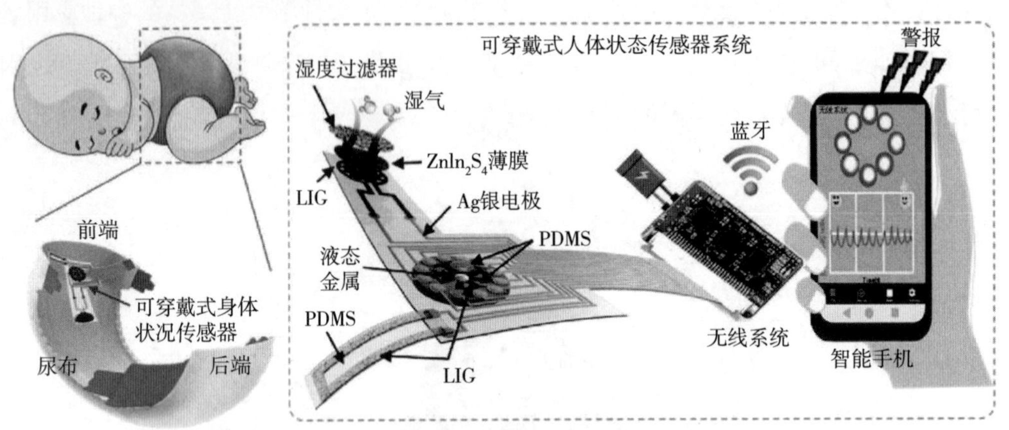

图 2-10　具有反馈功能的基于多模式湿度传感器的系统[23]

此外，可穿戴湿度传感器目前的市场需求方面可分为以下几个部分。①家庭市场需求：家庭市场是可穿戴湿度传感器的主要应用领域之一。家庭市场需求主要来自人们对居家环境的关注，如房间湿度、空气质量等。随着人们对生活质量的要求越来越高，对室内环境的要求也越来越高。②医疗市场需求：可穿戴湿度传感器在医疗领域也具有广泛的应用前景。如对于呼吸系统疾病患者，湿度的控制和监测对疾病的治疗和预防都非常重要。可穿戴湿度传感器可以实时监测患者周围的环境湿度，并将数据上传到医疗设备中，方便医生随时了解患者周围的环境湿度状况，从而为患者提供更好的医疗服务。③环保市场需求：环保市场需求是可穿戴湿度传感器的另一个重要应用领域。可穿戴湿度传感器可以实时监测空气中的湿度，并将数据上传到环保设备中，从而方便环保工作人员进行环境监测和调整。④其他市场需求：除了家庭、医疗、环保市场，可穿戴湿度传感器还具有广泛的应用前景[23]。例如，在航空、汽车等交通领域，湿度对机器设备的运行也有着重要的影响。可穿戴湿度传感器可以实时监测机器设备周围的湿度，并将数据上传到相关设备中，方便维修人员随时了解设备状况，从而保障设备的安全运行。

6　可穿戴血压传感器的需求

心血管疾病是全球死亡率最高的疾病，每年约 1790 万人因此失去生命[27]。随着人们对自身健康重视程度的不断提升，可穿戴血压传感器作为一种新兴的健康监测设备，受到了越来越多人的关注。可穿戴血压传感器的原理是基于传感材料在检测时会发生机械变形，如扭曲、弯曲、拉伸和挤压等，将这些机械变形通过压电、摩擦电、压电电阻率、电容变化四类方式转化为电信号，实现对血压的检测[28]。随着柔性可穿戴技术的发展，可穿戴血压传感器通过蓝牙与智能手机等设备无线连接，可以实时监测并轻松获取人体血压值的变化，为更多心脑血管疾病的患者提供了便利。如图 2–11 展示了可穿戴血压传感器的多个应用场景。因此，可穿戴血压传感器将逐渐成为人们日常生活的必需品。

Global Market Insights 发布的一份关于“2021—2027 年可穿戴心脏设备的市场预测”报告（图 2–10），预计 2021—2027 年可穿戴心脏设备如贴片、动态心电图仪、可穿戴式血压传感设备的复合年增长率将超过 24.7%，表明了可穿戴血压传感器的未

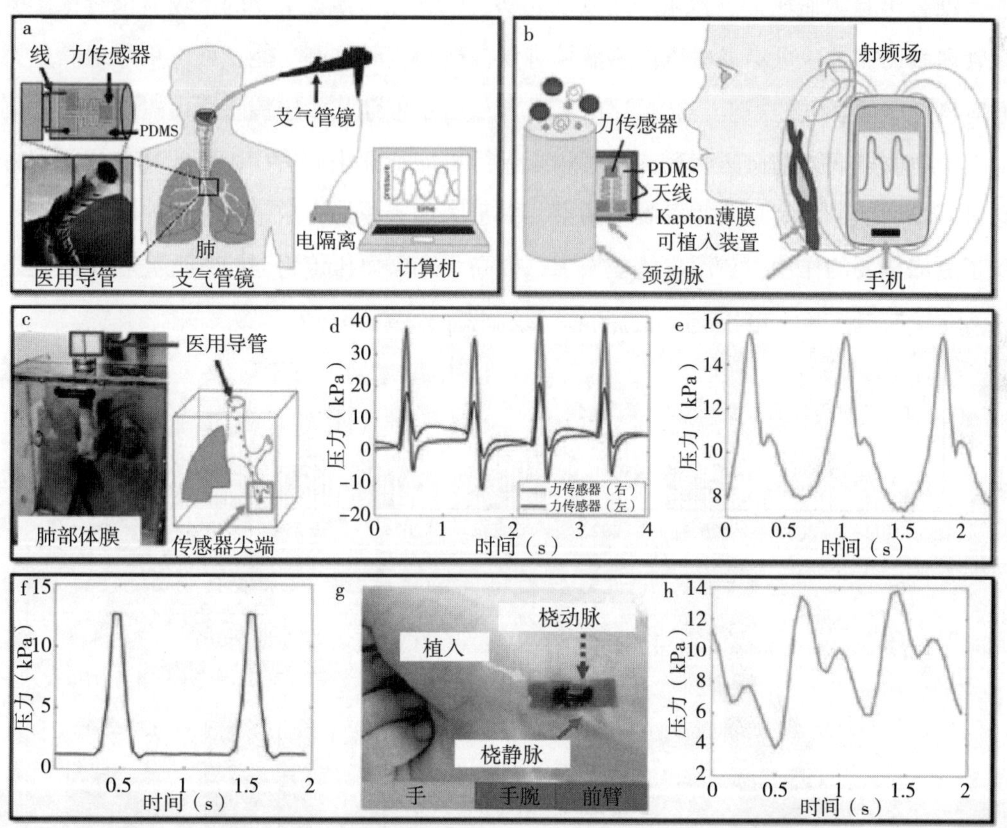

a. 使用医用导管的支气管镜检查程序示意图。b. 植入式装置监测动脉脉搏。c. 配备传感器的医用导管。d. 放置在肺左叶分支的两个压力传感器的压力与时间图。e. 皮肤和右颈动脉上方的信号的压力与时间图。f. 传感器检测到的水流驱动压力传感响应。g. 放置在桡动脉（手腕）上的植入式装置。h. 手机记录径向压力信号。

图 2–11　可穿戴血压传感器应用概述图[28]

来发展趋势[28]。我们结合目前可穿戴血压传感器的发展现状，将其未来的发展趋势归纳如下：①传感材料的重要性：开发具有低杨氏模量的超薄材料，制备更灵活、柔韧的器件提高血压传感器的可穿戴舒适性[29]。②血压传感器的小型化：通过微制造和纳米制造技术进一步缩小器件尺寸[30]。③传感器电源的优化与设计：为了维持传感器的效率，供电电源是一个重要的因素，采用具有稳定和低电流输出的能量采集器直接为心血管设备供电是重要的发展趋势[31]。④输出特性方面的标准化：传感设备在电压、电流、电流密度、内阻和能量转换效率等输出特性方面的标准化也是重要的发展趋势[32]。⑤规范可穿戴血压传感器的产业化应用标准：如体内评估标准、生物相容性、植入部位、耐用性和手术过程等，同时需要仔细评估传感器的生物相容性、毒性、患者舒适度和生物降解性等。

结合可穿戴血压传感器未来的发展趋势（图 2-12），其主要的市场需求有：①健康管理市场需求：可穿戴血压传感器具有便携性和实时监测功能，可以更好地满足人们对自身健康管理的需求。②医疗市场需求：由于可穿戴血压传感器可以帮助医生更加准确地监测病人的血压状况，并对病人进行更加精细化的治疗；因此其市场需求将会进一步增加，尤其是一些发展中国家，由于医疗资源的短缺，可穿戴血压传感器起到了更加重要的作用。③用户体验需求：提高可穿戴血压传感器的舒适度和易用性是

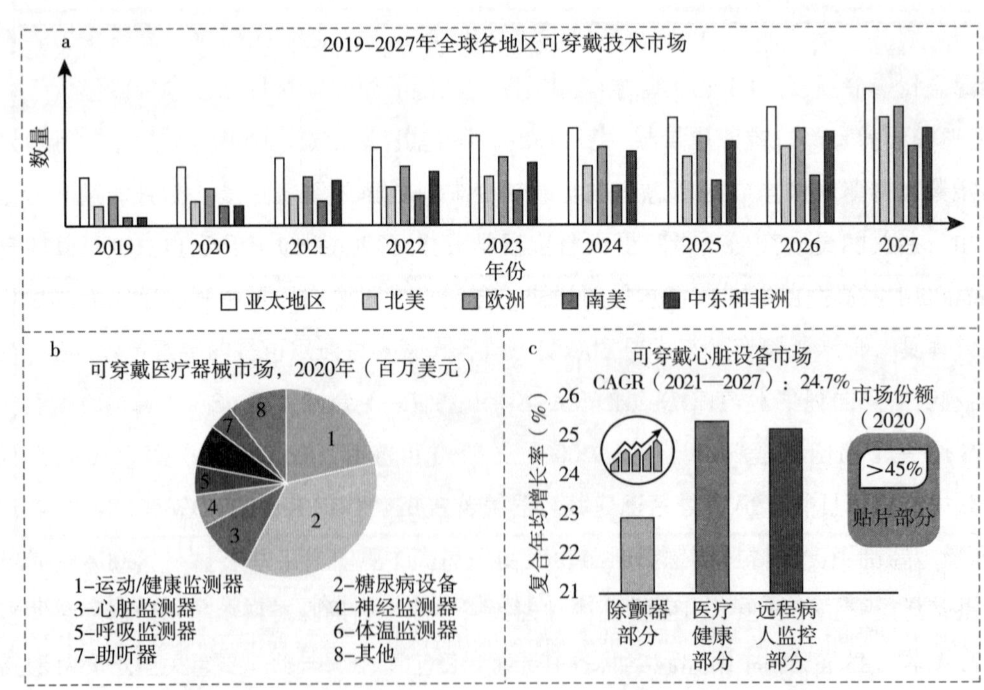

a. 可穿戴技术市场。b. 可穿戴医疗器械市场[28]。c. 可穿戴心脏设备市场[28]。

图 2-12　可穿戴设备市场预测

保障用户良好产品体验的重要因素，同时也是顺应市场发展趋势的关键点。因此，开发用于心血管健康监测可穿戴血压传感器系统，须结合材料、数据、医学和工程学等交叉学科，在各种传感器之间建立平稳、连续的集成，为人们的健康管理和医疗服务提供更加全面和精细化的支持[28]。

7 可穿戴离子传感器的需求

离子传感器是一种用于检测人体血液或汗液中离子浓度的生物传感器，对于监测和预防许多疾病具有重要作用。目前大多离子传感器是通过将离子的化学信号转换为电信号来检测血液或汗液中的钠、钾、氯、钙离子以及其他离子的含量，进而实现有效的健康管理或疾病治疗的目的[33]。如图 2-13 展示了基于智能系统的离子传感器的应用[34]。正常情况下，汗液中钠和钾的含量分别为（66.3 ± 46.0）mM 和（9.0 ± 4.8）mM，其在血液中的含量则相对较低一些。另外，血液和汗液中氯离子的浓度分别为（98.9 ± 6.7）mM 和（59.4 ± 30.4）mM，钙含量分别为 2.0~2.6 mM 和 4~60 mM。由于

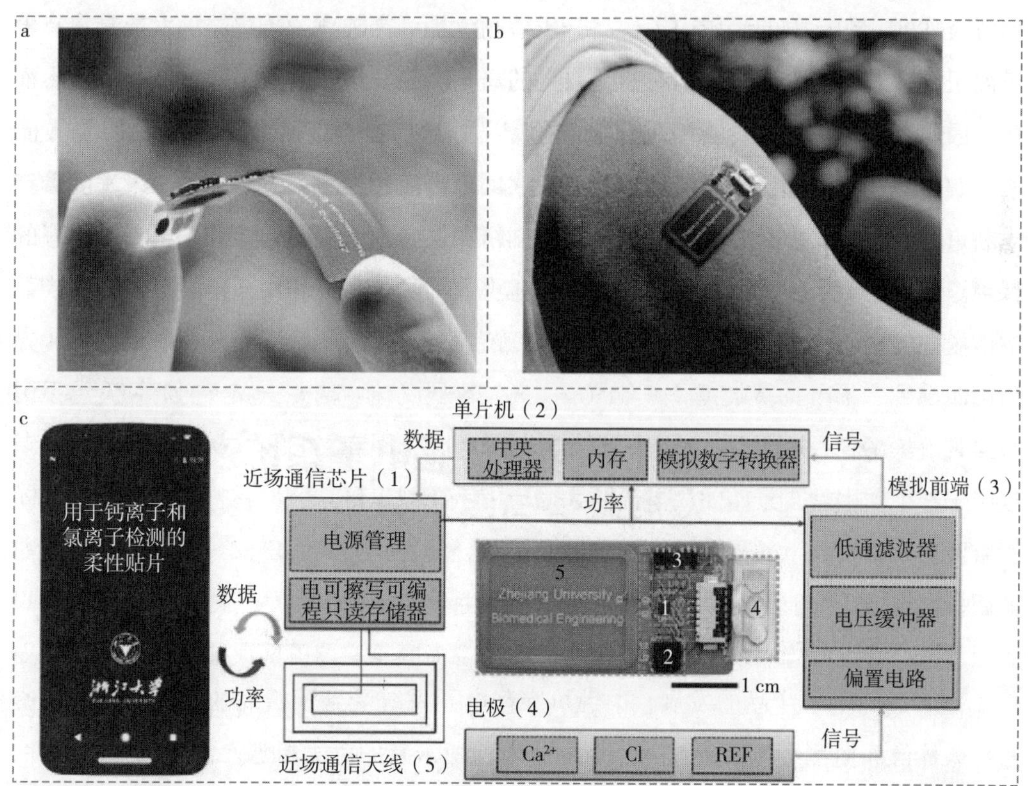

a. 贴片的侧视图[34]。b. 贴片贴在受试者手臂上时的图像[34]。c. 基于智能手机的钙和氯离子检测传感系统框图[34]。

图 2-13 基于智能系统的离子传感器

过量的钠和氯含量可能会导致囊性纤维化等疾病，因此检测这些离子对于疾病预防和健康管理有着至关重要的意义[35]。然而，传统对这些离子的检测大多需在实验室进行，过程烦琐、成本高昂且无法进行实时监测和分析。因此，开发舒适、灵活、可穿戴的离子传感器是未来柔性可穿戴电子器件产业发展的趋势。

我们根据可穿戴离子传感器的发展现状，归纳其未来的发展趋势与需求分析如下：①由于目前大多离子传感器只能实现对单个离子的检测且传感器体积相对较大，这些缺点限制了其在可穿戴领域的实际应用[36]。因此，将两种或多种离子的检测集成到一个传感器中来提高其检测性能已成为下一代可穿戴离子传感器的发展趋势。②目前由于大多离子传感器的柔性衬底对皮肤的黏附性较差，在佩戴过程中不能适应皮肤变形而导致监测结果存在误差[37]。因此，开发基于织物、纸张或其他柔性薄膜材料是满足可穿戴离子传感器与皮肤接触舒适性的重要需求及发展趋势。③检测电极的数量有限且分布不均匀，目前大多可穿戴离子传感器电极一般采用传统的制备方法，电极的不稳定性问题导致数据不完整而增加误差[33]。因此，采用集成的高密度电极阵列，在有限的区域内进行高分辨检测也是可穿戴离子传感器的发展趋势。由于离子传感器可以帮助人们实时监测自身的离子水平来预防高血压和心血管等重大疾病，因此未来将在医疗、体育，环境等领域以及个人健康管理方面都有极大的需求。

综上所述，可穿戴离子传感器具有较大的市场应用需求和发展前景。未来随着技术和市场的不断完善，离子传感器将突破创新和发展为人们的健康和生活提供更好的保障。同时，离子传感器企业还需要更加注重数据隐私保护和用户体验，以提高产品的市场竞争力。

第三节　柔性可穿戴传感电子系统产业发展趋势与需求分析

1　穿着舒适性的发展趋势与需求分析

随着智能电子产品的发展，柔性可穿戴电子系统受到了极大的关注，在人机交互、人体健康监测和电子皮肤等领域面临着前所未有的巨大机遇。众所周知，柔性、可拉伸性、敏感性、超保形性和机械耐久性是柔性可穿戴电子系统最受关注和最受欢迎的研究方向，也是相对容易实现的。最近，为了提高柔性可穿戴电子系统的综合性能，逐渐增加或集成了可回收性、自修复性、形状记忆性、电致发光和机械致发光等特殊功能。虽然在以上方面都得到了不断的优化和完善，但柔性可穿戴电子系统的穿着舒适性一直被忽视，这在很大程度上阻碍了柔性可穿戴电子系统的实际应用。使用刚性衬底和脆性元件的电子产品缺乏生物相容性和生物可降解性，导致设备与人体组织接触区域的机械不匹配和炎症反应。因此，迫切需要开发新型柔性可穿戴电子系统，既能模拟新兴柔性可穿戴电子设备的机械特性，又能模拟皮肤的生物特性。

1.1　生物相容性

生物相容性是柔性可穿戴电子系统最重要的考虑因素，也是影响穿着舒适性的关键因素。一般来说，柔性电子器件是通过在柔性衬底上制备有机 / 无机材料的功能元件来实现的，在保证正常工作的同时，使器件具有优异的可弯曲性、可拉伸性和适应性。柔性材料，包括最广泛使用的聚四氟乙烯[38]、PDMS[39]、聚酰亚胺[40]、氟化乙烯丙烯[41]和硅橡胶[42]等材料，由于其具有长期可重复弯曲和 / 或可拉伸性的显著机械特性，在实现电子设备的柔性方面发挥着至关重要的作用。然而，它们中的大多数很难达到理想的生物相容性和生物降解性，这是可穿戴和植入式应用所必需的。为了解决上述问题，研究人员进行了许多尝试，一个重要的发展趋势是直接采用生物相容性良好的材料。

柔性的天然生物材料，如纤维素、果胶、壳聚糖、黑色素和丝素，具有生物相容性、可降解性，并且价格便宜，能够大规模可持续生产。因此，生物材料是下一代柔性电子器件最有前途的候选材料之一。其中，纤维素占木材重量的近 40%，是地球上最丰富的天然材料。纤维素和纤维素基材料（即纤维素纤维和纸张）凭借其优异的机械性能、吸引人的电化学性能、低成本和简单的制造工艺，已被广泛用于制造柔性电子器件。纤维素作为基本的结构部件和功能部件，已经被应用于有机发光二极管、有机场效应晶体管和太阳能电池[43, 44]等领域。但它们的生物相容性和生物降解性并不好。果胶也是一种从植物细胞壁中提取的天然生物材料，也被用于制造柔性电子设备[45–47]。由于果胶具有良好的形状记忆性和优异的水分子渗透性以及快速的金属离子传输，因此更适合用于记忆开关器件和传感器件。然而果胶基柔性材料通常力学性能较差。几丁质及其衍生物壳聚糖具有与纤维素相似的分子结构，但不同的是它具有更好的生物功能，即生物相容性和生物可降解性[48]。壳聚糖和黑色素薄膜具有机械强度高、加工性能好等特点，因此，它们是制备柔性天然生物材料的良好选择[43, 49]。然而，最近报道的自然衍生的可穿戴传感器总是具有相对较差的机械性能，有限的传感性能，复杂的制造过程，因此有待进一步改进。

合成具有机械、电学、光学或其他功能特性的类组织聚合物材料也是一个重要的方向。由于聚合物材料的多尺度和不同的分子设计，许多特性可以精确地调整和组合在一个单一的材料系统中，如柔软性、拉伸性、黏附性、导电性、生物降解性、刺激响应性等。超分子聚合物材料和共轭聚合物是有前途的聚合物[50]。水凝胶是开发柔性电子器件的一个有前途的候选材料（图 2–14），特别是在生物应用方面，因为它们可以模仿生物组织的机械、化学和光学特性[51]。亲水交联聚合物水凝胶具有高水含量，因此既表现为固体又表现为液体[52–54]。它们本质上是柔软的、高度可弯曲的、可拉伸的，并具有自愈特性。因此，基于水凝胶的柔性电子产品可以与生物组织和生物体有更好的适应性和亲和力。虽然，聚合物和水凝胶在近些年有了很大的进展，但是，其传感性能与传统的无机电子材料相比仍显不足，并且与传统的制备工艺不兼容，导致小型化和集成化困难，有待进一步解决。

另一个发展趋势就是发现或赋予传统电子材料的生物相关特性，从而利用其在图案化、可加工性和电子性能方面的优势。减薄刚性材料可以使其获得一定的柔韧性，从而减少其与生物组织之间的机械不匹配。据报道，许多由无机薄膜制成的生物可吸收传感器在体内表现出良好的性能、生物相容性和可降解性[55–57]。然而，在对降解产物的生物相容性得出可靠的结论之前，需要对包括人类在内的更多动物物种进行大规模、长期和系统的试验。

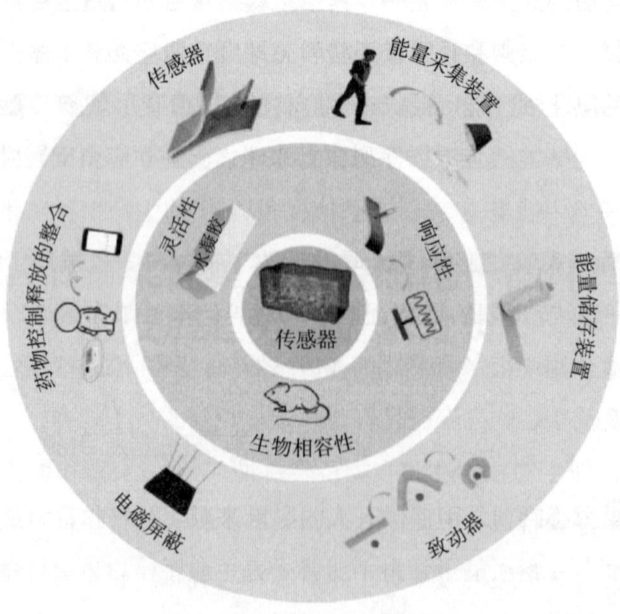

图 2–14 水凝胶的主要特点及其在柔性电子产品中的应用[51]

1.2　形状因子

可穿戴电子系统的形状因子也会直接影响穿着的舒适性。为了尽量减少可穿戴电子系统对生物活动的干扰，其外形朝着更薄、更轻、小型化、多孔、集成化和定制架构发展。这些形状的实现在很大程度上依赖于微纳米制造，这使得基于传统电子材料的传感器具有几乎所有理想的特性，即相容性、渗透性、不可感知性、最小的侵入性和 3D 组织覆盖[58, 59]。然而，受限于刚性材料的机械脆弱性，器件制造、处理和应用具有挑战性，并且传感器的稳定性较差[60]。尽管使用了完善的材料和工艺，但这些问题往往会阻碍实际部署。提高机械鲁棒性是未来研究的重点。

纺织品是一种具有巨大前景的形状因子。基于纺织品的传感器可以很容易地集成到衣服中（图 2–15）。无论是针织还是编织，传感器都可以变成衣服的自然组成部分[61, 62]。不增加该区域皮肤表面的密封性，不影响用户的正常工作和生活，而且可根据监控需要改变集成位置。只要你穿着衣服，你就戴着传感器，这更适合长期持续健康监测的目的。在基于纺织品的柔性电子中，发电或储能[63, 64]和发光器件[65]已经得到了相对广泛的研究和应用。在传感器方面，纤维形状本身具有高变形自由度，因此也对各种应力应变传感器进行了相应的研究。在纺织品上已经展示了许多先进的功能，集成化的系统可以实现能量收集、能量存储、传感、显示和简单的

a~h. 基于纺织品的压电纳米发电机的应用。i~q. 基于纺织品的摩擦电纳米发电机的应用[72]。

图 2–15　可穿戴纺织品纳米发电机原理图及应用演示

信号处理[66-68]。此外，工业规模或与工业兼容的生产已被报道，商业产品已开始出现[69-71]。然而，纺织传感系统在可洗涤性、耐用性、刚性模块的必要性和美学方面仍面临挑战。

1.3 仿生机械性能

皮肤是人体最大的器官，具有柔软和坚韧的机械性能。皮肤的主要成分是胶原蛋白和弹性蛋白纤维。基于这两种机械上独特的成分的合作，皮肤的力学行为表现出具有低模量、自刚度、高韧性和抗撕裂性的非线性应力－应变关系。同样，这些机械性能对于柔性可穿戴电子系统的穿着舒适性也是非常重要的。然而，开发具有非线性黏弹性、韧性、柔软性和可拉伸性的合适弹性材料组合，来模拟皮肤的机械性能仍然是一个挑战。一些弹性材料，如 PDMS、聚氨酯、聚苯乙烯－块－聚（乙烯－对丁烯）－块－聚苯乙烯，已被用于制造可拉伸的电子器件[73-76]。然而，这些弹性体不能模仿人类皮肤的机械性能，通常具有高弹性模量和低韧性[73, 77]。

纤维增强复合材料是一种模拟皮肤力学性能的材料。纳米纤维增加了复合材料的韧性，但也降低了拉伸性能（低于 150%）[78]。纳米纤维与基体之间缺乏强相互作用，导致弹性材料在循环变形过程中存在稳定性问题。Sheiko 等人报道了一种合成弹性体，该弹性体具有刷状和梳状聚合物网络，模拟了人体器官组织的机械特性[79]。然而，弹性体结构复杂，制造难度大。Chen 等人通过氢键和共价交联网络的组合来模仿天然皮肤中胶原蛋白和弹性蛋白纤维的作用，实现了类皮肤的机械性能。改材料具有高韧性和强度，同时保持低模量，并且表现出与皮肤相似的非线性力学行为[80]。但是其传感的性能有待提升。Chen 等人通过引入聚合物玻璃化来调节液－液相分离获得一种聚合物网络，它可以在软离子凝胶和刚性塑料之间进行等时间和可逆的切换，同时伴随着从 600 Pa 到 85 MPa 的巨大刚度变化[81]。这些大范围改变刚度的离子凝胶具有良好的形状适应性和可重构性，可使离子凝胶与电极之间的界面黏附力提高一个数量级。但是，该方法目前尚未实现设备的集成。因此，开发具有非线性黏弹性、拉伸性、韧性和柔软性的弹性材料来模拟皮肤的机械性能仍然是一个挑战。

1.4 透气性

透气性是调节人体热湿平衡，实现人体与外界环境气体交换的重要手段[82, 83]。然而，大多数高性能柔性可穿戴电子系统都以薄膜为电极或基底，这可能会引起皮肤不适，甚至引起炎症和瘙痒。具有透气性的柔性可穿戴电子系统，特别是长期用于皮肤修复和可穿戴健康监测时，有助于为人们创造一个安全、健康、舒适的微环境，防止过热、闷热和炎症。因此，要使柔性可穿戴电子系统具有理想的舒适性和实用性，就必须具有良好的透气性（图 2-16）。

为了解决该问题，机织织物[84-86]、静电纺丝薄膜[87，88]、合成泡沫[89，90]、植物衍生材料[91]等在内的各种多孔基板被用于构建具有透气性的可穿戴电子产品。在透气性方面，基于纤维和纺织品的设备比基于纳米纤维膜的电子设备具有优势。但是与纺织品和纳米纤维膜相比，基于纤维的设备的制造过程要复杂得多。得益于表面的纳米结构，纳米纤维薄膜是对灵敏度有较高要求的电子器件的首选。此外，纳米纤维薄膜具有柔软、轻量、小、形状自适应和易于集成的特点。然而，由于加工条件的不兼容，多孔基板与高性能电子传感器的集成很困难。事实上，多孔基板上的电子器件通常是用基于碳纳米管[92，93]、金属纳米线[94，95]、液态金属[96，97]、导电聚合物[98，99]或其他成分的渗透导电油墨[100，101]构建的。所需的印刷工艺为高密度传感器阵列的图案制造了困难。这些油墨的低导电性也对传感器性能也造成了限制。此外，由于可直接在多孔基板上加工的材料选择有限，多功能系统的设计变得具有挑战性。在不影响结构渗透性的情况下对电子器件进行选择性封装是另一个问题[102]。

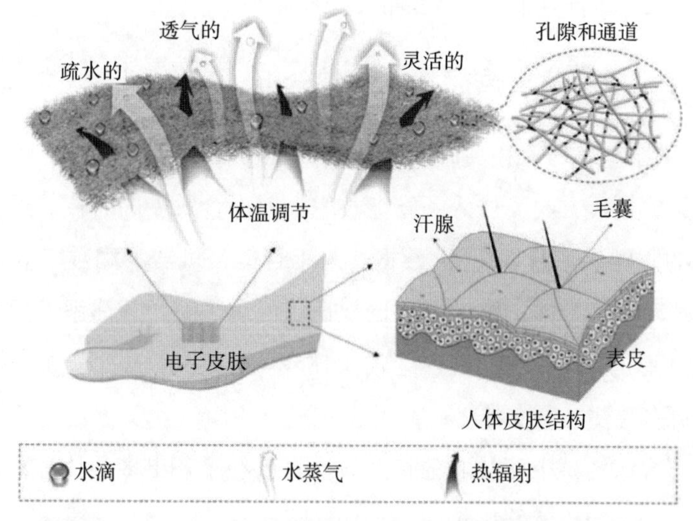

图 2-16　模仿皮肤透气性的柔性可穿戴电子系统[82]

1.5　抗菌性

考虑到柔性可穿戴电子系统与人体皮肤的长期接触或不健康的空气环境，柔性可穿戴电子系统是微生物生长的优良介质，因此赋予其抗菌特性来抑制细菌生长和防止细菌感染，会直接影响穿着的舒适性。

Lu 等人通过将银纳米线夹在 PLGA 和 PVA 之间制成了基于全纳米纤维摩擦电纳米发电机的电子皮肤[103]。由于银纳米粒子的生物杀灭特性，电子皮肤对大肠杆菌和金黄色葡萄球菌具有显著的抑菌效果。通过调整 Ag NW 的浓度以及 PVA 和 PLGA 的选择，可以分别调节电子皮肤的抗菌性能和生物降解性能，实现了透气、可生物降解和抗菌的效果。在材料中引入 Ag 是赋予柔性可穿戴电子系统抗菌性的常见方法[104, 105]。Tian 等人提出了另一种方法，制备了基于摩擦电 – 压电 – 热释电多效应耦合机制的自供电柔性抗菌触觉传感器[106]。该系统由球中球式 TENG、Ag 纳米粒子和 ZnO 纳米线电极组成。该自供电杀菌系统对水中的大肠杆菌、金黄色葡萄球菌及天然活菌具有即时、持续的高效杀菌效果。处理 0.5 min 后，大肠杆菌菌落形成单位由 10^6 个 / 毫升降至 0 个。细菌细胞中检测到强而持久的活性氧，在电场消失后仍能起到杀菌作用。TENG 提供的电场、Ag/ZnO 纳米线的尺寸效应和它们的电子存储特性协同作用，实现了这种高强度和可持续的杀菌效果。目前，柔性可穿戴电子系统关于抗菌性的研究还较少，有待进一步的发展。

综上所述，目前柔性可穿戴电子系统的研究主要集中于性能的提升和多功能化的发展，穿着舒适性的研究较少，但是为了实现柔性可穿戴电子系统的商业化，舒适性是必不可少的需求，因此还有待进一步的发展。

2　集成化及网络化发展趋势与需求分析

随着“中国制造 2025”相关政策的推动，柔性可穿戴传感电子系统产业成为智能工业制造的重要发展方向，进入了新老技术加速融合发展的时代。近年来，电子行业迅速发展，物联网、工业 4.0、大数据、人工智能、机器人和数字健康的进步使传感系统变得更加互联和智能；移动互联网快速渗入和影响相关体系，更是为产业发展增添了内生动力[107]。进入传感器 4.0，需要在产业的集成化（多功能）和网络化发展需求方面投入更多关注（图 2–17）。

由于柔性可穿戴传感电子技术的快速发展，已经制备出多种传感器，对各项行为数据进行感知，如运动传感器用于记录动作和形态、生物传感器进行健康监测、各种环境传感器捕捉周围信息等。在未来的产业浪潮中，不同的可穿戴器件将不再各自为战，而是趋向于形成一个相辅相成的系统。集成化（多功能）对于开发智能和交互式柔性电子产品至关重要[108]。例如，MERRITT 公司研制开发的无触点皮肤敏感系统包含无触点超声波传感器、红外辐射引导传感器、薄膜式电容传感器、温湿度传感器、气体传感器等，在市场竞争中占据有利的位置。

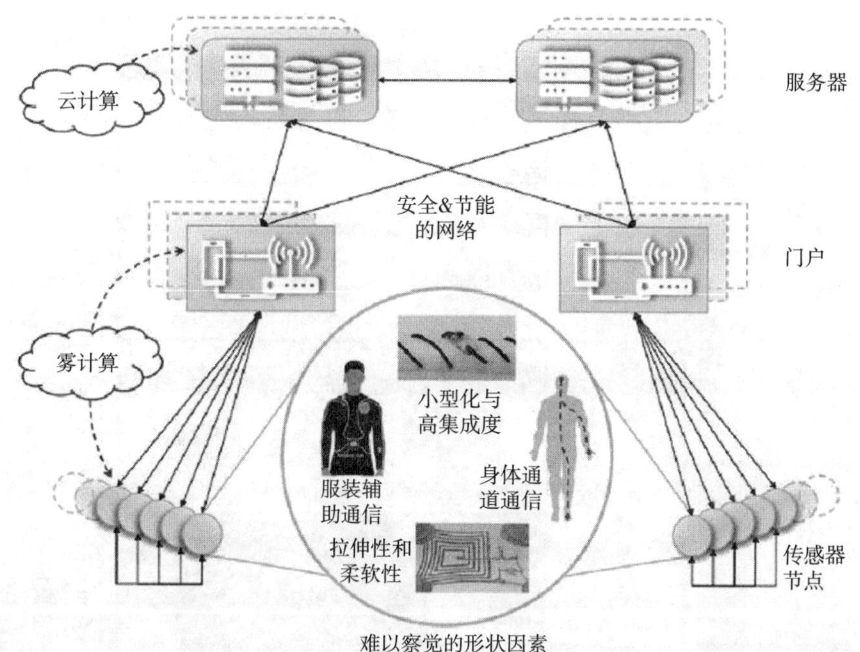

注：一组传感节点在内部通信，并可以由多个云服务器访问。最终，传感器节点连接在一个包含更多服务器的“巨型网络”中（点轮廓形状）。云计算有助于实现大范围传感系统网络化[107]。

图 2-17 柔性可穿戴传感电子系统产业网络化

集成化要求系统向着可扩展方向发展，能够实现模块的规模化组装[109，110]，提高单个传感器的性能为大规模集成奠定了基础。具有大面积和高分辨率的柔性传感阵列可用于以实现诸如显示器、能量储存、医疗保健和传感器网络等实际系统应用[111，112]，这种多功能架构将会改变未来的智能化环境，其所具有的低功耗、高精度、小型化等特性，能够满足对于信息获取和健康管理等方面的需求（图 2-18）。

传感系统集成包括同类型多个传感器的集成和多功能一体化。将多个功能模块融合在一起，提高用户的使用体验，提升系统整体的智能化水平，是柔性可穿戴传感电子系统未来发展的必然趋势。事实上，感知多种刺激的能力是电子皮肤系统的最终目标[114]。

（1）硬件微型化和集成化

未来，各类传感器、存储芯片和处理器等核心硬件将不断精简、集成，以减少系统的体积、重量和功率消耗。且整个系统时刻工作在同一种条件下，容易对误差进行补偿校正。

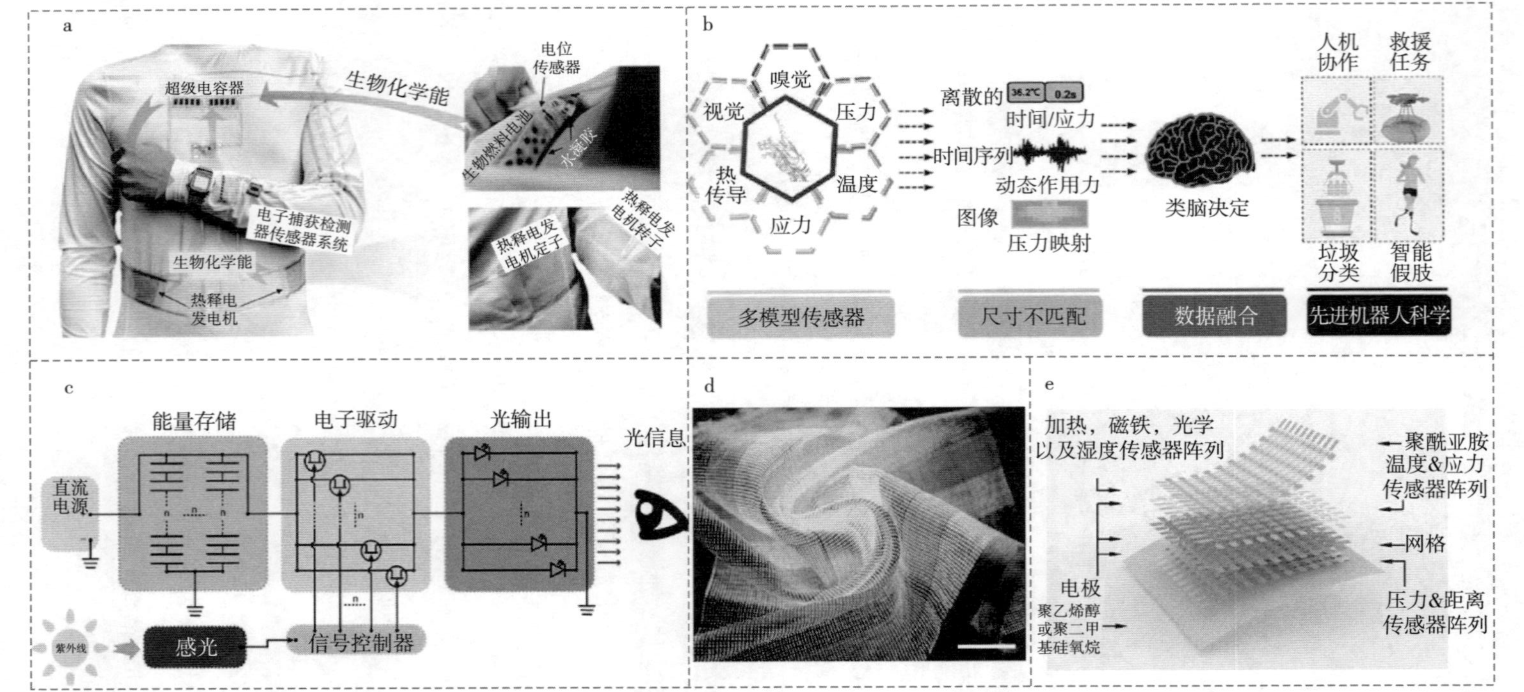

a. 多模块能源可穿戴微电网系统[112]。b. 多模态传感和处理系统的信息过程[113]。c. 具有输入、能量存储、电子驱动和输出等设备组合而成的传感系统，通过光调制生成环境信息[110]。d. 与功能系统集成大面积展示的纺织品。比例尺 2 mm[109]。e. 高度可拉伸的多功能集成传感矩阵网络[108]。

图 2-18　柔性可穿戴传感电子系统产业集成化

（2）智能化和多样化

随着集成微电子机械加工技术的日益成熟，半导体加工工艺引入生产制造，实现了规模化生产，并为系统微型化发展提供了重要的技术支撑。传统的可穿戴传感器件大多只具备单一的功能。而当诸多器件集成为系统后，功能将更加多样化。例如，在健康管理领域，用户会需要更多的实时数据，并要求能够提供食品营养量分析、生理周期分析、睡眠差异分析等更为复杂全面的功能。为更好地满足人体工程学的要求，产品将更加轻便、舒适。未来将加快智能化进程，通过人工智能技术实现数据的精准分析和应用，自主管理和调节用户的健康状况。此外，材料技术研发是提升性能、降低成本和技术升级的重要手段，新材料技术的突破加速了集成化方向发展。

（3）多模态融合

多模态传感在非结构化环境中实现准确识别和多种信息的决策方面具有重要意义，可以获得物体的多种内在物理和化学特性[113]。实现多模态传感通常有两种方法。第一种策略通过矩阵网络化或堆栈架构在系统中直接集成各种传感器[108, 115]。第二种策略是利用单个传感器同时检测多个刺激，从而实现高集成度。集成了“特定”传感系统以实现多模态传感，需要严谨的设计来隔离不同的刺激并将其分配到所需的传感系统，以便可以独立地感知每种传感模式[108]。

此外，需要对设计策略加以改进，思考大规模集成化应用的实现[116, 117]。在系统层面，模块化设计将提供更多的个性化色彩，这种可定制性对于降低设计成本，提高开发效率是有益的；在模块层面，兼容性尤为重要。除此之外，电路设计对于模块之间的信息平稳传递也是至关重要的。此类电路可以通过低成本的工艺与传感器一起制造，从而为原型制作过程提供便利。

目前，异构集成或混合集成可能是业内构建可扩展传感系统最可行、最具成本效益的选择[118]。基于硅技术的小型化微电子器件可大规模生产，具有高性能；而基于有机或纳米材料的器件可以满足大面积和灵活性等要求。集成过程可以通过调整电子封装、聚合物加工和纺织工业中使用的现有设备和工艺来实现。

为了实现系统集成化（多功能）的目标，还会出现有关像素密度和质量、读出效率、寻址、激励去耦、电源管理、界面接口和可制造性的挑战。例如，由于衬底类型和堆叠设计以及受制造设备的规模性等限制，柔性多功能系统在折叠、弯曲时还存在机械稳定性问题。当物理集成系统无法提供理想的机械稳定性时，无线连接可以规避与互连相关的问题，有时甚至完全免除软硬接口[119]。在这种情况下，网络化在大规模传感的可靠性和稳定性方面将受到广泛关注。

从单个传感器到传感器阵列，从独立传感器到集成传感系统，系统网络化的发展令人惊讶[118, 120]。网络化的可穿戴传感电子系统是以嵌入式微处理器为核心，集成了传感模块、信号处理模块和网络接口模块，使系统具备自检、自校、自诊断及网络通信功能，从而实现信息的采集、处理和传输一体化。

这个网络的主要组成部分是一个个的传感器模块，每一个模块都可以进行快速计算和信息转化，通过模块与模块之间自行建立的无线网络，发送给具有更大信号处理能力的服务器，可实现对参数的精确测量和实时传递。通过合理地设计控制节点，使得微处理器、网络结构及人机接口、输出输入设备协同工作，对各种信息进行感知和分析，以提升网络化智能化效果。

按功能抽象划分，目前网络化的传感系统包括基础层（传感器模块）、网络层（通信）、中间件层、数据处理和管理层以及应用开发层。传感网络化的研究采用系统发展模式，是传感器技术、嵌入式计算技术、现代信息通信技术、纳米材料技术、微细加工技术等学科领域的交叉融合。

目前，成熟的通信技术经过适当改进加入网络化传感系统中，将形成新的市场增长点。在单个传感器节点或多个传感器节点上实现无线通信的基础上，下一步是扩展到网络，其中数十个传感器节点相互通信，同时与服务器进行通信[121]。在这一实践中将出现更复杂的网络和数据管理问题，需要为灵活的传感器网络量身定制解决方案。

柔性可穿戴电子系统产业网络化发展趋势如下。①产品智能化程度不断提高。通过软件技术可实现高精度的信息采集，具备一定的编程自动化能力，而且成本低。可以根据需求自主调整，提供个性化定制。例如，通过分析身体数据和生活习惯，提供精准化的健康管理方案和日常生活建议，提高生活质量。②集成化发展。包括多种传感功能与数据处理、存储、双向无线通信等的集成，以及智能传感与人工智能的结合。③产业链协同发展。柔性可穿戴电子系统的产业链包括传感器、芯片、电池、软件等多个环节，完善产业链是大势所趋。

为了实现数据的实时传输与处理、数据的云端存储与分析、跨平台的数据共享与交互。需要以下技术支持。①云计算。云计算技术是实现“万物互联”的基础。例如，在大规模的健康云系统中运行时，将传感设备产生的数据进行存储和分析，可以提高数据的管理效率，也便于提供实时数据评估，有助于实现全面的健康管理。②物联网。物联网技术可以连接各种传感器和执行器，实现设备间的互联互通。实现传感模块之间的协同工作，不仅可以提高数据的精准度，也可以提高系统的可靠性和稳定性。③大数据。对海量数据进行挖掘，实现数据的深度分析，提取出有价值的信息，并为系统提供有价值的反馈。

随着技术的不断发展，将来的可穿戴电子系统应当在交互方式的深度与友好程度上、数据搜集的速度与精准程度上、在线连接的实时性与快捷性上有进一步的发展。提高吞吐量、可靠性和安全性是现代通信技术的主要目标。一般研究方向是更快的数据传输、更低的延迟、更小的电路尺寸、更高的能效等，将有利于灵活的传感器网络[122]。例如，高速和低延迟对于实时反馈系统和传感器阵列至关重要。同时，由于新兴的应用要求，柔性传感器网络存在一些特定于功耗、身体干扰和数据安全性的问题，这就为网络化的发展方向提出了如下需求。①界面设计。用户界面设计决定着使用的方便程度和用户体验感。应该充分关注界面设计，根据反馈及时优化升级。②互联互通。柔性可穿戴传感电子系统在集成多种功能和传感器的同时，需实现不同设备之间的互联互通，实现设备之间的信息共享。③容错能力。传感系统在环境大幅变化时，往往会出现漂移，使得数据不准确。因此，应增强容错能力，提高测量的准确率。④降低功耗。具体表现为提高数据传输的能源效率，减少数据传输量。在网络拓扑结构内，数据将通过中间设备传递到达目的地，从而降低功耗和动态网络连接[123]。⑤数据安全。数据安全问题日益突出。传统的安全方案难以满足数据变化多样、算法复杂的特点，需要加强数据安全与隐私保护技术的研究与应用。使用对窃听不敏感的传输方案，通过数据加密和身份验证来加密系统，确保用户的数据安全与隐私得到有效保障。除此之外，最近提出的网络和数据管理框架也可以提供增强的数据安全性[124, 125]。⑥技术标准。柔性可穿戴电子系统产业发展方兴未艾，国内外众多企业纷纷布局该领域，市场竞争激烈。蓬勃的发展动力可能会带来一定“副作用”，规范化的标准是行业行稳致远的重要保障。⑦克服人身干扰和约束。需要排除身体的影响，设计适应全身运动的传感系统，利用身体耦合通信或身体信道通信。另外，佩戴舒适性和植入安全性提高了通信模块设计中材料和外形尺寸的要求，例如柔软性、拉伸性、小型化、生物相容性，以及实现兼容的生物接口[124]。⑧设施建设与完善。提升网络传输速率、数据处理能力，为可穿戴设备提供稳定、高效的网络环境。⑨需求调查与研究。了解用户的真实需求，提供更加贴心、便捷的服务。⑩跨界合作与创新。与其他行业、领域进行合作，共同提供更加丰富、多元的服务。

柔性可穿戴电子系统产业集成化（多功能）和网络化是未来的发展趋势。随着技术的不断进步，其应用范围和功能也将得到更多的拓展，将在多个领域得到广泛的应用，并为消费者带来更多的方便和舒适。同时，该产业也面临着多方面风险挑战，需要各方共同努力解决。

3 自供能的发展趋势与需求分析

3.1 柔性可穿戴传感电子系统的自供能发展趋势

随着移动设备的普及，基于可穿戴传感电子系统的移动医疗保健作为实现个性化医疗和释放临床资源压力的最有前途的技术之一，引起了人们极大的兴趣。然而，除了实现可穿戴传感电子系统的灵活性、舒适性和轻量化之外，如何为可穿戴传感电子系统供能成为亟待解决的问题。复杂的供电电路和沉重的电池装置很难满足柔性可穿戴的要求，因此，开发具有自供电能力的可穿戴传感器件能够从根本上解决供能问题，是进一步促进可穿戴电子系统产业发展最有效的策略之一。自供电可穿戴主要是从人体和周围环境中收集和转化能量，利用电路设计和整流方法实现传感电子系统的有效电力供应，以支持各种生理信号（体温、心率、运动、分子生物标志物等）的检测和传输。

新兴的可穿戴式能量采集设备可以将环境中的各种能量有效地转化为电能。一方面，这种电信号的输出可以直接作为生理信息的主动感应，另一方面，可以集成储能单元和能量管理模块，获得一个完全集成的可穿戴式传感系统，在没有外部能源供应的情况下对健康信息进行连续的实时监测。自供电可穿戴电子系统主要通过人体和周围环境中的机械能、生物燃料能源、热能和太阳能等实现能量的转化。因此，研究和开发自供能可穿戴传感器件对于可穿戴电子进一步发展具有深远的影响。本文主要概括了自供能传感的几种方式，并对自供能可穿戴传感的发展趋势进行了概述。

自供能传感从原理上出发，主要可以分为以下几类传感器件（图 2–19）：

（1）摩擦纳米发电机（TENGs）

TENG 是一种基于摩擦充电和静电感应的机电转换装置。通常，它由两种具有不同电子捕获特性的材料组成，这两种材料在接触和分离后将携带不同的电荷，从而在

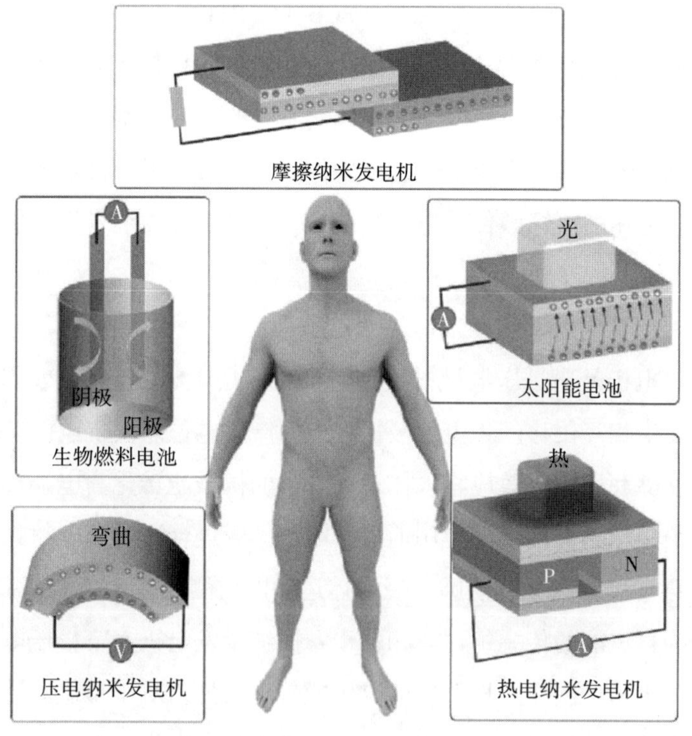

图 2-19　用于柔性可穿戴电子系统的自供能传感器

表面上产生电位差，连接外部电路从而产生电流，因此，TENG 可以在没有外界供电的情况下实现完全的自供能生理信号检测，成为可穿戴传感电子系统实现自供能可行的方案之一。在可穿戴电子器件中，可以通过人体运动时通过衣服之间的摩擦，或者肢体接触刺激 TENG 产生摩擦电信号，进而对人体运动、触觉等进行传感。对摩擦纳米发电机这类传感器而言，其主要的发展趋势在于如何将摩擦纳米发电机与衣物相结合，制备出柔性可穿戴的摩擦纳米发电机，这将对其进一步应用具有深远的影响。Zhang[126] 等报道了将摩擦纳米发电机与内衬衫与外衣的整合，实现人体监测的柔性可穿戴传感电子系统。TENG 由铜膜、PDMS 膜和铝箔组成，并在铜膜上设计了均匀的 PDMS 阵列，用于改善了摩擦充电。当志愿者在锻炼时，TENG 产生的能量可以照亮 30 个发光二极管。与此同时，TENG 可以获得掌声产生的能量，并用锂离子电池储存能量用于葡萄糖传感器的传感。除此之外，随着智能手机等移动设备的普及，可穿戴传感器和无线数据传输的集成成为一种发展趋势，而它对电源提出了更高的要求，因此开发摩擦纳米发电机实现无线数据的传输成为其发展的另一大趋势。Gao 和 Zhang[127] 的团队提出了一种独立的摩擦电纳米发电机（FTENG）用于健康监测，它与一个微汗液传感器集成到一个灵活的 PCB 上。PTFE 和铜被用于 FTENG 的摩擦，通过在电极区域化学沉积 Ni/Au，优化摩擦对的电极间距离，获得了 416 mW/m^2 的高功率输出。FTENG 收集的能量用于对 pH 和钠离子的汗液传感，并驱动蓝牙模块将人类医疗保健信息传输到智能手机上。这项工作成功地展示了一种集成了能量收集、生物传感器和信息传输的可穿戴传感电子系统，并为基于摩擦纳米发电机的自供能可穿戴传感系统提供了新的发展思路。

（2）压电纳米发电机（PENGs）

压电纳米发电机是通过压电材料在受到外部应力时，由于压电效应，晶体中的阴离子与阳离子发生相互位移产生电偶极矩，进而产生电位差实现电能转换的装置。压电纳米发电机能够利用压电效应将人体运动产生的机械能转化为电能，在自供能可穿戴传感电子系统领域具有广阔的应用前景。因此，通过合适的压电材料的选取，将压电发电机与可穿戴设备结合就能够实现人体运动的监测。PENG 不仅可以实现能量转换，还可以作为自供能的传感组件。相较于摩擦纳米发电机而言，压电发电机由于其材料的广泛性，更易于制作柔性舒适的自供能传感器件。对于自供能传感而言，柔性和舒适性是非常重要的发展趋势，因此开发柔性压电发电机为自供能传感提供了新的发展方向。Yang[128] 等报道了一种 PDA/ 改性钛酸钡 /PVDF 复合膜的柔性可穿戴自供能压力传感器，并将其应用于人体运动监测。由于 PVDF 和钛酸钡具有优异的压电性能，并且通过 PDA 修饰减少了器件的缺陷，该器件整体表现出优异的压电性能，更重要的是，复合膜具有非常好的柔性，极大地提高了穿戴舒适性。进一步将这个装置集成到鞋垫中用以监测不同的运动状态，在不同的运动状态下，脚底的不同压力产生了可测量的输出电压，从而识别不同的动作，如跳跃、行走和跑步。除了单个物理信号的监测外，同时监测多个物理信号对于未来的传感器系统是必不可少的，但许多工作只有通过将多种传感器类型集成到一个设备中才能实现。然而，单传感器多信号监测可以减小传感器的尺寸，因此实现单传感器多信号监测的自供能成为可穿戴传感器重要发展趋势之一。一些研究人员使用具有压电和热释电自供能特性的材料制备可穿戴生物传感器，可以同时感知压力和温度。例如，Yang[129] 等人使用掺杂石墨烯的 PVDF 纤维来制造自供电的压电传感器（PESs）。除了对弯曲敏感外，由于 PVDF 的热释电特性，当它靠近一个热源时，它可以获得一个热释电信号，从而避免燃烧。基于多个 PESs 的集成传感系统能够实时准确地识别每个手指的运动，并能够有效地应用于手语翻译。

（3）生物燃料电池（BFC）

生物燃料电池是利用酶或者微生物组织作为生物催化剂，将生物能转化为电能的一种装置。分析物浓度越高，反应过程中产生的电流就越大，BFC 输出的电压也就越高。一方面，在体表可以通过人类体液等生物液体或者微生物转化为电能，为可穿戴设备提供可持续的生物能源。另一方面，生物燃料电池也可以利用人体内物质如乳酸、维生素、葡萄糖、蛋白质等作为燃料，作为体内电源对植入式电子器件进行供电，实现血管纳米机器人、心脏起搏器、人造心脏等设备的自供电。随着医疗水平的不断进步，实现体表信号监测系统与植入式电子器件的自供能是可穿戴传感的一个重要发展趋势，并且具有惊人的市场需求。Jeerapan 等人[130]通过丝网印刷设计了一种高度可拉伸的 BFC。BFC 从人类的汗水中获取能量。它的输出电压信号与汗液中目标分析物的浓度成正比。将 BFC 与袜子相结合，以监测志愿者汗液中的乳酸浓度。该传感器对乳酸浓度的变化有明显的响应，最大检测限为 20 mM。除了乳酸酸基的 BFC，其他类型的 BFC 也已被研究。除了监测单个目标，多种传感器的集成与小型化也是可穿戴传感器的重要发展方向，受到越来越多的研究者的关注。Yu 等人[131]报道了一种基于乳酸燃料电池的由汗液驱动的灵活和集成的电子皮肤，通过结合 NH^{4+}、尿素、葡萄糖和 pH 等各种传感器阵列实现多靶点监测。此外，这种电子皮肤还可以监测其他物理参数，如温度、压力和肌肉收缩，能够实现多种物理参数的监测，极大的简化了器件结构，降低成本。在医疗健康领域具有广阔的发展前景。

（4）太阳能电池

太阳能作为一种清洁的可再生能源，已经成为人类不可或缺的能量来源。如何将太阳能应用到可穿戴传感领域成为可穿戴传感发展的一大趋势。太阳能电池是通过光电效应将光能转化为电能的装置，在满足一定照度的条件下能够瞬时产生电压及在有回路的时候产生电流。太阳能电池因其技术成熟、清洁、体积小，被认为是自供电可穿戴传感器的理想能源之一。但是光线条件会限制他们的工作，所以研究人员经常使用可充电电池来储存太阳能电池收集到的能量，以对抗环境的影响，再通过电池供电实现整个可穿戴电子系统的自供能。Zhao 等人[132]报道了一款带光照充电的智能手表，可以持续监测汗液中的葡萄糖含量。该智能手表主要由葡萄糖传感器、锌锰电池、单晶硅太阳能电池、印刷电路板和显示屏组成。其中，柔性太阳能电池用于能量收集，锌锰电池存储太阳能电池收集的能量，使该设备在黑暗条件下正常工作。该传感器对葡萄糖浓度的变化有明显的响应。在同一时间显示屏也可以显示葡萄糖浓度的水平。这项工作创新性地将能量采集、存储、传感器系统和显示系统集成到一个手表中。除了直接的自供能外，如何快速收集并储存能量备用成为可穿戴传感自供能的发展趋势之一。Rajendran[133]等人通过丝网印刷制备了一种柔性的、可拉伸的超级电容器。超级电容器在严重的机械变形条件下表现出优异的力学性能。在电流密度为 0.4 mA/cm^2 时，它具有极好的功率密度（0.29 mW/cm^2）。将太阳能电池在强光下照射，给超级电容器充电 5 min，可点亮红色 LED 光。即使在阳光较弱的情况下，超级电容器也可以连续地通过定制的低电压增压器驱动可穿戴的脉冲传感器。在系统储能部分引入超级电容器，可以满足未来自供电可穿戴生物传感器日益增高的能源需求。

（5）热电发电机 / 热释电发电机（TEG）

人作为一种恒温动物，随时都在与环境进行热量交换，合理利用热能供电成为可穿戴传感电子系统自供能的一种发展趋势，并且也能够满足体温监测的需求。热电材料是一种能够将热能和电能相互转化的功能材料，这种材料可以通过塞贝克效应将人体产生的热量转化为电能，为可穿戴设备供电。热电材料的热能向电能的转化过程为：当其中一种材料是 n 型成分，而另一种材料是 p 型成分时，加热条件下，电子或空穴的载流子将移动到低温区并积累，并在外部电路的作用下产生电流。塞贝克效应引起的电场与温度梯度成正比，因此可以用作可穿戴温度传感器监测人体温度变化。Kim[134]等人展示了一种基于热电发电机的可穿戴心电图系统。为了满足高发电量和可穿戴的发展需求，这里使用了一种由超吸收性聚合物和一种促进液体蒸发的纤维组成的聚合物基柔性散热器。TEG 的功率密度在前 10 min 超过 38 mW/cm^2，甚至在电路连续驱动电路 22 h 后也超过 13 mW/cm^2，足以连续驱动整个传感器系统。此外，TEG 本身也可以作为一个传感器。Yuan 等[135]报道了一种多功能皮肤。它由 p 型（$Bi_{0.5}Sb_{1.5}Te_3$）和 n 型（$Bi_2Te_{2.8}Se_{0.2}$）热电晶体颗粒组成，以实现较高的热电转换效率。为了达到理想的灵活性，这些设备被组装在一个 PI 基物。除了人体热收集驱动集成湿度计和加速计监测湿度和人体运动加速，电子蒙皮还可以检测流体流动，因为其输出电压随对流热流而变化。这种多功能的自动力电子皮肤为皮肤损伤监测提供了一种有利的方法。

综上所述，可穿戴自供能的几种方式由于其原理不同，为自供能传感提供不同的发展方向，其主要发展趋势是在满足自供能的同时，同时能够实现器件的柔性、舒适性、小型化、多信号监测、能源储存等功能，并且在不同环境下，能够充分利用自然环境中的能量进行转换，是自供能可穿戴传感走向应用的关键之所在。

3.2　柔性可穿戴传感电子系统的自供能的需求分析

可穿戴生物传感器可以以最小/非侵入性的方式检测物理和生理生物信号。为了实现对身体状态的连续和实时监测，我们非常需要具有自供电能力的可穿戴生物传感系统。柔性和小型化能源器件的快速研究进展，极大地推动了自供电技术与可穿戴电子设备的集成。虽然大多数用于医疗保健应用的生物传感器的功耗较低，但实现数据提取、分析、传输和显示的整个生物传感系统对电源的要求相对较高。到目前为止，材料工程和器件制造技术的研究进展极大地有助于具有吸引因素的能源器件的发展，包括小型化器件尺寸、高功率转换效率和储能能力。能量收集和存储设备也被制造成各种柔性平台，包括纤维和纺织品，其性能大大增强，但是与刚性设备结合会引入阻抗，这可能会导致额外的功耗，降低下降功率效率。此外，还可能产生不良的噪声，这会在很大程度上干扰生物传感信号。为了应对这一挑战，需要在系统配置和智能的制造方法上进行创新，以实现单片制造和将电源管理电路和支持组件集成到可穿戴平台中。

总的来说，自供电和可穿戴生物传感器是为了实现在移动设备上通过实时、无线信号传输和方便的数据可视化来监测人类健康状态。同时，希望提供准确可靠的信息，建立个性化的健康档案，支持远程临床诊断。随着芯片集成系统、无电池设备和先进的电源管理方法的兴起，整个可穿戴系统的规模无疑将变得更大，生物传感的稳定性和运行持续时间将会增强。此外，对新材料的创新还具有透气、可洗等确保客户体验良好的需求。因此，开发柔性可穿戴传感电子系统的自供能一方面需要从材料入手，解决最基本的实用性、舒适性、可靠性等问题，另一方面需要设计可靠的电路管理模块，以实现整个电子系统的自供能和小型化，才能真正推动柔性可穿戴电子系统实现自供能、实时、准确、舒适的人体健康监测。

4　智能化发展趋势与需求分析

随着人们对生活科技化的需求不断增强，智能可穿戴设备逐渐走进人们的生活。相比传统的可穿戴设备，柔性可穿戴传感电子系统的设计更加轻便、灵活，更好地贴合人体形态和动态，可以实现更多元化的功能，并且具有更好的人机交互能力。如今，柔性可穿戴传感电子系统正逐步从传统的生物监测设备向智能化、多功能、符合大众需求的方向发展。其中，算法和机器学习是柔性可穿戴传感电子系统向智能化方向发展的关键技术之一。尽管，随着科技的不断进步，这种设备的功能和性能不断得到改进和扩展，成了人们生活的一部分。然而，作为一种新兴的技术，柔性可穿戴传感电子系统还存在着许多问题，需要在算法、机器学习等方面不断优化和提高。下面将对柔性可穿戴传感电子系统在智能化发展趋势与需求方面进行分析。

4.1　柔性可穿戴传感电子系统的分类

柔性可穿戴传感电子系统主要分为以下几类：声音识别、全息投影、光学传感、电子皮肤技术。①声音识别技术已经非常成熟，应用广泛，其优势在于它可以克服传统的输入方式所存在的各种问题。声音输入不受时间、空间的限制，免去了对齿轮和按钮的一些烦琐操作，因而适用于各种领域。②全息投影是一种高度先进的技术，具有雷达遥感和太空探测中的重要应用。在全息投影技术中，通过激光和计算机生成的算法进行光学处理，将影像投影出来，就形成了三维图像。相对于其他的可穿戴技术，全息投影需要使用大量的光学最新技术。因此，其高昂的成本和复杂性不适合大规模的生产。③光学传感技术主要应用于检测、测试、诊断和治疗等领域，具有非接触、高分辨率和高精度的特性。在柔性可穿戴传感电子系统中，光学传感技术被用于量测多种生物参数，如人体体温、心率、血氧含量、脉搏等。④电子皮肤技术主要用于检测附着在人体表面的物质，如细菌、液滴等。目前这种技术还处于发展早期阶段，但技术的进步将极有可能为医疗监测等领域的智能可穿戴提供卓越的性能。

4.2　算法与机器学习在柔性可穿戴传感电子系统中的应用

算法和机器学习是柔性可穿戴传感电子系统向智能化方向发展的关键技术之一。①基于深度学习的识别算法是目前为止最广泛应用的算法之一，其基本思想是将具有特定数据结构的数据关联成一组，然后通过特定的算法学习这些数据之间的关系（图 2-20 a）。在柔性可穿戴传感电子系统中，基于深度学习的识别算法主要应用于图像、声音、语音等智能识别方面。②基于深度递归网络模型算法是一种基于神经网络的机器学习算法，其主要应用于语音和文本处理等领域（图 2-20 b）[136]。该算法的优势在于其更好的处理序列型数据能力，因此，可以更好地对语音等序列型数据做出处理和分析。③面向医疗处理的机器学习算法主要应用于生物传感器的数据处理方面。该算法能够从采集的数据中自动抽取特征，进而进行精准的识别和预测（图 2-20 c）[137]。同时，该算法对误报和漏报等问题的处理能力也相对较强，因此在处理生物传感器数据方面具有很大的优势。

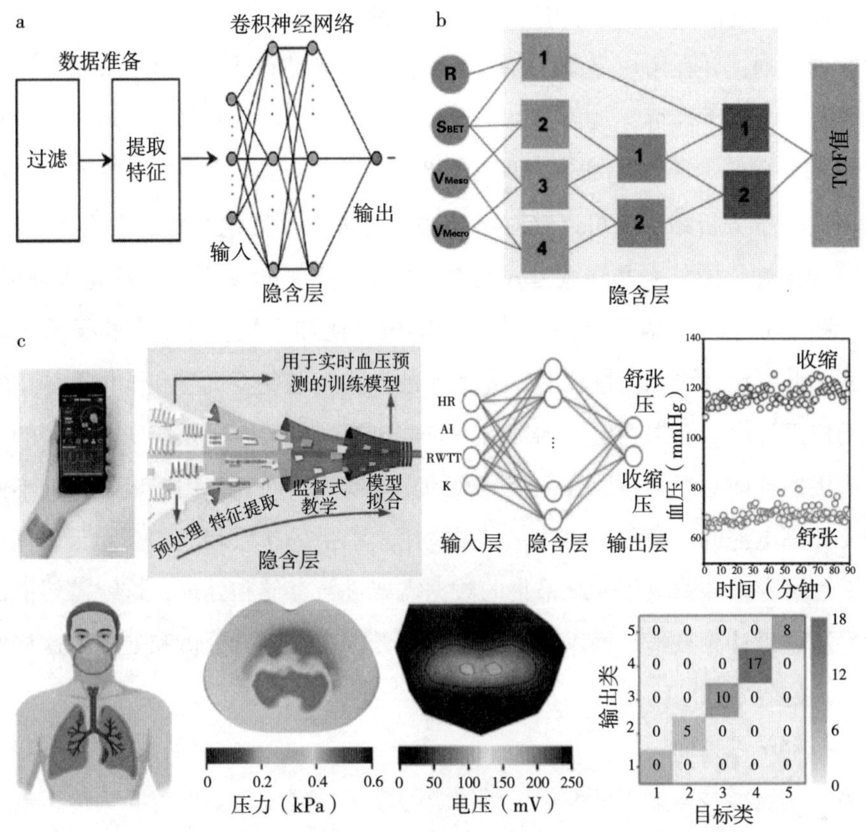

a. 基于深度学习的识别算法。b. 深度递归网络模型算法。c. 面向医疗处理的机器学习算法。

图 2-20　算法与机器学习在柔性可穿戴传感电子系统中的应用

4.3　柔性可穿戴传感电子系统中算法与机器学习的发展趋势

（1）算法方面

随着人们对健康和运动的关注度不断提高，柔性可穿戴传感电子系统通过生物传感和机器学习等算法实现更加智能化的功能，成为人们日常运动监测和健康管理的重要工具。在未来几年中，智能可穿戴设备将呈现出更多元化的功能，如实现语音和视觉交互、实现更高精度的生物监测等[138, 139]。同时，随着人们对健康质量的要求不断提高，智能可穿戴设备将会更加普及。

因此，柔性可穿戴传感电子设备未来更倾向于向智能化、多功能、符合大众需求的方向发展，主要体现在以下六个方面。①智能化识别，通过测量人体的生物信号，如心率、呼吸频率、睡眠水平等，对人体的运动状态和健康状况进行识别和评估。这就需要算法能够快速准确地处理大量的生物数据，以帮助用户识别和了解他们的身体状况。②个性化建议，根据用户的健康需求和目标，为每个人提供个性化的健康建议和行动计划。这就需要算法能够基于用户的健康数据和历史记录，自动调整和推荐运动和饮食计划，并在用户完成任务时给予相应的奖励和鼓励。③可穿戴传感与互联网智能化结合，将柔性可穿戴传感电子系统与互联网智能化相结合，将用户的运动数据传输到互联网平台上，比如家庭医生、医保公司等，对运动健康监测数据进行分析和处理。基于分析结果，可以针对不同的人群提出个性化的预防措施和运动建议。④设计更加人性化的外壳和穿戴方式，柔性可穿戴传感电子系统一般是设计成手环、手表、耳机等形态。它需要围绕人体某个部位，比如手腕、耳朵、脖子等，较为贴近人体，因此要设计更加人性化的外壳和穿戴方式，避免不适感和干扰人体正常活动而降低用户舒适度。⑤提高电池的寿命，柔性可穿戴传感电子系统所需用到的电池需要充电或更换，而对于用户而言，高频次的充电或更换对其使用造成很大的不便。因此，需要提高电池的寿命和使用效率，减少用户维护的次数和成本。⑥云计算技术的应用，柔性可穿戴传感电子系统采集的数据需要进行存储和处理，这就需要借助云计算技术。通过云计算技术，可以将数据存储在云端，并进行分析和处理。这样可以大大提高系统的效率和准确性。

（2）机器学习方面

随着人工智能技术的不断发展，机器学习技术已经成为柔性可穿戴传感电子系统的重要组成部分。通过机器学习技术，系统可以对用户的生理参数进行自动分析和识别，从而提供更加准确的健康指导和建议。①支持多种信号传输协议，柔性可穿戴传感电子系统一般需要通过蓝牙等无线传输方式和智能手机进行连接，需要支持多种传输协议，便于与不同的智能设备、软件等进行协同工作。②提供友好的用户界面，为了方便用户进行数据查看、数据分析和数据处理等操作，要提供更为友好的用户界面，让用户能够直观地掌握数据的变化和趋势。③支持语音助手，柔性可穿戴传感电子系统具有一定的智能化功能，可以通过语音进行互动，提高用户的使用体验和便利程度。④能够记录和分享用户的数据，为了拉近用户之间的距离和分享各自的运动和健康数据，要设计可穿戴传感电子系统支持不同的社交媒体和分享功能。⑤多传感器融合技术，柔性可穿戴传感电子系统通常由多个传感器组成，这些传感器可以监测不同的生理参数。为了提高系统的准确性和可靠性，需要将这些传感器的数据进行融合。多传感器融合技术可以将不同传感器的数据进行整合，从而提高系统的准确性和可靠性。

4.4 柔性可穿戴传感电子系统中算法与机器学习的需求分析

虽然智能并不是柔性传感器的专利，但是智能传感器和柔性传感器的研究是齐头并进的。在这里，我们简要概述智能传感器的持续努力和未来发展方向，特别关注其在柔性传感器中的需求分析。

未来的智能传感器应具备以下特征（图 2–21）：①从刺激检测和信号处理到数据分析和反馈的完全自主（闭环）操作，同时保持与操作者 / 用户的通信[140–142]。②分析复杂传感器信号（多模式和多路复用信号、阵列信号和传感器网络）的能力，以提供对特定情况的准确和定制的分析，并产生可操作的反馈。③在非理想条件下的稳健性能，包括对误差和噪声的容限，以及对变化环境的适应性。④随着持续使用而改进和提高性能的学习能力。⑤具有高能效的快速响应。⑥紧凑、重量轻（并且对于生物集成是灵活的）外形因素。这些特性将使智能传感器能够高效可靠地解决复杂的非结构化现实问题，同时减少维护和管理需求。

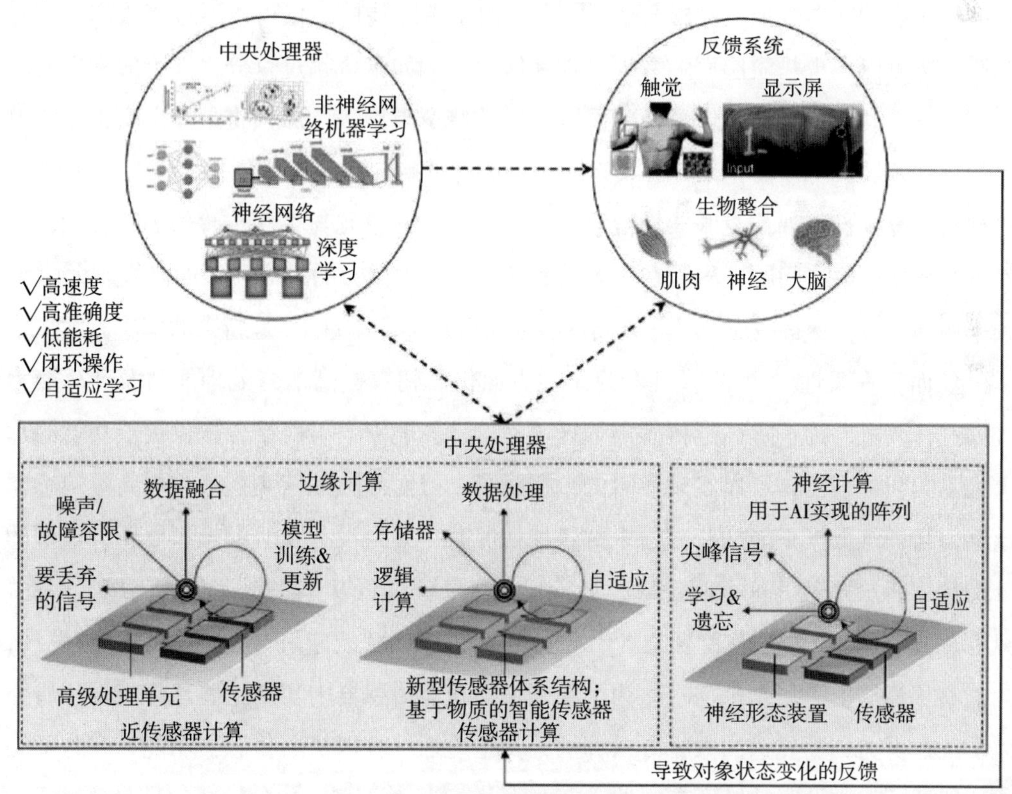

图 2–21　未来的智能传感器的特征

（1）算法需求分析

为了在未来的智能传感器中实现这些理想特性，研究人员正在努力创新先进的数据分析算法，实施边缘计算以扩展传感器功能，并为下一代传感计算架构发明神经形态硬件。①更高级，多数据处理的算法。由于数据集变大时，传统用于信号处理和计算的方法就会变得低效甚至无能为力[143，144]，因此，需要提出更强大的算法，来克服这些挑战，除了处理数据方面对算法提出挑战外，补偿传感器性能不足。例如在噪声，及有限的检测范围内[145]融合更多的数据类型，并确保信息的准确性，支持大数据时代快速实时分析，将是新阶段智能传感器算法方向的需求。②开发解决高能耗和大延迟的算法。更加广泛的传感器网络导致传感节点产生巨大的数据处理量，传统架构方法通常导致高能耗和大延迟[146，147]，因此实现数据在传感器附近节点处理，随后分配任务到整个网络，减少中央处理单元的计算负担。此外，在传输之前对信息进行加密处理，这不仅可以大大提高运算效率，还可以加强信息的安全性，满足人们未来在传感算法上的需求。③简化的架构，实超快速和高能效的响应系统。由分子系统和软材料实现的智能物质已经被探索[148-150]，由于智能物质不仅可以通过接收响应外界刺激，还可以实现物质层面的数据处理和储存。例如章鱼超过百分之五十的神经元分布在触角上。如果能够模仿章鱼的手臂，做一些逻辑算法，那么将是一个真正智能材料的机会领域，可以简化架构，实现快速极高能效响应满足未来需求。④提高柔性 IC 的规模和复杂性。如何克服柔性混合系统中刚性处理单元与柔性传感器的兼容性，仍然是当下需要解决问题，尽管在许多方面已经取得了巨大的进展，例如信号放大[151]、频率调制[152]和感官适应[153]等方面已经证明可拉伸的柔性 IC 是新兴的解决方案。

然而，在柔性 IC 的规模性和复杂性方面仍需朝着提高信号处理能力及计算能力方面进行改进。为了提高近传感器处理单元的计算能力，可以结合提供更低功耗的片上人工智能处理器，可以实现实时的数据融合。目前面临的巨大挑战：更新近传感器模型，当训练数据不能捕获部署中的各种情况时，如果没有及时的模型更新，模型的分类精度将会降低。这个问题对于运行轻量级算法的低功率系统尤其成问题。因此，只有提高柔性 IC 的规模和复杂性，并且开发平衡训练要求和模型性能的算法设计，才能够从算法上满足未来需求。为了在未来的智能传感器中实现这些理想特性，研究人员正在努力创新先进的数据分析算法，实施边缘计算以扩展传感器功能，并为下一代传感计算架构发明神经形态硬件。

（2）机器学习需求分析

柔性可穿戴传感电子系统是一种新型的可穿戴设备，它能够实时监测人体的各种生理参数，并将这些数据传输到云端进行分析和处理。随着人工智能技术的不断发展，柔性可穿戴传感电子系统的智能化发展趋势和需求分析也在不断变化。通过对柔性可穿戴传感电子系统的智能化需求的分析，可以为该领域的研究和应用提供一定的参考。①高精度传感器，柔性可穿戴传感电子系统需要具备高精度的传感器，以便能够准确地监测用户的生理参数。这些传感器需要具备高精度、高灵敏度和高可靠性等特点，以便能够满足用户的需求。②切合人体形态，由于柔性可穿戴传感电子系统与人体表面紧密结合，因此要考虑人体的形态，设计出符合人体曲线的可穿戴电子设备，大大提高它们的穿戴感受。③可穿戴性和舒适性，柔性可穿戴传感电子系统需要具备良好的可穿戴性和舒适性，以便能够让用户长时间佩戴。这就需要设计出轻便、柔软、透气的材料，以便能够让用户感到舒适。④高效的数据处理和分析。柔性可穿戴传感电子系统采集的数据需要进行存储和处理，这就需要高效的数据处理和分析能力。这样可以保证系统的实时性和准确性。⑤个性化的健康建议，柔性可穿戴传感电子系统需要具备个性化的健康建议，以便能够根据用户的实际情况提供相应的建议。这就需要系统能够对用户的生理参数进行自动分析和识别，从而提供个性化的健康建议。⑥更丰富的人机交互，未来的可穿戴设备将会越来越注重人机交互，更好地解决人们生活中的各种问题。比如，智能手表可能会开发复杂的语音识别功能、相对精准的语音交互、智能语音协助等。未来的一些可穿戴设备可能还会加入生物识别技术，在未来的支付安全领域上占据一定的份额。

随着技术不断的升级和发展，柔性可穿戴传感电子系统将有着越来越广泛的应用范围和意义。同时，算法和机器学习的发展将极大地推进柔性可穿戴电子系统的发展和普及。未来柔性可穿戴传感电子系统将更加聚焦人们生活的需求，致力于符合更高的生活标准和更健康的生活方式的发展。

第四节　基于“数据+算法”柔性可穿戴传感电子材料-器件-系统产业发展趋势与需求分析

1　我国可穿戴设备行业产业链现状及趋势分析

可穿戴设备产业链，涉及环节较多（表 2-1），从产业分工维度看可分为上游关键器件、中游设备生产商、下游设备销售渠道及终端用户三个环节（图 2-22）。

表 2-1　穿戴式设备行业产品

构成组件	智能平台	智能手环/手表	智能耳机	智能眼镜	头戴式显示器
芯片	√	√	√	√	√
电池及 BNS	√	√	√	√	√
互联性器件	√	√	√	√	√
柔性电路板		√	√	√	√
外观结构件		√	√	√	√
微扬声器		√	√	√	√
微麦克风		√	√	√	√
物理 MEMS 芯片		√	√	√	√
生物 MEMS 芯片		√	√	√	√
微摄像机		√		√	√
微投影仪				√	√

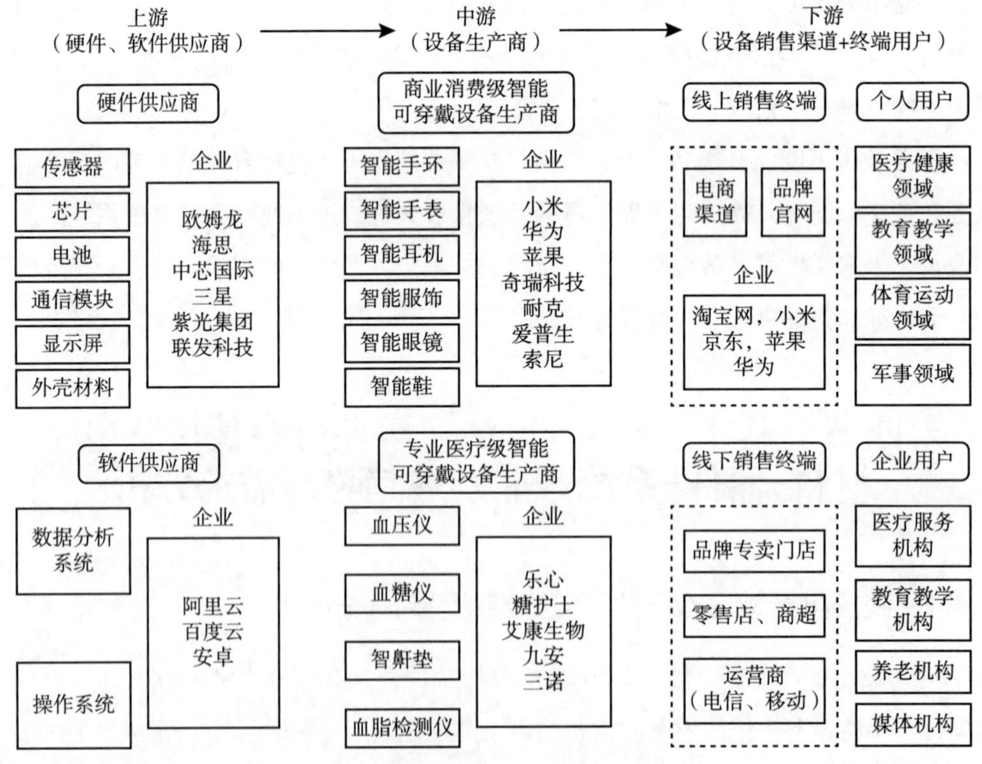

图 2-22　我国柔性可穿戴设备产业链

1.1　上游产业环节分析

（1）上游产业结构分析

可穿戴设备上游包括硬件和软件，硬件主要包括传感器、芯片、电池、通信模块、显示屏；软件设备主要包括数据分析系统、操作系统（表 2–2）。

表 2–2　上游产业设备分类

设备类型	主要设备名称	分类	说明
硬件设备	传感器	· 生物传感器 · 运动传感器 · 环境感知类传感器	传感器是可穿戴设备感知外部环境的窗口，也是产品功能差异化的重要硬件。因微型化、低成本、高精度等优势，可穿戴终端均采用 MEMS 传感器
	芯片	· 应用处理器（AP） · 单片微型计算机（MCU）	芯片技术是柔性可穿戴设备发展的核心，但是中国芯片企业长期处于被垄断的局面，近九成的芯片依赖进口
	电池	· 传统纽扣电池 · 可充电锂电池	电池为柔性可穿戴设备提供能量供给，但是电池大小限制了电池的电量存储，其续航能力是柔性可穿戴设备行业的痛点
	通信模块	· 低功耗蓝牙 · WiFi	目前商用的柔性可穿戴设备基本都涉及通信连接技术，蓝牙和 WiFi 技术在手环、手表类设备中应用广泛
	显示屏	· LCD 显示 · OLED · 电子墨水显示 · 柔性显示	显示屏作为柔性可穿戴设备中重要的元器件，是设备和用户交互的重要部分。屏幕技术的提高将改善柔性可穿戴设备的可穿戴性以及交互方式，提升下游消费者的消费体验
软件设备	数据分析系统	· 云服务 · 数据平台提供商（阿里云百度云等）	数据分析系统作为可穿戴设备的重要后台软件组成部分，为其提供了数据存储与分析的功能支持，帮助中游企业完成数据累积和数据生态打造，数据服务可以说帮助企业打造了核心竞争力
	操作系统	· RTOS · Android Wear · Tizen · iOS	从目前的发展趋势来看，各厂商希望打造自己的生态系统，包括定制 OS 和 UI、提供 API 等。功能简单的商用可穿戴设备如手环会采用 RTOS，功能较复杂的如手表、眼镜类会采用 Android Wear，iOS 只有苹果的可穿戴设备搭载

（2）上游生产利润空间分析

从价格与成本角度来看，中国柔性可穿戴设备的硬件设备成本占总成本的比重的 20% 左右。在整个产业链中，75% 的利润被硬件厂商获得。上游基础硬件设备的价格变动，直接影响中游企业采购成本与利润空间。在电子科技的技术快速迭代更新的背景下，上游供应商保持较高的关键核心技术水平是抢占原材料与零件市场占有率的关键因素之一。

影响可穿戴设备的利润高低有三个基本要素，即产品硬件本身的成本、增值的应用服务以及用户的生理、心理体验。在产品未来的发展中，硬件利润空间会减小甚至硬件本身会免费，大概率会通过数据和服务赚钱。这将导致位于上游硬件供应商的利润空间有限。

（3）上游技术发展现状分析

当前产业链上游的芯片、传感器、操作系统等核心关键领域技术基本掌握在全球领先的IT巨头手中，如欧姆龙、海思、中芯国际、三星、紫光集团、联发科技（表2–3）。

表2–3 可穿戴设备上游企业

序号	公司	公司简介	产品
1	欧姆龙	公司是目前全球知名的自动化控制及电子设备制造厂商，掌握着世界领先的传感与控制核心技术	传感器、开关、安全产品、继电器、控制设备、FA自动化设备、运动/驱动、机器人、节能/环保检测设备、电源/其他外围设备
2	海思	公司是全球领先的Fabless半导体与器件设计公司。前身为华为集成电路设计中心。海思致力于为智慧城市、智慧家庭、智慧出行等多场景智能终端打造性能领先、安全可靠的半导体基石，服务于千行百业客户及开发者	产品覆盖智慧视觉、智慧媒体、智慧物联网、显示交互、智慧出行、手机终端、移动通信、数据中心、人工智能领域的芯片及解决方案
3	中芯国际	公司是全球领先的集成电路晶圆代工企业之一，也是中国大陆集成电路制造业领导者，拥有领先的工艺制造能力、产能优势、服务配套，向全球客户提供0.35 μm到FinFET不同技术节点的晶圆代工与技术服务	一站式物联网工艺、制造和芯片设计服务
4	三星	公司是全球最大的综合性企业之一，在电子产品、半导体、通信技术和医疗设备等领域都具有强大的实力和市场份额，此外还涉足金融、建筑、航空航天、化学等领域	智能手机、智能平板、音频产品、智能手表、智能产品配件、电视、冰箱、洗衣机、空调、显示器、存储产品
5	紫光集团	公司是目前中国最大的综合性集成电路企业，也是全球第三大手机芯片企业，聚焦于IT服务领域，致力于打造一条完整而强大的“云—网”产业链，向云计算、移动互联网和大数据处理等信息技术的行业应用领域全面深入，并成为集现代信息系统研发、建设、运营、维护于一体的全产业链服务提供商	硬件方面提供智能网络设备、存储系统、全系列服务器等为主的面向未来计算架构的先进装备。软件方面提供从桌面端到移动端的各重点行业的应用软件解决方案。技术服务方面涵盖技术咨询、基础设施解决方案和支持服务

续表

序号	公司	公司简介	产品
6	联发科技	公司是全球第四大无晶圆厂半导体公司，在移动终端、智能家居应用、无线连接技术及物联网产品等市场位居领先地位。每年约有 20 亿台搭载 MediaTek 芯片的终端产品在全球上市	为 5G、智能手机、智能电视、Chromebook 笔记本电脑、平板电脑、智能音箱、无线耳机、可穿戴设备与车用电子等产品提供高性能低功耗的移动计算技术、先进的通信技术、AI 解决方案以及多媒体功能。其中包括天玑系列 5G 移动芯片、Media Tek 电视芯片、Media Tek Filogic 系列平台、Media Tek AIoT 平台等

1.2　中游产业环节分析

（1）中游产业链产品分析

柔性可穿戴设备中游产业链市场产品主要包括智能手表、智能手环、智能眼镜、智能耳机、智能服饰、鞋以及专业医疗级设备。具体产品有谷歌眼镜、三星索尼智能手表，苹果 iwatch 等，健身和运动、医疗和健康两个细分领域的可穿戴商用前景被市场普遍看好（表 2–4，表 2–5）。

表 2–4　柔性可穿戴设备中游产业市场主要参与者全景图谱

智能手表	智能手环	智能眼镜	智能耳机	智能服饰、鞋	专业医疗级设备
华为	小米	微软	华为	耐克	乐心
苹果	华为	爱普生	苹果	咕咚	糖护士
三星	索尼	谷歌	Beats	小米	九安
映趣科技	OPPO	RECONJET	索尼	361 度	三诺

表 2–5　专业医疗级设备企业介绍

序号	公司	公司简介	产品
1	乐心	广东乐心医疗电子股份有限公司成立于 2002 年，乐心 lifesense，医疗健康电子产品与医疗健康平台技术提供商，总部位于广东中山；中国无线健康产品的创新实践者，其产品主要包括 GPRS 远程血压计、智能蓝牙健康秤、运动智能手环、儿童身高测量仪等。经过十余年的耕耘，乐心累计为全球超过 5000 万以上的中高端家庭和个人提供技术领先、品质卓越的健康电子产品，是欧美日韩中高端家庭健康电子产品的主要供应商	APP 电子秤 GPRS 远程血压计 智能运动手环 儿童身高测量仪

续表

序号	公司	公司简介	产品
2	糖护士	糖护士隶属于北京糖护科技有限公司，是一家致力于糖尿病数字化管理服务的国家高新技术企业。通过“智能设备 + 智能决策”的全数字化糖尿病管理解决方案，糖护士服务超过二百万糖尿病用户。帮助患者提高自我管理能力和医疗依从性，提高生命健康质量。糖护士还以技术和产品赋能全球领先的跨国药企，以及亚非拉 15 个国家和地区的健康管理合作伙伴，助力生态链长久的利益。以“科技改变糖尿病”为宗旨，糖护士凭借领先的 IoT 硬件技术、基于大数据的人工智能技术和移动互联网技术一直居于行业领先地位	1. 糖护士 App——血糖管理工具 2. 糖护士手机血糖仪 3. SPUG 血糖尿酸测试仪 4. insulinK® 胰岛素注射剂量记录仪
3	艾康生物	艾康生物技术（杭州）有限公司，成立于 1995 年，依托中美两地生物技术研发实力、严苛的质量控制体系、全球化的销售合作策略，服务全球人类健康领域。公司致力于生物诊断行业的原材料开发、诊断产品研发、生产销售和一体化服务，为全球客户提供医疗领域的整体方案	艾康产品覆盖体外诊断试剂、医疗器械、医疗电子三大产业，以高科技产品服务客户为中心，整合生物技术（BT）和电子信息技术（IT），通过研制快速、准确、方便的临床检测产品来促进对疾病的诊断，致力于为用户提供更方便、更丰富的床边诊断产品。公司已成功开发了艾科系列血糖仪、尿液分析仪、干式生化分析仪、血红蛋白分析仪、血脂分析仪等医疗器械及相应检测试剂、PCR 检测试剂、酶联免疫检测试剂、胶体金检测试剂等 100 多种快速诊断产品
4	九安	天津九安医疗电子股份有限公司成立于 1995 年，是一家专注于健康类电子产品和智能硬件研发生产的上市企业，同时也是一家专注于搭建移动互联网“智能硬件 + 移动应用 + 云端服务”个人健康管理云平台的创新型科技企业	九安医疗在医疗器械领域精耕细作 20 余年，硬件技术随市场需求不断迭代升级，目前研发与创新能力一直处于先进水平国内领先水平。主要产品涵盖血压、血糖、心电、心率、体重、运动等领域的较为完备的个人健康类可穿戴设备产品线。iHealth 血压计、血糖仪、智能腕表、体重秤、体脂称、心电产品分别荣获德国红点、iF、美国 CES 多项大奖，包括 CES 最高荣誉的创新奖

续表

序号	公司	公司简介	产品
5	三诺	三诺始终致力于生物传感技术的创新，针对慢性疾病患者和医疗健康专业人员研发、生产和销售一系列快速诊断检测产品。目前产品主要有安稳系列、安准系列、金系列、双功能血糖尿酸测试系统以及手机血糖仪、智能血糖监测系统等。在中国，超过 50% 的糖尿病自我监测人群使用着三诺的产品	三诺血糖仪：金稳系列、安稳 + 系列、真睿系列、GA-3、GA-6、亲智等家用血糖仪及金准、安捷等医用血糖仪 三诺尿酸仪：EA-11、UG-11、EA-12、EA-18 等血糖尿酸双测仪 iPOCT 产品：iCARE2000/2100 便携式全自动生化分析仪、PABA-1000 便携式自动生化分析仪、PCH-100 便携式糖化血红蛋白分析仪　其他产品：AGEscan 晚期糖基化终末期产物荧光检测仪、A1CNow+ 诺安时糖化血红蛋白仪、掌越血脂血糖仪、KA-11 血糖血酮检测仪、卡迪克干式生化分析仪

（2）中游产业链利润分析

根据资料显示，可穿戴设备可以划分为三大类：售价在 350~500 美元及以上的多功能产品；售价在 100~350 美元的中档产品；售价低于 100 美元的单一功能产品。约 75% 的可穿戴设备利润被硬件设备厂商获得。

（3）中游产业链技术现状

相比国外较为成熟的市场，国内可穿戴设备处在培育市场阶段，目前而言，主要厂商被国外几大巨头垄断。

在柔性可穿戴设备行业中，硬件水平和软件水平是衡量企业产品的两个重要维度。目前商业消费级的可穿戴设备产品具备更好的软件设计能力，因此具有更好的操作体验。而医疗专业级可穿戴设备产品具有更精确、更全面的生物传感技术，在专业医疗检测、治疗、康复方面能提供更大的帮助。

1.3 下游产业环节分析

（1）下游产业终端销售渠道占比分析

中国柔性可穿戴设备产业链的下游主要涉及线上和线下的终端销售渠道，其中，线上渠道（如：电商平台、品牌官网）占 70%，线下渠道（如：企业机构、零售店）占 30%。主要渠道市场份额分别为品牌商（包括电商和官网）65%，企业机构 25%，零售店 10%。

（2）下游产业市场涉及领域分析

中国柔性可穿戴设备在医疗健康、体育运动、教育教学以及军事等领域的应用也在不断深化。

1）医疗健康领域：目前，无论是对于C端用户还是B端用户，柔性可穿戴设备在医疗健康领域的普及率最高。

C端用户：可穿戴医疗设备将为用户提供实时健康监测数据，让用户了解自身的健康情况，帮助用户进行科学的健康管控。

B端用户：可穿戴医疗健康设备的及时性为医疗机构的资源调配提供有力的医疗辅助，医生可进行远程会诊，降低治疗成本。

2）体育运动领域：在体育运动领域，柔性可穿戴设备可帮助职业体育训练提供数据监测功能，为用户提供更加专业的差异化方案。

体育可穿戴设备通过轨迹数据、距离数据分析监测运动员的体能表现，跟踪体育选手心率等指标分析其身体、康复状况和睡眠情况。体育柔性可穿戴设备可以根据客观的数据分析制订训练计划。

3）教育教学领域：在教育领域，柔性可穿戴设备可以收集学生的健康数据、心理数据，教师可以根据学生的心理变化判断学生行为的合理性，与学生进行实时沟通及反馈，以提升学生学习效率及教学效果。

柔性可穿戴设备可以帮助学生随时查找教学资源学习内容，使学生在不受时间和地点的限制下拥有移动智能电子图书馆。

智能手表的定位及数据传输功能可以帮助家长获取学生的在校信息，保障学生安全。

4）军事领域：目前，柔性可穿戴设备在军事领域的应用主要包括作战指挥、日常监管等。智能头盔和智能眼镜是军用柔性可穿戴设备的代表，通常用于军方的作战指挥。

军用柔性可穿戴设备支持探测目标的武器瞄准数据显示、态势感知等多种作战功能，并对军方监测范围内的目标进行位置判定、身份认证、敌我识别。

2 中国可穿戴设备行业发展前景及趋势预测

2.1 发展前景

（1）经济环境分析

随着经济发展越来越迫切，经济环境逐渐复苏将带来宏观层面的正向影响。在经历疫情高峰时期后，社会活动的放开将带来更多户外运动、商务活动、个人出行等多方面需求，对于可穿戴设备行业将具有一定带动作用。

（2）社会环境分析

从20世纪末开始，我国逐步步入了老龄化社会（图2–23）。近年来，中国老龄化问题越来越严重，老龄人口比重越来越高，老年人医疗保健需求急剧增加，老年人健康监测成为刚需，为专业医疗级柔性可穿戴设备作为轻便高效的家用医疗健康电子产品创造了市场机会。然而，专业医疗级柔性可穿戴设备的市场渗透率低。其市场规模仅占到总体柔性可穿戴设备行业的27.9%，未来医疗级可穿戴设备市场前景广泛。

此外，随着经济持续快速发展，工业化、城镇化、老龄化进程加快，工作及生活压力加大，生活水平提高，患有各种慢性病的人群比例在不断的增加（图2–24）。柔

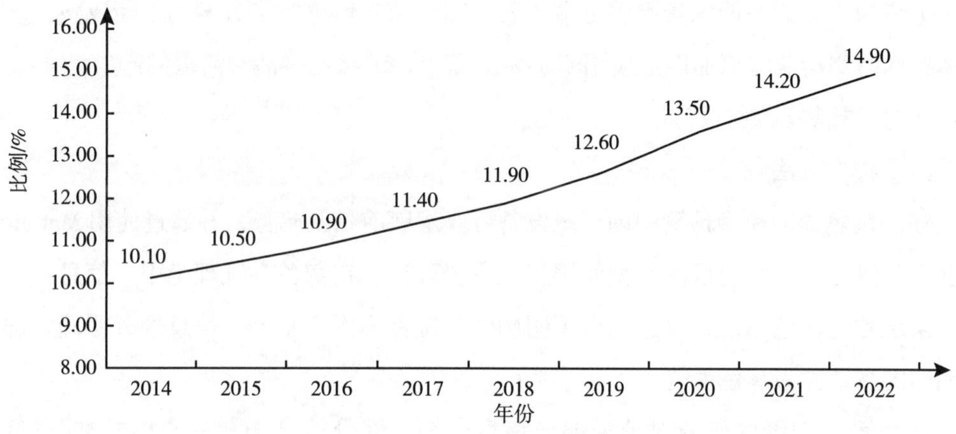

图2–23　中国65岁及以上人口占总人口比例

数据来源：中国统计年鉴。

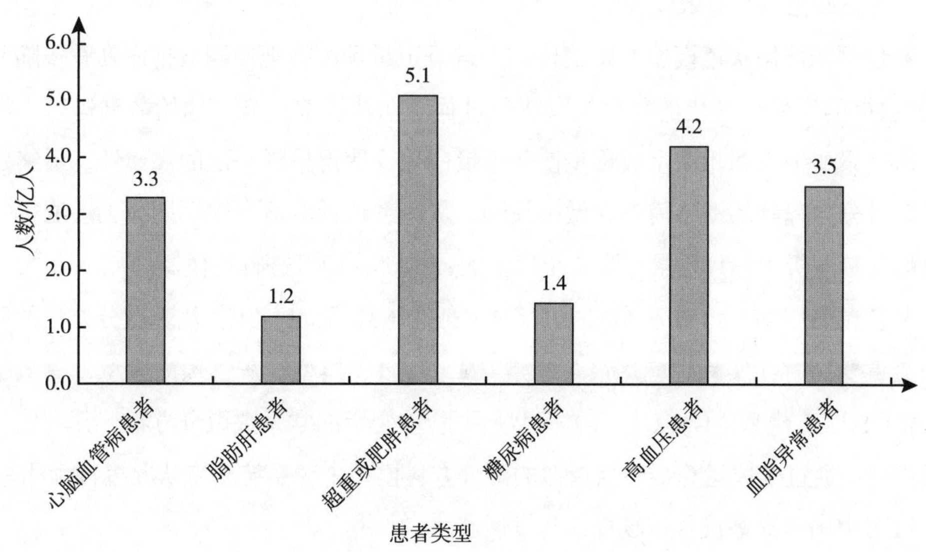

图2–24　中国慢性病患者人数

数据来源：中国统计年鉴。

性可穿戴设备作为最简单有效的自我健康监控及管理手段，可以通过可穿戴设备打造慢性病自我管理新模式，预防慢性疾病的发生。慢性病监测与管理广泛的市场需求，为专业医疗级柔性可穿戴设备提供了发展契机。

同时，疫情也促使个人的健康意识不断增强，健康管理和运动测量的需求增长也为可穿戴设备提供了更广阔的发展前景。

（3）技术环境分析

更多健康传感监测技术成熟及广泛应用有助于推动更多新产品新技术的推出和新消费的产生。在运动指标基础上，健康方面包括血压、体脂等的监测技术在逐渐完善，也将为手表的功能场景提供更多拓展空间。随着传感技术方案的不断成熟，多种身体指标监测功能将更加广泛应用于手表产品上，刺激更多消费需求的产生。

2.2　趋势预测

（1）模型方法

使用灰色预测模型预测中国穿戴设备行业发展前景及趋势，并通过使用 Matlab 建模获得预测结果。灰色预测模型使用灰色系统理论。在灰色系统理论中，信息完全明确的系统称为白色系统、信息完全不明确的系统称为黑色系统、信息部分明确、部分不明确的系统称为灰色系统。

灰色系统理论的研究对象为部分信息已知，部分信息未知的“小样本”“贫信息”。它通过对“部分”已知信息的生成、开发，去了解整个系统，实现对系统行为和规律的正确把握和有效监控。

灰色预测使用灰色模型 GM（M，N）进行定量预测，把预测数据序列看作随时间（序列数据的序号）变化的灰色量或灰色过程。在建模前，先对原始数据进行平滑处理，通过累加生成和相关生成逐步使灰色量白化，使得呈现一定的规律性，最终建立相应于微分方程解的动态模型并做出预测。灰色系统预测适合于短期或无法取得完整信息的预测分析中，只要求至少 4 个以上的数据资料即可进行建模。

灰色预测用的 GM(Grey Model）模型一般为 GM(n，1)（t ／代表微分方程的阶），其中最重要同时在实际中应用最多的是 GM（1，1）模型。灰色预测模型，一般也均指 GM（1，1）模型。GM（1，1）模型是一阶单变量的常系数微分方程，其利用离散数据序列，通过生成运算，建立近似的微分方科模型来对系统未来状况进行预测。

（2）中国可穿戴设备市场规模与发展趋势

2017—2021 年中国可穿戴设备出货量不断增加。根据 IDC《中国可穿戴设备市场季度跟踪报告（2021 年第四季度）》，2021 年第四季度中国可穿戴设备市场出货量为 3753 万台，同比增长 23.9%。2021 年中国可穿戴市场出货量 1.37 亿台，同比增长 25.4%（图 2–25）。

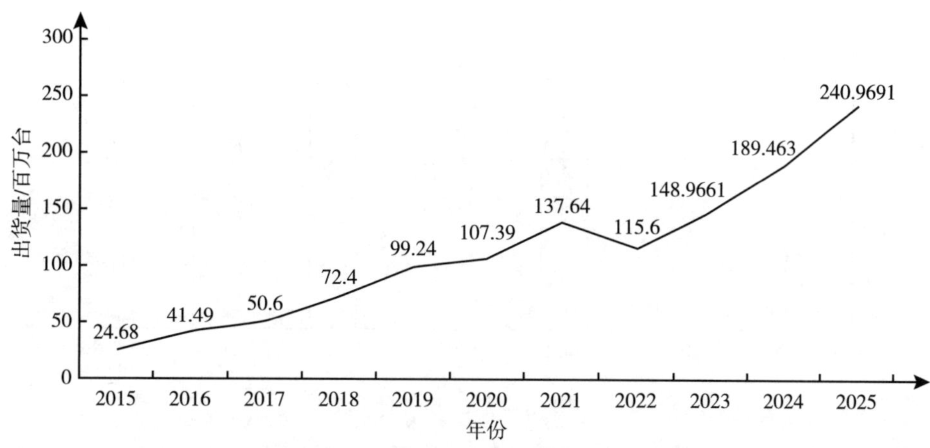

图 2–25 中国柔性可穿戴设备出货量预测

数据来源：IDC。

在严峻的宏观经济形势下，2022 年全年出货量与 2021 年相比下降了 7.7%，与 2021 年同比下降，这是该品类出货量的首年下降。尽管经济低迷，但 2022 年的整体出货量仍达到了 1.1 亿台，远高于 2020 年和 2019 年的水平。

在不太乐观的经济环境下，消费者需求放缓是正常现象。过去两年，全球可穿戴设备市场经历了大幅增长，2022 年的下降是需求饱和的结果。用户最终会更换他们的设备，这将是市场复苏的一线希望。一旦市场回暖，拥有多样产品、价格差异以及产品生态链的企业将优先获得红利。

（3）中国手表市场规模与发展趋势

在腕戴市场销售中，成人智能手表依然占最高比重（图 2–26，图 2–27）。2022 年成人智能手表市场销量整体稳定，主要在第四季度年末促销期间受到疫情影响表现低迷，降幅明显。2022 年，成人智能手表市场销量 1718 万台，同比增长 0.6%；但其出货量同比下降 7.6%，出货和销售数据趋势形成一定差距。2022 年，儿童智能手表市场销量 1461 万台，同比下降 12.0%。

2023 年第一季度（Q1）智能手表出货量（Sales–In）590 万台，同比下降 16.7%。其中成人智能手表 310 万台，同比下滑 19.5%；儿童智能手表出货量 280 万台，同比下降 13.3%。在头部厂商持续优化库存的影响下，成人智能手表市场出货量仍然呈现显著下降。但从销量口径（Sales-Out）看，根据《中国可穿戴设备市场月度销量跟踪报告》，市场呈现 1.8% 的小幅回升。

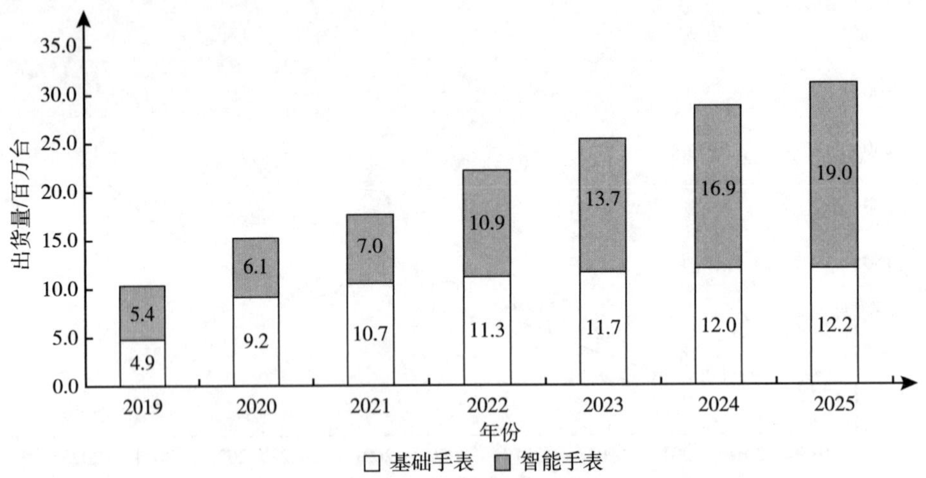

图 2-26 中国成人手表市场出货量及预测

数据来源：IDC。

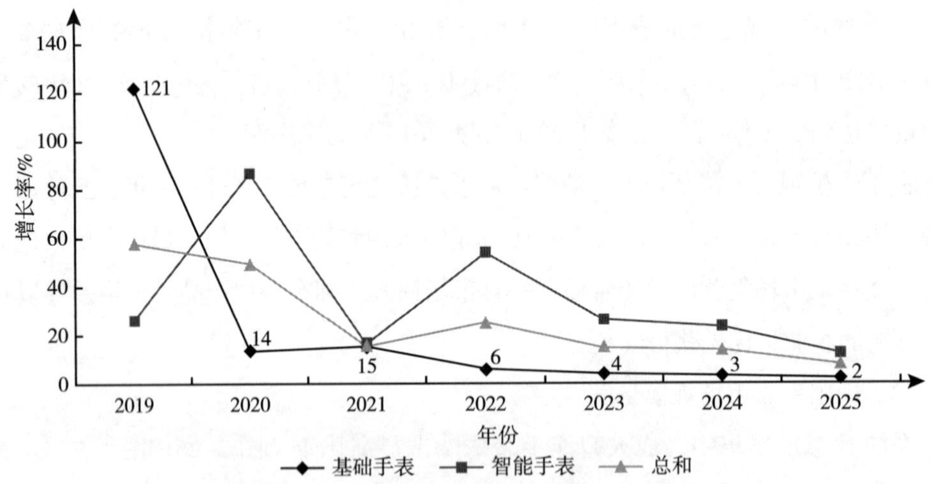

图 2-27 中国成人手表市场出货量增长率及预测

数据来源：IDC。

（4）中国手环市场规模与发展趋势

2022 年，手环市场销量 1276 万台，同比下降 27.1%。2023 年第一季度手环出货量 286 万台，同比增长 8.5%。2023 年第一季度成人智能手表销量（Sales-Out）同比增长 1.8%，儿童智能手表销量同比增长 2.2%，手环销量同比增长 10.6%。其中成人智能手表和儿童智能手表销量均呈现和出货量表现相反的势头。由此可以看出，在智能手表市场，销量端（Sales-Out）先于出货端（Sales-In）呈现略微复苏态势。而市场出货情况在相对稳健的渠道策略下仍然持续收缩，尚未呈现回暖。

一方面，手表产品在逐渐被大众所熟知和接受，在一定程度上对手环的需求有所削弱；另一方面，消费环境的紧缩对入门级市场影响更大。尽管如此，伴随经济逐渐复苏，手环作为价格较低的入门级产品，更容易撬动大众化需求，也是拉新用户和扩大潜在腕戴用户规模的重要载体，在未来仍然会持续存在（图 2-28）。

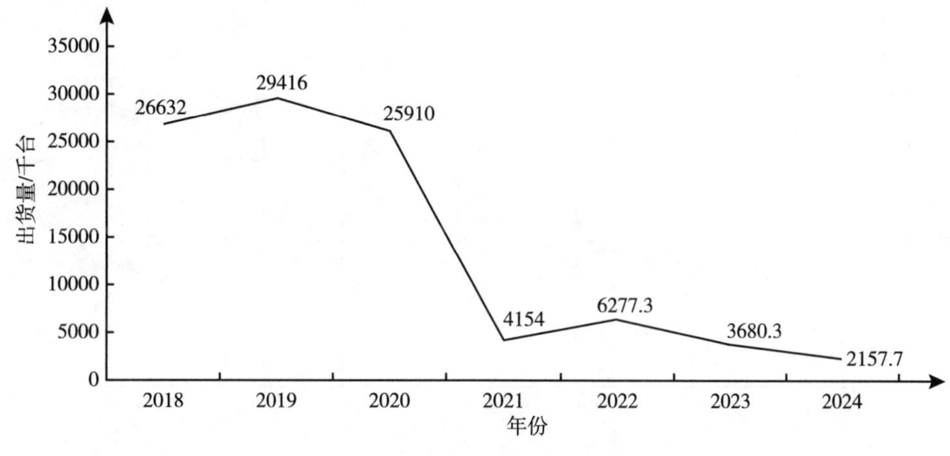

图 2-28　中国手环市场出货量及预测

数据来源：IDC。

（5）中国耳机市场规模与发展趋势

2022 年，中国蓝牙耳机市场出货量约 9471 万台，同比下降 18.1%。其中，真无线耳机市场 2022 年出货量超过 6881 万台，同比下降 15.0%。经济环境收缩、市场需求逐渐饱和以及产品功能升级瓶颈共同造成了本次下滑。但得益于户外运动的流行以及认知度的提升，骨传导耳机出货量 229 万台，同比增长 123.6%，这也是各类型产品中唯一增长的形态（图 2-29，图 2-30）。

2023 年，蓝牙耳机市场预计小幅回升 5%，随着渗透率不断提升，市场逐渐呈现饱和状态，在技术功能尚未出现明显革新的情况下，难以呈现大幅增长，而是逐渐开启结构性调整，延长发展周期。

2022 年真无线耳机中，半入耳式产品占比增长 6 个百分点，侧面说明佩戴舒适度对于耳戴产品的发展越发重要（图 2-30）。以骨传导为代表的开放形态产品市场大幅增长 124%，该类产品的购买同样以佩戴舒适度和行路安全为主要考虑因素；另外耳夹式产品也逐渐有所发展。在技术功能逐渐发展遭遇瓶颈的情况下，以开放形态为代表的形态创新带来新兴增长点。

真无线耳机入门级市场持续增长，尤其以人民币 100~200 元价位段为代表增长明显。2022 年，人民币 200 元以内的产品出货量占比接近 5 成。尽管这种价格大规模下探将带来市场销售金额的收窄，这或许将缩短未来一段时间的换机周期，从而带来一定增量。

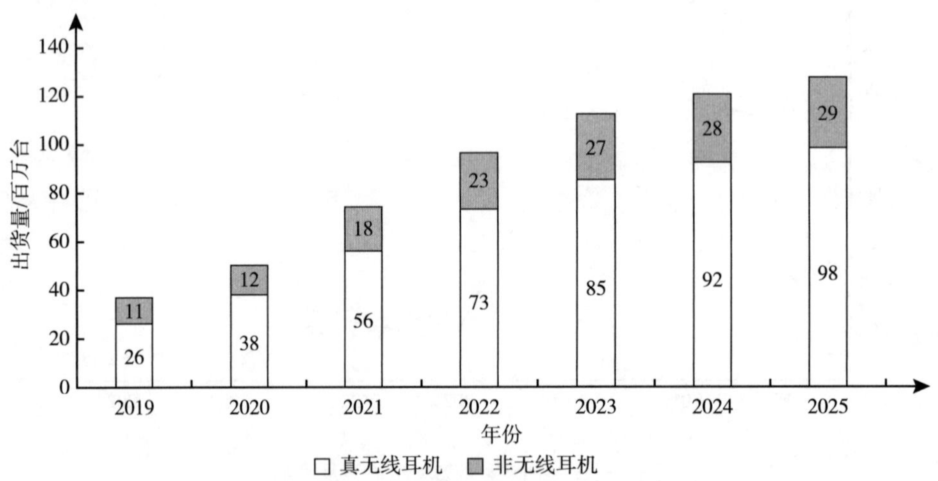

图 2-29　中国可穿戴设备中耳机市场出货量及预测

数据来源：IDC。

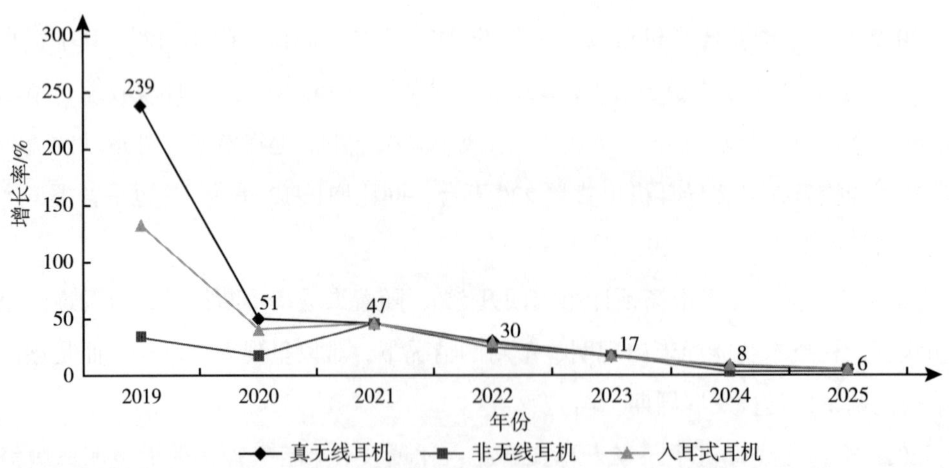

图 2-30　中国可穿戴设备中耳机市场出货量增长率及预测

数据来源：IDC。

参考文献

[1] J.-H. Pu，X. Zhao，X.-J. Zha，et al. Journal of Materials Chemistry A，2019，7：15913-15923.

[2] Z. Liu，D. Qi，G. Hu，et al. Adv. Mater.，2018，30.

[3] Y. D. Horev，A. Maity，Y. Zheng，et al. Adv. Mater.，2021，33：e2102488.

[4] Q. Zheng，J.-h. Lee，X. Shen，et al. Materials Today，2020，36：158-179.

[5] S. Wan，H. Bi，Y. Zhou，et al. Carbon，2017，114：209-216.

[6] D. H. Ho，Q. Sun，S. Y. Kim，et al. Adv. Mater.，2016，28：2601-2608.

[7] X. Chen，Y. J. Park，M. Kang，et al. Nat. Commun.，2018，9：1690.

[8] Y. J. Park，B. K. Sharma，S. M. Shinde，et al. ACS Nano，2019，13：3023-3030.

[9] P. Song，D. Ye，X. Zuo，et al. Nano Lett.，2017，17：5193-5198.

[10] G. Su，J. Cao，X. Zhang，et al. Journal of Materials Chemistry A，2020，8：2074-2082.

[11] E. Roh，B.-U. Hwang，D. Kim. ACS Nano，2015，9：6252-6261.

[12] N. George，J. C. C. S，A. Mathiazhagan，et al. Composites Science and Technology，2015，116：33-40.

[13] M. Lin，Z. Zheng，L. Yang，et al. Adv. Mater.，2022，34：e2107309.

[14] Zahra Alizadeh Sani，Ahmad Shalbaf，Hamid Behnam，et al. Automatic Computation of Left Ventricular Volume Changes Over a Cardiac Cycle from Echocardiography Images by Nonlinear Dimensionality Reduction. Journal of Digital Imaging，2015，28（1）：91-98.

[15] Jiun-Jr Wang，Aoife B. O' Brien，Nigel G. Shrive，et al. Time-domain representation of ventricular-arterial coupling as a windkessel and wave system，2003，284（4）：H1358-H1368.

[16] Keyu Meng，Xiao Xiao，Wenxin Wei，et al. Wearable Pressure Sensors for Pulse Wave Monitoring，2022，34（21）：2109357.

[17] Tyler R. Ray，Jungil Choi，Amay J. Bandodkar，et al. Bio-Integrated Wearable Systems：A Comprehensive Review. Chemical Reviews，2019，119（8）：5461-5533.

[18] Pitre C. Bourdon，Marco Cardinale，Andrew Murray，et al. Monitoring Athlete Training Loads：Consensus Statement. International Journal of Sports Physiology and Performance，2017，12：161-170.

[19] 苏炳添，李健良，徐慧华，等. 科学训练辅助：柔性可穿戴传感器运动监测应用. 中国科学：信息科学，2022，52：54-74.

[20] Mohamed Adel Serhani，Hadeel T. El Kassabi，Heba Ismail，et al. ECG Monitoring Systems：Review，Architecture，Processes，and Key Challenges，2020，20（6）：1796.

[21] Wajid Mumtaz，Suleman Rasheed，Alina Irfan. Review of challenges associated with the EEG artifact removal methods. Biomedical Signal Processing and Control，2021，68：102741.

[22] Wookey Lee，Jessica Jiwon Seong，Busra Ozlu，et al. Biosignal Sensors and Deep Learning-

Based Speech Recognition: A Review, 2021, 21 (4): 1399.

[23] Yuyao Lu, Geng Yang, Yajing Shen, et al. Multifunctional flexible humidity sensor systems towards noncontact wearable electronics. Nano-Micro Letters, 2022, 14 (1): 150.

[24] Dongzhi Zhang, Mengyu Wang, Mingcong Tang, et al. Recent progress of diversiform humidity sensors based on versatile nanomaterials and their prospective applications. Nano Research, 2022.

[25] Yuyao Lu, Kaichen Xu, Min-Quan Yang, et al. Highly stable Pd/HNb 3 O 8-based flexible humidity sensor for perdurable wireless wearable applications. Nanoscale Horizons, 2021, 6(3): 260-270.

[26] Daozhi Shen, Walter W. Duley, Peng Peng, et al. Moisture-Enabled Electricity Generation: From Physics and Materials to Self-Powered Applications. Adv. Mater., 2020, 32 (52): 2003722.

[27] William A Zoghbi, Tony Duncan, Elliott Antman, et al. Sustainable development goals and the future of cardiovascular health: a statement from the global cardiovascular disease taskforce. Journal of the American Heart Association, 2014, 3 (5): e000504.

[28] Suvrajyoti Mishra, Smita Mohanty, Ananthakumar Ramadoss. Functionality of Flexible Pressure Sensors in Cardiovascular Health Monitoring: A Review. ACS Sens, 2022, 7 (9): 2495-2520.

[29] Elena S. Izmailova, John A. Wagner, Eric D. Perakslis. Wearable devices in clinical trials: hype and hypothesis. Clinical Pharmacology & Therapeutics, 2018, 104 (1): 42-52.

[30] Guosong Hong, Xiao Yang, Tao Zhou, et al. Mesh electronics: a new paradigm for tissue-like brain probes. Current Opinion in Neurobiology, 2018, 50: 33-41.

[31] Qiang Zheng, Qizhu Tang, Zhong Lin Wang, et al. Self-powered cardiovascular electronic devices and systems. Nature Reviews Cardiology, 2021, 18 (1): 7-21.

[32] Nikita Obidin, Farita Tasnim, Canan Dagdeviren. The future of neuroimplantable devices: a materials science and regulatory perspective. Adv. Mater., 2020, 32 (15): 1901482.

[33] Hang Zhao, Rui Su, Lijun Teng, et al. Recent advances in flexible and wearable sensors for monitoring chemical molecules. Nanoscale, 2022, 14 (5): 1653-1669.

[34] Gang Xu, Chen Cheng, Wei Yuan, et al. Smartphone-based battery-free and flexible electrochemical patch for calcium and chloride ions detections in biofluids. Sensors and Actuators B: Chemical, 2019, 297, 126743.

[35] Wenting Dang, Libu Manjakkal, William Taube Navaraj, et al. Stretchable wireless system for sweat pH monitoring. Biosensors and Bioelectronics, 2018, 107: 192-202.

[36] Jo Hee Yoon, Seon-Mi Kim, Youngho Eom, et al. Extremely fast self-healable bio-based supramolecular polymer for wearable real-time sweat-monitoring sensor. ACS Appl. Mater. Interfaces, 2019, 11 (49): 46165-46175.

[37] Sam Emaminejad, Wei Gao, Eric Wu, et al. Autonomous sweat extraction and analysis applied to cystic fibrosis and glucose monitoring using a fully integrated wearable platform. Proceedings of

the National Academy of sciences，2017，114（18）：4625–4630.

[38] Park Heekyeong，Sungho Lee，Seok Hwan Jeong，et al. Enhanced Moisture–Reactive Hydrophilic–PTFE–Based Flexible Humidity Sensor for Real–Time Monitoring. SENSORS，2018，18（3）：921.

[39] Jing Chen，Jiahong Zheng，Qinwu Gao，et al. Polydimethylsiloxane（PDMS）–Based Flexible Resistive Strain Sensors for Wearable Applications. APPLIED SCIENCES–BASEL，2018，8（3）：345.

[40] Deyang Ji，Tao Li，Wenping Hu，et al. Recent Progress in Aromatic Polyimide Dielectrics for Organic Electronic Devices and Circuits. Advanced Materials，2019，31（15）：1806070.

[41] K. P. Sibin，G. Srinivas，H. D. Shashikala，et al. Highly transparent and conducting ITO/Ag/ITO multilayer thin films on FEP substrates for flexible electronics applications. Solar Energy Materials and Solar Cells，2017，172：277–284.

[42] Yuting Jiang，Yang Wang，Heting Wu，et al. Laser–Etched Stretchable Graphene–Polymer Composite Array for Sensitive Strain and Viscosity Sensors. Nano–Micro Letters，2019，11（1）：99.

[43] Ronald Sabo，Aleksey Yermakov，Chiu Tai Law，et al. Nanocellulose–Enabled Electronics，Energy Harvesting Devices，Smart Materials and Sensors：A Review. Journal of Renewable Materials，2016，4（5）：297–312.

[44] Fanny Hoeng，Aurore Denneulin，Julien Bras. Use of nanocellulose in printed electronics：a review. Nanoscale，2016，8（27）：13131–13154.

[45] Jiaqi Xu，Xiaoning Zhao，Zhongqiang Wang，et al. Biodegradable Natural Pectin–Based Flexible Multilevel Resistive Switching Memory for Transient Electronics. SMALL，2019，15（4）：1803970.

[46] Giuseppe Cantarella，Vincenzo Costanza，Alberto Ferrero，et al. Design of Engineered Elastomeric Substrate for Stretchable Active Devices and Sensors. Advanced Functional Materials，2018，28（30）：1705132.

[47] Vincenzo Costanza，Luca Bonanomi，Giovanni Moscato，et al. Effect of glycerol on the mechanical and temperature–sensing properties of pectin films. Applied Physics Letters，2019，115（19）：193702.

[48] Dan–Liang Wen，De–Heng Sun，Peng Huang，et al. Recent progress in silk fibroin–based flexible electronics. Microsystems&Nanoengineering，2021，7（1）：35.

[49] Ritesh Kumar，Sapana Ranwa，Gulshan Kumar. Biodegradable Flexible Substrate Based on Chitosan/PVP Blend Polymer for Disposable Electronics Device Applications. The Journal of Physical Chemistry B，2020，124（1）：149–155.

[50] Kai Liu，Yuanwen Jiang，Zhenan Bao，et al. Skin–Inspired Electronics Enabled by Supramolecular Polymeric Materials. CCS Chemistry，2019，1（4）：431–447.

[51] Lixuan Hu，Pei Lin Chee，Sigit Sugiarto，et al. Hydrogel-Based Flexible Electronics. Advanced Materials，2023，35（14）：2205326.

[52] Xinyue Liu，Ji Liu，Shaoting Lin，et al. Hydrogel machines. Materials Today，2020，36：102-124.

[53] Xuanhe Zhao. Multi-scale multi-mechanism design of tough hydrogels：building dissipation into stretchy networks. Soft Matter，2014，10（5）：672-687.

[54] O. Wichterle，D. LÍM，Hydrophilic Gels for Biological Use. Nature，1960，185（4706）：117-118.

[55] Seung-Kyun Kang，Rory K. J. Murphy，Suk-Won Hwang，et al. Bioresorbable silicon electronic sensors for the brain. Nature，2016，530（7588）：71-76.

[56] Yeon Sik Choi，Rose T. Yin，Anna Pfenniger，et al. Fully implantable and bioresorbable cardiac pacemakers without leads or batteries. Nature Biotechnology，2021，39（10）：1228-1238.

[57] Seung Min Yang，Jae Hyung Shim，Hyun-U. Cho，et al. Hetero-Integration of Silicon Nanomembranes with 2D Materials for Bioresorbable，Wireless Neurochemical System. Advanced Materials，2022，34（14）：2108203.

[58] Akihito Miyamoto，Sungwon Lee，Nawalage Florence Cooray，et al. Inflammation-free，gas-permeable，lightweight，stretchable on-skin electronics with nanomeshes. Nature Nanotechnology，2017，12（9）：907-913.

[59] Xiao Yang，Tao Zhou，Theodore J. Zwang，et al. Bioinspired neuron-like electronics. Nat. Mater.，2019，18（5）：510-517.

[60] Yan Wang，Sunghoon Lee，Haoyang Wang，et al. Robust，self-adhesive，reinforced polymeric nanofilms enabling gas-permeable dry electrodes for long-term application. Proceedings of the National Academy of Sciences，2021，118（38）：e2111904118.

[61] Yuxin Yang，Xiaofei Wei，Nannan Zhang，et al. A non-printed integrated-circuit textile for wireless theranostics. Nature Communications，2021，12（1）：4876.

[62] Trupti Terse-Thakoor，Meera Punjiya，Zimple Matharu，et al. Thread-based multiplexed sensor patch for real-time sweat monitoring.npj Flexible Electronics，2020，4（1）：18.

[63] Lei Ye，Yang Hong，Meng Liao，et al. Recent advances in flexible fiber-shaped metal-air batteries. Energy Storage Materials，2020，28：364-374.

[64] Funian Mo，Guojin Liang，Zhaodong Huang，et al. An Overview of Fiber-Shaped Batteries with a Focus on Multifunctionality，Scalability，and Technical Difficulties. Advanced Materials，2020，32（5）：1902151.

[65] Marco Cinquino，Carmela T. Prontera，Marco Pugliese，et al. Light-Emitting Textiles：Device Architectures，Working Principles，and Applications Micromachines [Online]，2021，652.

[66] Jidong Shi，Su Liu，Lisha Zhang，et al. Smart Textile-Integrated Microelectronic Systems for Wearable Applications. Advanced Materials，2020，32（5）：1901958.

[67] Yue Liu，Xufeng Zhou，Hui Yan，et al. Robust Memristive Fiber for Woven Textile Memristor. Adv. Funct. Mater.，2022，32（28）：2201510.

[68] Tianyu Wang，Jialin Meng，Xufeng Zhou，et al. Reconfigurable neuromorphic memristor network for ultralow-power smart textile electronics. Nat. Commun.，2022，13（1）：7432.

[69] Irmandy Wicaksono，Carson I. Tucker，Tao Sun，et al. A tailored，electronic textile conformable suit for large-scale spatiotemporal physiological sensing in vivo. Npj Flexible Electronics，2020，4（1）：5.

[70] Xiang Shi，Yong Zuo，Peng Zhai，et al. Large-area display textiles integrated with functional systems. Nature，2021，591（7849）：240-245.

[71] Hyung Woo Choi，Dong-Wook Shin，Jiajie Yang，et al. Smart textile lighting/display system with multifunctional fibre devices for large scale smart home and IoT applications. Nature Communications，2022，13（1）：814.

[72] Kai Dong，Xiao Peng，Zhong Lin Wang. Fiber/Fabric-Based Piezoelectric and Triboelectric Nanogenerators for Flexible/Stretchable and Wearable Electronics and Artificial Intelligence. Advanced Materials，2020，32（5）：1902549.

[73] Yuhao Liu，Matt Pharr，Giovanni Antonio Salvatore. Lab-on-Skin：A Review of Flexible and Stretchable Electronics for Wearable Health Monitoring. ACS Nano，2017，11（10）：9614-9635.

[74] Jie Xu，Sihong Wang，Ging-Ji Nathan Wang，et al. Highly stretchable polymer semiconductor films through the nanoconfinement effect. Science，2017，355（6320）：59-64.

[75] Gregor Schwartz，Benjamin C. K. Tee，Jianguo Mei，et al. Flexible polymer transistors with high pressure sensitivity for application in electronic skin and health monitoring. Nature Communications，2013，4（1）：1859.

[76] Tiina Vuorinen，Juha Niittynen，Timo Kankkunen，et al. Inkjet-Printed Graphene/PEDOT：PSS Temperature Sensors on a Skin-Conformable Polyurethane Substrate. Scientific Reports，2016，6（1）：35289.

[77] Yanfei Chen，Yun-Soung Kim，Bryan W. Tillman，et al. Advances in Materials for Recent Low-Profile Implantable Bioelectronics Materials [Online]，2018.

[78] Zhongkai Wang，Feng Jiang，Yaqiong Zhang，et al. Bioinspired Design of Nanostructured Elastomers with Cross-Linked Soft Matrix Grafting on the Oriented Rigid Nanofibers To Mimic Mechanical Properties of Human Skin. ACS Nano，2015，9（1）：271-278.

[79] Mohammad Vatankhah-Varnosfaderani，William F. M. Daniel，Matthew H. Everhart，et al. Mimicking biological stress-strain behaviour with synthetic elastomers. Nature，2017，549（7673）：497-501.

[80] Shuo Chen，Lijie Sun，Xiaojun Zhou，et al. Mechanically and biologically skin-like elastomers for bio-integrated electronics. Nature Communications，2020，11（1）：1107.

[81] Lie Chen, Cong Zhao, Jin Huang, et al. Enormous-stiffness-changing polymer networks by glass transition mediated microphase separation. Nature Communications, 2022, 13 (1): 6821.

[82] Mufang Li, Kangqi Chang, Weibing Zhong, et al. A highly stretchable, breathable and thermoregulatory electronic skin based on the polyolefin elastomer nanofiber membrane. Applied Surface Science, 2019, 486: 249-256.

[83] Marina Sala de Medeiros, Daniela Chanci, Carolina Moreno, et al. Waterproof, Breathable, and Antibacterial Self-Powered e-Textiles Based on Omniphobic Triboelectric Nanogenerators. Advanced Functional Materials, 2019, 29 (42): 1904350.

[84] Kyung-In Jang, Sang Youn Han, Sheng Xu, et al. Rugged and breathable forms of stretchable electronics with adherent composite substrates for transcutaneous monitoring. Nature Communications, 2014, 5 (1): 4779.

[85] Guorui Chen, Xiao Xiao, Xun Zhao, et al. Electronic Textiles for Wearable Point-of-Care Systems. Chemical Reviews, 2022, 122 (3): 3259-3291.

[86] Lie Wang, Xuemei Fu, Jiqing He, et al. Application Challenges in Fiber and Textile Electronics. Advanced Materials, 2020, 32 (5): 1901971.

[87] Cenxiao Tan, Zhigang Dong, Yehua Li, et al. A high performance wearable strain sensor with advanced thermal management for motion monitoring. Nature Communications, 2020, 11 (1): 3530.

[88] Zhaoling Li, Miaomiao Zhu, Jiali Shen, et al. All-Fiber Structured Electronic Skin with High Elasticity and Breathability. Advanced Functional Materials, 2020, 30 (6): 1908411.

[89] Hongchen Guo, Yu Jun Tan, Ge Chen, et al. Artificially innervated self-healing foams as synthetic piezo-impedance sensor skins. Nature Communications, 2020, 11 (1): 5747.

[90] Claas Willem Visser, Dahlia N. Amato, Jochen Mueller, et al. Architected Polymer Foams via Direct Bubble Writing. Advanced Materials, 2019, 31 (46): 1904668.

[91] Qiliang Fu, Yi Chen, Mathias Sorieul. Wood-Based Flexible Electronics. ACS Nano, 2020, 14 (3): 3528-3538.

[92] Binghua Zou, Yuanyuan Chen, Yihan Liu, et al. Repurposed Leather with Sensing Capabilities for Multifunctional Electronic Skin. Advanced Science, 2019, 6 (3): 1801283.

[93] Lie Wang, Liyuan Wang, Ye Zhang, et al. Weaving Sensing Fibers into Electrochemical Fabric for Real-Time Health Monitoring. Advanced Functional Materials, 2018, 28 (42): 1804456.

[94] You Jun Fan, Xin Li, Shuang Yang Kuang, et al. Highly Robust, Transparent, and Breathable Epidermal Electrode. ACS Nano, 2018, 12 (9): 9326-9332.

[95] Yadong Xu, Bohan Sun, Yun Ling, et al. Multiscale porous elastomer substrates for multifunctional on-skin electronics with passive-cooling capabilities. Proceedings of the National Academy of Sciences, 2020, 117 (1): 205-213.

[96] Zhijun Ma, Qiyao Huang, Qi Xu, et al. Permeable superelastic liquid-metal fibre mat enables

biocompatible and monolithic stretchable electronics. Nature Materials，2021，20（6）：859-868.

[97] Michael D. Dickey. Stretchable and Soft Electronics using Liquid Metals. Adv. Mater.，2017，29（27）：1606425.

[98] Chao Lu，Xi Chen. Electrospun Polyaniline Nanofiber Networks toward High-Performance Flexible Supercapacitors. Advanced Materials Technologies，2019，4（11）：1900564.

[99] Kun Qi，Jianxin He，Hongbo Wang，et al. A Highly Stretchable Nanofiber-Based Electronic Skin with Pressure-，Strain-，and Flexion-Sensitive Properties for Health and Motion Monitoring. ACS Applied Materials&Interfaces，2017，9（49）：42951-42960.

[100] Naoji Matsuhisa，Daishi Inoue，Peter Zalar，et al. Printable elastic conductors by in situ formation of silver nanoparticles from silver flakes. Nature Materials，2017，16（8）：834-840.

[101] Youhua Wang，Lang Yin，Yunzhao Bai，et al. Electrically compensated，tattoo-like electrodes for epidermal electrophysiology at scale. Science Advances，2020，6（43）：eabd0996.

[102] Hegeng Li，Zuochen Wang，Mingze Sun，et al. Breathable and Skin-Conformal Electronics with Hybrid Integration of Microfabricated Multifunctional Sensors and Kirigami-Structured Nanofibrous Substrates. Advanced Functional Materials，2022，32（32）：2202792.

[103] Xiao Peng，Kai Dong，Cuiying Ye，et al. A breathable，biodegradable，antibacterial，and self-powered electronic skin based on all-nanofiber triboelectric nanogenerators. Science Advances，2020，6（26），eaba9624.

[104] Mingyuan Ma，Zheng Zhang，Zening Zhao，et al. Self-powered flexible antibacterial tactile sensor based on triboelectric-piezoelectric-pyroelectric multi-effect coupling mechanism. Nano Energy，2019，66，104105.

[105] Shuxue Wang，Qiurong Li，Bo Wang，et al. Recognition of Different Rough Surface Based Highly Sensitive Silver Nanowire-Graphene Flexible Hydrogel Skin. Industrial&Engineering Chemistry Research，2019，58（47）：21553-21561.

[106] Jingjing Tian，Hongqing Feng，Ling Yan，et al. A self-powered sterilization system with both instant and sustainable anti-bacterial ability. Nano Energy，2017，36，241-249.

[107] Yifei Luo，Mohammad Reza Abidian，Jong-Hyun Ahn，et al. Technology Roadmap for Flexible Sensors. ACS Nano，2023，17（6）：5211-5295.

[108] Qilin Hua，Junlu Sun，Haitao Liu，et al. Skin-inspired highly stretchable and conformable matrix networks for multifunctional sensing. Nat. Commun.，2018，9.

[109] Xiang Shi，Yong Zuo，Peng Zhai，et al. Large-area display textiles integrated with functional systems. Nature，2021，591（7849）：240-245.

[110] Sanghyo Lee，Hyung Woo Choi，Catia Lopes Figueiredo，et al. Truly form-factor-free industrially scalable system integration for electronic textile architectures with multifunctional fiber devices. Sci. Adv.，2023，9（16）：eadf4049-eadf4049.

[111] Xingjiang Wu，Yijun Xu，Ying Hu，et al. Microfluidic-spinning construction of black-phosphorus-hybrid microfibres for non-woven fabrics toward a high energy density flexible supercapacitor. Nat. Commun.，2018，9.

[112] Lu Yin，Kyeong Nam Kim，Jian Lv，et al. A self-sustainable wearable multi-modular E-textile bioenergy microgrid system. Nat. Commun.，2021，12（1），1542.

[113] Shengshun Duan，Qiongfeng Shi*，Jun Wu*. Multimodal Sensors and ML-Based Data Fusion for Advanced Robots. Adv. Intell. Syst.，2022，4（12），2200213.

[114] Alex Chortos，Zhenan Bao*. Skin-inspired electronic devices. Mater. Today，2014，17（7）：321-331.

[115] Ha Uk Chung，Bong Hoon Kim，Jong Yoon Lee，et al. Binodal，wireless epidermal electronic systems with in-sensor analytics for neonatal intensive care. Science，2019，363（6430）.

[116] Lisa Pokrajac，Ali Abbas，Wojciech Chrzanowski，et al. Nanotechnology for a Sustainable Future：Addressing Global Challenges with the International Network4Sustainable Nanotechnology. ACS Nano，2021，15（12）：18608-18623.

[117] Albert Haque，Arnold Milstein，Fei-Fei Li*. Illuminating the dark spaces of healthcare with ambient intelligence. Nature，2020，585（7824）：193-202.

[118] Yasser Khan*，Arno Thielens，Sifat Muin，et al. A New Frontier of Printed Electronics：Flexible Hybrid Electronics. Adv. Mater.，2020，32（15），1905279.

[119] Yeongin Kim，Jun Min Suh，Jiho Shin，et al. Chip-less wireless electronic skins by remote epitaxial freestanding compound semiconductors. Science，2022，377（6608）：859-869.

[120] Bo Wang，Chuanzhen Zhao，Zhaoqing Wang，et al. Wearable aptamer-field-effect transistor sensing system for noninvasive cortisol monitoring. Sci. Adv.，2022，8（1），eabk0967.

[121] Rongzhou Lin*，Han-Joon Kim，Sippanat Achavananthadith，et al. Wireless battery-free body sensor networks using near-field-enabled clothing. Nat. Commun.，2020，11（1），444.

[122] Han-Joon Kim，Hiroshi Hirayama，Sanghoek Kim，et al. Review of Near-Field Wireless Power and Communication for Biomedical Applications. IEEE Access，2017，5，21264-21285.

[123] Taiyang Wu*，Fan Wu，Jean-Michel Redoute，et al. An Autonomous Wireless Body Area Network Implementation Towards IoT Connected Healthcare Applications. IEEE Access，2017，5，11413-11422.

[124] Khalid Hasan*，Kamanashis Biswas，Khandakar Ahmed，et al. A comprehensive review of wireless body area network. J. Netw. Comput. Appl.，2019，143，178-198.

[125] Wei Yan Ng，Tien-En Tan，Prasanth V. H. Movva，et al. Blockchain applications in health care for COVID-19 and beyond：a systematic review. Lancet Digit. Health，2021，3（12）：E819-E829.

[126] Hulin Zhang，Ya Yang，Te-Chien Hou，et al. Triboelectric nanogenerator built inside clothes for self-powered glucose biosensors. Nano Energy，2013，2（5）：1019-1024.

[127] Yu Song, Jihong Min, You Yu, et al. Wireless battery-free wearable sweat sensor powered by human motion. Sci. Adv., 2020, 6 (40), eaay9842.

[128] Ye Yang, Hong Pan, Guangzhong Xie, et al. Flexible piezoelectric pressure sensor based on polydopamine-modified $BaTi_{O3}$/PVDF composite film for human motion monitoring. Sensors and Actuators A: Physical, 2020, 301, 111789.

[129] Shuai Yang, Xiaojing Cui, Rui Guo, et al. Piezoelectric sensor based on graphene-doped PVDF nanofibers for sign language translation. Beilstein J. Nanotechnol., 2020, 11: 1655-1662.

[130] Itthipon Jeerapan, Juliane R. Sempionatto, Adriana Pavinatto, et al. Stretchable biofuel cells as wearable textile-based self-powered sensors. Journal of Materials Chemistry A, 2016, 4 (47): 18342-18353.

[131] You Yu, Joanna Nassar, Changhao Xu, et al. Biofuel-powered soft electronic skin with multiplexed and wireless sensing for human-machine interfaces. Science Robotics, 2020, 5 (41): eaaz7946.

[132] Jiangqi Zhao, Yuanjing Lin, Jingbo Wu, et al. A Fully Integrated and Self-Powered Smartwatch for Continuous Sweat Glucose Monitoring. ACS Sens, 2019, 4 (7): 1925-1933.

[133] Vinoth Rajendran, A. M. Vinu Mohan, Mathiyarasu Jayaraman, et al. All-printed, interdigitated, freestanding serpentine interconnects based flexible solid state supercapacitor for self powered wearable electronics. Nano Energy, 2019, 65, 104055.

[134] Choong Sun Kim, Hyeong Man Yang, Jinseok Lee, et al. Self-Powered Wearable Electrocardiography Using a Wearable Thermoelectric Power Generator. ACS Energy Lett., 2018, 3 (3): 501-507.

[135] Jinfeng Yuan, Rong Zhu, Guozhen Li. Self-Powered Electronic Skin with Multisensory Functions Based on Thermoelectric Conversion. Adv. Mater. Technol., 2020, 5 (9): 2000419.

[136] Yuheng Zhou, Hui Deng, Xubo Huang, et al. Predicting the oxidation of carbon monoxide on nanoporous gold by a deep-learning method. Chem. Eng. J., 2022, 131747.

[137] Kaijun Zhang, Zhaoyang Li, Jianfeng Zhang, et al. Biodegradable Smart Face Masks for Machine Learning-Assisted Chronic Respiratory Disease Diagnosis. ACS Sens., 2022, 3135-3143.

[138] Subramanian Sundaram, Petr Kellnhofer, Yunzhu Li, et al. Learning the signatures of the human grasp using a scalable tactile glove. Nature, 2019, 698-702.

[139] Jae Hyun Han, Kang Min Bae, Seong Kwang Hong, et al. Machine learning-based self-powered acoustic sensor for speaker recognition. Nano Energy, 2018, 658-665.

[140] Yuanwen Jiang, Artem A. Trotsyuk, Simiao Niu, et al. Wireless, closed-loop, smart bandage with integrated sensors and stimulators for advanced wound care and accelerated healing. Nat. Biotechnol., 2022, 1087-0156.

[141] Aaron D. Mickle, Sang Min Won, Kyung Nim Noh, et al. A wireless closed-loop system for optogenetic peripheral neuromodulation. Nature, 2019, 361-365.

[142] Yeon Sik Choi, Hyoyoung Jeong, Rose T. Yin, et al. A transient, closed-loop network of wireless, body-integrated devices for autonomous electrotherapy. Science, 2022, 1006-1012.

[143] Haicheng Yao, Weidong Yang, Wen Cheng, et al. Near-hysteresis-free soft tactile electronic skins for wearables and reliable machine learning. PNAS, 2020, 25352-25359.

[144] Chayakrit Krittanawong, Albert J. Rogers, Kipp W. Johnson, et al. Integration of novel monitoring devices with machine learning technology for scalable cardiovascular management. Nat. Rev. Cardiol., 2021, 75-91.

[145] Long Bian, Zhunheng Wang, David L. White, et al. Machine learning-assisted calibration of Hg2+ sensors based on carbon nanotube field-effect transistors. Biosens. Bioelectron.2021, 113085.

[146] Wazir Zada Khan, Ejaz Ahmed, Saqib Hakak, et al. Edge computing: A survey. Future Generation Computer Systems, 2019, 219-235.

[147] Mahadev Satyanarayanan. How we created edge computing. Nat. Electron.2019, 42-42.

[148] C. Kaspar, B. J. Ravoo, W. G. van der Wiel, et al. The rise of intelligent matter. Nature, 2021, 345-355.

[149] Hiromi Yasuda, Philip R. Buskohl, Andrew Gillman, et al. Mechanical computing. Nature, 2021, 39-48.

[150] Chengtao Yu, Honglei Guo, Kunpeng Cui, et al. Hydrogels as dynamic memory with forgetting ability. PNAS, 2020, 18962-18968.

[151] Masahiro Sugiyama, Takafumi Uemura, Masaya Kondo, et al. An ultraflexible organic differential amplifier for recording electrocardiograms. Nat. Electron., 2019, 351-360.

[152] Heng Zhang, Li Xiang, Yingjun Yang, et al. High-Performance Carbon Nanotube Complementary Electronics and Integrated Sensor Systems on Ultrathin Plastic Foil. ACS Nano, 2018, 2773-2779.

[153] Hongguang Shen, Zihan He, Wenlong Jin, et al. Mimicking Sensory Adaptation with Dielectric Engineered Organic Transistors. Adv. Mater., 2019, 31 (48): 1905018.

第三章

生物传感新材料产业技术路线图分析

第一节　生物传感新材料产业技术路线图制定的主要思路

（1）理论基础

生物传感新材料产业技术路线图制定的主要思路是基于先进标准体系，以先进国家和地区为目标，在这一领域内形成先进标准的有机整体，引导生物传感新材料领域的进一步发展，具有目的性、层次性、协调性、配套性、比例性、动态性等特性。将一个标准体系内的标准，按一定的形式排列起来的图表，即形成标准体系表。制订标准体系表，有利于了解生物传感新材料领域系统内标准的全貌，从而指导标准化工作，提高标准化工作的科学性、全面性、系统性和预见性。

（2）总体思路

技术路线图规划的总体思路是，将以顶层设计构建先进标准体系为目标，以梳理工作流程为基础，选取生物传感材料中的重点领域、成熟经验进行总结提炼，充分借鉴国内外先进经验，研究制定相关技术路线图。通过技术路线图制定工作的开展，使每一项工作内容具体、流程清晰、标准统一、行为规范，从而达到提升水平的目的。

（3）建设路径

技术路线图制定主要根据国家标准 GB/T 13016—2018《标准体系构建原则和要求》等标准体系编制依据以及先进技术路线图规划的实际需求，以标准化培训、人才培育、信息化建设为基础支撑，确定标准体系的建设路径，主要包括：①确定标准化方针目标；②深入调研相关领域国内外发展动态及现行标准及其发展情况，对国内和国外主要国家有关资料进行分析，作为制定技术路线图的基础；③根据制定技术路线图的方针、目标以及具体需求，分析整理调查研究情况；④根据不同维度的分析结果，选择恰当的方向作为制定生物传感新材料产业技术路线图的主要维度，拟定技术路线图结构的各级子体系、模块的内容说明。

第二节 生物传感新材料具体领域路线图分析

1 柔性可穿戴传感电子材料产业技术路线图分析

1.1 需求分析与发展愿景

随着5G通信、物联网、人工智能等信息技术的迅速发展，人们的生活逐步迈入“万物互联”的新时代。在工业革命之前，人们都不敢想会脱离手工劳动，然而进入电气时代，通过人类无限的创新思维，为满足人们新需求的各类创新技术层出不穷，柔性可穿戴传感器就是其中之一。柔性可穿戴传感器的发展受人体皮肤的启发，主要用于人体生理特征参数（如心率、呼吸、肌电等）和周围环境中相关特征指标（压力/应变、温度、湿度等）的实时监测，柔性可穿戴传感器作为人们感知信息的主要来源和与环境进行交互的重要手段，目前呈现出爆炸式的增长，它在个人健康监护、人机交互体系以及人工智能等领域具有广阔的应用前景，是当下最前沿的研究领域之一。

智能手机、可穿戴设备等消费电子产品的迅速普及使得柔性可穿戴电子材料市场需求正逐渐增加。应用在柔性可穿戴电子设备中的材料主要包括衬底材料、导电材料、传感材料、封装材料等。导电材料是柔性可穿戴电子设备中最为重要的材料之一，能够使设备在弯曲、伸展或扭转等变形情况下保持良好的电导性能，薄膜电池、电路板、传感器等设备都需要用到导电材料，预计未来几年将出现更多纳米和普通多层导电材料，在遇到高弯曲应变状态下仍能保持优秀的电性能。传感材料是实现柔性可穿戴设备感应性能的关键材料，如压力传感器、体温传感器等。感应器的敏感性决定了设备的灵敏性、反应快慢以及信号反应的精度，未来市场需求量增加，应用场景变得更加多样化，柔性传感也将迎来快速发展。衬底材料和封装材料也是柔性可穿戴电子设备的重要组成部分，衬底材料约占器件总质量的90%以上，除了提供基本的机械支撑外，衬底还在很大程度上决定电子器件的强度、柔性、质量、光学性能及加工方式等。封装材料能够保护电子元器件不受外部物理性和化学性的影响，与传统电子产品相比，柔性可穿戴设备要求封装材料既具有柔性耐韧性，又具有足够的隔热和隔湿能力，未来将更加注重衬底材料和封装材料的高性能、低成本和环保性。

近几年，柔性可穿戴电子器件市场逐渐兴起，尤其在智能医疗器械和可穿戴医疗设备领域对柔性可穿戴电子材料的需求十分强劲。世界各国纷纷制订了针对柔性电子器件的研究计划，将柔性传感技术作为国家发展战略的重要内容之一，如美国FDCASU 计划、欧盟的 SHIFT 和 Poly Apply 计划，以及日本的 TRADIM 计划，健康界研究院发布的《2021 中国智能可穿戴设备产业研究报告》预计，到 2025 年中国智能可穿戴设备市场规模将高达 1573.1 亿元。相信未来几年，各国可穿戴设备市场将继续保持高速增长。

然而，有一种说法是“可穿戴的不是可穿戴的”，因为目前市场上的可穿戴传感器很大程度上是笨重和刚性的，导致佩戴体验不舒服，运动人工制品的数据准确性较差。这引起了全世界对新材料的密集研究，目的是制造下一代超轻和柔软的可穿戴设备。这种颠覆性的类似皮肤的生物传感技术可能会实现从当前可穿戴 1.0 到未来可穿戴 2.0 产品的范式转变（图 3–1）[1]。毫无疑问，材料创新是关键，在突破性的材料创新实现之前，这种颠覆性的软可穿戴电子产品不会诞生。但在研发过程中面临一些困难和挑战：

（1）材料创新

目前柔性可穿戴电子材料研发最大的问题在于材料创新。如何开发出更好的柔性可穿戴电子材料，是当前研发中最大的挑战。因此，需要大力推进材料技术的创新研发，包括材料合成、改性、分析和表征等方面。

（2）整合与集成

对于柔性可穿戴电子产品而言，不仅需要有单一的柔性材料，还需要将多种材料整合在一起，形成各种功能性的传感器、控制器、电池等。因此，国家需要加强产品整体性能优化研究，提高多种材料的整合技术与集成技术的水平。

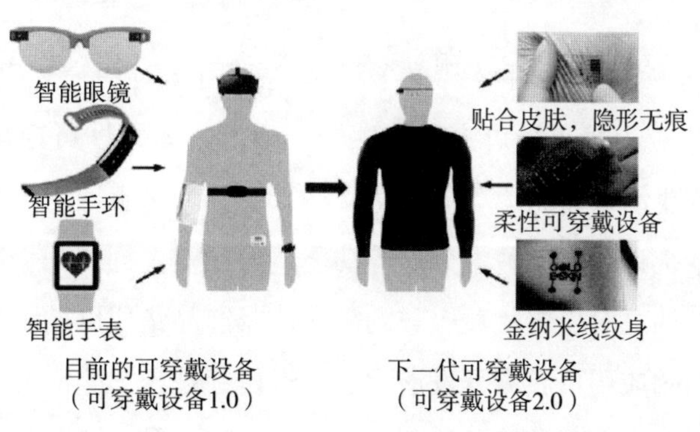

图 3–1　从可穿戴设备 1.0 升级到可穿戴设备 2.0[1]

（3）稳定性

由于柔性材料的柔性化特性，它的可靠性和耐久性一直是问题。通过研究材料微观机制和材料化学 / 电学稳定性，并制定一系列稳定性材料标准和可靠性测试方法，保证柔性可穿戴电子材料在应用中的长期稳定性和可靠性也是研发需求的一个方面。

（4）环境友好

柔性可穿戴电子材料在生产和应用过程中对环境造成的影响也是需要考虑的问题。因此，在研发过程中需要注重绿色制造，开发或选择环境友好型，可再生型的解决方案，实现循环利用。

此外，若要实现产业化，可以进行大规模生产的制备技术和低成本也是必须要考虑的重要因素。

目前，柔性可穿戴电子设备的应用可大致分为四大领域：医学监测治疗、运动健身、通信娱乐和航空航天。其中最广泛的应用则属医学监测治疗领域，其他领域的进展仍处在初期摸索阶段。

在医学监测治疗领域中，柔性可穿戴电子设备主要作用之一便是将检测监控电路印制在衣服或是其他柔性材料上，作为诊断或监测人体生命信号的工具，用于对病人进行身体健康数据采集、疾病监测和康复跟踪监控等。如在高分子聚合物基础上制备而成的电子皮肤，其有着与人类皮肤相似的感知功能，如图 3–2 a 所示。应用于体外诊断的可穿戴或皮肤可接触式传感器，如可穿戴式心电呼吸传感器，如图 3–2 b 所示。应用于医疗手术的可植入人体器官组织的辅助设备，如用于心脏治疗的可拉伸的多功能球囊导管表面的电路，如图 3–2 c 所示。具有独特特性的传感器系统，如具有透明性、能够自我修复、能够自我、能量采集的柔性电路以及能够自我修复的电极，如图 3–2 d 所示。

在运动健身方面，柔性可穿戴电子设备主要用于对用户运动健身数据监测和预警，而最广泛的应用是柔性可穿戴传感器的设计，如柔性可穿戴的压力监测鞋垫（图 3–3）、基于柔性传感器的运动鞋信息反馈系统等。对于运动类产品，要有合理运动量提醒、运动量统计和运动数据分析等功能，而不是仅拥有一个可以进行运动数据分享的应用玩具。加之对应于相关服务的需求以及产品集成度的要求，柔性可穿戴电子在运动健身方面的应用更具有开发潜力。柔性可穿戴压力监测鞋垫利用脚底压力反馈信息和步态等因素，在下肢问题诊断、预防运动损伤及运动再学习治疗上有很重要的应用。

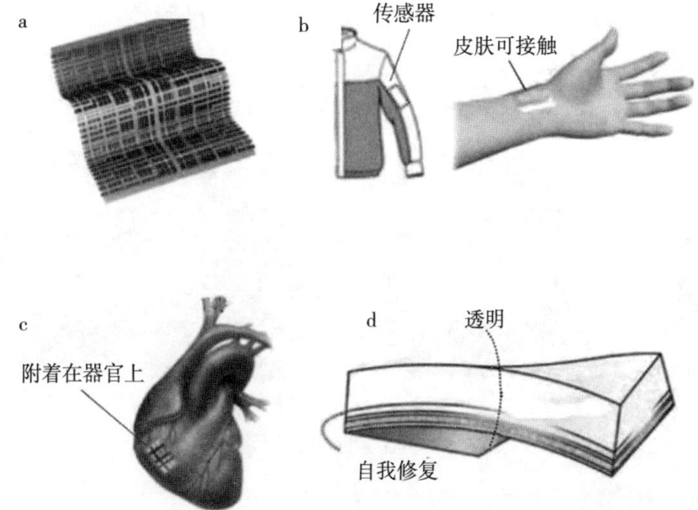

a. 电子皮肤。b. 可穿戴的皮肤可接触式传感器。c. 用于体外诊断的可植入式器件。d. 具有独特特性的先进传感器。

图 3-2　柔性可穿戴电子在医学监测治疗领域中的应用[2]

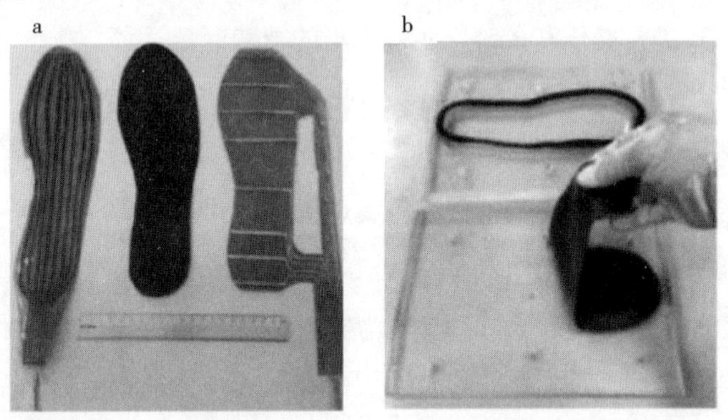

a. 鞋垫的组成部分图像。b. 式样脱模。

图 3-3　柔性可穿戴的压力监测鞋垫[3]

通信娱乐类产品主要满足用户随时的信息沟通及娱乐需求，如具有柔性电路的隐形眼镜、笔状可卷曲显示器（图 3-4，它是一种有机电子柔性显示器，不使用时，卷起来像一支钢笔；使用时，展开成显示器）和柔性显示屏手机等产品，也只是在部分电路功能上实现了柔性设计，还远远不能满足用户的需求。

柔性可穿戴电子设备不仅在人们的生活健康领域有长远的发展前景，而且在航空航天领域也有着至关重要的应用。如柔性可穿戴的天线系统、基于柔性薄膜传感器的翼面攻角测试系统以及高速柔性薄膜的温度传感器等。航空航天领域的柔性电子应用研制需要更加严格的精密度，强调获取数据的精密性与准确性。

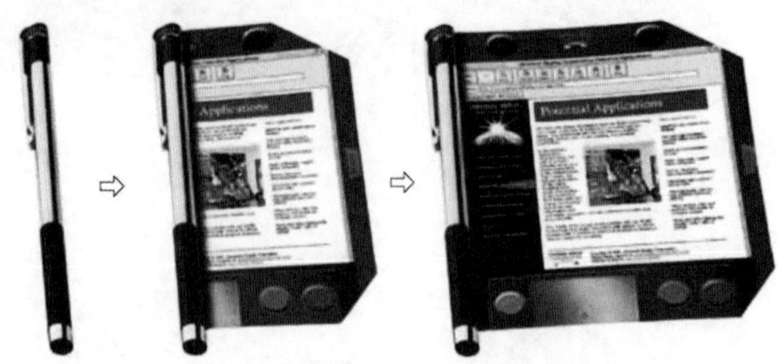

图 3-4 笔状可卷曲显示器[4]

未来，柔性可穿戴电子材料将往更加智能、舒适、人性化的方向发展，为人们的生活和健康带来更多便利与保障。具体包括以下几个方面：

1）智能交互：可穿戴电子材料将逐渐实现与人脑的无缝交互，实现语音、手势和思维等多种方式进行操作和控制，实现真正的智慧穿戴。

2）舒适贴合：可穿戴电子材料将实现更加舒适贴合人体曲线，不再有硬带子勒出的痕迹和不适感，真正做到无感穿戴。

3）个性化设计：可穿戴电子材料将实现更多样化的设计，不再是单一的功能设计，而是基于用户个性化的需求和喜好、衣着款式、职业等多种因素进行设计打造。

4）生物监测：可穿戴电子材料将成为实时监测人体生命体征的利器，实现更全面、可靠、安全的生命体征监测，以及对健康状况的预警和救治的保障。

5）多场景应用：可穿戴电子材料将涉及多个场景的应用，如运动健身、医疗护理、智能家居和安防等领域，真正发挥出可穿戴电子产品的应用优势。

1.2 发展现状及方向

柔性可穿戴电子材料可以根据其性质和用途进行分类，可分为衬底材料，导电材料，传感材料和封装材料。这些材料通常都具有柔软、弯曲、可塑性好、轻量化等特点，可以适应人体不同的形态和动作，从而实现真正意义上的可穿戴电子设备的应用。

1.2.1 衬底材料

可穿戴传感器的柔性 / 可拉伸性在很大程度上取决于柔性衬底的性能，柔性衬底作为关键支撑部件，控制柔性传感器的整体性能。因此，柔性衬底的选择主要考虑的是材料的柔韧性和拉伸性。目前，常用的柔性基材主要有高分子材料、生物质材料和纺织材料。

1.2.1.1　高分子材料

柔性基材的选择和设计应使其柔韧和变形接近人体皮肤的弹性模量，人体皮肤的弹性模量通常在 20~300 kPa 范围内，因此，柔性高分子材料便引起了广泛的关注。柔性高分子材料主要有聚二甲基硅氧烷（PDMS）、聚酰亚胺（PI）、聚酰胺薄膜（PA）、聚氨酯（PU）、聚醚酯（TPEE）、丙烯酸酯（PMMA）、聚对苯二甲酸乙二酯（PET）、聚四氟乙烯（PTFE）等。

（1）聚二甲基硅氧烷（PDMS）

PDMS 是一种高分子有机硅化合物，其液体状态下是一种黏稠透明的液体，无色无味且没有毒性。通过适当的配比混合预聚物、胶原体两种物质后，在高温下会成为固体状态，具备良好的疏水性（接触角为 116°）和防水性，并且是一种非易燃性、超高透明度的弹性体，在生物兼容性和与其他材质结合性上展现出了独特的优势。由于 PDMS 的杨氏模量很低，因此导致其结构具有高弹性。从应力 – 应变曲线（图 3–5）上可以看出，超弹性材料（C 曲线，如 PDMS）在承受 80% 的应变时，其结构及性能上仍然完整，相较于脆性材料（A 曲线，金属，无机晶体材料等）和塑性材料（B 曲线，如纸张等）在应力较小的范围内发生断裂和屈服的现象，超弹性材料在承受很大的拉伸形变时不会发生断裂并且在应力释放后能够恢复到原来的状态，因此在柔性器件的制备上具有很大的潜力。除此以外，PDMS 的极化率很低，属于一种惰性材料，因此大部分的无机溶剂都不能对 PDMS 进行腐蚀，甚至也只有少部分的有机溶剂能够溶解该材料，同时固体 PDMS 具有 30 kV/mm 的电压击穿强度，以及 2.9×10^{14} Ω/cm 的体电阻，所以在电子单元的保护上能够起到非常大的作用。其次，由于利用热固法制备而成的 PDMS 固体结构具有极强的透光性，使得这种透明超弹性物质在光学电子器件和电子眼领域发挥着巨大的作用。

例如，Maddirala 和他的同事通过在弹性 PDMS 衬底上引入气室，制造了一种独特的电容式压力传感器，在 PDMS 的介电层中形成的微通道可以有更大的机械变形，并在宽线性范围内产生更高的灵敏度，从而检测人体运动、触觉和生理信号（如心率和呼吸频率）[6]。Tan 等人采用呼吸效应辅助转移策略对 PDMS 进行了改性，将大面积导电聚合物薄膜［聚（3，4 乙烯二氧噻吩）聚苯乙烯磺酸 PEDOT：PSS］集成到具有强界面黏附性的 PDMS 上，以形成 PEDOT：PSS/PDMS 双晶，PEDOT：PSS/PDMS 双芯片具有响应时间快、灵敏度高、稳定性好等特点[7]。

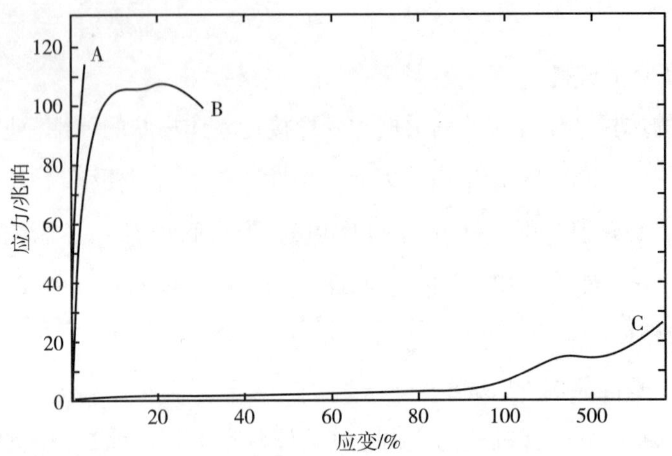

图 3-5　脆性材料、普通塑料和超弹性塑料应力 - 应变测试曲线[5]

（2）聚酰亚胺（PI）

PI 被称为世界上综合性能最为良好的高分子材料之一，有着极好的耐高温（400℃以上）和耐低温的特性，即使在液氮环境下（-269℃）也不会发生脆裂，同时可以在 -200~300℃下长期使用，这给柔性电子器件复杂的使用环境提供了有力的保证。PI 具有良好的机械性能，在没有填充的情况下抗张强度一般可达到 100 MPa 以上，而经过改性的 PI 薄膜可达到 170 MPa。在抗冲击特性上，有的 PI 可忍受的冲击强度高达 261 kJ/m^2。PI 的介电常数在 3.4 左右，介电性能良好，同时无毒无害，具备良好的生物兼容性，甚至可以制备成医疗用具和食品餐具等。

例如，Sang 等人报道了一种多功能 PVDF/MXene/PI 可穿戴电子产品，将 MXene 沉积的 PVDF 薄膜集成在 PI 磁带上，由于 PVDF/MXene/PI 的三层结构，其力学性能良好，在各种外部应变下电阻变化明显，显示了其在人体运动监测中的应用潜力[8]。最近，Xu 和他的同事们用聚酰亚胺（PI）气凝胶包裹银纳米颗粒（AgNPs），制成了一种具有蝎果胶样微结构的敏感压力传感器使得混合气凝胶具有优异的传感性能和较宽的温度范围，允许在极端条件下稳定运行[9]。

（3）聚对苯二甲酸乙二醇酯（PET）

PET 是一种乳白色或淡黄色的高结晶聚合物，表面平滑有光泽，PET 的尺寸稳定性好、抗疲劳、耐蠕变和耐摩擦，同时它的硬度高、磨耗小，它的韧性在热塑性塑料中最大，而且 PET 的电绝缘性能好，受温度影响小，更重要的是 PET 无毒、耐气候性、抗化学药品稳定性好，吸水率低，耐弱酸和有机溶剂。此外 PET 还有以下特点：

1）机械性能好，冲击强度是其他薄膜的 3 ~ 5 倍，耐折性好。

2）耐油、耐脂肪、耐稀酸、稀碱和大多数溶剂。

3）具有优良的耐高低温性，可在 120℃温度范围内长期使用，短期使用可耐 150℃高温，可耐 –70℃低温，对其在高温和低温下的力学性能影响不大。

4）气体和水蒸气渗透率低，具有优良的阻气、防水、防油、防臭性能。

5）透明度高，能阻挡紫外线，光泽好。

6）原料便宜成本低，性价比高。

正因为 PET 有这么多优越的特性，PET 成为柔性可穿戴设备广泛应用的衬底材料之一。Chaudharya 和他的同事们报道了用 PET 作为基材并在其上负载硫化镉 / 聚丙烯酰胺纳米复合材料的柔性湿度传感器，该传感器在湿度范围内表现出优异的湿度传感响应，线性度良好，在常用婴儿纸尿裤湿度检测和报警方面具有很大的应用潜力[10]。Zhang 等人通过层层自组装工艺周期性交错制备 MXene/ 黑磷（BP）薄片结构，并将混合 MXene/BP 薄膜与柔性 PET 衬底复合组装压力传感器，完全覆盖了元件的工作范围[11]。

1.2.1.2　生物质材料

近年来，可穿戴传感器已被广泛应用于人体活动和健康监测。由于人体内复杂的生物反应，人体与外界物质之间的相互作用很难预测无法为灵活的生物提供安全可靠的界面传感器在实际应用中存在着巨大的局限性。为了避免引起免疫反应，确认一种新材料在特定应用中是否具有生物相容性至关重要。因此，生物相容性材料是用于人体皮肤的柔性传感器的首选。天然生物质材料（如海藻酸钠、丝素蛋白、几丁质、纤维素等）因其贮存量大、无毒、易改性、易降解、可再生等优点，被广泛用作具有生物功能的生物水驱的活性成分和底物。其中，纤维素易于改性以提高其拉伸性、导电性和功能性，使其成为研究最多的生物质材料之一。

（1）纤维素

纤维素是自然界中产量最大、分布最广的一类天然高分子，主要来源于植物，动物和细菌的生物合成产物，是一种典型的可再生资源。它是具有长线性链状结构的最丰富的聚合物，该线性结构由 D- 吡喃葡萄糖环以 β（1–4）糖苷键连接而成。作为植物的骨骼成分，它是一种几乎取之不尽的绿色原料，年产量约为 1.5 万亿吨[12]。然而，每年因得不到有效的利用而造成极大的资源浪费。近年来，随着纳米技术的快速发展，以纤维素为原料，开发具有特殊结构的生物质功能材料逐渐引起人们的关注。

特别是以纳米纤维素为代表的纤维素材料，由于其纳米级结构尺寸、低热膨胀系数、良好的机械性能和光学性能等优势，使得其在造纸，涂料添加剂，食品包装，柔性屏幕，光学透明薄膜等方面有着潜在的应用价值。

近年来，由纳米纤维素制备的新型纸张——纳米纸引起了高校、科研院所、企业的广泛关注。它的密度介于 0.8~1.5 g/cm^3，具有优异的柔韧性、纳米级的表面粗糙度、良好的热稳定性、可调控的透明度、高的抗张强度以及良好的阻隔性等特点，这些优异的性能使得纳米纸有望成为下一代绿色柔性电子器件的衬底。

（2）丝素蛋白

桑蚕产业在我国具有悠久的历史，自从几千年前蚕丝被发现以来，其各种各样的天然特性吸引人们将蚕丝制品应用到各个方面。在蚕五龄末期，蚕丝经由蚕的丝腺吐出并形成蚕茧。蚕茧经过脱胶处理后获得的蚕丝蛋白性质稳定，拥有柔软的手感以及明亮的光泽，因此在传统纺织业获得了青睐。现如今，蚕丝蛋白的应用已经不仅仅局限于纺织工业，而是在各行各业中都有所涉及。丝素蛋白具有极好的机械性能，可调的生物降解性以及易改性等，使其可以根据不同的需求加工为特定的产品。丝素蛋白作为由蚕茧提取而来的天然物质，具有良好的生物相容性，因此近些年被广泛应用于生物医学、材料科化学以及电子和光学仪器等领域。

丝素蛋白在应用前通常会经过脱胶以去除丝胶蛋白，然后通过不同的加工方法制备成多种形式，如纤维、薄膜、水凝胶和多孔支架材料。由于丝素蛋白天然不具备导电性，因此不能直接作为传感材料以响应外界刺激，只能作为衬底通过结合其他导电材料达到传感的功能。这与其他高分子材料，如 PDMS、PI 和 PEI 类似。然而与人工合成的高分子聚合物相比，天然丝素材料具有可降解、绿色环保等特点，在可穿戴传感器、可植入式设备等方面具有更广泛的应用场景。丝素蛋白不仅仅可以作为传感器的衬底，其分子链上具有大量活性官能团，通过共价键作用、化学键作用、亲疏水相互作用以及静电相互作用等方式，可以制备多种基于丝素的药物载体，并在生物医学领域中展现出应用前景。优异的生物相容性也使丝素蛋白还可以用于神经再生、组织修复等。此外，丝素材料通过与其他纳米材料结合而功能化，也已被用于临床医疗领域，如骨修复材料、生物水凝胶、抗紫外线和抗菌敷料等。近年来，随着人们对可穿戴设备和智能设备需求的增长，许多研究也利用丝素蛋白为填料制结合其他材料制备多网络水凝胶，以达到对各种外界信息或是人体生理活动精准检测的目的。

（3）海藻酸钠

海洋占地球总面积的71%，海水更是占地球总水资源的98%，在广阔的海洋中也孕育着庞大的矿产资源和生物群体，矿产资源一直被世界各国积极地开发，其丰富的生物资源也越来越受到各界人士的关注。海洋中有1000余种海藻，人工栽种海藻面积也超过300万亩，总重量超过600万吨，以海带和紫菜等褐藻为主的海藻是海藻酸钠的主要提取目标。海藻酸钠是一种从海藻中提取的纯天然高分子聚合物，具有提高免疫力、治疗肿瘤、抗衰老、降血脂、抗辐射、治疗高血压等作用。海藻酸钠作为添加剂可有效地提高食品和药物的稳定性和凝稠性；传统的海藻酸钠在纺织和印染等领域也有很广阔的应用。海藻酸钠是由 β–D– 甘露糖醛酸的醛基以苷键连接成的高聚糖醛酸，与淀粉、蛋白质等高分子不同的是，海藻酸钠是一种高黏度的高分子化合物。主要特点为：

1）可溶解于水，形成黏度较均匀的溶液，可作为静电纺丝前驱液。

2）溶于水后的溶液具有一定的柔软性、均匀性等性质。

3）可乳化油脂，具备很强的胶体保护作用。

4）在溶液中加入铜、铁、铅、锌、镍等性质较稳定的金属盐，可以置换出钠金属盐，形成性质稳定且不溶于水的海藻酸盐。

5）一般为中性，也可以在弱酸和弱碱之间调节。

6）可以制备成纤维膜，具备很强的韧性且耐久度好。

Zhang 等人将碳酸钙（$CaCO_3$）微粒预接种到SA/PAM水凝胶中，然后触发 Ca^{2+} 的释放来制造均质聚合物DN水凝胶，Ca^{2+}/SA/PAM DN水凝胶表现出高应变灵敏度，应变系数约为8.9，应变检测范围广（0.03%~1800%），并且具有出色的耐用性（在50%的应变下循环500次），可用作应变传感器，以快速响应（约0.02 s）监测人体运动。此外，Ca^{2+}/SA/PAM DN水凝胶作为传感器可以监测糖尿病大鼠模型伤口部位原位级联反应诱导的疼痛信号，这项研究提供了一种可控的策略来设计可拉伸和坚韧的DN水凝胶，以用于柔性设备的潜在应用[13]。

1.2.1.3　纺织材料

除了高分子材料和生物质材料，还存在其他形式的基质来满足不同的要求。其中，纺织材料作为一类特殊的柔性和可拉伸基板材料被广泛应用于可穿戴柔性设备。纺织品的性能在很大程度上取决于其结构纤维和孔隙。纤维织物是通过编织或非编织成纤维基质而制成的。通过编织网络，柔性可以扩展到二维平面。纺织纤维相互交织形成具有纵向灵活性的衬底。由于其确定的几何形状，纺织品可以实现各向同性变形。而且纺织品衬底的低弯曲模量使得柔软的共形轮廓更容易贴合我们的皮肤。此外，纺织品中所含的孔隙是基于纺织品的可穿戴传感器的透气性的关键。基于纺织品的传感器不仅能很好地适应皮肤，而且不会妨碍排泄和热量调节等重要的皮肤功能。

最近，Alshabouna等人报道了一种低成本的计算机绣花兼容改性棉线（PECOTEX），由PEDOT：PSS与棉线交联反应制成（图3-6），他们使用家用电脑绣花机和PECOTEX生产了一系列可穿戴纺织品电子传感器，包括口罩（呼吸监测）、t恤（心脏活动监测）和其他智能纺织品[14]。这种经过改良的棉质导电线可以通过计算机刺绣实现大批量生产（成本效益高），并用于将可穿戴电子传感器无缝集成到服装中，使这种纺织材料在柔性可穿戴设备中具有很大的前景。

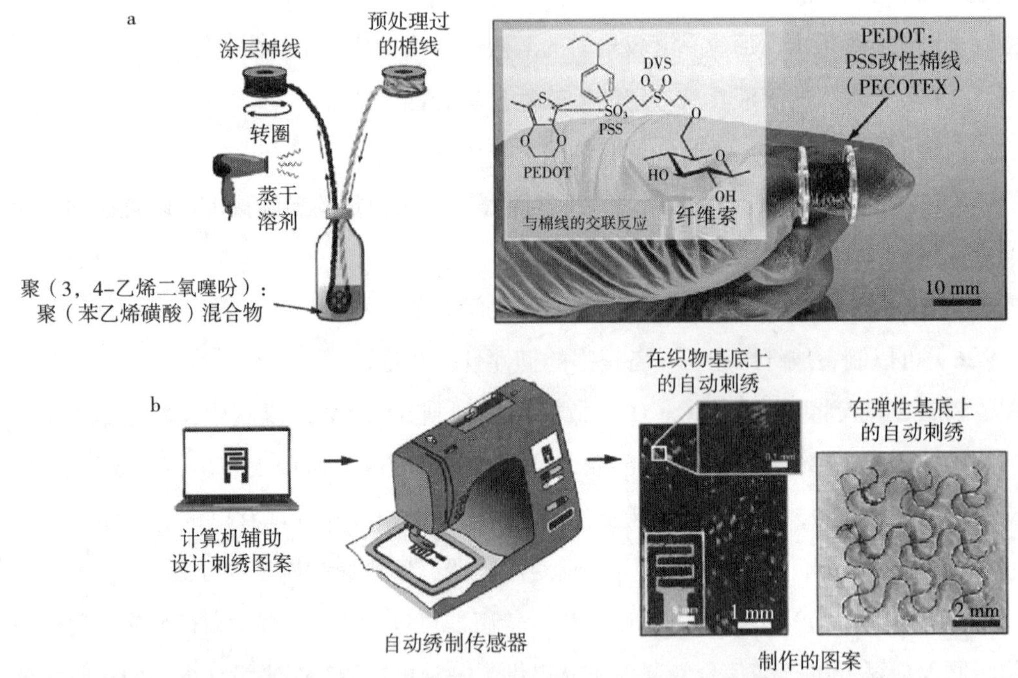

a. PECOTEX的合成示意图和照片。b. 使用PECOTEX在棉织物和硅胶衬底上进行电脑绣花的工艺流程[14]。

图3-6 一种低成本的计算机绣花兼容改性棉线制成

虽然开发先进的柔性衬底材料已经取得了很大的进展，但仍有一些挑战需要解决。首先，一些机构或公司已经实现了衬底材料的量产，但大规模、高质量的工业化应用仍受限制，应努力开发新的方法和加工设备，以实现衬底材料的优化和批量生产。此外，衬底材料的制备策略耗时长或成本较高，可能会限制实际应用，开发更可行、更连续、更大规模的技术是非常重要的。其次，应通过先进的加工技术或结构设计，开发具有多种功能的衬底材料，以促进其集成到可穿戴设备、电子皮肤、健康监测等。最后，衬底材料可能造成的环境危害问题也限制了其在柔性可穿戴传感器方面的潜在应用，为此，应考虑采用更环保的材料。未来，柔性可穿戴基底材料的发展趋势将是往更加环保、易加工、半透明性能等方向提升。

1.2.2 导电材料

柔性感器通常采用聚醚酰亚胺（PEI）、聚二甲基硅氧烷（PDMS）、聚氨酯（PU）、纤维素等柔性材料作为传感器基底材料，并通过添加金属颗粒、碳材料、导电聚合物以及离子盐等导电材料来制备。导电材料是柔性可穿戴电子设备中最为重要的材料之一，是指能够制作柔性电子器件中的导电部分的材料，通常具有良好的导电性能和柔性、韧性等物理特性。

1.2.2.1 新型纳米材料

纳米材料又称纳米尺度材料，尺度效应、高表面体积比、良好的催化性为其带来所特有的物理和化学属性，因此研究人员常用其制作具有高灵敏度、稳定性和快速的响应速度的传感器。近十几年来，石墨烯的横空出世使得大量的纳米材料百花齐放，按结构可将纳米材料分为：零维（0D）纳米材料（如量子点、金属纳米粒子或其他纳米颗粒）、一维（1D）纳米材料（如纳米管和纳米线）、二维（2D）纳米材料（如石墨烯、MoS_2、黑磷和 MXenes），以及各种纳米复合材料（如纳米结构聚合物），示意图如图 3-7 所示。在这些纳米材料中，各种的机械和电学特性为柔性可穿戴电子皮肤在传感性能的提升提供了前所未有的机会。

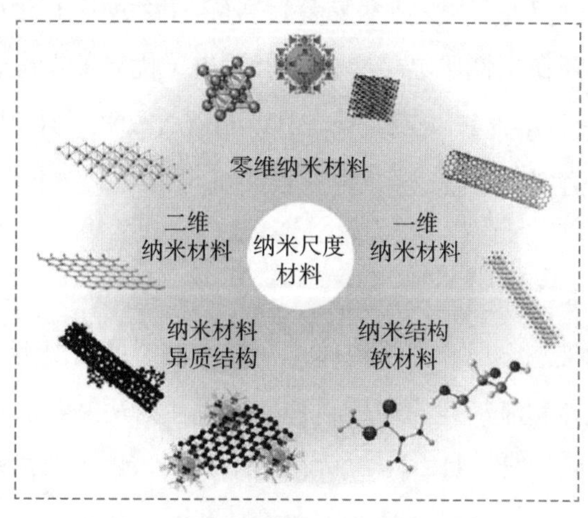

图 3-7 常见的纳米材料示意图[15]

零维纳米材料一般为比较小的金属纳米颗粒，零维纳米材料常常被制作成各种油墨来制备柔性可穿戴电子皮肤。Agarwala 等人利用银纳米颗粒制备的导电油墨在聚酰亚胺薄膜上制作了柔性压力传感器，银纳米颗粒作为零维纳米材料在纳米尺度下在聚酰亚胺薄膜上覆盖均匀，该方法提高了传感器的灵敏度[16]。一维纳米材料是零维纳米材料在一个方向上的延伸，其一维几何结构保证了晶界数量在材料结构中为最小量，消除了材料边界的不稳定性，满足了柔性电子设备中使用的关键要求，即对机械变形的稳定性。Li 等人研究了一种以银纳米线作为一维纳米材料修饰的纸基为电极层和 PDMS 为介电层的三明治形电容式柔性压力传感器，其灵敏度和线性检测范围分别为 1.05 kPa 和 1 Pa~2 kPa[17]。二维纳米材料是从由原子薄层组成的大块固体中剥离出来，二维纳米材料通过范德华力组合在一块，二维纳米材料的成员非常多，包括碳族、过渡金属二硫族和黑磷等，这些二维纳米材料独特的电学性能和较大的活性表面积，是传感器应用的理想材料。Yasaei 等利用二维黑磷纳米片作为二维纳米材料对潮湿空气的超灵敏和选择性反应的特性制备了一种柔性湿度传感器，检测相对湿度范围为 10%~85%，黑磷湿度传感器的电流变化大幅增加[18]。纳米复合材料通过几种纳米材料的分散相形成一相含有纳米尺寸材料的复合体系，在感受机械力的传感器中，材料在细微的机械力下变形量的大小决定了灵敏度的高低，而材料在载荷下的机械完整性决定了柔韧性的强弱，单纯的纳米材料是无法满足这些相互竞争的需求的，然而通过将零、一和二维纳米材料制备成复合材料可以满足其需求。Harada 提出在碳纳米管 / 银纳米颗粒复合材料中，缠绕在一起的碳纳米管将银纳米颗粒相互连接，当对薄膜施加高应变时，银纳米颗粒之间的测量距离与测量电阻成正比，实现了宽动态范围并且将灵敏度提高了 7 倍[19]。纳米复合材料除了展示出在压力传感器中兼顾灵敏度和柔韧性的特性，还在柔性压电传感器中展示出了优异的压电特性，Kim 等人以环氧树脂、$Pb(Zr1nTi_{12})O_3$–[$Pb(Zn_{1/3}Nb_{2/3})O_3$–$Pb(Ni_{1/3}Nb_{2/3})O_3$] 和多壁碳纳米管为材料制备了环氧陶瓷纳米复合材料，研究表明其可以显著改善传感器的介电和压电性能[20]。

1.2.2.2　液体导体

液体导体可分为液态金属和离子液体。在没有破裂的情况下，液体可以被无限拉伸。液态金属是导电性和流动性的理想结合。通过注射法制备的液态金属基导电纤维在保持金属电连续性的同时，具有高达 700% 的拉伸性能[21]。流动性和表面张力等独特的流体特性也赋予液体导体额外的令人兴奋的功能，如可印刷性、图案能力和自愈合。当暴露在空气中时，液态金属自动形成一层氧化物，这有助于维持受损界面的配置氧化物层在接触后能够再次合并，导致导电路径的重建。此外，液体导体也可能是离子比如离子液体。与液态金属不同，离子液体可以很容易地扩散到许多弹性体上，形成均匀的涂层，或困在纺织品纤维之间，形成液体桥。这一简单的策略可能实现各种格式的通用应变传感器。

1.2.2.3　导电聚合物

导电聚合物（CPs）材料具有高 π 共轭聚合物链，由许多重复的分子结构单元以共价键连接，通过掺杂可以使导电率达到 1000 S/cm，对该材料加上电压会产生电流，具有类似于金属的电磁性能，因此也被称为“合成金属”。导电聚合物和常规导体的区别在于前者是分子导电，后者属于晶体导电。导电聚合物由于其中载流子的不同，可分为电子型、离子型、氧化还原型。电子型 CPs 中的载流子为空穴或自由电子，离子型 CPs 就是固体电解质材料，氧化还原型 CPs 主要是电活性基团产生氧化还原反应输送电荷。自从 20 世纪 70 年代聚乙炔（PAc）被发现至今，导电聚合物得到了广泛的研究和应用，如聚苯胺、聚氧化乙烯、聚吡咯、聚对苯等，其中典型材料的结构如图 3-8 所示。

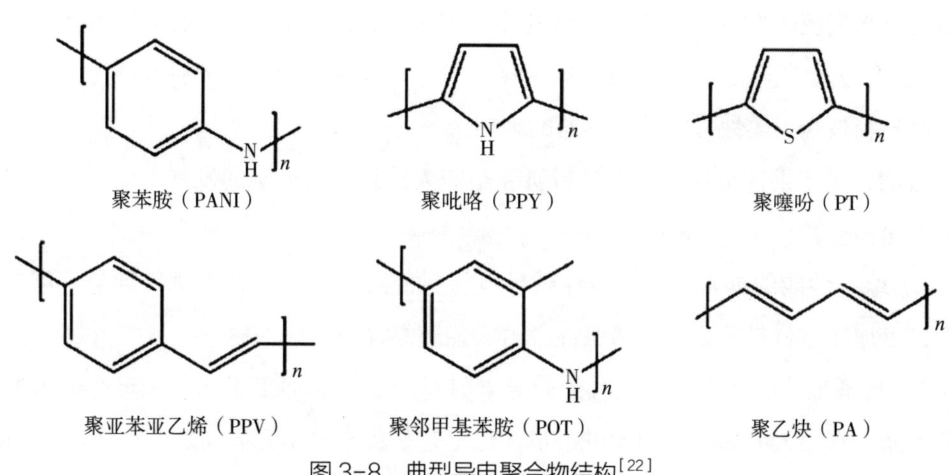

图 3-8　典型导电聚合物结构[22]

导电聚合物已广泛应用于可穿戴电子产品中。但是由于共轭芳香族环结构，传统导电聚合物不软，在保持导电性能的同时很难被拉伸。为了达到高导电性，导电聚合物链应该排列在高结晶度，这使得它们具有机械刚性。以聚（3，4- 乙烯二氧噻吩）：聚（苯乙烯磺酸盐）（PEDOT：PSS）为例，可以达到典型的 1000 S/cm 的高电导率，但仅在 5% 应变时就可能发生电故障[23]。这一挑战可以通过使用一种称为辅助拉伸性和导电性增强剂（STEC）的离子添加剂来解决[24]。STEC 增强子作为“软结构 + 域”，从而降低了整体杨氏模量。STEC 增强子的存在也聚集了导电畴（PEDOT），在 PSS 矩阵内生成部分结晶网络。电导率和拉伸性的协同效应使 PEDOT：PSS 在 100% 应变下表现出最高的 3390 S/cm 电导率。

1.2.2.4 水凝胶

水凝胶体系是具有大量水的交联高分子网络。自 20 世纪 60 年代开始，人工合成的水凝胶因其兼具固体和液体的双重性质，具有良好的机械性能和优异的生物相容性，从而在生物工程系统中发挥着越来越重要的作用。特别是近十年来，水凝胶作为新一代的柔性可穿戴传感器材料，被广泛应用于电子皮肤、软体机器人和柔性触控板等领域。

与离子液体类似，水凝胶在水合聚合物基质中主要通过离子运动进行导电。水凝胶的模量可以很好地与人体皮肤 / 组织匹配，能够建立保形接触。通过整合聚合物骨架之间的共价交联和 Ca^{2+} 与羧基之间的离子交联，由两种交联协同作用制成的水凝胶表现出超过 1700% 的超高拉伸性能[25]。在接受外部拉伸时，离子交联首先被拉开以承受应变能，而共价交联的存在限制了聚合物链的运动，从而导致可逆拉伸性。此外通过对水凝胶改性可以制成具有导电性，自修复性，抗冻保湿，自黏性等多种功能的水凝胶，并且得益于其优异的生物相容性、与人体相匹配的模量以及低滞后性等优势，水凝胶被视为柔性可穿戴传感器的理想选择。

目前，关于柔性可穿戴导电材料研究是一大热点，其未来的发展方向主要有以下几个方面：

1）综合性能的提升：柔性可穿戴导电材料的发展方向是在不牺牲导电性能的前提下，更加注重材料的柔性、透明性、力学强度等综合性能的提升。

2）制备工艺的优化：柔性可穿戴导电材料的制备和加工工艺对于最终器件的性能和可靠性有很大的影响，因此进一步优化工艺是将来的研究方向之一。

3）新材料的开发：目前柔性可穿戴导电材料还存在一些诸如成本高、制备工艺复杂等问题，因此开发新的、具有良好性能但成本低、制备工艺简单的材料，将有助于推动其应用的广泛化。

4）量产化的推广：柔性可穿戴导电材料的量产化是其真正实现商业化应用的关键之一，因此将来的工作重点将是推广生产工艺和技术，实现低成本、高性能的大规模生产。

1.2.3　传感器材料

随着科技的不断发展，人类对于自身生活质量的要求也不断提高。尤其在数字化和大数据时代，人们除了对物质生活的需求外，对自身的健康状况也越来越关注。目前医学领域常用的手段是将各种体征信息数据化并发布一系列参考值，以此来衡量目标对象的健康状况，而这一系列体征数据则需要多种生理体征传感器来获取。现如今，越来越快的生活节奏和沉重的社会压力使得很多劳动者无法定期进行体检，加之作息混乱、缺乏运动、吸烟酗酒等陋习对身体的摧残，极易导致出现各种疾病和生理异常，此外各类慢性病患者和老年群体更是需要长期、连续的体征信号监测。基于以上情况的考量，研发出一种能够随身监测多项生理指标并为佩戴者提供预警的柔性可穿戴电子设备是极其有必要的。

传感器作为柔性可穿戴电子设备获取信息的窗口，其重要性自然不言而喻。人类历史上有记载的最早的传感器是公元前 3 世纪古拜占庭帝国科学家 Philo 所发明的温度变化监测装置[24]，以及张衡于公元 132 年发明的用于探测地震发生方向的地动仪，早期时代的传感器均为将捕捉到的信号以便于观察的机械信号形式输出，并且存在较大的误差，不过这也说明，在数千年前的古代，人类已经懂得通过信号转换的原理来观测人类感官难以捕捉到的物理信息。后来，随着电能的应用和普及，21 世纪的传感器均采用电信号作为输出信息[25]，加之传感器材料本身的更新迭代，大大提高了监测精度。同时，电子产业的发展促进了传感器与其他电子元件的小型化和集成化，物联网、大数据和人工智能的技术进步，不但实现了多项信息综合同步监测分析，还实现了基于人机交互的预警和生活建议[25, 26]（图 3–9）。

可穿戴生物传感器因其可以实时监测佩戴者的健康状况和周围环境而引起了人们广泛的关注。搭载有生物信号传感器的电子设备可以识别人体表皮中的各种分泌物（如葡萄糖、胆固醇、酒精等）和生理信号（如脉搏、温度、呼吸频率等），通过信号调制电路和计算模块分析得出参考数据，为判断佩戴者的健康状况提供数据支撑，在医疗诊断和运动健身方面都有广阔的应用场景。柔性传感器因其可弯曲、可折叠、可拉伸的特性，能够适配于各种非平面使用场景[28]，这是传统刚性传感器所无法与之抗衡的。柔性材料的引入，使得检测设备更加贴合人体，佩戴起来更加舒适，并为刚性植入式医疗设备可能造成的器官损伤提供了全新的解决思路（表 3–1）。此外，随着有机材料和薄膜材料的发展，基于可降解有机纳米材料研发的生物电子设备比传统硅基电子设备对生物体的危害更小，对环境也更为友好，在解决电子产品与生物体相容性问题的同时也能减少电子垃圾的产生。

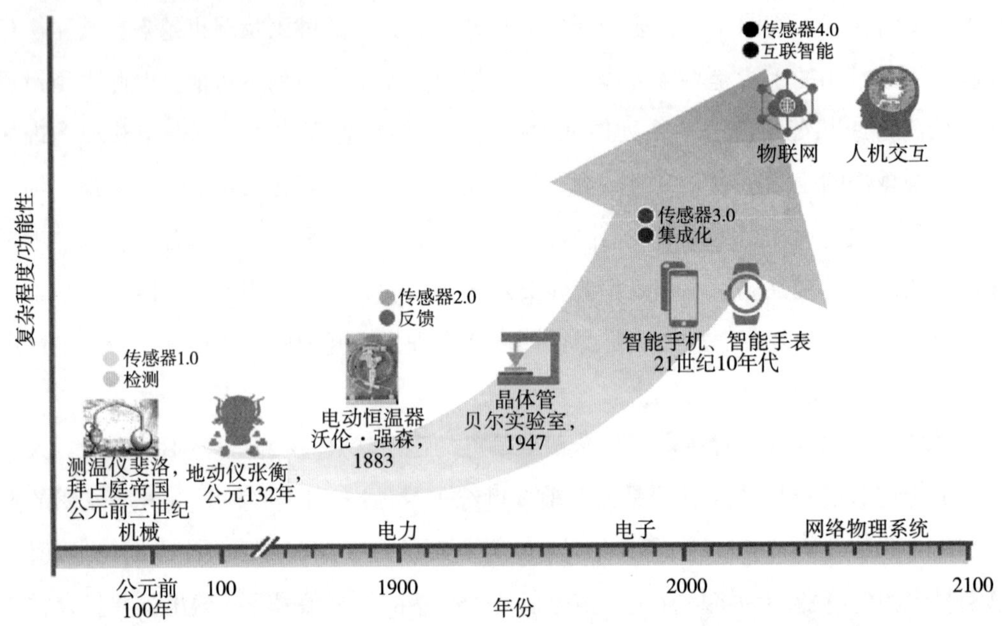

传感器 1.0 仅具有检测功能。传感器 2.0 具有电反馈的标志。传感器 3.0 的特点是小型化和集成化。智能手机配备了压力传感器、光传感器、声音传感器、温度传感器、图像传感器、运动传感器、位置传感器等。新兴传感器 4.0 技术涉及传感器网络和高级算法，以实现增强的感知能力和人机交互。[27]

图 3–9　传感器技术的发展

表 3–1　传统刚性传感器与柔性传感器的性能对比[27]

	刚性传感器	柔性传感器
拉伸性能	＜ 1%	＞ 1000%
杨氏模量	1~200 GPa	10 kPa~200 GPa
非平面场景适用性	不适用	适用
机械形变对信号监测的影响	有影响	无影响

如图 3–10 所示，本章节将以柔性可穿戴电子设备传感器的监测对象为依据，将柔性传感器分为两类。第一种是基于人体所代谢液体（如汗液、泪液、尿液）中的物质作为监测目标的柔性传感器；第二种是基于不同生理信号作为监测目标的柔性传感器。每一节挑选出了几种具有代表性的功能性材料并简要介绍了该种类传感器的物理特征、制备材料和工作机理。

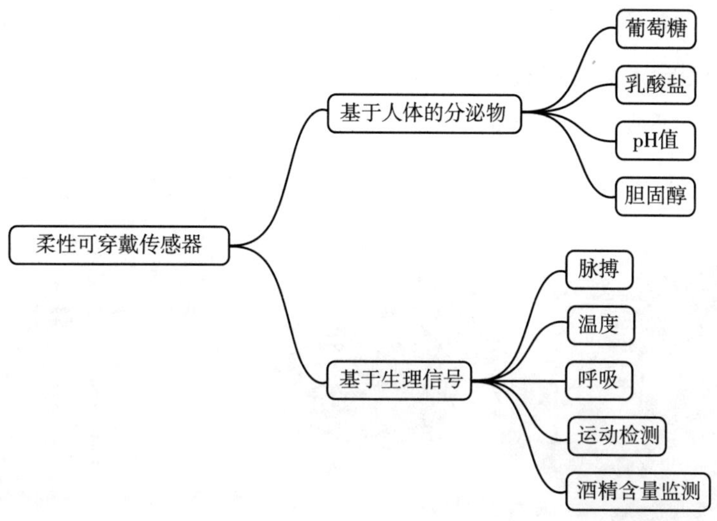

图 3-10　本章节中所介绍的具有代表性的柔性传感器分类框架图

1.2.3.1　基于人体分泌物的柔性可穿戴传感器

在血液、尿液、汗液等各种用于评估人体健康状况的分泌物中，汗液是可穿戴电子设备最理想的监测对象。监测汗液的传感器可以无伤部署在人体表面，并且易于更换，不同于血液和尿液监测受制于无法持续采样，基于汗液监测研发的电子设备可以全天候对人体的健康状况进行监控和分析。

（1）葡萄糖传感器

随着工业和农业的迅速发展，人们的生活质量不断提高，但科技发展在使人类生活更加富足便利的同时高热量食品、缺乏锻炼和不规律作息导致全球范围内慢性病患者人数剧增。糖尿病是一种极具代表性的慢性疾病，根据 WHO 有关糖尿病的分析报告可以得知，全球糖尿病患者数量自 1980—2014 年增加了近 4 倍，由 1.08 亿人增长至 4.25 亿人，其中绝大部分是 2 型糖尿病患者。经常监测血糖水平，在血糖异常的前期阶段采取治疗手段可以有效避免患上糖尿病。

不同体液中葡萄糖的含量是反应体内糖指标是否正常的重要数据。早期血糖测试是通过葡萄糖氧化酶试纸测试血液或尿液中的葡萄糖含量，目前常见的手持式血糖测试仪正是基于这一原理研发。但由于血液和尿液采样的不连续性，血糖指标的监测更多地取决于受测人员的主观意愿。

随着微电子集成技术的迅速发展，可穿戴或植入式的血糖监测设备引起了广泛关注。如图 3-11 所示，Kim．等人研发出了一种贴附于皮肤表面，用于监测汗液中葡萄糖含量的柔性设备[29]，该设备通过间质葡萄糖的反向离子电泳提取和基于酶的生物电信号传感的组合来进行体表诊断，测量食用食物和酒精饮料的人类受试者汗液中葡萄糖含量，证明了该可穿戴设备的性能。

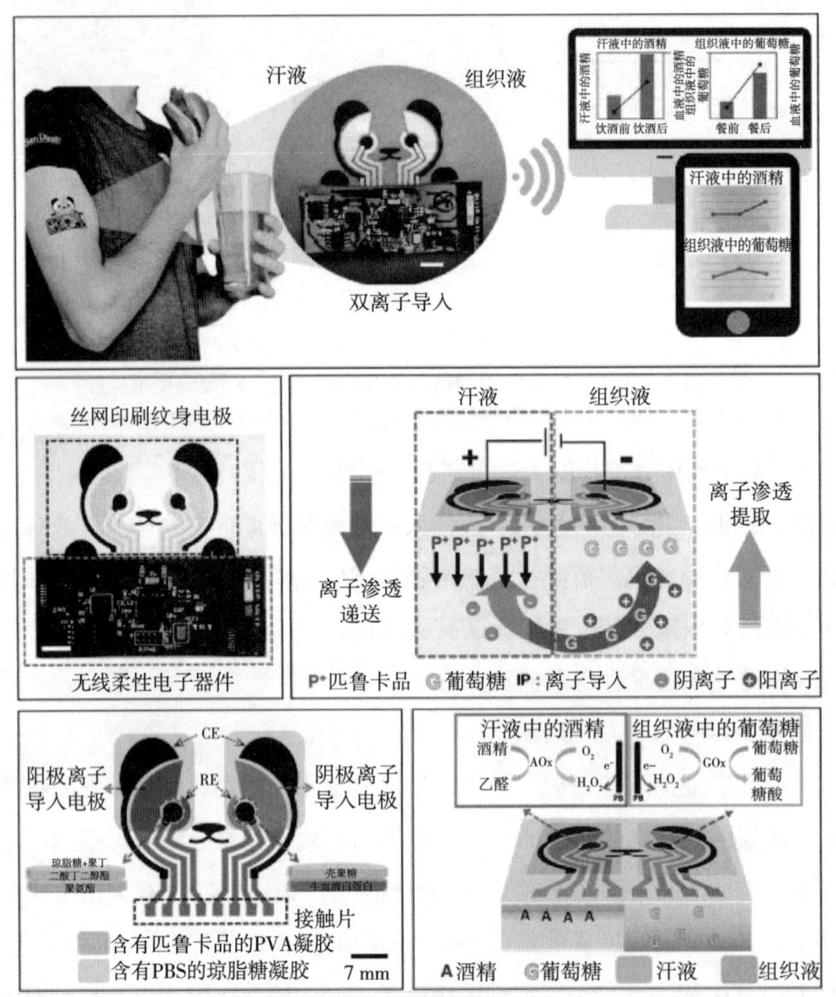

图 3-11　贴片式体表葡萄糖测试装置[29]

传统电子制造工艺中的场效应晶体管（FET）也为生物传感器的研发提供了参考。Liu 等研发出一种基于纳米带和纳米线的场效应晶体管（FET）生物传感器[30]，展示了高灵敏度的 In_2O_3 纳米带状 FET 生物传感器，能够检测各种体液（如汗液和唾液）中的葡萄糖，在使用金侧栅电极和水性电解质施加栅极电压时表现出良好的电气性能。Yoon 等在柔性不锈钢上电镀一层纳米级多空铂，该无酶葡萄糖传感器通过在水系溶液中电极间电位变化实现对血糖值的测量，并且已经通过了实验动物体内植入测试[31]。Aleeva 等使用戊二醛将葡萄糖氧化酶交联固定在聚（3，4- 乙烯二氧噻吩）薄膜上，制成了一种低成本、高灵敏度的有机聚合物柔性血糖传感器，可用于体表佩戴和皮下植入[32]。

（2）乳酸传感器

乳酸是人体主要代谢物之一，肌肉在无氧运动时将葡萄糖代谢成乳酸，通过汗液、尿液排出体外。经常运动的人员，尤其是健身人士和专业运动员，为了避免细胞酸中毒引起肌肉功能紊乱[33, 34]，在运动期间进行乳酸监测是非常有必要的。乳酸氧化酶等酶通常用于选择性监测，通过催化以增强乳酸在空气中的氧化还原反应并以此研发的非酶传感器则具有长期不间断监测的特点。

Luo. 等人将乳酸氢化酶固定在了棉织物上，印刷碳石墨油墨和 Ag/AgCl 油墨作为工作电极、参比电极和对电极，构建出了一个高灵敏度酶基传感器，检测范围为 0.05~1.5mM，快速测量时间约为 5 分钟[37]。Jia. 等人将碳纳米管均匀分散在 Ag/AgCl 油墨中，打印出了一种三电极薄膜传感器，对乳酸表现出了优秀的化学选择性，并且在连续长时间形变中仍能正常工作[35]。Zaryanov. 等人将经过 L- 乳酸钾分子印迹改造后的 3- 氨基苯硼酸（3-APBA）电聚合到柔性电极上，对乳酸分子表现出了很强的选择性，乳酸的检测范围为 3mM 至 100mM，检测限为 1.5mM，响应时间为 2~3 分钟，并且在干燥状态下室温保存 6 个月后仍可以正常使用[36]（图 3-12）。

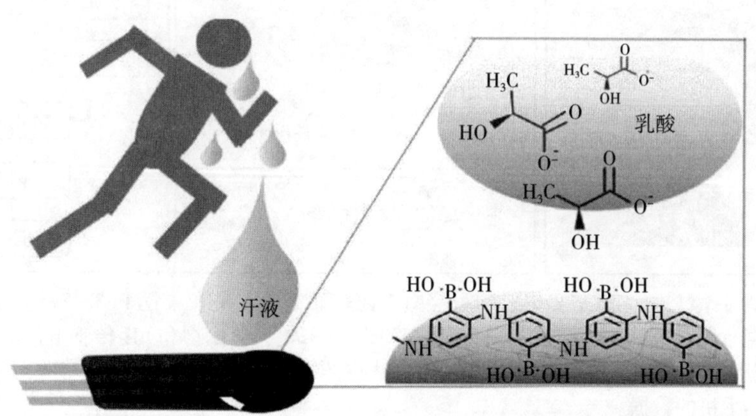

图 3-12 3- 氨基苯硼酸（3-APBA）非酶乳酸传感器[36]

（3）pH 值监测传感器

pH 值是酸度和碱度的度量标准，对于各种环境、生物和化学环境都至关重要，例如人体皮肤在水分充足时呈弱酸性，而缺水时往往略显碱性。针对 pH 值的测量，研究人员开发出了化学电阻、光学、电容技术等多种不同类型的测试方法[38]。传统 pH 测量仪使用玻璃电极和离子选择性场效应晶体管（ISFET），其刚性材料和电解液泄露的风险使其难以在非平面和贴合人体的场景下推广应用。因此，化学电阻传感等新策略被认为是低成本和小型化设备最适合的方法，对人体危害和信号响应的影响最小，并且可用于连续 pH 值的监测[39]。

Nyein．等人根据 Ca^{2+} 离子在不同 pH 值液体中溶解水平不同的原理，研制出了一种能够同时监测体液中 Ca^{2+} 含量和体液 pH 值的传感器，传感结果通过光谱技术以及商用 pH 计进行了验证，对目标分析物显示出高重复性和选择性[40]。碳纳米管（CNTs）是一种极具前景的导电填料，可以通过 CNT 掺杂聚合物以开发化学传感器，Guinovart．等人制作了一种用 CNT 掺杂聚合物包覆的棉线可以用于测量人体体表或体内的 pH 值和进行其他化学分析[41]。Simić．等人通过丝网印刷技术将 TiO_2 印刷在氧化铝衬底上，获得了一种新型电导 pH 传感器，对于 pH 值在 5~20 的溶液都表现出了准确的测量结果[38]。与柔性衬底上的印刷工艺、材料开发和实时 pH 的精确检测机制相关的大量研究成果表明，这些器件的可采用性呈积极趋势（图 3-13）。

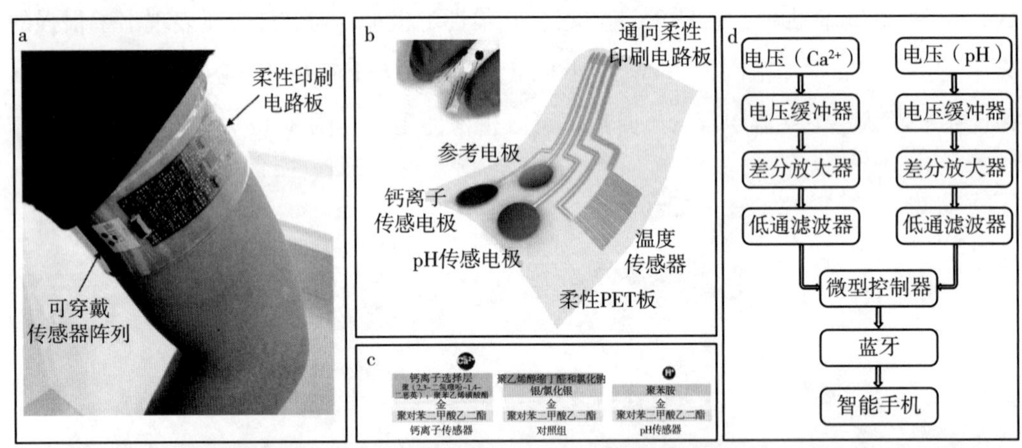

a. 受试者手臂上的一种完全集成的可穿戴多路传感系统。b. 在柔性 PET 基板上图案化的包含 Ca^{2+}、pH 和温度传感器的柔性传感器阵列的示意图。c. Ca^{2+}、参比物和 pH 传感电极的表面膜组成。d. FPCB 系统示意图，用于 Ca^{2+} 和 pH 传感器的信号调节、通过微控制器进行的数据分析以及通过蓝牙无线传输到手机的数据。

图 3-13　体液 Ca^{2+} 溶解 /pH 值测量多功能传感器[40]。

（4）胆固醇监测传感器

血液中胆固醇水平升高可能会导致心脏病、中风、高血压、脑血栓等疾病的发生，所以胆固醇监测对人类的健康至关重要，通过前期预警可以很大限度降低患病风险。由于人体内胆固醇主要存在与血液中，其他体液中胆固醇含量较少或其他分泌物会导致测试结果出现误差，目前胆固醇监测传感器以血清为测试对象，采用酶催化、光学等手段来评估血清中的胆固醇水平，以此来推断受试对象的健康状况。

Xia 等人通过 $Ti_3C_2T_x$ 将胆固醇氧化酶（ChO_x）固定在分级蚀刻后的 Ti_3AlC_2 上，制备了一种大比表面积、具有优异的电子导电性、生物相容性、和良好的水相分散性的纳米复合材料，并且证明该材料是一种成功的电化学生物传感器，具有良好的线性响应和低检测限，在测定胆固醇浓度方面表现出优异的性能[42]。Eom 等人制备了一种铂纳米簇（Pt-NC）- 胆固醇氧化酶复合材料，可以检测唾液中的胆固醇以此来估算血液中的胆固醇含量，实现了无创伤简单快速监测胆固醇水平的目标[43]。Zheng 等人将金膜涂覆在光纤表面进行激发 SPR，用金纳米颗粒修饰金膜末端，产生双 SPR 共振谷，随后在传感器探头表面涂覆修饰的对巯基苯硼酸（PMBA）和 β - 环糊精（β -CD）。由于葡萄糖的顺式二醇结构，它可以与 PMBA 相互作用，导致一个 SPR 共振谷的红移，同时，胆固醇分子可以与 β -CD 实现主客体结合，导致另一个 SPR 共振谷的红移，实现了使用无酶传感器件对血清中的胆固醇和葡萄糖水平进行监测的目标[44]。从材料学和检测机制的角度来看，可穿戴胆固醇传感器还处于起步阶段，需要研究界的特别关注。

1.2.3.2　基于人体生理信号的柔性可穿戴传感器

人体生理信号是指人体内部环境或外部环境发生变化时，通过各种生理过程所产生的信号或数据（如心率、血压、呼吸、肢体行为等），是人体对自然界最直观的信息输出，可以反映人体生理状态和功能活动。这些生理信号可以通过生理学实验、医学检查、医疗设备等手段进行监测和记录，从而为诊断和治疗疾病、了解人体功能、研究生物学等提供数据和依据。在智能医疗、健康管理和运动健康等方面，人体生理信号也被广泛应用。

（1）脉搏传感器

脉搏传感器是一种目前已经广泛运用于运动手表等可穿戴电子设备中的生理信号传感器，基于 LED 发射和接受光强差异来获取脉搏信息的技术也较为成熟[45]。在另一种方法中，使用贴附在人体皮肤顶部血管上的高灵敏度压力传感器测量脉率[46]，与基于刚性 LED 传感技术相比，这种压力传感器体积更小，与皮肤的贴合性更好，且大多数聚合物基材的保形集成和生物相容性更为理想，为可穿戴和植入式传感设备提供了更好的解决方案。

随着薄膜技术的发展，在聚合物衬底上印刷有机 LED 和有机光电二极管（OPD）的设想也被实现，Gao 等人将 PbS 量子点和 PbS 与多壁碳纳米管（MWCNTs）混合物印刷在了柔性衬底上，成功开发出了柔性脉搏光电探测器[47]。Moghadam 等人研发出了一种含有微孔锆基金属有机框架（MOF）的聚偏氟乙烯（PVDF）纳米纤维膜，可以贴附于皮肤表面通过压电效应进行动脉脉搏监测[48]，如图 3-14 所示。Fang 等人通过碳纳米管掺杂技术，研发出了一种通过摩擦电进行动态脉搏的柔性丝线传感器，这种传感器易于集成可穿戴信号处理电路、蓝牙传输模块和定制的手机 APP，构建无线心血管监测系统，可与互联网交互，实现一键健康数据共享和数据驱动的心血管管理[49]。

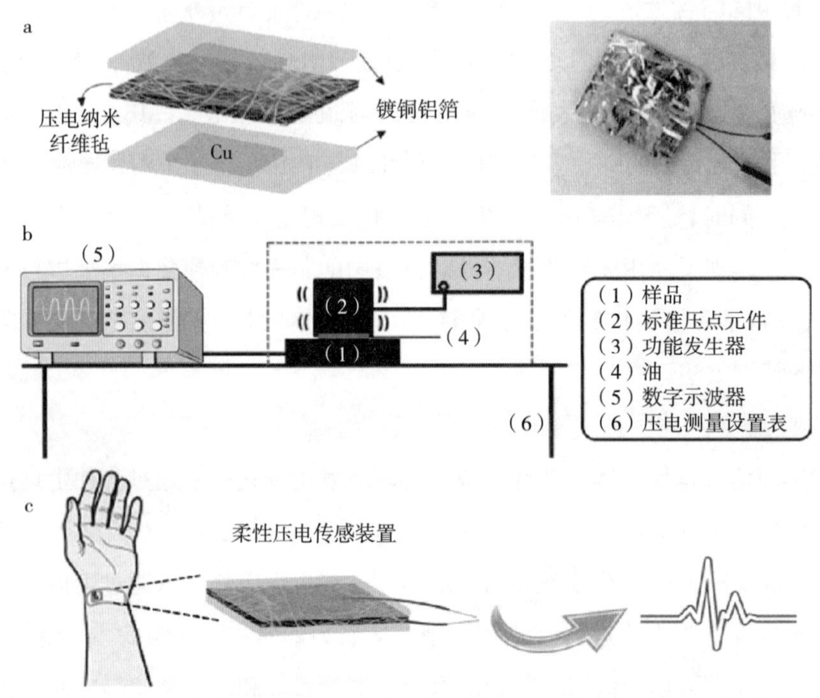

a. 柔性传感器组装。b. 压电测量装置。c. 记录测试者的桡动脉脉冲信号的示意图[48]。

图 3-14　碳纳米管掺杂技术研发的柔性丝线传感器

（2）呼吸传感器

在正常情况下，人类静息状态下的呼吸频率范围为 15~20 次 / 分钟，高于 25 次或低于 12 次都被认为是机体异常的表现[50]。哮喘、慢性阻塞性肺病（COPD）、慢性支气管炎、肺炎、鼻窦阻塞、咳嗽、发烧等不同的生理扰动都会引起呼吸频率的变化。因此，持续监测呼吸频率对能否在早期发现和诊断病变显得非常重要，尤其是与呼吸系统有关的疾病。此外，呼吸监测设备还可以有效监控阻塞性睡眠呼吸暂停低通气综合征（OSAHS）所导致的窒息，通过监测结果为患者提供睡眠改良计划，或在窒息时间过长时通过外部刺激手段使患者苏醒以保持正常的呼吸频率，避免因长时间缺氧导致死亡或脑损伤。

早期的呼吸传感器主要有以下两种：通过高精度的温度传感器来监测鼻腔内部的温度变化，以此推断出呼吸频率[51]；利用压电效应制成，用于监控呼吸时鼻腔内部肌肉活动的传感器[52]。然而这两种设备笨重且需要佩戴在鼻孔内部，对需要长期监测的人群十分不友好。随着微电子和高分子聚合物产业的不断发展，人们对传统的设备进行了改良，同时也基于新的理论开发出了各种用于呼吸监测的传感器。Zhang 等人基于热对流效应，设计了一种柔性超薄热敏传感器，不同于传统热敏传感器需要在鼻腔中插入导气管，这种新型设备只需要贴在嘴唇上方便可实现对呼吸频率的长程连续监测[53]。Dai 等人研发了一种用于呼吸监测的超快响应聚合物湿度传感器，通过硫醇－烯点击反应原位交联在印有叉指电极的基板上，聚电解质湿度传感器具有快速的水吸附 / 解吸能力、优异的稳定性和可重复性，当湿度在 0~29% 变化时，具有超快响应和恢复时间（0.47/33.95 s），除呼吸频率外还可以监测呼吸深度以区分不同的呼吸模式，在智能口罩等领域有很好的发展前景[54]。除了直接对鼻腔进行监测外，通过呼吸时胸廓的扩张与收缩也可以用于对呼吸的监测。Zhu 等人基于 Pt/Au 发生形变时应变电阻随之变化的原理，开发了一款佩戴于胸部和腹部的创可贴式应变传感器，只需测量呼吸过程中胸腔和腹部的局部应变即可推断出呼吸频率和呼吸深度[55]（图 3–15）。

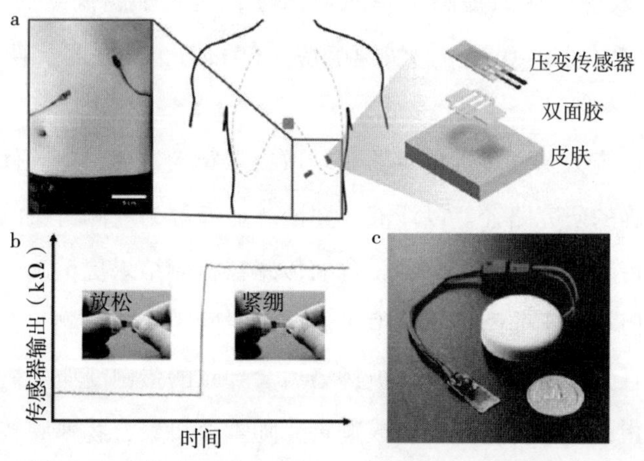

a. 左图为胸部和腹部的应变传感器照片。中间的示意图显示了加速度计（紫色正方形）以及应变传感器（灰色矩形）的位置。右侧的分解示意图显示了应变传感器和双面胶带在皮肤上的连接顺序。所有受试者的测试均使用有线数据采集装置进行（补充图 1）。b. 使用无线蓝牙单元测量的传感器在应变下的电阻变化。c. 连接有单个应变传感器的无线蓝牙单元的图像。[55]

图 3–15　创可贴式应变传感器

（3）运动检测传感器

运动检测设备一直是可穿戴电子设备领域的热门研究课题。目前主流的可穿戴运动检测主要基于应变传感器，传感材料形变引起的电阻变化被视为识别的关键[56]。运动检测设备的应用场景非常广泛，可以作为义肢和外骨骼与外界的交互元件，可以作为老年人和残障人士的保护系统，在他们发生意外的时候通过网络向其家人发送警告，也可以所谓数据收集装置助力仿真机器人的研发，等等。早期的运动检测系统集成度差，灵敏度低，笨重且不够贴合人体，无法迅速准确地获取信息[57，58]。

近年来，随着功能性材料技术的不断进步，高灵敏度的柔性材料已经开始应用于可穿戴设备中，用于检测人体运动和生理参数。大量研究人员致力于开发基于薄膜的轻量级电子器件和传感器，例如可以检测行走步态的智能运动服[59]。Wang 等人使用增强聚氨酯－聚二甲基硅氧烷（PU-PDMS）纳米网格制成了一种超柔性的运动检测传感器，在保证其耐用性和高灵敏度之外，使柔软性和器件与皮肤的贴合程度达到了新的高度，可以部署在任意关节和肌肉群进行大幅度的运动而不影响其检测结果，如图 3-16，该传感器部署在面部肌肉群后仍能表现出优秀的应变检测性能[60]。Wang 等人设计出了一种柔性电容式传感器，该结构具有由垂直排列的碳纳米管制造的三维（3D）叉指电极，与传统的电阻应变传感器和具有垂直夹层电极的电容应变传感器相比，具有水平平行叉指电极的应变传感器可以在法向力方面受益于低串扰，并提高衬底透明度，此外，将 3D 电极嵌入基板中，在法向力下具有低压耦合效应，从而提高了超高鲁棒性，实现了超低磁滞（0.35%）、优异的压力不敏感性能（小于 0.8%）、快速响应（60 ms）、良好的长期稳定性和良好的透明度[61]。

近些年来，研究人员在柔性传感器领域取得了重大进展，以人体为监测目标的研究也有了较为明确的研究路径。以汗液、尿液、血液等为监测对象的柔性传感器大体上可以分为含酶传感器和非酶传感器，含酶传感器检测结果更精确，响应更迅速，作用机制更简单。但相比于非酶传感器很难做到长时间不间断监测，在大气环境中难以长时间储存，而且生物酶更难提取，被污染后会导致酶蛋白变质失去检测性能甚至有可能变质成有毒蛋白质对人体健康造成危害，随着有机聚合物薄膜技术和纳米加工技术的不断成熟，越来越多的聚合物可以替代早期非酶传感器中的贵金属并且表现出不错的性能，使得非酶传感器的成本不断下降，助力新型体液传感器的研究和推广。以生理信号为监测对象的柔性传感器探测技术现阶段发展已较为成熟，目前该领域的发力点为研制出更轻便、更亲肤、更具性价比的生理信号传感器，助力新型柔性可穿戴电子设备市场的发展。

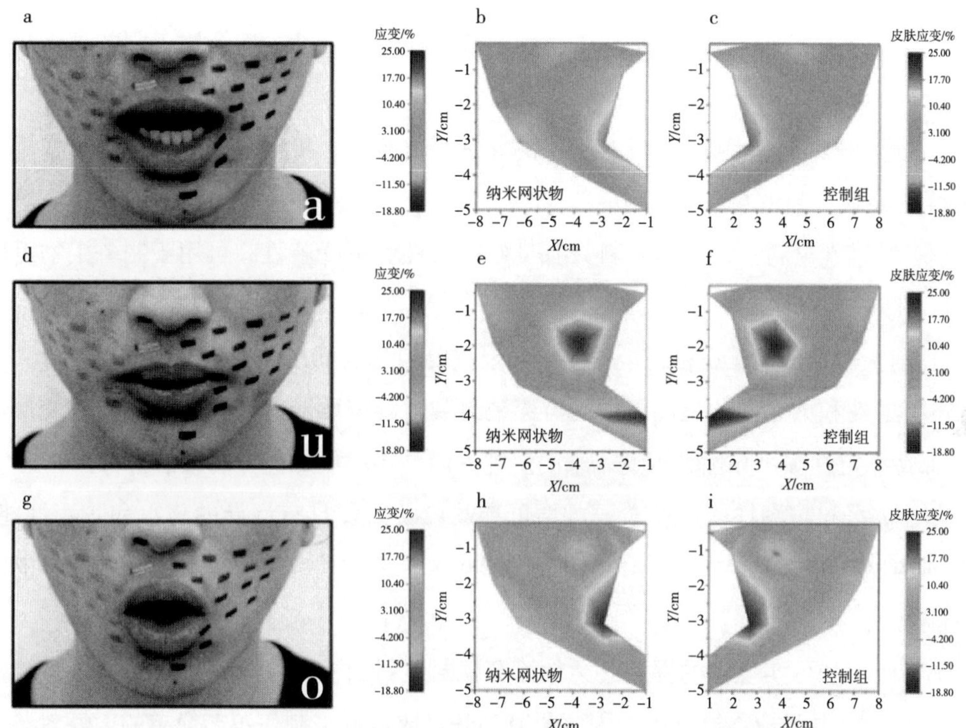

面部右侧为纳米网传感器，左侧为对称位置黑色标记。a.“a”发音时面部照片。b.“a”发音时脸部右侧的应变映射。c.“a”发音时面部左侧的应变映射。d.“u”发音时面部照片。e.“u”发音时面部右侧的应变映射。f.“u”发音时面部左侧的应变映射。g.“o”发音时的面部照片。h.“o”发音时面部右侧的应变映射。i.“o”发音时面部左侧的应变映射。

图3-16　在“a”、“u”和“o”的发音过程中，面部皮肤应变图

1.2.4　封装材料

封装材料（packaging material）是指在电子器件或其他物品的制造和运输过程中，通过加工、包装等手段，将其包裹起来并为其提供保护和隔离的各种材料。它可以起到保护电子器件的作用，防止粉尘和湿气等外界因素对其产生影响，并提高产品的稳定性和可靠性。同时，还可以有效地防止电子器件中的电性、物理性、化学性因素对外部环境造成干扰。封装材料有很多种，包括塑料、金属、陶瓷、硅胶等。不同类型的封装材料具有不同的物理、化学和电学性质，因此封装材料的选择需要综合考虑产品的应用环境和性能需求等多个因素。

柔性可穿戴封装材料是用于保护和封装柔性电子器件的材料，它们必须具有良好的柔性和耐热、防潮等性能，可有效保护电子器件免受环境中的损害。常见的柔性封装材料如下：

1）聚合物：聚合物具有良好的柔性、韧性和可加工性，适合用于制备柔性封装材料。

2）金属材料：金属材料具有良好的导热、抗氧化、机械强度等特性，通常用于制备柔性封装材料的衬底等部分。

3）纤维素材料：纤维素材料具有良好的柔性和可降解性，可用于制备生物可降解的柔性封装材料。

目前，柔性可穿戴设备封装材料的发展主要围绕以下几个方向：

1）柔性和可靠性的提高：柔性可穿戴封装材料需要能够在弯曲和扭曲等变形情况下保持稳定性和可靠性，因此未来的研究方向是寻找更加优异的柔性材料。

2）防水和防潮性能的改善：柔性可穿戴设备需要具有优异的防水和防潮性能，以保护电路板和电子器件不受环境湿度的影响。未来的研究方向是寻找更加优异的防水和防潮材料。

3）成本和可实现性的提高：柔性可穿戴封装材料需要能够广泛应用于各种柔性电子器件中，并且成本要低廉，因此研究和开发成本低、制备工艺简单的柔性封装材料是未来的重点。

4）生物可降解材料的开发：随着可穿戴医疗器械的发展，生物可降解的柔性封装材料将变得越来越重要，这也是未来的研究方向之一。

1.3 总结与展望

在当今信息化和大数据时代，搭载着各种传感器的电子设备成了人类社会的重要组成部分。随着 2014 年苹果公司发布"Apple Watch"，柔性可穿戴电子设备开始受到广泛关注，并且在随后的几年内迅速成长为颇具规模的消费类电子产品市场，到目前为止，柔性可穿戴电子产品已经广泛运用于健身、娱乐、时尚及医疗领域。据市场研究公司 Mordor Intelligence 的数据显示，全球柔性可穿戴电子材料市场规模从 2020 年的 49.5 亿美元增长到 2025 年的 111.7 亿美元，年复合增长率为 17.6%。其中，亚太地区是市场份额最大的地区，占据了全球市场的 40% 以上。在国内，根据中国市场研究机构 QYResearch 的数据显示，2020 年全球柔性可穿戴电子材料市场规模为 47.16 亿元人民币，其中中国市场占比超过 30%，约为 14.19 亿元人民币。预计到 2026 年，全球柔性可穿戴电子材料市场规模将达到455.56亿元人民币，中国市场的占比也将进一步提高。从应用领域来看，医疗保健、运动健康、智能家居和工业制造是柔性可穿戴电子材料市场的主要应用领域。其中，医疗保健领域的应用是最大的，占据了市场份额的36%，其次是运动健康领域，占据了市场份额的31%。总的来说，柔性可穿戴电子材料市场是一个高速增长的市场，未来有望在智能穿戴、智能家居、医疗保健等领域得到广泛应用。

随着市场规模的扩大和应用场景的拓展，柔性可穿戴电子设备的相关技术也在不断进步。总体而言，基于市场需求其发展方向可分为以下几点：

1）轻薄亲肤：柔性可穿戴电子设备通过非侵入性方式对人体信息进行监测，为了保证监测结果的可靠，其材料必须柔软亲肤，在高度贴合皮肤的同时电子材料还能承受因人体活动而产生的形变。由于柔性可穿戴电子设备的一重要目标是长期监测人体状况，所以佩戴的舒适性也尤为重要，轻薄的柔性材料可以有效提高贴片的舒适程度，尤其是在夏天，轻薄的材料对皮肤散热的影响最小，可以避免因佩戴柔性设备产生皮肤积汗而引起的皮疹、毛囊炎等病变。

2）稳定可靠：可穿戴柔性电子产品的稳定性一直是一项巨大的挑战，柔性材料的扭曲、折叠，温度的变化、生物污染和传感器受体不稳定都是问题的关键所在，因此需要性能更好的衬底和导电材料，更先进的表面工程和传感器受体固定技术，以及更有效的封装材料和包装策略。

3）高敏感性和高集成度：人体的生物信息并不是恒定不变的，能否识别出这些生物信息的细微差别，对柔性设备的传感系统提出了更高的要求。灵敏度是生物传感器检测临床相关低浓度生物标志物的关键挑战，纳米材料在这方面起着核心作用，是催化剂、电极和转导器件的重要材料。在推向市场的过程中，消费者们更偏爱集成了几种不同监测功能的设备，这样的设备需要多功能传感器和高集成度的传感器组，如何准确输出不同目标的检测信号和解决不同传感器之间的串扰是目前急需解决的技术难题。

4）智能化：柔性可穿戴电子设备的智能化是未来的趋势。随着人们对可穿戴技术的需求和认知度不断提高，越来越多的企业和科研机构开始将焦点放在了如何将智能技术应用于柔性可穿戴电子设备上。采用人工智能技术，可以使柔性可穿戴电子设备更加智能化和用户友好化。比如，设备可以通过语音命令、手势识别等方式与用户互动，并且可根据用户的习惯和需求进行个性化推荐和服务。柔性可穿戴电子设备的数据可通过云端进行存储和处理。借助云端技术，可以大大提高数据处理效率和功能创新程度，为用户提供更为高效的服务。随着智能技术的不断发展，柔性可穿戴电子设备的智能化将会越来越深入人心，并且成为未来柔性可穿戴电子设备发展的重要方向。

5）生物相容性和环境友好：柔性可穿戴电子设备的生物相容性和环境友好性是目前研究的重要方向，由于这些设备直接接触人体皮肤，因此需要考虑到材料的安全性、抗过敏性和生物兼容性等因素。在材料的选择方面，许多研究人员选择使用生物活性的材料，如天然纤维素、胶原蛋白、明胶等，这些材料都具有良好的生物相容性和生物可降解性，能够降低对人体的刺激和毒性。此外，柔性可穿戴电子设备的环保性也受到越来越多的关注。为了减少对环境的影响，研究人员提出了许多可持续发展的解决方案。比如，使用可再生材料、减少化学品的使用、降低二氧化碳排放，等等。这些措施可以大大减少对环境的负面影响，从而更好地满足可持续发展的目标。总的来说，柔性可穿戴电子设备的生物相容性和环境友好性是需要关注的重要问题。通过材料的选择和制造工艺的改进，可以改善这些设备的生物相容性和环保性，使其更适合于人类使用，并且对环境造成的影响也更小。

尽管材料和工艺的进步提供了理想的器件特性，但仍存在许多挑战限制了柔性电子材料的商业化进程。首先，缺乏对选择性传感材料中的分析物－材料相互作用以及高度可调纳米结构的结构－性质关系的理解。缺乏基本理解将阻碍材料设计和优化，以实现更通用的应用。其次，由于形态和表面状态的不同，纳米材料的生物相容性本质上具有挑战性，需要社会各界共同努力，使相关材料和工艺标准化。再次，对于大规模制备柔性电子材料的环境影响、材料回收和制造安全性也缺乏相对应的产业共识和法律法规。最后，高质量的合成加工、高分辨率的器件集成是大规模制造需要攻克的难题，需要对制造工艺的功能性和良品率进一步改良。

从实验室到用户，柔性可穿戴电子设备面临着巨大的挑战，需要对现实生活中的问题进行广泛的调查，与潜在客户进行密切讨论，评估与传统传感器的竞争力，评估技术准备水平，以及许多其他考虑因素。后续传感器开发应采用特定的设计，促进快速原型制作的工具和流程有助于缩短从原型到产品的时间。进一步将制造能力扩展到工业规模对于商业化至关重要，特别是与印刷电子、功能聚合物加工、纳米材料生产和加工以及系统集成有关的技术。尽管研究人员为这些问题提出了许多有希望的解决方案，但由于实验室和工业设施之间的互动有限，它们的可实施性仍值得怀疑。最后，社会层面上需要制定有关用户安全和数据隐私的相关法案和行业标准，对于从业人员的安全和环境影响评估指标也需要进一步完善。

虽然面临着诸多挑战与风险，但柔性可穿戴电子设备市场仍蕴含着巨大的潜力。以 2023 年为起点，每 3 年为一个节点，我们给出了一份柔性可穿戴电子材料的技术路线图：

1.3.1　2023—2025 年

开展关于柔性可穿戴传感电子材料的基础研究，确定适宜的材料种类和性能参数；采集符合要求的材料，并进行试样筛选，筛选出基础性能较优异的材料；通过标准化测试，筛选出最优的柔性可穿戴传感电子材料样品。

通过改善柔性材料的性能和成本收益满足用户需求，通过改善材料特性可以实现更好的柔性传感器性能。同时，这一阶段还需要加强和制订相关标准和规范化指南，以确保柔性传感器的质量和安全性。

1.3.2　2026—2028 年

针对柔性传感器件的设计，开展芯片设计和优化，包括功能测试、算法设计等；对设计出来的芯片进行样品制备，并对仿真结果进行验证，最终确定设计是否符合要求；针对芯片与材料的匹配筛选，筛选出相符合的芯片，提升整体性能。

在这个阶段，柔性可穿戴传感电子材料技术将进一步发展成熟，方向更加集中。需要进一步优化柔性电子材料和器件的生产工艺，以提高生产效率。这一阶段需要各大公司加强技术创新力度，来开发具有创新性的传感器解决方案，以切入市场快速发展的领域，例如智能医疗和智能物流。同时，需要加强研发柔性电子电池技术，支撑更高功率的应用。还需要加强技术标准化和行业规范制定，确保整个市场良性发展。

1.3.3　2029—2031 年

将已有芯片和材料进行集成，打造适用于各个领域的柔性可穿戴设备，如贴片式血糖仪、智能眼镜等；对已有的设备进行性能优化，提高设备的精度和稳定性；通过市场反馈，对已有设备进行改进和优化，开发适用于特定场景和行业的高性能柔性可穿戴传感器器件。

在这个阶段，柔性可穿戴传感电子材料的技术和应用将得到更大的发展，市场将迎来飞速增长。柔性传感器的使用将会普及到更多领域，例如智能城市建设和智能家居领域。此外，该领域也将进一步融合人工智能技术，提高传感器数据分析的精度和速度。这一阶段还需要加强制定智能异构系统的标准，促进不同设备之间的互联互通。

柔性可穿戴传感电子材料的技术路线图是一份指导这个行业未来十年发展的重要指南。随着柔性传感器的技术迅速发展，未来十年将会带来更加广泛的应用场景，这个技术路线图提供了可供选择的技术和方向，以确保未来柔性传感器的技术发展与市场需求实现更好的契合。

2　柔性可穿戴传感电子器件产业技术路线图分析

柔性可穿戴电子器件的发展主要包括新型传感材料及新型器件结构两个部分，本章节我们将分别从新材料和器件结构发展对可穿戴电子器件的重要性、目前尚存在的问题，和发展目标等对这两个部分进行具体分析，厘清可穿戴传感电子器件未来可能的产业技术路线图。

2.1　新型传感材料的目前存在问题及发展目标

新型传感材料是制备柔性可穿戴传感电子器件的基础。本章节我们将从湿度敏感材料、温度敏感材料、压感材料、离子敏感材料、生物电极材料等方向分别理清传感材料的未来发展脉络，指出产业发展方向及路线。

2.1.1　压感材料

触觉是人体皮肤的一项重要功能，可以通过身体接触帮助与周围环境的互动。专门的触觉感受器对外部刺激做出反应，例如压力、弯曲、拉伸和温度变化，从而识别接触的物体。柔性可穿戴压力传感器在模拟触觉方面以电子皮肤、人机交互界面、生理信号监测等形式发挥着重要作用。在过去的十年中，纳米材料和微 / 纳米制造领域的长足进步加速了柔性电子产品的发展，尤其是触觉传感器。已经探索了基于不同转导机制的各种柔性触觉传感器，包括电阻型、电容型、压电型和摩擦电型，并具有改进的性能。

对于压阻型传感器，活性材料应为电流流动提供足够的电荷传输路径和良好的弹性，以兼容操作过程中的各种机械变形。由弹性基体和导电填料组成的复合材料是满足要求的最受欢迎的材料选择。对于弹性组分，通常选择聚合物（如 PDMS、PEA 和 PU 等），水凝胶（如 PAAm 等）和生物衍生材料（如天然叶脉、丝心蛋白和棉花等）。对于导电组分，碳基填料（如炭黑、碳纳米管、MXene、石墨烯等），金属纳米产物（如 Au/Ag 纳米线和纳米颗粒等）和导电聚合物［如聚吡咯（PPy）和 PANI 等］都显示出良好的器件性能。

电容式传感器可分为三种类型：可变面积、可变电介质和可变极距。为了获得高灵敏度的电阻式柔性压力传感器，研究人员通过降低介电层的弹性模量来提高灵敏度。多种低模量介电材料，如 PDMS、Ecoflex、AgNWs- 聚氨酯复合材料、癸二酸甘油酯、离子电子薄膜、聚（甲基丙烯酸甲酯）、氧化石墨烯和 CNT/PDMS 作为介电介质被广泛研究。而对于电极材料，包括 ITO、碳纳米管、Au、Ag NWs、Ag NPs、Mg 和离子液体、液态金属等导电材料和复合材料被大量应用于电容传感器电极材料。为了更进一步增加灵敏度，研究人员发现可以通过在电介质 / 电极接触处形成双电层来增强压电容效应。这类传感器的工作机制依赖于电极和活性材料之间的接触面积变化，从而比传统的电容传感器具有更高的灵敏度，被认为更适合信号采集和分析。如（EMIM）（TFSI）等离子液体由于其高离子电导率、高沸点和低黏度，在这种类型的传感器中起着重要作用。它可以在微流体压力传感器中独立工作，或与聚合物配合形成离子凝胶。

对于电阻式和电容式传感器而言，在活性材料中添加微结构可以进一步提高器件的灵敏度，例如微金字塔 PDMS、多孔 PDMS、多孔泡沫、粗糙表面和纳米颗粒分散聚合物等在微小的外部刺激下可以引起大变形的聚合物材料。在空气嵌入结构中，当结构压缩时，空气体积减小，导致电阻迅速减小或有效介电常数增加，相比于体弹性体材料有着更大的灵敏度。此外，在整体上形成空气嵌入结构后，弹性体的黏弹性行为将降低，从而缩短响应和松弛时间。

压电触觉传感器由应力产生电偶极矩，从而在材料两端产生电压差。AlN、ZnO、$PbTiO_3$、$BaTiO_3$、PZT、PVDF，和 P(VDF-TrFE）等已被广泛应用于压力传感。其中，PVDF 及其共聚物由于其柔韧性、耐用性、重量轻、易于制造、化学惰性等优点，是可穿戴压力传感器最常用的材料之一。

TENG 基于摩擦电和静电效应的耦合，因其结构简单，易于制造和可扩展性，具有巨大潜力。TENG 由两种具有不同电负性的材料组成，并覆盖着电极，并通过它们之间的接触和分离过程产生电压。这种特性使这种类型的传感器具有广泛的候选材料，包括金属、塑料、橡胶、弹性体和纺织品，常用的材料有 PDMS、PU、聚四氟乙烯、水凝胶等。摩擦电传感器的输出信号取决于压力的大小和频率，使其适用于动态压力传感。

通过以上对柔性可穿戴压力传感器近期研究进展的总结，可以看出随着新材料和微 / 纳米工程领域的进步，触觉传感器已经有了长足的进步，具有低检测限、响应速度快、灵敏度高、密度大、感应范围大的柔性压力传感器正在被不断创新。不过，对于穿戴舒适性、可靠性、大规模集成方面仍需要进一步研究（图 3-17）。在未来的研究中，有几个因素需要进一步考虑。

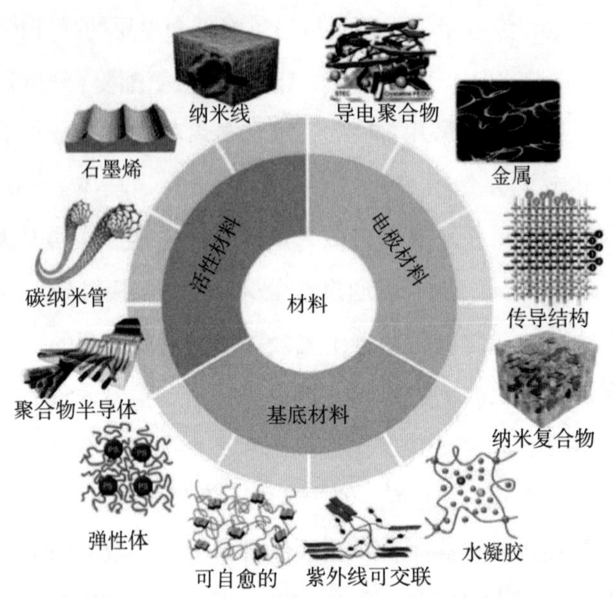

图 3-17 柔性可穿戴压力传感器设备设计材料示意图

除了机械柔韧性外，压力传感器不应阻塞皮肤或器官的生理活动。比如干扰皮肤出汗或呼吸的柔性传感器不适合连续、长期使用。因此，应研究具有生物相容性和透气性的压力传感器。

压力传感器会在重复的机械应变或压力下运行，因此可靠性也是一个需要考虑的因素，需要保证数万次或数十万次循环也保证较高的可重复性。此外，器件在日常活动中遇到的环境因素，如湿度、汗水和水渗透，也可能是长期使用中性能下降的重要原因。因此，在设计系统时，应进一步考虑人机交互系统的化学和环境可靠性以及生物相容性封装技术。

目前的器件研究大多停留在实验室阶段。研究具有经济高效、可扩展制造方法的高水平、大面积集成器件平台，以实现全集成传感平台的产业化和实际应用。

对触觉传感器和人机交互系统的研究应与信号处理和计算的进步相结合。进一步的商用器件需要从日常活动中的嘈杂信号中实时提取有意义的数据，用于实际用途，包括准确低延时地检测运动、生物信号和即时通信等。

2.1.2 温度敏感材料

温度传感是人体皮肤的一项基本特征，它可以识别小至 0.02℃的温度变化，有助于诊断疾病、避免事故和提供有关周围环境的信息，是监测人体活动和健康的关键指标。例如，体温异常升高可能与炎症或发烧有关。因此，体温可作为某些疾病（如心血管疾病、癌症）的辅助诊断依据。此外，人体可以通过调节发热和散热之间的平衡来调节体温。通常，皮肤温度可以通过刚性温度检测器（例如温度计）轻松测量，然而对于一些监测特殊环境（例如衣服或假肢区域内部）时，传统的刚性温度检测器无法实现与不平坦表面的保形接触，因此需要开发柔软、灵活、生物相容、轻便、耐用且无刺激性的柔性可穿戴温度传感器，以满足可穿戴要求。建立舒适性是另一个关键问题，特别是长时间使用或佩戴。纺织品提供了卓越的灵活平台，为穿着者提供传感功能和舒适性，这要归功于其保护和美学功能之外的各种纤维、纱线和纺织品。例如，放置在衣服中以监测用户体温的经典热电偶会引起明显的不适，甚至导致皮肤刺激。热电偶的结构应与纺织品兼容，以消除这一缺点。

许多物理刺激（如电阻、体积膨胀、蒸气压和光谱特性）都与温度有关。因此，与温度相关的物理刺激用于温度测量系统的开发。测量结果，即温度值，来自基于测量原理的测量模型，即来自测量中包含的数据之间的数学关系。根据不同的温度传感信号转换机制，温度度传感器主要可分为电阻、热电和热释电式。其中，热释电传感器可以实现自供电输出。

金属材料是电阻式温度传感器中使用的常规活性材料。金属纳米颗粒由于其体积小而具有与散装材料完全不同的物理和化学性质。通常，聚合物基质中的银、镍或铜颗粒用于创建多功能温度传感。银纳米材料由于银材料的导电性最高，是研究最广泛的金属纳米结构。为了实现人体的精确和连续的热表征，有必要开发超薄，保形和可拉伸的电阻式温度传感器。简单、廉价、基于溶液的沉积技术，如旋涂、喷涂和喷墨印刷，可以有效地将这些材料转化为薄膜。与传统导电材料相比，导电金属纳米材料具有柔韧性和可拉伸性，因此在可拉伸导体的制造过程中起着至关重要的作用。

热电效应广泛存在于半导体和导体中，其中半导体的影响更为明显。近年来，一些新型热电材料（如有机半导体、导电聚合物、石墨烯和碳纳米管）受到广泛关注。过渡金属氧化物（如 NiO、CoO 和 MnO）半导体和钙钛矿晶体（如 $BaTiO_3$、$SrTiO_3$ 和 $PbTiO_3$）是常用的热电材料，然而，这些材料通常是刚性的，限制了它们在柔性可穿戴器件中的应用。目前已经探索了基于不同种类材料（如石墨烯、导电聚合物及其复合材料）的柔性热电材料。通常，热电材料的灵敏度可以通过两种活性材料的协同作用进一步提高，如PEDOT：PSS/石墨烯、PEDOT：PSS/碳纳米管和石墨烯/聚氨酯等。

热释电聚合物（如 PVDF、PVDF-TrFE 等）由于其优异的柔韧性和稳定性而广泛用于皮肤启发的电子产品。具有低结晶度的热释电聚合物具有负热释电性，其起源于电偶极子在高温下较大程度振荡，导致自发极化强度降低，相反，高结晶热释电聚合物由于其较大的残余极化而具有正热释电性。此外，研究人员利用纳米复合材料增强的电物理耦合效应来提高稳定性并实现多种功能。

通过以上对柔性可穿戴温度传感器近期研究进展的总结，发现纳米基和聚合物材料为设计具有高灵敏度、高灵活性、高精度和卓越耐用性的柔性温度传感器架构提供了广阔的潜力（图 3-18）。不过，温度传感器在温度灵敏度、精度、稳定性和拉伸性方面仍有限制。因此，必须进一步研究新型温度传感器的开发，使传感器在确保高灵活性的同时实现高性能。目前，柔性可穿戴温度传感器主要面临两大挑战。

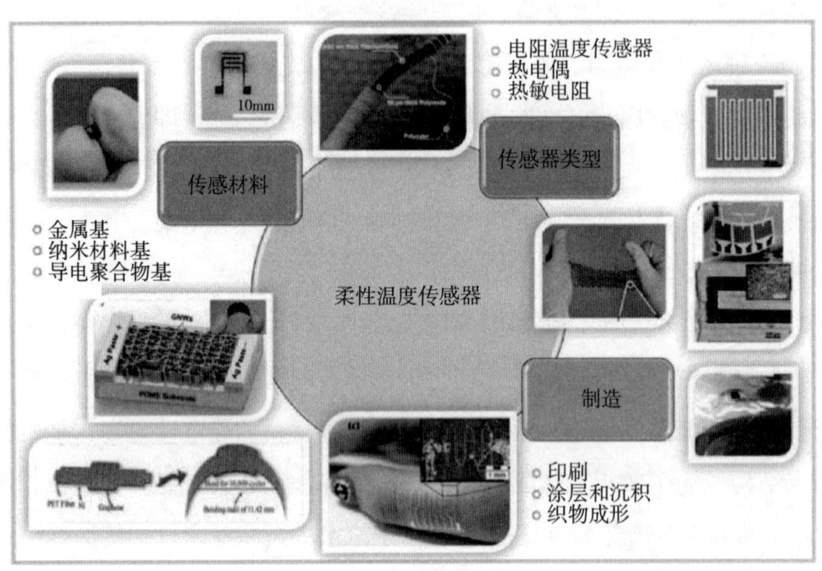

图 3-18 柔性可穿戴温度传感器材料、分类、制备示意图

首先是稳定性，柔性可穿戴湿度传感器不可避免地受到环境湿度的影响，例如身体运动等机械刺激会导致温度传感器的稳定性下降。因此，开发对湿度不敏感的柔性温度传感器将具有重要的意义。实现这一目标的解决方案是使用高度可变形的热塑性聚合物，例如 PET 和 PU 以及有机硅弹性体（PDMS，EcoFlex）。可变形结构的设计包括屈曲、非共面、分形、网形、岛桥和蛇形，这些结构也可以提高温度传感器的稳定性，同时增强其拉伸性。然而，如何保证温度传感器的结构始终确保符合曲面、数据精确可靠，且不会影响用户的自然运动和舒适度，仍需要进一步探索。

其次是可穿戴性，透气性是可穿戴电子产品保持用户舒适度的另一个关注点。如何通过孔隙率设计，使较薄、低模量以及高拉伸性的材料具有与常规织物相似的透气性，满足人体皮肤的透气性要求，可以长期舒适地包裹在具有数百万个毛孔的人体皮肤上将是一个重要的研究方向。同时，耐洗性是阻碍可穿戴温度传感器商业化的另一个关键问题。由于可穿戴设备在洗涤过程的几个周期后，可能会变得不稳定，在某些情况下开始失效。因此，透气性和耐洗性的提升直接考验着可穿戴温度传感器的商用前景。

2.1.3　湿度敏感材料

长期以来，湿度传感器主要用于检测环境条件的湿度，如工业、农业和智能家居。随着柔性可穿戴电子系统的发展，湿度传感器在呼吸行为、语音识别、皮肤湿度、非接触开关、尿布监测等人体相关湿度检测中引起了极大的关注。

根据不同的湿度传感信号转换机制，湿度传感器主要可分为电阻、电容、阻抗、电压、和表面声波法。随着自供电技术的出现，近年来提出了基于湿度梯度发电的电压型湿度传感器，通过梯度分布的离子浓度驱动游离离子迁移，从而产生自充电能力。除此之外，电阻湿度传感器还可以通过结合压电或TENG来实现自供电电压输出。

湿度传感材料作为核心部件，直接决定了湿度传感器的传感性能。到目前为止，已经报道了用于制造湿度传感器的多种湿度传感材料，主要包括纤维素材料、碳材料、聚合物、石墨烯及其他二维材料、氧化物及其复合材料（图 3-19）。作为一种天然亲水材料，纤维素纸可以直接用于制造湿度传感器，同时，纤维素纸及其复合材料具有柔韧性好、可再生、绿色环保、成本低等优点，因此纤维素纸及其复合材料在湿度材料中引起了极大的关注。碳材料因其种类繁多（如石墨烯、氧化石墨烯、碳纳

图 3-19　湿度传感器湿度传感材料的主要分类和 SEM 图像

米管、石墨氮化碳、还原氧化石墨烯和石墨炔)，以及可调节的物理和化学性质，被广泛用于湿度传感材料中。大多数聚合物具有良好的亲水性，易于开发柔性湿度传感器。通常，聚合物材料需要与其他材料复合以制造湿度传感器（如 PVA/KOH、磺化聚醚醚酮 / 聚乙烯醇缩丁醛、聚乙烯基磺酸钠盐 / 二氧化硅纳米颗粒、P4VP、聚氯乙烯 /Ti_3C_2Tx、PDA/GO 和 CS/PPy）。许多氧化物基材料因其优异的稳定性和丰富的微纳结构，在湿度传感器中得到了广泛的研究。此外，石墨烯以外的二维材料（如 WS_2，$TiSi_2$，MoS_2，和 Ti_3C_2Tx）也受到研究人员的青睐。大量研究表明，二元或多组分复合材料具有更好的湿度传感性能。

随着可穿戴电子技术的飞速发展，柔性可穿戴湿度传感器逐渐形成了以下潜在应用：呼吸行为（包括速率、强度和变化），通过检测呼气中的湿度以非接触方式进行监测；语音识别，一些简单的单词可以通过检测说话时的湿度来识别；皮肤湿度传感，检测皮肤水分，因为人体没有湿度传感的特异性受体，而是通过机械感受器和温度感受器识别湿度；非接触式开关，通过手指表面的水分以非接触方式调节湿度传感器的状态实现；尿布湿度监测，实时监测一些特殊纸尿裤佩戴者的纸尿裤状况。

通过以上对柔性可穿戴湿度传感器近期研究进展的总结，发现湿度传感器在传感材料合成、传感器制造、高湿度传感性能及在人体上的应用演示等多个方面都取得了长足的进步，然而，这些研究和进展仍然不能充分支持湿度传感器的实际应用以及进一步的商业化。除了面临如稳定性、低成本、无毒性、微型化和简单的制造方法等常见问题外，柔性可穿戴湿度传感器还面临以下具体挑战：

在呼吸行为传感方面，许多湿度传感器可以满足呼吸行为检测的需求。然而，大量的研究仅限于监测模拟的呼吸行为（如呼吸频率和强度），并且缺乏对这些数据的解码。预计在不久的将来，呼吸行为监测将与临床医学相关联，通过湿度传感器获得更有用的生理信息。此外，口腔呼吸和鼻呼吸经常并存，口腔呼吸的反应通常更大，如何有效区分它们对于呼吸解码非常重要。

在语音识别传感方面，这方面的研究还处于起步阶段。首先，语音识别湿度传感器需要具有超快的响应和恢复速度，因为语音速度非常快并且包含许多音节。其次，由于不同语音词造成的湿度差异很小，如何有效地解码语音面临着很大的挑战。也许将来我们可以通过湿度传感器有效地识别一些简单的单词，并为不说话的人提供有限的帮助。

在皮肤湿度传感方面，一般不需要传感器的高湿度传感性能。但是，皮肤湿度的范围很广，因此需要考虑环境湿度的干扰。目前，为了避免环境湿度干扰，皮肤湿度传感器的表面需要封装，这不利于佩戴的舒适度。有必要从湿度传感器的结构设计上进一步平衡环境湿度干扰和皮肤兼容性。

在非接触式开关传感方面，开关特性可能会受到以下干扰的影响：环境湿度、手指湿度以及手指与湿度传感器之间的距离。因此，有必要建立一些使用条件，例如在操作前用水润湿手指（在手指上形成高 RH）以及固定手指与湿度传感器之间的距离。此外，基于湿度传感器的非接触式开关阵列意义重大，有待进一步探索。

在尿布湿度传感器方面，对于集成结构纸尿裤湿度传感器，我们需要考虑一次性和低成本的特点。纤维素纸材料具有舒适、成本低、湿度传感性能好、环保和一次性性能等优点，有望应用于实用的尿布湿度传感器。而对于重复使用的纸尿裤湿度传感器，则需要考虑其重复使用的卫生性、安全性以及可靠性。

对于上述分析，以下几个方面值得特别注意，以进一步推动柔性可穿戴湿度传感器的发展。首先，湿度传感材料对湿度传感器的湿度传感性能起着决定性作用，高性能的湿度传感材料需要进一步探索。特别是近年来出现的石墨烯以外的二维材料，包括过渡金属硫族化物、过渡金属氮化物和 MXenes 以及过渡金属氧化物（液相剥离），由于其较大的比表面积、良好的机械柔韧性和可调节的物理化学性能，在传感器领域显示出广阔的前景，并有潜力开发高性能湿度传感器。其次，湿度传感器的批量生产阻碍了其实际应用，制造方法需要进一步探索，如加强印刷方法的研究。此外，自供电湿度传感器和 5G 无线网络等新技术值得关注。

2.1.4　离子敏感材料

在过去的十年里，一种全新的压力和触觉传感模式已经出现，称为离子电子传感。利用电解 - 电子界面的 EDL 的超电容特性[81, 82]，导致超高器件灵敏度、高噪声免疫、高分辨率、高空间清晰度、光学透明度和对静态和动态刺激的响应，以及薄和灵活的器件结构。作为实现离子电子传感的关键，离子电子材料是主要研究的方向，包括液态离子材料、固态离子材料和自然离子材料所示。其中液体离子材料包括水电解质和非水电解质，固态离子材料包括离子凝胶、聚合高分子电解质、离子复合材料[83]。

历史上，液体离子材料一直是一种流行的建立 EDL 层的材料选择，得益于其广泛的可用性和易于制备，以及经济因素。水溶液电解质可以是酸性、碱性或中性的，这取决于 H^+ 和 OH^- 离子的浓度[84]。一般来说，水电解质表现出更高的离子电导率，至少一个数量级，比非水对应物，得益于小溶剂化离子物种的高离子迁移率。目前存在问题当施加的电压超过电化学窗口时，电位反应会导致传感器的电击穿和电极的化学腐蚀。此外，大多数水相电解质受到环境蒸发的影响，这可能会影响传感器的长期稳定性，即使它可能由于局部蒸发和凝结而被密封。

2012 年提出了一种新型的基于液滴的压力传感器，利用弹性和电容式电极－电解质界面，以简单的器件结构实现超高的机械－电气灵敏度和分辨率（图 3-20）。微型透明液滴传感器由一步激光微加工制造，由两层带有导电涂层的柔性聚合物膜和一层包含电解液滴传感室的分离层组成。传感原理主要依赖于传感液极的高弹性和电极－电解液界面上的大电容。在导电涂层上引入了一种简单的表面改性方案，在不显著降低界面电容的情况下，降低了液滴变形的滞后性[85]。

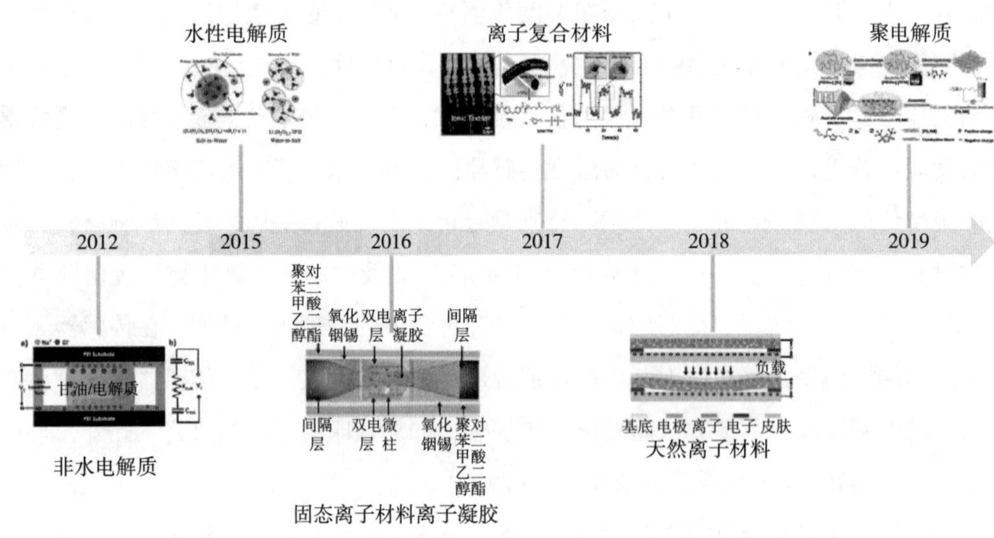

图 3-20　新型离子材料的发展历程图

2015 年 Suo 等通过控制电解质分解的来源，在水电解质中形成这种间相。“盐中水”电解质是通过将二锂（三氟甲烷磺酰）酰亚胺（摩尔 >20 m）溶解在水中得到“盐中水”的。这导致了一个含阴离子的 Li^+ 溶剂化鞘，这导致在阳极表面形成一个致密的间相，主要来自阴离子还原。结合如此高浓度下水的电化学活性大幅降低，这种高浓度的盐中水电解质提供了约 3.0 V 的扩展电化学稳定窗口[86]。

2016 年 Li 等开发了第一个可穿戴压力传感平台用于测量 VLU。通过应用一种新型的电容式、离子电子传感技术，将一种柔性、超薄、高灵敏度的压力传感阵列无缝地集成到压缩服装中，用于监测界面压力。这种新型的压力传感器采用了界面电容式传感原理，结构简单，机械灵活，光学透明，对压力变化高度敏感。该传感器本质上依赖于离子凝胶和柔性电极之间的弹性界面之间的电容性变化[87]。

2017 年 Kim 等描述了第一个高一致性和可靠的离子纺织品，基于鞘芯 CNT 微纱线，以实现高灵敏度和可靠的压电容压力传感器阵列。一种 i-TPU 介质，能够有效感知纺织品的压力，将碳纳米管微纱作为离子护套材料，允许低压操作、高存在和高灵敏度。这是由于在压力下，iTPU/CNT 界面接触面积的增加和有效的离子迁移。提出的基于一致性的 i- 纹理压力传感器可能具有高灵敏度和在大范围压力范围内的操作稳定性，使有利于实时人体运动检测的条件[88]。

2018 年 Zhu 提出了第一个用于可穿戴传感的皮肤界面离子电子压力传感架构，基于新兴的离子电子检测原理，在一个易于应用的不可见和超薄（1.9 μm）封装中。特别是，建立在 EII 上的全新的机械传感结构已经在这些具有单边电极配置的离子传感器中实现，它将导电的人体皮肤作为电返回和传感装置的地面。显著的是，这是第一次直接表皮接触被证明是一种独特的离子电子传感界面。因此，这种类型的设备结构能够获得具有高灵敏度和高信噪比的内部（身体）和外部（环境）机械刺激。在这种情况下，电气布局可以变得非常简单，并且该设备可以保持高度自适应扩展的可穿戴性[89]。

2019 年 Wang 介绍了一种基于 PILNM 的可清洗的电容式压力传感纺织品，具有良好的力学性能和令人满意的防潮传感性能。具有丰富离子和微孔结构的在水分干扰（相对湿度高达 70%）和重复清洗（超过 10 次清洗）条件下，PILNM 表现出非常高的稳定传感信号，特别适用于可穿戴电子设备。值得注意的是，基于 PILNM 的可穿戴压力传感纺织品为低压和弯曲弦长变化提供了高灵敏度，即使在恶劣的变形下也有低压检测限。由于其优越的性能，基于 PILNM 的可穿戴压力传感纺织品，穿着舒适，适合监测不同身体姿势的不同人体运动和脉冲振动[87]。

离子材料的选择作为主导因素，在决定器件性能方面发挥着重要作用。首先，对材料选择的普遍离子适应性可以促进离子活性材料扩展到许多传统材料类别，并使经典产品能够升级为压敏皮肤或具有更高级的触感。这是因为离子电子传感的器件层原则上只需要达到纳米或分子的厚度。生物相容性是离子电子传感的另一个未被充分利用的特性。如前所述，大多数生物材料本质上是离子的，因此，天然材料可以作为离子电子器件结构的一部分来使用。未来利用其固有生物相容性的研究，有望推动离子电子传感器通过各种手段，如可穿戴、可植入或可消化的格式，推动离子电子传感器向更多的医疗和医疗保健方向发展。此外，光学透明度为探索离子电子传感提供了另一个独特的机会。鉴于该设备的高水平光学清晰度和薄而灵活的构建，离子电子器件可以与现有的光学组件集成，如消费者显示器或医疗内窥镜。在低功率电子学中实现离子电子传感原理的超高信噪比，对于新兴的可穿戴监测和一次性应用可能显得极其重要。

2.1.5　生物电极材料

生物电子学相关的研究中，人们对形成三维电极以增加有效表面积或优化组织-电极界面上的信号传输做出了重大努力。虽然具有二维和平面电极结构的生物电子器件已被广泛用于监测生物信号，但这些二维平面电极使得与非平面和软生物系统（在细胞或组织水平上）形成生物兼容和均匀的界面变得困难。特别是近年来的生物医学应用迅速扩展到三维类器官和活体动物的深层组织领域，三维生物电极由于能够到达各种三维组织的深层区域而受到了广泛的关注[90]（图 3-21）。

传统二维设备因为它们无法到达产生局部信号的细胞或组织的深层区域。生物体内发生的生物信号的独特特征之一是它们可以代表复杂器官（例如大脑）的特定区域的生物信号，这些区域根据区域具有不同的作用和功能，而这些信号也可以指示疾病或疼痛的早期阶段，例如心肌梗死，由器官内部部分坏死引起[84]。因此，使用二维生物电极，包括柔性和可拉伸的生物电子学，由于二维平面结构的限制，很难形成完整的共形生物界面并测量生物体深层区域的生物信号[91]。因此，为了与三维结构生物的内部区域形成界面，生物电子工程师试图制造三维电极，用于视网膜假体的三维刺激电极，可用于刺激视网膜内的视网膜细胞。

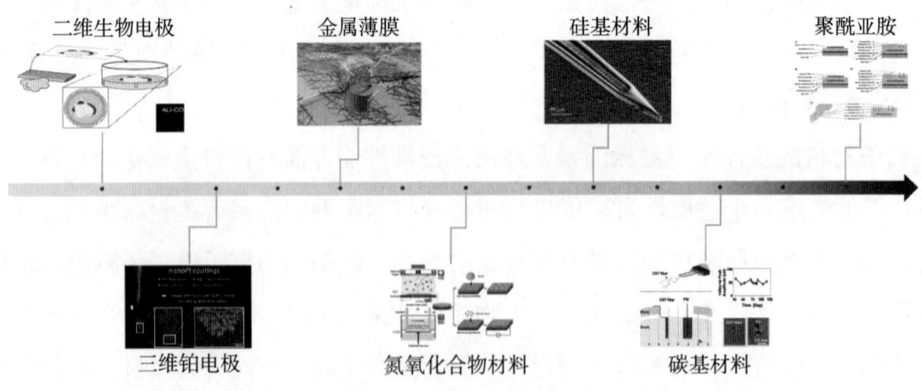

图 3-21　生物电极材料从二维向三维的转变发展图

用于生物电记录的三维电极由各种材料制成，从金属到聚合物。电极会引起炎症，并且在长期记录中受到限制，因为杨氏模量的差异，如果电极材料的杨氏模量大于生物组织的杨氏模量。出于这个原因，已经进行了从使用脆性金属或硅到具有较低杨氏模量的软聚合物的研究。此外，用于生物电极的材料必须具有生物相容性，对周围组织的毒性低，并且应尽量减少免疫反应。

一些贵金属，如铂、铱和金，由于其化学惰性、生物相容性和良好的电性能在过去几十年中一直是生物电极使用最广泛的材料[92]。为了克服这些限制，以前的研究集中在通过修改金属表面以增加有效表面积来改善与组织的界面性能。Boehler 等通过电化学沉积在锥形三维电极的表面上形成纳米结构铂。表面纳米结构在保持几何表面积的同时增加了有效表面积[92]。

最近，软生物电子学已被积极研究，以尽量减少组织损伤并与组织长期接触。现有的柔性生物电子学可以通过金属薄膜实现，从而降低弯曲刚度。然而，为了实现具有全向变形和拉伸的组织状生物电子学，需要具有柔软和可拉伸特性的材料，而这些形状因素无法通过块状或薄膜金属实现。因此，开展了利用金属纳米材料或粉末制备软复合电极的研究。Akari 等人报道了一种透明且可拉伸的生物界面电极，该电极具有银芯和金表面涂层的纳米线网络[93]。

在生物电记录期间，电荷从组织转移到电极。在这种情况下，法拉第或非法拉第电荷转移之间的区别是模糊的，并且除了空间分辨率的阻抗因子外，用于记录电极的材料没有太大限制。然而，在神经刺激的情况下，对于需要用微电极刺激的应用来说，材料的电荷注入能力是微不足道的。不可逆过程的主要原因是水的电解，这会导致 pH 值和气泡形成的变化。解决此问题的代表性方法是使用氧 IrO_x。与裸金属相比，在金属表面形成的薄氧化膜降低了阻抗，并且 Ir 之间的价位变化 Ir^{3+} 和 Ir^{4+} 在氧化物中可实现可逆的法拉第电荷转移。Chen 等通过物理气相沉积法将铱沉积在钛上并活化 IrO_x 具有表面微观结构的薄膜通过硫酸中铱膜的电位扫描[94]。

将电极放置在组织内对于刺激多功能三维组织的特定区域或记录局部电生理信号至关重要；为此已经开发了许多三维生物电极。在过去的几十年中，用于集成电子的硅微细加工技术得到了迅速发展，这使得硅基三维微结构的可靠制造成为可能。硅 MEMS 技术，包括表面和体微加工技术，已被标准化为制造各种三维生物电子学的方法[90]。

碳基材料如碳纳米管、石墨烯和石墨由于机械柔韧性、强度、防腐性能、电化学惰性和导电性而被用作神经接口。碳纤维或纳米管可以合成成非常小的三维结构，可用作生物电极。Keefer 等通过在钨丝或不锈钢丝表面涂覆碳纳米管 CNT 来提高生物电记录和刺激特性的质量，这些碳纳米管目前用作生物电极[95]。

基于硅和金属的刚性电极在长期记录中存在一些局限性，这是由于软组织和具有高杨氏模量和毒性的电极之间的机械不匹配。出于这个原因，一些小组试图通过选择具有低杨氏模量的生物相容性材料来最大限度地减少与组织的不匹配。聚合物作为 3D 电极可以作为电极或其钝化应用。对于电极，导电聚合物利用其低模量和导电性的优势。为了满足刚度和柔韧性，大多数基于聚酰亚胺的三维电极是通过在聚酰亚胺层中嵌入金属电极并从硅衬底上的光刻胶或金属牺牲层中去除聚酰亚胺－金属－聚酰亚胺的交替层来制造的[96, 97]。Cheung 等报道说，基于聚酰亚胺的探针由聚酰亚胺－金属－聚酰亚胺的交替层组成。

三维生物电极的发展目标首先是提高空间分辨率和时间分辨率，通过优化电极的形状、大小、间距等参数，提高三维生物电极的空间分辨率和时间分辨率，以更准确地测量神经信号和其他生物电信号。并且通过改善材料、结构、制备工艺等方面的研究，提高三维生物电极的信号质量和稳定性，降低噪声和干扰等因素对信号的影响，从而提高信号检测的准确性和可靠性。其次要实现远距离无线监测：研发更加先进的电子技术和通信技术，使三维生物电极可以实现远距离的无线监测，提高监测的灵活性和便捷性，为神经和生理监测等领域带来更多的应用前景。并且优化生物相容性利用三维打印等加工技术，设计出更加仿生、高生物相容性和可长期使用的三维生物电极，以更好地适应人体环境和生物组织。

最后实现多模态信号监测，利用三维生物电极的空间分辨率和多通道监测能力，与其他生物信号传感器（如光学成像、超声、磁共振等）相结合，实现多模态信号监测，深入了解生物系统的复杂性和多样性。生物电极的发展目标是不断提高检测效率、准确性和可靠性，同时实现更便捷、高通量、低耗能的远距离无线监测，以满足神经科学、医学和生命科学等领域对高精度生物信号检测与分析的需求。

2.2　新型传感器件目前存在问题及发展目标

在蓬勃发展的触觉传感器领域，发展趋势是朝着材料、器件布局、物理原理和有前景的应用的多样化方向发展。通过热和机械感受器的组合，人类皮肤能够直接将机械和热、湿度等信息转化为电信号，并在中枢神经系统中对其进行处理。在人类触觉的基础上，触觉传感被认为可以解释比垂直力更多的各种接触参数，提供任何空间、质感或其他可感知的信息。根据触觉传感的定义，触觉传感器代表着一个具有多种组件的设备或系统，这些组件能够生成对接触对象的感知。

各种新型柔性 / 刚性传感器已被广泛应用于我们的日常生活中，作为可穿戴电子产品、电子皮肤和人机交互系统中的重要功能元件，传感器可以有效地检测与特定环境或生理相关的各种刺激信号，其中应用和研究最多的是柔性传感器，因其可以更好的适应多种应用场景。越来越多的研究人员致力于开发高性能的柔性传感器，除了开发各种性能优良的传感材料外，功能层的微观结构设计也能有效地提高传感器的性能，而基于不同微结构的柔性传感器加工方法则对传感器的性能和应用场景至关重要。触觉传感器应具有以下理想特性：高灵敏度、宽动态范围、线性度好、迟滞小、高选择性和良好的稳定性，而传感器中功能层的微结构可以带来不同性能的提升（图 3-22）。

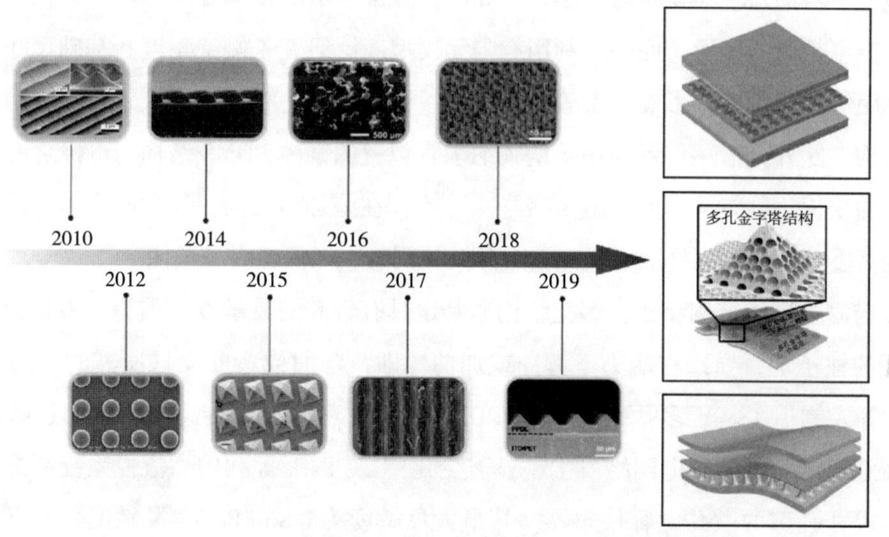

图 3-22　新型传感器中不同微结构的发展及应用[98-108]

2.2.1　灵敏度

灵敏度是传感器中最重要的性能参数之一。灵敏度定义为电信号（电容、电阻、电流或电压）相对于所接收刺激信号相对变化的斜率。例如在压力传感器中，对于施加压力的差异，高灵敏度可以产生更大的信噪比，从而允许传感器检测到更细微的压力，如声音或脉搏信号等微小压力的变化。所需的确切灵敏度取决于传感器应用场景，目前还没有具体的定义说明什么是高灵敏度或低灵敏度。此外所需传感器的灵敏度也将取决于传感器所处的噪声水平。

2.2.1.1 微结构对压力、应变传感器灵敏度的影响

提高电容式和压阻式压力传感器灵敏度的最常用技术是使用微结构（如锥形、圆顶状、多孔和联锁结构）弹性体（如 PDMS、Ecoflex 和 PU）[101, 109–112]。对于厚度远小于其面积的非结构弹性体（这通常是许多电子蒙皮压力传感器的情况），受到压力时厚度的减小是通过弹性体本身的固有压缩发生的（即材料内的自由体积减小）。这种现象可以被描绘为聚合物链被重新配置，以呈现出更紧凑的构象。这种减少弹性体厚度的方法需要相对较大的压力（即较大的压缩模量），从而导致低灵敏度。相比之下，对于微结构弹性体，弹性体有自由空间膨胀，因此需要更少的压力使弹性体层变形。此外，微观结构的几何结构可以用来将应力集中到一个特定的区域，进一步提高灵敏度。例如，在 Bao 等的一项开创性工作中，锥体微观结构被用来大幅提高灵敏度[98, 107, 108]。由于金字塔的顶端面积相对较小，因此应力在金字塔的顶端处局部增强，在给定的压力下产生较大的变形。此外，利用有限元模型广泛研究了侧壁角度、基础尺寸、微锥体间距等几何参数的影响，实验结果验证了计算结果，有效地设计了特定应用的微锥体结构。此外，上述作者利用单壁碳纳米管包覆的锥体 PDMS 结构与电极之间的接触电阻的变化，制作了一个压阻传感器[108, 113]。在施加压力前，通过改变单壁碳纳米管膜的高度，仔细控制接触电阻和电阻开关的阈值，以保持设备关闭。

与固体本体结构相比，多孔结构通常也具有较高的灵敏度，因为应力集中在孔隙之间的柱子上，导致在压力下弯曲或屈曲（即，弯曲或弯曲支柱所需的应力较小）。Kim 等人制造了基于多孔碳纳米管 /PDMS 复合材料的压阻传感器，表明这些复合材料在施加压力下的导电网络发生了显著变化[114]。Park 等利用微流控系统制造了具有均匀尺寸孔隙的微孔电容传感器，其最大灵敏度为 0.86 kPa^{-1}，灵敏度具有良好的空间均匀性。作者观察到，灵敏度随着孔径的增加而增加，这是由于较大孔隙之间的较长的柱具有较低的临界屈曲载荷，降低了整体结构的压缩模量，从而提高了灵敏度。在 Park 等最近的一项工作中，制作了多孔金字塔，通过它演示了超高灵敏度电容（44 kPa^{-1}~100 Pa^{-1}）压力传感器[102]。

还可以通过改变两个导电元件之间（即传感元件和电极之间）的接触点数或接触面积来提高压阻传感器的灵敏度。这些传感器在低压下特别敏感。Zhao 等将碳装饰织物放置在交错电极阵列上，以检测施加压力下接触电阻的变化[115]。上述传感器在施加压力为 35 kPa 时，灵敏度为 0.244 kPa^{-1}，并用于连续血压监测。接触电阻的变化也可以通过设计两个具有联锁结构的感应元件来引起。Ren 等人使用互锁还原氧化石

墨烯（rGO）/PDMS 层制造了一个受表皮微结构启发的压力传感器[116]。该传感器在 2.5 kPa 时具有 25.1 kPa^{-1} 的高灵敏度，因此可以检测诸如手腕脉搏、胸部正常和深呼吸、行走、跑步和跳跃等低压信号。最近，利用聚吡咯导电聚合物覆盖的多孔锥体[180]，其最大灵敏度为 449 kPa^{-1}。

除弹性体外，微结构离子凝胶是一种用于超高灵敏度电容式压力传感器的可行介电材料。离子凝胶包括一种聚合物基质捕获的离子液体，由于双电层的形成，该离子液体随施加的压力而发生相对较大的电容变化。这些器件的工作原理是由于电极与离子凝胶之间接触面积的增加而导致电容的变化[117]。因此，同样对于这些传感器，微观结构也能提高灵敏度[118]。与传统的光滑圆顶不同，压缩小凸起的圆顶，导致电流的线性变化。灵敏度和线性工作范围分别为 8.5 kPa^{-1} 和 0~12 kPa。此外，Cho 等制作了一个包含表面褶皱锥体电极的电容传感器，表明电容随施加压力的增加是由于电极接触面积的增加（而不是介电层厚度的减小）[119, 120]。由于电容与电极面积成线性正比，该传感器在特定工作范围（灵敏度 0.7 kPa^{-1}，线性工作范围 0~25 kPa）内，施加压力和相对电容变化呈线性关系。Ko 等制造了一个具有多层互锁微穹顶几何形状的压阻传感器，证明了堆叠多层之间的有效应力分布能够在较宽的传感范围内线性化（灵敏度为 47.7 kPa^{-1}，从 0.0013 到 353 kPa）[121]。

2.2.1.2 微结构对温度、湿度、离子传感器以及生物电极灵敏度的影响

（1）温度传感器

人体皮肤不仅能够感知压力和应变等机械刺激，还可以感知周围环境以及皮肤表面的温度，因此温度传感也是新型传感器的重要方向。当作为电子皮肤时，温度传感器也可用于检测疾病，如发热、中暑和病毒感染。而这也要求了温度传感器具有良好的柔性和可拉伸性，具有可延展性结构的金属（即蛇形、褶皱、网状）、碳纳米管、石墨烯、纳米粒子和纳米晶体被认为是制造电子皮肤兼容的温度传感器的有前途的材料从而被广泛研究[122, 123–130]。

热电阻材料的电阻率随温度变化，原因是电荷移动性或电荷载流子密度的变化。金属基热电阻传感器，如蛇形金属[130]、铜纳米线网格[124]和石墨烯纳米墙 /PDMS[125]已被证明具有随温度升高电阻率增加（归因于电荷移动性降低）的特点。特别是基于铜纳米线网格的热电阻温度传感器在室温到 48℃范围内表现出 0.7 Ω ℃$^{-1}$ 的灵敏度[124]。半导体或电荷跳跃为主导材料的电阻率随温度升高而降低，分别是由于电荷载流子密度增加或热助跳跃的增加。这些温度传感器的一些示例包括聚苯胺纳米纤

维[131]、PEDOT：PSS-CNT 薄膜[126]、CNT/ 自修复聚合物复合材料[127]、还原氧化石墨烯[120]和银纳米颗粒 /PDMS[132]。

除了热电阻效应，温度传感器还采用了热电效应和热释电效应，这两种效应都涉及温度变化时产生电流和电压的生成。基于这两种原理的温度传感器具有不需要电源供应的优点[133]。Zhu 等制造了一种基于多孔聚氨酯和 PEDOT：PSS（热电材料）温度传感器，展示了高的温度检测分辨率（<0.1 K）[134]。此外，附加到假肢手上的 12×12 传感器阵列检测了人手的温度分布。在热释电传感器的情况下，因为电极化温度变化会产生瞬态电压。与压力和应变传感器不同，温度传感器的响应和恢复时间相对较长（大约几秒）。Cho 等通过减小其还原石墨烯温度传感器中基底的厚度来降低器件的热扩散时间。通过将热快速传导到 3 μm 基底中的活性材料中，实现了在 3℃的温度变化下快速反应时间在 100 ms 以内的结果[120]。

对于可穿戴电子产品的应用而言，温度传感器还应该表现出对机械应变的极小敏感性，不会对压力 / 应变以及湿度信号有响应。通常实现该目的的技术是使用蛇形或岛屿结构（即在或在低弹性模量的基底上具有高弹性模量的区域），以最小化对材料本身施加的应变。例如，Ha 和合作者将温度传感器放置在刚性岛屿上，以防止电信号由于应变（0~30%）而发生变化[131]。Oh 等提出了另一种策略，通过使用具有不同电阻系数（TCR：$(\Delta R/R_0)/\Delta T$）的银纳米晶体组成的两个传感器来解耦温度和应变效应。对两个传感器行为的代数计算允许区分由温度和应变引起的信号[128, 129]。

（2）离子传感器

离子传感器的中的微结构对其灵敏度具有重要影响。首先，电极结构是关键因素之一。通过增加电极的表面积或采用纳米结构、多孔结构，可以提高电极与待测离子的接触面积，增加反应位点，从而增强离子与电极的相互作用，提高传感器的灵敏度。此外，优化电极的形状和尺寸也能够改善离子传输速率和扩散效率，进一步提高传感器的灵敏度。其次，膜层或固定化层的选择和优化对离子传感器的灵敏度至关重要。膜层可以提供对特定离子的选择性识别和响应，而固定化层可以增强离子与传感器之间的相互作用。通过选择适当的材料和调控层的厚度、孔隙结构以及渗透性，可以增强离子的吸附和传输效果，提高传感器对目标离子的灵敏度。此外，流体控制结构也对离子传感器的灵敏度起着重要作用。优化流体控制结构可以实现离子的快速传输和混合，增加离子与传感器之间的接触机会，从而提高传感器的灵敏度。例如，微流体芯片或微通道结构可以实现精确的流体控制和混合，改善离子的传输效率，从而增强传感器的灵敏度。

在可穿戴领域中，对于离子传感器的应用主要集中于对汗液中离子的探测领域。在过去的几年中，汗液传感器领域取得了显著的进展，特别是针对葡萄糖、乳酸、乙醇、pH 值和电解质等汗液成分的传感器的开发。这些可穿戴式汗液传感器主要由电化学电极组成。其中，安培法常用于酶法检测乙醇和代谢物，通过测量电极上发生的电化学反应产生的电流来实现。而电位法则主要用于检测带电物质，通过测量两个或多个电极之间的电位差来确定离子浓度。这些可穿戴式汗液传感器为无创监测各种生物标志物和分析物打开了新的可能性。通过分析汗液，它们提供了有关个体健康和生理状态的宝贵信息。这项技术在医疗保健、健身追踪和个性化医学方面具有巨大的潜力。

如上所述，安培法传感器通常利用生物分子的氧化还原反应。在这类传感器中，酶如乳酸氧化酶、葡萄糖氧化酶和酒精氧化酶被固定在电极上，以实现对目标分析物的选择性氧化 / 还原反应。由于测量到的电流随着分析物浓度的增加而增加，可以通过电流的变化推导出分析物的浓度。利用电位法主要是探测两个或多个电极之间的电位差来确定离子浓度，例如先前用于检测汗液中带电物种（如铵离子、钾离子、钠离子和质子）的传感器。离子选择性电极的电势强烈依赖于目标分析物的浓度，因此可以通过工作电极和参比电极之间的电位差推导出分析物的浓度。

（3）湿度传感器

人类的皮肤无法直接感知湿度，通常是根据皮肤中的力觉感受器和热感受器的感觉来估计环境湿度。而在人工触觉传感系统中，湿度是常用的监测触觉行为的接触参数之一，功能层中的微结构同样的会对蒸汽的吸附造成明显的影响。其中相对湿度定义为水蒸气的分压与给定温度下的饱和蒸汽压的比值。PPM 表示空气中水蒸气含量的绝对测量，可以按 PPMv 或 PPMw 来表示，特别适用于微量湿度测量。

湿度传感技术非常多样化，没有单一的解决方案能够满足所有需求。最常用的传感方法是基于电容技术，其中介电层在吸收水蒸气时会发生变化。为了实现快速响应和高灵敏度，介电材料偏向多孔性，并且电极的几何形状需要精心设计，以便自由地将蒸汽扩散到介电层中。如今，多孔陶瓷（例如 Al_2O_3、SiO_2）已经在许多商业湿度传感器中使用，但其硬而易碎的特性限制了它们在可穿戴电子设备中的应用。柔性和可拉伸的聚合物也可以应用于介电层，比多孔陶瓷具有更线性的响应，尽管它们在高湿度长期使用时可能会遇到性能下降的问题，因此在湿度传感器中化学稳定性也和机械稳定性同样重要。

随着人们对传感器性能要求的愈发严格，还开发了其他几种类型的湿度传感器。阻性湿度传感器采用质子传导、电子隧穿以及聚合物膨胀等机制，能够将空气湿度转换为阻抗变化。重量法湿度传感器常使用 QCM 通过共振频率偏移来感知湿度变化。光学湿度传感器利用水的吸收波长，导致入射光信号的偏振和大小发生变化。

（4）生物电极

长期可穿戴健康监测系统可用于检测人体多项生理信号，如脉搏、血压等，是降低慢性心血管疾病患者死亡率的有效途径。这些系统一般由生物电传感器、生理信号采集和处理系统、后端设备等组成，其中与人体皮肤接触的表面生物电电极是可穿戴健康监测系统的关键部分。基于皮肤的可穿戴触觉传感器是指直接层压在人类表皮或机器人表面上的触觉监测装置，以提供持续、准确的生理或环境测量，这就要求了生物电极具有较高的灵敏度来感知微弱的生理信号。与传统的庞大而僵硬的技术不同，将设备层压到皮肤上可以实现符合性接触，这对于进行持久、稳健的电学测量至关重要[135]。任何设备与皮肤的滑动或剥离都可能增加响应中的噪声和不准确性。

由于与皮肤的紧密接触主要取决于设备的刚度和黏附能量，因此有必要讨论这些因素以成功展示可与皮肤适应的设备[136]。为了降低刚度值，需要材料具有低有效弹性模量，以便在长时间使用过程中不限制自然运动并引起不适。因此，PDMS 作为商用的聚合物和弹性体，具有低的杨氏模量和稳定的物理化学性质，在可穿戴触觉传感器的基底材料中被广泛应用，可迅速响应压力、拉伸和压缩应变[137]，其他具有类似性质的聚合物也可以使用。几何尺寸，包括厚度、设备宽度以及中性平面与底部之间的距离，也是决定刚度的关键参数。通常，通过减小有效模量和厚度，可以方便地在不平坦的基底上实现完全贴合[135]。

器件的黏附能量，基于皮肤和传感器之间的界面相互作用，也是实现紧密贴合皮肤接触的主要因素。增加表面粗糙度在能量上是有利的，可以使设备与皮肤形成紧密的接触。例如，Bao 等通过在聚合物基底上引入仿生壁虎结构，基于范德华力相互作用，实现了皮肤与设备之间更强的黏附[138]。

2.2.2 稳定性

2.2.2.1 封装技术对传感器稳定性的影响

封装技术在可穿戴传感器中具有关键的作用，对传感器的稳定性产生重要影响。首先，封装技术能够提供信号隔离和保护，有效防止外部噪声、干扰电磁场和杂散信号对传感器信号的干扰，从而提高传感器的机械、化学稳定性，保护传感器免受温度变化、湿度、化学物质和机械应力等因素的影响，这种稳定的工作环境有助于保持传感器的准确性。另外，封装技术还能提供机械支撑和稳定性，确保传感器在穿戴和使用过程中保持稳定位置和形状，防止位移、形变或机械损坏对测量的干扰，尽量保证传感器接收单一的刺激信号。总的来说，通过优化封装技术，可以改善传感器的信号质量、稳定工作环境和机械支撑，从而提高可穿戴传感器的工作寿命和测量准确性。

封装技术在可穿戴传感器中的应用可能带来一些负面影响。首先，复杂的封装结构可能增加传感器的响应时间，导致测量结果的延迟。这可能降低传感器的实时性和灵敏度，特别是在需要快速响应的应用中。其次，某些封装技术可能限制传感器的灵活性和可曲折性，影响其舒适性和佩戴适应性。这对于需要紧密贴合皮肤或需要高度移动性的可穿戴设备来说尤为重要。再次，一些封装材料和结构可能增加传感器的重量，使其更加笨重。这可能导致佩戴者的不适感，尤其是在长时间佩戴或需要高度移动性的情况下。最后，复杂的封装技术可能增加传感器的制造成本，限制了其市场价格和普及程度。因此，在设计和选择封装技术时，需要综合考虑这些因素，以确保在提高灵敏度的同时最大限度地减少不良影响。

为了改善封装技术可能带来的不利影响，可以采取以下措施。首先，通过精简封装结构，可以减少传感器的响应时间，提高实时性和灵敏度。这可以通过优化信号传输路径、减少组件数量和采用集成化设计来实现。其次，注重信号隔离和抗干扰性能对于提高传感器性能至关重要。通过采用合适的屏蔽措施和滤波器，可以减少外界电磁干扰对传感器信号的影响。同时，进行严格的可靠性测试和实验验证可以评估封装技术的性能和耐久性，从而确保传感器在不同环境下的稳定性和可靠性。此外，推动封装技术的创新和发展也是提高传感器性能的关键。不断探索新的材料、工艺和设计方法，如柔性材料、纳米封装技术和三维打印封装，可以改善传感器的灵敏度、舒适性和可靠性。综上所述，通过精简封装结构、注重信号隔离和抗干扰性能、进行可靠性测试和实验验证，并推动封装技术的创新和发展，可以有效地减小封装技术对可穿戴传感器的不利影响，提高其实时性、灵敏度和舒适性，进一步推动可穿戴传感器技术的发展与应用。

2.2.2.2　自身结构提升稳定性

为了获得可靠和稳定的性能，聚合物的低黏弹性特性是首选的。此外，电容式触觉传感器通常比电阻式传感器表现出较低的滞后性能和更快的响应速度，因为前者依赖于相反电极之间稳定重叠区域而不是电极的电导。相比之下，简单结构的样品显示出较差的循环响应和滞后性能。这些结果可以归因于独特的三明治结构，它提供了结构的稳固性和完整性，减少了感知元件的屈曲和断裂，消除了感知层的塑性变形/皱纹。

感知材料的形态也是关键因素。一个典型的例子是基于纳米复合材料的应变传感器。CB/PP 导电复合材料在受拉应变时与 CNTs/PP 复合材料相比表现出明显的循环行为差异。对于 CB/PP，相对电阻变化的最大值和最小值随着循环次数的增加逐渐增加；另一方面，对于 CNTs/PP，这些值变得越来越负。此外，应该仔细考虑感知元件与聚合物之间的相互作用。通常情况下，感知元件与聚合物基底/基质之间的界面结合增强会带来更快的响应、改善的滞后性能和循环性能，因为在高拉伸时它们之间的滑动或脱离会更少发生。此外，在完全释放应变后，感知元件会迅速回到其原始位置。

2.2.3 选择性

2.2.3.1 离子传感器和湿度传感器

对于离子传感器而言，通常只是对于液体或者气体中的某一种特定离子来进行检测，因此检测离子的选择性尤为重要。离子传感器一旦暴露在目标离子物质中，这些设备通常会显示出电位、电流或电阻的变化。其工作原理是传感器和离子接触时发生电化学反应，因此传感器（包含参比电极、工作电极和辅助电极）接触目标分析物会导致电位（对于带电分析物）或电流（对于氧化还原活性分析物）的变化。例如，电位计型传感器通常使用离子选择性电极对目标分析物进行选择性响应，而在安培计型传感器中，电极固定的酶催化目标物质的氧化还原反应。在实际应用中使用离子传感器需要考虑许多因素。例如，人体内的生物体液中含有低浓度的离子物质；因此，实际可应用的离子传感器应具有高选择性、低检测限、高灵敏度（以精确确定分析物浓度）和高度的重复性。

近年来，汗液传感器领域取得了显著进展，例如开发了广泛用于分析葡萄糖、乳酸、乙醇、pH 值和电解质等的汗液传感器。这些可穿戴式汗液传感器主要由电化学电极组成。具体而言，安培法常用于乙醇和代谢物的酶检测，而电势法主要用于带电物种的检测。

离子传感器可以用于对生物体液中的激素进行表征。然而，由于激素在生物体液中的浓度极低，使得实现可靠的激素受到了阻碍。以皮肤中的皮质醇（一种指示压力水平的激素）为例，尽管它作为生物标志物的重要性，但仅有少数研究描述了其在汗液中的检测。Salleo 和他的团队开发了一种基于 OECTs 的皮质醇传感器，其中包括一层分子印迹层，可以选择性地结合皮质醇。在该传感器中，皮质醇分子与印迹层之间的结合阻碍了离子的运动，最终禁止了活性层的掺杂，从而可以通过 OECTs 上的电流变化推断皮质醇浓度。这种基于 OECT 的皮质醇传感器被应用于人体前臂，实时监测汗液中的皮质醇。在进行体育锻炼后，观察到了皮质醇传感器的显著电流变化，而对照设备则几乎没有响应。

不同类型的湿度传感器基于不同的工作原理，从而影响其选择性。首先，电容式湿度传感器利用电介质的湿度敏感性进行测量。在传感器内部，涂覆有湿度敏感薄膜的电介质会随湿度变化而改变电容值。电容式湿度传感器通常具有较好的选择性，因为电介质对湿度非常敏感，而对其他环境因素的响应相对较小。然而，它可能对温度和气体成分的变化也有一定的响应，因此在一些应用中需要进行校准和校正，以提高准确性和选择性。其次，电阻式湿度传感器利用湿度敏感材料的电阻值随湿度变化而改变的特性进行测量。这些湿度敏感材料通常是聚合物或陶瓷。湿度的变化会引起材料的电阻值变化，进而实现湿度测量。电阻式湿度传感器对湿度选择性较好，因为湿度是主要的影响因素，而其他环境参数的影响较小。然而，它可能对温度变化也有一定的响应，因此在一些应用中可能需要进行温度补偿，以提高准确性和选择性。最后，表面声波湿度传感器利用声波在湿度敏感材料表面传播的速度变化来测量湿度。不同湿度水平下，声波在材料表面传播的速度会发生变化，从而导致传感器输出信号的变化。表面声波湿度传感器通常具有良好的湿度选择性，因为声波在湿度敏感材料表面的传播受湿度影响较大，而其他环境因素的影响较小。总的来说，不同类型的湿度传感器具有不同的工作原理和设计，这直接影响了它们的选择性。电容式湿度传感器对电介质的湿度敏感，电阻式湿度传感器对湿度敏感材料的电阻值变化敏感，而表面声波湿度传感器则利用声波在湿度敏感材料表面传播的速度变化。除了工作原理，传感器的设计、材料选择和校准等因素也会影响其选择性。在实际应用中，根据具体需求选择合适的。

2.2.3.2　压力 / 应变传感器

在感知接触对象过程中，需要有效区分机械刺激。最初，一些简单的、离散的装置以单一的转换类型和功能来感知不同的机械刺激，以实现最小的布线复杂性。由于触觉行为涉及同时感知许多参数，因此期望触觉传感器可以提供由各种机械刺激引起的空间应力分布的信息，如正压力、横向应变、剪切力和振动等。除了接收力的信息外，具有多种刺激感知能力的触觉传感元件（例如力、温度、湿度甚至生物、化学变量等），以提供更多关于健康护理或实现复杂功能的信息。

Suh 等展示了一种使用电极接触机制的柔性电阻型触觉传感器，在薄薄的 PDMS 膜上支撑了两个相互锁定的高纵横比铂涂覆聚合物纳米纤维阵列[139]。从电阻变化的记录模式中可以识别出多种类型的力，包括压力、剪切力和扭转力，这些力与纳米纤维之间的几何畸变密切相关。类似地，具有相互锁定微圆顶阵列几何形状的电极也可以根据不同的机械刺激（包括正压力、剪切力、拉伸力、弯曲力和扭转力）提供不同的感知输出模式[140]。这些装置对各种刺激以特定的输出模式响应，但除非获得更高级的分析，否则无法很好地区分它们。Choi 等提出了一种柔性触觉传感器阵列，由 16 个基于压阻应变计的单元组成，用于测量正向和剪切载荷。通过感测系统表面的“凸起”结构来修改或定位力分布，正向力和剪切力可以转化为拉伸力。同时，可以通过比较阵列中应变计的相对信号组来区分正向力和剪切力。然而，这种方法只适用于特定的刺激组合。此外，这个想法还可以应用于获取一些复杂信息，比如测量组织弹性。基于具有相同转换类型但不同功能的离散设备阵列或集成设备如 Ko 等展示的一种多维应变传感器，包括两层预应变的银纳米线渗透网络，每层都充当应变计，但它们具有不同的功能，因为每层都被调节为分别对主方向或垂直方向的力做出响应[140]。所提出的应变传感器在主方向或垂直方向上显示高度极化和解耦的电响应，并且能够对复杂表面应变环境中的多维随机应变进行定量测量。

2.2.3.3 多物理量传感器

同时感知多种刺激温度是皮肤的临床指标，可对多种疾病和皮肤损伤进行诊断，如心血管健康、认知状态、恶性肿瘤、压疮以及人体生理的其他重要方面。湿度感知也可以提供临床相关的信息，如血液、汗液和尿液分析，适用于生物医学、护理学。此外，同时感知力、温度和湿度等多种刺激有助于通过人与机器人之间的接触操作进行情感交流。简而言之，触觉感知的一个重要发展趋势是实现对多种异质多功能接触参数的解释。这些参数不仅仅限于力，还包括温度、湿度和甚至生物化学变量等产生接触物体感知的各种组成部分。

例如，Haick 报道了一种由单一传感原理组成的单一传感器，用于检测多种刺激，通过将自修复聚合物和复合材料组装成电阻型传感器，用于检测压力 / 应变、温度和 VOCs[141]。通过监测电阻信号的幅度变化和恢复时间，可以分别推断压力和温度。然而，由于设备结构和制造工艺的简单性，当多个刺激下的感应像素中的目标信号相互影响时，常常会出现串扰现象。使用由多个传感原理或电气输出组成的单一传感器，以满足多个刺激的检测需求。与将多个传感器集成到一个像素中相比，这种方法的制造过程相对简单。此外，它能够通过良好的抗干扰性，实现对任意输入刺激的定量测量。通过在不同扫描电压下控制导电状态，这些纤维在三种感应模式之间自由切换，对特定类型的外部刺激（如温度、力和湿度）作出不同响应，并准确测量刺激强度。

另一种区分机械刺激的方法是制造对单一刺激敏感的传感器。Someya 等使用复合纳米纤维制造了一种不易受弯曲影响的压力传感器[142]。在该传感器中，均匀分散的纳米纤维改变其排列方式并适应弯曲变形，从而最小化单个纤维在弯曲下的应变，从而使传感器的电阻在弯曲下保持恒定。一方面，当施加正常压力时，CNT 与石墨烯填料高效形成导电路径，即使在非常小的压力下也会显著改变传感器的电阻。Park 和合作者使用多孔碳纳米管 /PDMS 复合材料制造了一种不受压力影响的应变传感器[143]，表明在 PDMS 基质中碳纳米管渗透网络中的裂缝形成下，微孔多壁碳纳米管 /PDMS 结构的电阻会随侧向应变而变化。另一方面，压力的施加关闭了孔隙而不是形成裂缝。孔隙的变形是由于最小化碳纳米管渗透网络中的变化所致，因此导致电阻变化微不足道。Lee 等通过使用微图案控制局部应变实现了对应变不敏感的可伸缩压力传感器[144]。这些对单一刺激敏感的传感器不会受到不同刺激之间的信号干扰，这使得在它们被集成到传感器阵列中时，信号处理更加容易。

机械和热刺激之间的区分对于实现柔性可穿戴电子器件具有重要意义。例如，Park 等制造了一种压力传感器，对应变和温度变化的灵敏度非常小。这些压力传感器是在相对刚性的 PDMS 岛屿上制造的，该岛屿嵌入相对柔软的弹性基板中。使用电容传感器使传感器对温度不敏感。Cho 等报道了一种双模传感器，包括一个电容式压力传感器和一种基于 rGO 的热电阻传感器[120]。该集成传感器的设计使 rGO 不受到压力影响，由于电容传感器本质上对温度不敏感，因此可以区分压力和温度。Zhu 等基于 PEDOT：PSS 包覆的 PU 框架制造了一种压力 / 温度传感器[134]。由于热电效应和压电阻效应具有不同的 IV 特性，因此可以区分温度和压力。Park 等采用高度有序的微孔结构制造电容式和压阻式传感器，并将两种不同的传感器集成到单个触点中以区分压力和温度[109]。除了这些传感器，如上所述，通过利用蛇形、网状和岛状结构等几何形态来最小化材料本身所受的应变，已经开发出了对应变不敏感的温度传感器[130，131]。利用这种温度传感器以及其他对单一刺激敏感的传感器，Wang 等报道了一种集成传感器阵列，可以检测和区分压力、应变、温度、湿度、光和磁力[145]。

3　柔性可穿戴传感电子系统产业发技术路线图分析

柔性可穿戴传感电子系统的发展离不开集成技术、人机界面、能源供应等领域的发展。本章节中，我们将从大面集成技术、兼容的传感器 - 生物接口技术、传感网络连接与供电技术、环境与伦理问题等方面分析柔性可穿戴传感系统产业技术发展的目前存在问题，以及未来发展目标，得到该领域发展的产业技术路线规划。

3.1　大面积集成技术

传感器阵列是多个或多种传感器的集合，用于收集和处理环境信号。大面积和高空间分辨率的传感器阵列现在被应用于电子皮肤、医学成像、交互式显示、建筑集成电子等领域。因而传感器阵列研究也与日俱增。在这些研究中，柔性传感器比刚性传感器具有显著的优势。然而，在阵列集成过程中，出现了关于像素密度和质量、读取效率、电源管理和可制造性的挑战。在这里，我们主要讨论信号读取和多模态传感方面所面临的挑战。

3.1.1　大面积集成技术目前的主要挑战

想要在有大规模高密度传感器像素的柔性传感阵列中，读取到高质量的信号，就需要同时考虑传感器像素之间的串扰、信噪比、布线复杂性、功耗、传输数据量、散热以及对数据处理计算能力的平衡等方面的因素，来设计读取结构。目前，无源矩阵和有源矩阵是阵列信号读取的主要结构。无源矩阵是由行、列线和交叉处的传感器组成（图 3-23 a），相对容易实现和制造。[146, 147] 然而，信号的保真度会受到传感器之间串扰的影响。虽然高度复杂的读取电路可以解决这个问题，但它们同时又引入了其他问题，[148] 例如低的读取速度和准确性，尤其是在像素数量变大（例如，1000 × 1000 矩阵）时更容易发生。有源矩阵结构通过是在单个传感器上放置电子开关（如晶体管和二极管）来解决串扰和布线复杂的问题（图 3-23 b）。[149-151] 晶体管也可以形成放大电路，在每个感测像素处进行局部放大。[152-154] 目前，商用的柔性传感阵列一般是有源矩阵。

有源矩阵在电子互连和电路方案中会面临一些挑战。对于互连，薄膜互连的高阻抗（>1kΩ），在大电流（10~100mA）通过时可能会导致严重的过热和压降，[155] 分别导致电路故障和灵敏度损失。因此，需要增加传感器和连接线之间的阻抗比，并且应该考虑开关晶体管在 ON 状态下的阻抗。[156] 此外，长互连的高阻抗和它们之间的大量重叠也会导致在工作过程中产生大的时间常数、串扰、共模噪声和对外部电磁干扰的吸

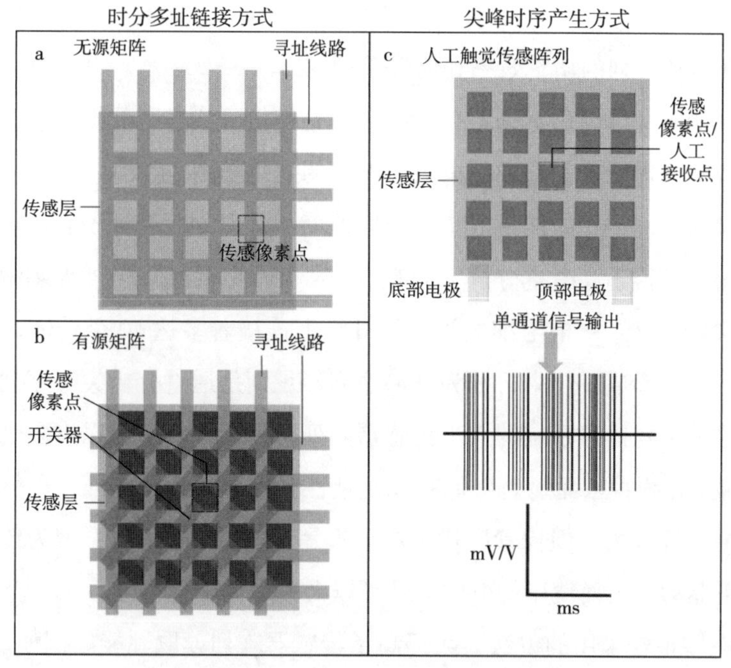

a. 无源。b. 有源矩阵的线路示意图。c. 人工触觉传感阵列示意图。

图 3-23　目前阵列信号读取的主要结构

收。[157]就这点而言，差分信号读取方法可能是一个通用的解决方案．对于在有源矩阵中驱动像素的电路方面，有机半导体（主要是 p 型）和无机半导体（主要是 n 型）的不兼容技术导致难以制造互补电路（基于 n 型和 p 型半导体）。[158]此外，在矩阵中使用不成熟材料或工艺可能导致晶体管之间参数变化，进而导致偏移、死像素和灵敏度变化不利因素产生。Bootstrap-type 电路将是克服这些挑战的有力候选电路。[159，160]

在有源矩阵中，晶体管对信号读取、调节和处理起着关键作用，其性能决定了传感器矩阵的信噪比和功耗。[161]在这方面，目前的目标是在可拉伸晶体管和阵列中实现与刚性相当的性能。[162-164]因而就需要通过改进工作频率和电压、应变无关的电气特性和功耗实现有效的矩阵寻址。同时，晶体管性能可以通过采用非常规的运行原理来实现实质性的改进。例如，亚阈值 SB-TFTs 提供了一个超低功耗和高增益的解决方案。[165]有机 SB-TFTs 可以喷墨打印，同时优于无机对应物。[166]除此之外，SB-TFTs 的电特性是与几何无关的，因此可以适应喷墨打印器件的尺寸变化，而这个特性在打印数组中是特别需要的。由这种 SB-TFTs 制成的放大器具有超低功耗（峰值功率约 600 pW）和高增益（峰值增益 260 VV^{-1}）的优点，从而在电压记录中实现比其他 TFT 技术更高的分辨率（低至 3.8 μV）。[166]目前，有机 SB-TFT 的可拉伸通过螺旋外形结构实现是可行的，[167]未来，如果继续探索实现大面积 SB-TFT 阵列的方案可能会大大提高柔性传感阵列的功率效率和信号质量。

传统传感矩阵的电路方案通常使用时分多址链接方式进行数据采集，在连续施加偏置的同时依次扫描所有像素中的电阻或电容的变化（图 3-24 a，b）。[168]这种方法在大规模高保真阵列传感的能量效率、读取速度和延迟方面受到限制。研究者们，从生物体感系统中获得了高时空分辨率的有效信号读取的灵感。当外界刺激时，感觉受体产生电位尖峰。[169]一根毛细血管神经纤维上连接着多达 40 个受体，这些受体依次产生的脉冲信号形成一个束，称为脉冲序列。识别是通过分析尖峰序列的模式来实现的。模拟这种生物体感系统的人工传感器阵列（图 3-23 c）可以有多个像素共享相同的读取电极 / 导线，从而显著降低布线复杂性和读取延迟。此外，虽然尖峰串扰分析需要更多的计算能力，但像素串扰本质上不是问题。[170]最后，因为传感器像素可以在低电流下驱动，因而使用的电位信号可以大大降低功耗。

最近的一些报告采用的方法大大提高了传感器阵列读取性能。例如，Lee 等人提出了一种 ACES，来编码并读取电子皮肤中大量的压力和温度传感器数据。[170]来自每个传感器的模拟信号通过在每个像素中包含 ADC 的微控制器转换为电位尖峰。在 240- 像素传感器阵列中，该系统实现了 60 ns 以内的时间精度。然而，在柔性 / 可拉伸基板上分布微小的刚性芯片是大面积 ACES 的还是具有一些挑战。并且，与有源 / 无源矩阵相比，它也会限制器件密度（据报道为 1 cm 像素间距）和灵活性（<1 mm 像素间距和充分的灵活性）。Kim 等人通过使用离子弛豫时间可调的混合离子 – 电子导体作为压敏材料解决了这一难题。[171]这种具有差分特性的材料阵列在输出尖峰串特征中编码了接触信息（接触位置和面积），而无须电路进行像素内转换，从而提高了集成密度（2 cm × 2 cm 中的 529 像素）、系统灵活性（完全灵活，没有刚性组件）和功率效率（不需要额外的能量来驱动微控制器）。实现了与人类皮肤相当的时空分辨率（12 ~ 132 cm^{-2} 和≤ 250 Hz）。然而，由于系统设计过于简单，数据复杂性不如先前的方法（没有直接获得定量接触压力）。除此之外，其他自尖刺传感器，如压电和摩擦电触觉传感器与热释电温度传感器，[172]也值得探索和研究。某些传感机制也能够输出有效的阵列信号。例如，研究者们已经发展了一种用于压力传感的电位机械转导机制。[173]与传统的电阻式或电容式传感器不同，该机制将压力输入转换为两个电极之间的电位差，允许配置具有公共参考电极的单电极模式阵列，从而大大减少了导线数量并提高了像素密度。此外，由于电流可忽略不计，像素之间的串扰最小，

允许同时从所有像素采集数据。并且，电位传感比传统的电子皮肤需要更少的功率（<1 nW）。基于摩擦电机制的触觉传感阵列也具有类似的理想特征。[172]

3.1.2 大面积集成技术的发展目标

在许多场景中，需要实现功能繁多的传感器，以获取复杂而全面的环境和生理信息。需要使用一种以上类型的传感器还可以提高测量精度，减少产生有用反馈所需的传感器数量。[174]因此，多模态传感[175]应该是柔性传感器的一个重要特征。通常有两种方法来实现多模态传感：①将多个传感器集成到单个设备中；②用单个传感器检测多个刺激（图 3-24）。[176]

第一种策略是通过矩阵网络或堆栈结构直接集成各种传感器。[177-181]这些系统中的传感器通常建立良好，性能可靠。然而，这些系统需要复杂的结构设计、制造、信号读取和调理，阻碍了高密度阵列集成。为了解决这些问题，通过刚性材料的微加工，简化阵列结构和传感器小型化已经产生了具有合理高器件密度（约 1 mm 传感器间距）的多模态传感阵列。[177, 182]此外，使用相同的传感材料[183, 184]和相同类型的输出信号（和传感机制）[185-187]分别简化了制造和信号调节。

第二种策略是通过单个传感器实现对多个刺激的同时检测，从而实现高集成度。此策略将有利于在大小、重量和分布上有物理限制的应用程序。这种多模态传感器应该能够解耦多个刺激而不产生串扰。最常见的方法是利用传感器对多种刺激的反应差异进行识别；通常需要一些数学[188]/ 机器学习算法[189, 190]来进行数据分析。这种方法可以利用单一材料的固有多响应性，[189-192]在功能器件的不同部分的不同传感材料的组合，[188]或在三维结构中安排多个子传感单元[192]。另一种方法是使用多种测量模式来解耦信号，[193-197]可能会受到信号读取复杂性和延迟的影响。测量模式（方程）的数量应等于或大于刺激（未知变量）的数量。在这种高度集成的传感器中，每种传

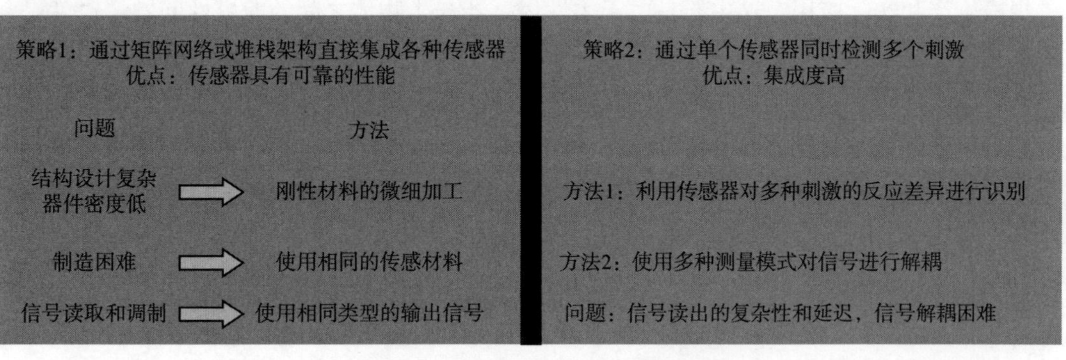

图 3-24 多模传感阵列的方法策略图

感方式的性能可能不是最优的，也很难同时提高。此外，当传感器变得过于多模态，即同时响应许多刺激时，可能很难区分刺激。在这种情况下，集成略有不同响应性的多个传感器并整体分析信号可能是一种解决方案。[198]

关于多模态传感，特别需要关注的是柔性图像传感器和凝胶型物理传感器。目前，大多数柔性图像传感器无法同时识别多种颜色。虽然彩色图像传感可以借助带通滤波器实现，但其工艺复杂性和成本尚未得到解决。无滤光片窄带柔性光电探测器的阵列集成是彩色图像传感器制备的关键。利用基于量子点的纳米复合材料的颜色灵敏度和人工神经网络补偿机械变形引起的误差，开发了一种具有 RGB 彩色图像识别能力的内在可拉伸光电晶体管阵列。[199]虽然像素分辨率相当低（约 1 cm），但这种光电晶体管阵列在柔性彩色图像传感器方面是一大进步。对于凝胶型应变/压力/温度传感器，在不感兴趣的刺激保持恒定的理想实验条件下，有许多多功能传感的报道。[200-202]未来的研究应该证明这些刺激的解耦，否则，传感器只能在高度受限的情况下使用，例如只有一个刺激，没有环境干扰或不需要定量信息。[202]

3.2 兼容的传感器 - 生物接口

柔性传感器是一种新型的传感器，相较于传统的传感器具有更加优异的性能，其主要特点在于可以在非平坦的表面上实现共形接触，并且在使用的过程中可以承受各种变形，收集信号或者保持信号的稳定性[203，204]。由于这些特点，柔性传感器在生命信号监测等领域具有广泛的应用前景，尤其是在健康监测、疾病管理、神经科学、人机交互等领域具有巨大的潜力[205]。在未来，柔性传感器可应用于健康监测和疾病管理的可穿戴/植入式传感器[206]，神经科学和生物医学研究[207]，人机交互界面，精密农业的厂内传感器[208，209]。

然而，柔性传感器在这些领域的应用依然停留在研究和概念阶段，并没有实现大规模生产和实际应用。这主要是由于柔性传感器与生物体之间的兼容性问题，也就是生物界面传感器与生物体之间的兼容问题[203，210-212]。这是目前柔性传感器面临的最大的挑战之一。在实际应用中，生物界面传感器的要求非常高。一方面，它需要在生物 - 非生物界面获取高质量的生物信号，另一方面，它又不能干扰生物有机体的正常功能[209]。因此，如何解决这个问题成为柔性传感器发展的关键。要解决这个问题，首先，需要对柔性传感器与生物体之间的兼容性问题进行深入的研究。这项研究需要包括材料科学、生物学、医学和工程学等多个领域的知识。其次，需要研发新的材料、结构与技术，以满足生物界面传感器的要求。这些材料和技术需要同时满足柔性传感器的要求和生物体的要求，以确保其在生物表面或者体内的稳定性和可靠性。

3.2.1　生物接口技术目前的主要挑战

目前生物接口方面的主要挑战（图 3-25）如下。

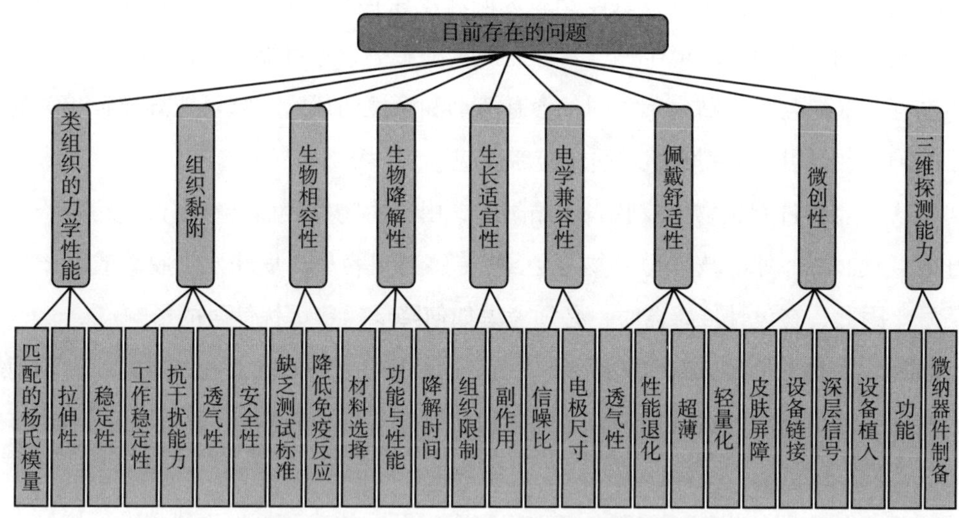

图 3-25　目前传感器生物接口方面存在的问题

（1）类组织的力学性能

传统的电子材料，如硅和锗等，在很多电子应用中被广泛应用，但是由于其杨氏模量较大，具有高刚性[213]，因此在实现与复杂表面的适形接触方面存在困难。这会导致在运动或移动过程中出现干扰和信号波动，进而导致信噪比下降，这在传感器等应用中非常重要。

此外，由于传感系统中通常存在多种材料，不同材料之间的兼容性也是一个问题。特别是在拉伸的情况下，可能会导致传感系统的损坏或破坏[214]。因此，在设计传感器时，需要考虑材料的选择，以确保系统的可靠性和稳定性。

材料的力学性能也对穿着舒适性和信号稳定性产生影响。由于传感器本身的杨氏模量与皮肤之间不匹配，使得传感器与皮肤（10 kPa）之间的贴合度差[215]，从而导致采集到的信号不准确，并且会降低佩戴的舒适度。为了解决这个问题，研究人员正在开发新型柔性材料，例如水凝胶，以便它们能够与皮肤适合地接触，并保持可靠的信号传输[216-218]。

（2）与组织黏附

在将传感器应用于生物体表面时，存在许多挑战和限制，特别是在传感器与生物体贴附的过程中，可能会出现多种问题，例如信号稳定性和组织黏附程度不足等问题。因此，在设计和制造传感器时，必须考虑这些问题，以确保传感器在生物体上的有效和稳定应用。

首先，传感器的信号稳定性与组织黏附程度密切相关[219]。在贴附的过程中，传感器会遭受动态形变和环境（热、紫外光照）的影响，这可能导致传感器信号不稳定或不准确。如果与组织贴附不牢固，会有滑动和摩擦的风险，这可能会导致相关的信号不准确，并且可能会刺激组织引发应激反应。

其次，当器件与生物体皮肤表面贴附时，由于生物体表面会存在大量污染物（例如汗液、化妆品、水、皮肤分泌物等），使传感器很容易与皮肤发生脱落或者产生干扰信号。因此，在设计传感器时，必须考虑如何降低这些干扰信号的影响。

再次，器件的固定方式至关重要。目前所使用的方法大多要施加压力或者贴附胶带，这就会使生物组织受到损伤，甚至残留化学物质在皮肤表面，并且这些固定方式不透气会使穿戴舒适性下降使皮肤发生过敏反应。

最后，传感器的应用还需要考虑生物安全问题。传感器与生物体表面的接触可能会产生生物反应，例如皮肤刺激和过敏反应。因此，在设计和制造传感器时，必须考虑其材料和生物相容性，以确保传感器与生物体之间的相互作用是安全和有效的。

（3）生物相容性

生物相容性是指一种材料或物质与生物体接触时，不引起生物体的免疫反应或过敏反应，并且在与生物体共存期间不会对生物体产生有害的影响，是一种评价材料是否适合用于生物体的关键因素之一。

然而，目前对于柔性传感器中新兴材料的生物相容性缺乏系统性的测试，特别是石墨烯和碳纳米管等纳米材料[220-222]。更糟糕的是，不同研究中关于这些纳米材料的生物相容性声明存在许多差异，主要原因分为两点：一是不同研究中使用的非标准化测试方法；二是纳米材料在合成过程中难以控制，尺寸、几何形状和表面状态的改变会导致材料特性的巨大变化[223, 224]。因此，制定具体的标准是必要的，以便后续的实验设计和数据比较。

另一个特定的生物相容性问题是免疫反应，在生物传感器工作的过程中，人体会应对外界事物的入侵出现排异反应，例如有循环抗 PEG 抗体的人可能会对 PEG 移植药物产生致命的过敏反应[225]。另外，虽然一些免疫反应对人体无害，例如囊肿，但是，囊肿的存在会大大影响传感器的工作性能。因此，考虑到使用者的健康和传感器的稳定性，如何降低和消除生物体内的免疫反应至关重要。

（4）生物降解性

植入型生物传感器可用于对各类疾病进行治疗和监控，但是，永久性电子材料的植入会导致二次感染或者并发症的发生。因此，传感器的生物可降解性至关重要。同时，还可以避免二次手术提取的需要。

目前，传感器在可降解方面的发展主要面临三个问题，一是在材料选择方面，目前所使用的无机物加上有机基质在材料选择上有限。例如，应用于传感器的硫、铅等元素对人体有害[226]，不能应用于可降解植入式的生物传感器中，这极大地限制了传感器的功能与应用场景，因此，需要寻找更多的可降解材料，包括有机和无机材料，以实现更多的功能和应用[227]；二是在性能和功能性方面，尽管功能性有机物可以有效地解决可降解的问题，但是其性能和功能性方面仍然面临着挑战，传感器需要具备高灵敏度、高选择性和高稳定性等性能以需要满足不同的应用场景和需求[227, 228]；三是在可降解周期和器件工作稳定性之间的平衡问题上，目前还没有一个统一的标准或指导方针，不同的应用场景和患者的需要不同，因此需要根据具体情况并进行更多的研究于实验来制定合理的可降解周期和器件工作稳定性的平衡策略。

（5）生长适宜性

尽管，生物传感器已经应用于生物组织中，但是，受限于材料固定形状的限制，应用于生长组织中的传感器依然处于起步阶段[229]。目前弹性生物电子学可以适应由器官和身体运动动态引起的反复应变，但在适应发育组织生长的过程中，在不施加巨大压力的情况下，仍然存在挑战。例如，植入型神经刺激器可以有效的减少一些耐药性的癫痫患者，而如果应用于儿童中，会存在组织限制和副作用[230, 231]。另外，对于婴儿、儿童和青少年来说，一旦植入的设备无法使用，通常需要额外的手术来更换设备，导致重复干预和并发症。

（6）电学兼容性

电学兼容性主要存在两个方面的问题——信噪比和电极尺寸限制。

首先，信噪比在电子工程和通信领域被广泛应用，用于衡量所接收到的信号与噪声之间的比例，通常以 dB 为单位进行度量[232]。高信噪比意味着更清晰的信号，而低信噪比会使信号变得模糊或不可辨。在生物电子学中，信噪比也是一个重要的指标，因为它直接影响到生物电信号的质量和可靠性。然而，在生物电子学中，信号质量的挑战在于如何有效地获取和处理生物电信号，因为这些信号通常非常微弱，并且容易受到环境噪声的干扰。例如，在肌肉收缩期间，电极与皮肤之间可能会出现微米级或更大的间隙，这会导致电容耦合过程的削弱，从而影响生物电信号的传输和接收[233]。

另外，如今的生物传感器向着高分辨阵列方面的发展，对于电极的尺寸要求也越来越高。但是，现如今该方向的发展主要受到了两个方面的挑战，一是具有与生物组织模量匹配的材料导电性和稳定性差，因此，小尺寸的电极无法满足传感器信号传输的需求，例如，导电水凝胶仍然受限于相对较低的电导率通常小于 1 S cm^{-1}，这比干导电聚合物或金属低几个数量级，并且通常需要使用剧毒物质来制备它们[217]；二是新兴材料的高分辨制备工艺尚不完善，与当前的微纳加工工艺不兼容，导致传感器的小型化仍然存在障碍，虽然目前已经有研究表明可以利用在传统半导体中的光固化工艺来增加现阶段的分辨率，但是，分辨率依然无法达到理想水平[217, 233–235]。

（7）佩戴舒适性

传感器的舒适性是其在现实世界中得到广泛应用的必要条件。透气性和轻量化是实现传感器舒适性的两个重要方面。

为了保证在使用过程中传感器的舒适性，在传感器的设计和制造过程中，必须考虑透气性对于传感器稳定性和可靠性的影响，以及对生物组织的健康没有不利影响。透气性是指传感器具有足够的通风和排湿性能，以减少对皮肤的刺激和损伤，确保传感器可以长时间贴附在皮肤上工作。传感器通常需要与人体直接接触，而人体表面的水分蒸发速度很快，因此如果长期存在于不透气的封闭环境中，容易导致皮肤过敏反应，给使用者带来不必要的痛苦[236]。因此，传感器的透气性至关重要，必须确保足够的通风和排湿性能，以减少对皮肤的刺激和损伤。为了确保传感器可以长时间贴附在皮肤上工作，必须考虑传感器的稳定性和可靠性，同时还要确保传感器与皮肤的贴附牢固，以及对生物组织的健康没有不利影响，这其中透气性尤为重要。此外，传感系统中的某些部件使用了刚性元器件，这使得并不是传感器中的所有部分都能保证有足够的透气性。因此，集成纺织品纤维等材料的技术尚不完善，需要进一步研究和发展。此外，基于纺织品纤维的传感器容易在洗涤过程中退化，而且不具备可靠的附着力，这也是需要解决的问题[237, 238]。

除了透气性外，轻量化也是实现传感器舒适性的另一个重要方面。超薄、小型化和轻量化是满足佩戴舒适性的必要条件。然而，传统的或者二维的半导体材料在被制备成超薄或者网状薄膜后，很容易发生断裂或粉碎，导致集成困难[239, 240]。因此，需要开发新的材料和技术来实现超薄、小型化和轻量化。纤维传感器是最符合要求的规格之一，但是，其在除了纺织物以外的场景集成困难限制了其发展[241]。

（8）微创性

为了满足健康和客户接受度的要求，传感器的微创性也很重要。

首先，为了满足传感器的微创性，研究者们关注于非植入式传感器的研制，但是非植入式传感器通常是直接放置在皮肤表面或者穿戴在身体上的传感器，例如血压计、血糖仪等。这类无创检测的传感器可以方便地使用，不需要进行手术或者注射等创伤性操作，可以大大减少对患者的痛苦和风险。然而，该类传感器只能探测一些表面信号，由于皮肤屏障的存在，无法对深部组织信号进行有效地采集，穿透深度、空间分辨率、时间分辨率和耐磨性等方面都存在不足。

其次，为了满足微创和深层组织探测的要求，研究者们发展了多种结构的植入式传感器包括微针阵列、可注射式微型传感器、纤维传感器和隐形眼镜。这些传感器的优点是可以直接植入体内进行监测，能够获取更深入的数据，并且可以长期稳定地进行监测。然而，这些传感器也存在着各自的局限性。例如，微针阵列的制造过程比较复杂，需要高精度的加工技术和制造工艺，而且由于微针的尺寸非常小，所以对运动公差的要求比较高，同时，定量化学传感也比较困难；可注射式微型传感器是一种可以通过注射进入体内的微型传感器，在使用过程中操作和连接困难，且功能无法进行复杂信号的探测；纤维传感器的传感面积小，植入困难，系统集成具有挑战性；研究者受到了隐形眼镜的启发开发了可以监测眼球内部的生理信号，其优点是可以直接植入眼球，采集的数据精度高，但是同时也存在着植入难度也很大，需要克服眼部感染等风险。

（9）三维探测能力

人体涉及许多重要的器官，其结构复杂性远远超出了二维平面设备的探测范围。例如，大脑涉及数十亿个神经元，这些神经元在高度折叠的大脑皮层中相互连接，仅用平面设备无法准确映射；神经元活动不仅发生在大脑表面，而且发生在大脑的深层，这给脑机接口带来了困难；心脏包括四个具有高度动态结构的肌肉室，单用平面的设备无法实现准确的监测。虽然该领域还处于起步阶段[242]，已经取得了进展，例如可注射的自膨胀神经微电极[243，244]，具有多功能电子设备的混合心脏贴片[245]和半机械人类器官。最近提出了一个概念，即主要或完全使用合成材料自下而上构建组织样系统，模仿生物组织的形态，分层结构和功能特性[246，247]。生物有机体和组织内材料和设备的原位制造[246，248]正在逐渐消除人造设备和自然有机体之间的界限。但是，目前在该领域内依然存在着以下问题。

首先，为了满足微创性和精确定位的要求，研究者们制备出了多种自扩展或多模块微型传感器，虽然该类型的传感器很好地满足了对于生物体中的探测需求和生物相容性的要求，但是，该类型的传感器操作和连接困难，并且无法实现复杂的功能，限制了其进一步的发展。

其次，三维结构的传感器制备工艺方面的挑战。三维电子器件的制备与组装依然困难，虽然现在有使用机械引导模式的三维装配方法，但是其在实现微纳米器件制造方面依然存在困难。此外，是应用于发育组织中的传感器的制备，近年来为了满足空间分辨率、免疫应答等要求提出的方法比如电子支架上的细胞接种和发育生物学驱动的三维组装，由于其结构的固定性并不能引用于发育组织中。

3.2.2 生物接口技术的发展目标

根据以上提出的问题，总结生物接口技术的发展目标（图 3–26）如下：

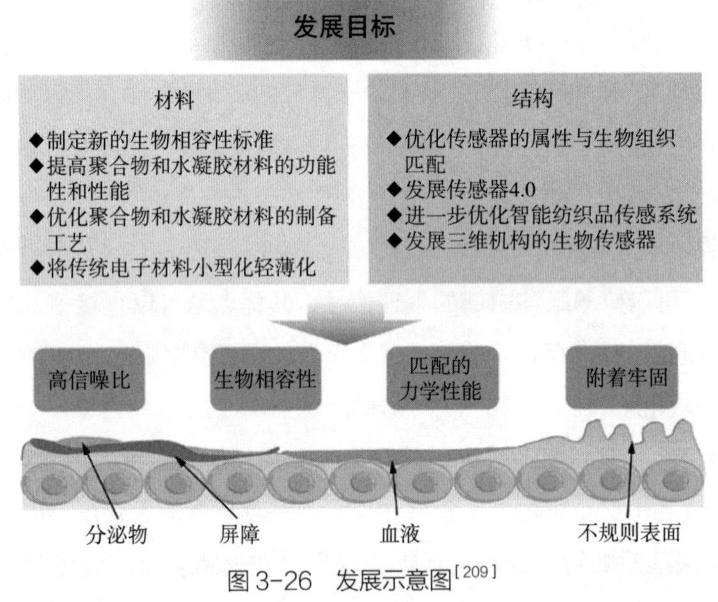

图 3–26 发展示意图[209]

（1）材料方面

随着生物接口柔性传感器应用领域的不断扩展和深化，针对其与生物组织的相容性和性能方面的要求也越来越高。然而，这些新兴材料的生物相容性仍然需要建立可靠的标准和测试方法。因此，制定适用于新兴材料的生物相容性标准显得尤为重要。联合 ISO、IEC 等官方组织以及监管机构如 FDA，以及相关领域的组织如 IEEE 和 IUPAC 等，可以促进该领域的发展和规范化。在制定标准化测试的过程中，针对组织接触传感器的位置和持续时间，进行不同的测试可以保证传感器在生物体内的相容性和安全性。

在材料方面，聚合物材料具有多长度尺度和多样化的分子设计，因此可以精确调整和组合多种性能。然而，与传统的无机电子材料相比，聚合物和水凝胶在与传感相关的功能性能方面仍然存在不足，特别是在导电性和稳定性方面[249，250]。因此，制备出同时兼具良好的机械稳定性、出色的性能和稳定性的聚合物和水凝胶材料是重要的发展目标之一。通过结构设计和改进材料制备工艺，可以进一步提升材料的性能。

另外，传统的电子材料在图案性、可加工性和电子性能方面具有优势，研究发现，将传统的电子材料进行小型化、轻薄化，可以有效地降低材料与生物组织之间的不匹配问题[206]。因此，开发新的制备技术和改进现有的制备技术以满足这些要求，也是传感器发展的重点方向之一。

（2）结构方面

目前，生物接口柔性传感器的外形尺寸正在向更薄、更轻、更小型化、结构复杂、多孔、高度集成和定制的架构发展。最终目标是为了同时实现生物活动的干扰小，与生物组织可紧密接触，更好的信号质量。

为了达到这个目标，柔性混合电子器件被广泛应用于生物接口柔性传感器中，但目前仍存在着笨重且不透气的问题，因此，优化传感器的属性以使其与生物组织完美匹配是发展的一个主要目标。另外，传感器的通信和数据传输主要依赖于无线传输设备，因此发展传感器 4.0 十分重要（传感器 4.0 可以解决软硬接口不稳定的问题，实现传感器和无线传输设备之间的无缝连接）[209，251]。

此外，智能纺织品的研究也是当前的一个发展趋势。现在，许多先进的功能已经在纺织平台上进行了演示，集成系统可以实现能量收集、能量存储、传感、显示和简单的信号处理[252，253]。但是，纺织品传感系统在可洗性、耐用性、佩戴舒适性、刚性模块的必要性和美观性方面面临挑战，这也是主要的发展目标之一。

最后，为了满足生物组织中三维体积信息和三维方向上的信号，传感器的结构由二维结构向三维结构转变也是主要的发展目标之一。随着三维打印技术和其他制造技术的发展（使用合成材料自下而上构建组织系统、组织内材料和设备的原位制造）[246，247，254]，这一目标正在变得越来越现实。

3.3　柔性可穿戴传感电子系统的网络连接

传感器连通性是指传感器之间以及传感器和控制设备（例如，智能手机、计算机）之间的信息交换。连通性很重要，因为在许多情况下，一大群传感器从整体上反

映了被监控对象 / 环境的状态（例如，健康监控，姿势和运动跟踪，环境监测），或者需要同时监测空间上遥远的对象（例如，大规模的动物行为神经科学）。[251, 255–257] 有时是传感器之间的相互作用产生有意义的数据（例如，COVID–19 接触者追踪）。可以通过有线或无线通信建立连接的传感器网络。后者近年来越来越受到关注，因为它可以利用云计算的力量和方便的数据共享和管理，提高生物接口传感器的耐磨性和植入性，并简化物联网应用中的传感器安装，从而实现包括无线传感器网络和无线体域网在内的传感范式。[258, 259] 有几种信息携带介质可以建立无线通信，例如声波、光信号和射频电磁波。射频通信方法是最常用的，因为它们通过不同的数据传输机制（磁感应耦合、磁共振、远场辐射等）和宽频率范围具有多功能性，导致通信协议具有适合不同应用的独特特性。不同类型的传感器网络的连接要求差异很大，具体取决于应用的目的和资源限制，包括电池寿命、可用带宽、缓冲区大小、处理能力、外形、传输介质等。为了构建高效的无线传感器网络，需要为每个传感器节点选择最合适的（通常是权衡）协议，并且通常需要在合适的拓扑中组合多个协议以提供完整的网络连接。总而言之，传感网络的连接就如同人体中的神经系统，控制和调节着各个传感器之间的信息传递，使得传感器网络成为一个有机统一的系统。

3.3.1　传感系统网络连接目前的主要挑战

提高吞吐量、可靠性和安全性是现代通信技术的主要目标。一般研究方向是更快的数据传输、更低的延迟、更小的电路尺寸、更高的能效等，将有利于灵活的传感器网络。例如，高速和低延迟对于实时反馈系统和传感器阵列至关重要。同时，由于新兴的应用要求，柔性可穿戴传感器网络存在一些特定的涉及功耗、身体干扰和数据安全性的问题。

（1）高功耗问题

数据传输给无线传感器网络带来沉重的能源负担。根据应用的不同，功率要求各不相同，但在大多数情况下，无线通信网络消耗的功率高于传感器本身，有时通信功耗可能占总功耗的近 80%~90%。在传感器周围添加大容量电池和能量收集器以支持如此高的能量需求是一个简单的解决方案，但对于无线传感网络来说并不总是可行或理想的。[259] 因此，降低无线通信的功耗对于柔性传感器至关重要。

（2）身体干扰和约束问题

柔性可穿戴传感器在人体生理监测方面具有广泛的应用，但人体在无线通信中提出了几个关键挑战。首先，人体的生物组织在 1~10 GHz 的范围内强烈吸收电磁辐射，这是常见的无线射频技术所在的位置。这种吸收会导致显著的路径损耗和能量浪费（当天线在人体附近或连接到人体时，显著衰减约 80 dB）。[260，261] 组织吸收较低的替代信号携带介质包括超声和近场电磁波，但这些技术在小型化方面存在困难，并且对发射器 – 接收器错位也很敏感，这严重影响了身体运动期间的器件连接稳定性。此外，当身体部位遮挡传播途径时，身体运动也会导致不可靠的连接。出于同样的原因，信号传输的介质不断变化，这使得通信系统的设计也具有了挑战性。其次，佩戴舒适性和植入物安全性的要求也在通信模块设计中提出了额外的材料和外形尺寸要求，例如柔软性、拉伸性、小型化（尤其是天线）、生物相容性，以及实现兼容传感器生物学接口的许多其他方面。

（3）数据安全问题

数据安全一直是无线通信关注的问题，因为无线信号通常分散在自由空间中，容易被窃听。在以人为中心的传感器应用中，当收集敏感的涉及个人隐私的私人数据或根据传感器数据做出医疗保健决策时，这个问题变得更加严重。在这些情况下，数据泄露有时可能会危及生命。因此，传感器网络连接通信过程中产生的数据泄露问题是一个不可忽视的安全隐患。

（4）其他问题

除了上述三个关键挑战外，柔性传感器网络的连通性还存在许多其他问题。例如，随时间变化的数据量（即动态流量）导致后端服务器的数据存储和处理负载不平衡，并且是需要持续监测的新问题。[259] 随着无线连接设备的数量急剧增长，传感器节点之间以及以重叠频率运行的其他无线设备之间将存在干扰。传感器节点过热将成为随数据量缩放的问题。如果包含更高频率的通信模块（例如 5G），热管理将成为关系到用户安全的巨大挑战。持续的芯片创新以降低功耗是关键。

3.3.2 传感系统网络连接的发展目标

在传感器网络中包含数十个传感器节点相互通信以及与网关和服务器通信。在这一庞大的连接通信过程中将出现更复杂的网络和数据管理问题，需要为传统传感器开发尖端的解决方案（例如，物联网和无线体域网中的无线技术），以及为柔性可穿戴传感器网络量身定制的解决方案。其中无线通信的便捷性、安全性和可靠性是柔性传感器网络不断追求的目标。

（1）降低功耗

通过天线配置、电路设计、调制方案、网络拓扑等方式来提高传感器网络连接的数据传输能源效率，从而降低传感器网络的功耗是传感器网络连接的首要发展目标。除了提高通信技术的能源效率外，还可以从源头减少传输的数据量来缓解高功耗问题。这种高效的传输可以通过集成在传感器附近的边缘计算系统来实现，以在传输之前处理信号以减小数据大小，这有助于实现更快、更节能的数据通信。

（2）克服身体干扰和约束

可穿戴柔性传感器网络在工作时不可避免地受到人体活动的影响。通过利用衣服作为封闭式信号传输的媒介，或者利用身体耦合通信或身体信道通信将人体作为信号传输的媒介，以及设计出能适应身体运动、几何限制和组织柔软度的不同外形的射频设备是提高人体传感器通信可靠性的有效方法，同时也是传感器网络连接重要的发展目标。[262]

（3）加强数据安全

保证传感器网络中各个传感器在传输和通信过程中产生的数据的安全性是当今社会下亟须解决的问题。通过采用短距离通信这种对窃听不敏感的传输方式，数据加密和身份验证系统以及网络和数据管理框架，如区块链等，可以有效地增强数据的安全性。[259] 传感器网络连接在数据安全方面的主要发展目标是在加强数据传输和存储安全性的同时避免产生其他的传感器网络连接或者供电问题。

（4）发挥柔性传感器和无线技术领域交叉应用潜力

研究人员之间需要在柔性传感器和无线技术领域进行更密切的合作，以充分发挥这两个领域的潜力。尽管无线技术的研究不断取得进展（例如，通过近场电感耦合实现 13.56 Mbps 数据速率），[263] 但大多数报道的柔性传感系统仍然使用商用和传统的刚性、范围有限、功耗高的无线通信模块外形。基于对系统鲁棒性和与既定协议兼容性的需求的考虑，这些选择是可以理解的。但是，在设备结构和操作机制方面无缝集成传感器和通信技术，并利用这两个领域的最新进展，传感器开发人员和无线技术工程师之间的团队合作将大有裨益。通过这种方式，传感器和通信技术都可以定制，以适应彼此对潜在协同效应的需求；系统可以自下而上地设计，以实现高集成度，并且可以发现无线通信的其他优点或功能。这些进步可能会影响数据网络的其他领域。

3.4 柔性可穿戴传感电子系统的供电技术

电源是传感网络系统正常运行的基础。只有保持一个稳定的电流或者电压输出，传感器才能够正常工作。对于传感器网络节点的供电，传统供电方式比如：有线供电和干电池供电，已经无法满足人们对其功能和适用范围所提出的要求。采用干电池供电方式，一旦电池能量耗尽，节点将无法继续进行监测任务，需要人力来进行更换，如若无法更换就只能当作废弃节点处理。这种方式给设备的运行和维护带来了极大的不便性，将影响整个网络的连通性，导致网络整体工作性能的下降和生存周期的缩短，同时产生的废弃节点和废旧电池也会对环境造成一定的影响。采用有线供电的方式，会对其可拓展性产生限制，同时造成建设成本的增加。因此采取自供电的环境能量收集方式成为了解决传统供电方式不足的有效方案，特别是随着物联网这一新兴信息技术的发展，人们更倾向于采用具有独立性、可持续性和免维护性的无线传感网络节点供电方式。这项技术在医疗、环境、交通、军事、娱乐、国土防卫、危机管理以及智能空间等许多应用领域都具有无限的潜力。

3.4.1　传感系统供电技术目前存在的挑战

面对越来越多的特殊信号和特殊环境，新型传感器技术已向以下趋势发展：开发新材料、新工艺和开发新型传感器；实现传感器的集成化和智能化；实现传感技术硬件系统与元器件的微小型化；与其他学科的交叉整合的传感器。同时，希望传感器还能够具有透明、柔韧、延展、可自由弯曲甚至折叠、便于携带、可穿戴等特点。随着采用更先进的功能和多样化的外形的柔性传感器的广泛应用，在可持续和可靠地为传感系统和网络供电方面出现了新的挑战。[264]

（1）高功率需求问题

集成传感系统的功耗，包括传感器、信号处理电路、微控制器、通信模块，以及这些元件之间的互连，会大大高于单独的传感器[265]（作为参考，智能手表的功耗在 10 mW~10 W 范围内波动，而商用传感器的功耗通常在 0.1~10 mW 的范围内）。需要同时读出大量传感器像素的大规模（和多模式）传感器阵列会产生巨大的能量预算。执行连续监测的系统需要恒定的电源。所有这些因素都导致了传统储能设备无法满足的下一代先进柔性传感系统的高功率需求。

（2）电源供电策略问题

随着越来越多的传感架构和框架的出现，相关的物理和资源限制限制了传统电源策略的使用。例如，高度分散的构件一体化的集成传感器网络可以有数百个传感器节点。为每个传感器节点安装电源点或定期更换电池既昂贵又麻烦且浪费。采用数十个随身传感器的人体局域网需要无线电源，不需要频繁更换单个传感器的电池。因此，如何根据不同的环境和检测需求采取灵活的（单一的或者组合的供电方式）电源供电策略是实现高效运转的传感器网络系统所面临的重要问题。

（3）供电系统柔性化、小型化问题

柔性可穿戴传感器通常具有柔软的外形和基底以适应人体皮肤的柔软特性，同时传感器在人体的生理活动监测过程中要尽量避免对人体生理活动产生负面的影响，这就需要传感器网络系统要尽可能小型化、轻量化。与此同时，对于传感器网络的供电系统也提出了相应的柔性化、小型化的要求。但是，传统刚性和笨重电池的形状因素阻碍了系统小型化并引入了软硬界面不稳定性，阻碍了向紧凑和兼容的传感系统迈进。[266-269]

（4）电池安全问题

电池安全是一个重要问题，在与电池故障相关的火灾和爆炸事件接连发生后，电池安全已经成为人们关注的焦点。对于以人为中心的可穿戴传感应用，传感器网络电源系统的安全性变得至关重要。虽然可穿戴柔性传感器件的供电功率和能量密度相较于一些日常使用的家电要低很多，但是由于其直接与人体接触，当器件短路或者故障时产生电流或者发热将直接对人体造成不可挽回的伤害。虽然目前尚未有传感器网络电源电池安全问题报道，但是随着传感器功率密度的不断提升，相关的供电系统安全性问题也将逐渐显现。因此，传感器网络供电的电源系统在设计时就应当把电池安全问题考虑在内，包括防事故设计，以及生物相容性和发热等方面的安全设计。

（5）绿色清洁能源和可持续发展问题

传统的化石能源由于存在不可再生和对环境的污染等问题，不符合绿色和可持续发展的理念，在传感器网络供电的应用中被逐渐淘汰。加强可再生能源的使用，如太阳能、生物能、风能和海洋能等，而减少非可再生能源的使用，是实现绿色环保可持续发展的必由之路。在紧迫的能源危机的背景下，传感器网络供电的首要选择应当是绿色清洁能源，例如太阳能电池、二次电池等。选择更绿色的能源来代替化石燃料和稀有材料以解决目前电池的材料、制造和处置过程中对环境造成的污染和破坏，是解决传感器网络供电所面临的绿色清洁能源和可持续发展问题的关键。

3.4.2 传感系统供电技术的发展目标

传感器网络的供电是其正常运转的必要条件。随着先进的柔性传感器网络的快速发展，为适应复杂和多样的传感器应用环境变化和需求，传感器网络的高效和可持续发展对其供电方案提出了更高的要求。自供电、大容量、高效传输和系统性整体管理是传感器网络供电的主要发展目标。

（1）自供电的环境能量收集器

传统的传感器网络电源供电采用独立的发电设备，将环境中的能量，如机械能，热能，电磁能和化学能等收集转化为促使传感器正常工作的电能。电源与传感器的相互分离和独立会造成能量在传输过程中的损耗和浪费，还可能影响传感器系统的稳定功率输入，进而影响传感器网络的输出性能的稳定性。如果在传感器附近安装一个可持续电源，如已经相当成熟的、具有悠久市场历史的光伏发电设备，将环境中的太阳能转化为电能并直接供给传感器工作，那么将大大降低传感器网络的供电成本和能量损耗。

通过在传感器供电系统中集成小型化环境能量收集器，将传感器周围的能量转换为可用电力，可以实现在传感器附近安装可持续电源的想法。[270]然后，这种额外的能源提供的电力可以是电池的额外电力，用于功率要求苛刻的系统，并且可能足以为设备或系统供电。常见的环境能量收集器的类型除了光伏发电以外还有压电、热电、水力发电、生物燃料电池，以及摩擦电纳米发电机等，它们的柔性和可拉伸性有利于与柔性传感器的兼容整合。[271，272-276]一些能量收集器其自身还具有传感功能，因此可以用作自供电传感器。环境能量收集器使无电池传感器成为可能，并且大大简化了维护工程并减少了碳排放。与此同时，自供电的环境能量收集器也有一些挑战，如发电效率和/或功率密度无法为整个传感系统进行供电以及发电间歇性问题。寻找有效方法解决上述的挑战将会是自供电的环境能量收集器未来的发展目标。

（2）大容量储能设备

传感器网络电源要满足发电效率和/或功率密度要足以完全支持复杂的传感系统并为整个传感系统产生足够的电力，这就需要其具备大容量的储能特性。通过电化学储能设备的电力传输比原位能量收集更可靠。常见的电化学储能设备包括锂离子电池、锌离子电池和超级电容器等。为柔性传感器网络设计的电化学储能设备的发展目标包括高容量（高能量密度）、薄型/不易察觉的外形尺寸（柔韧性、可拉伸性、小型化）和高循环稳定性（电气和机械循环）。然而，这些目标往往涉及相互矛盾的材料和器件设计原则，为柔性传感器系统的大容量储能供电的解决方案带来了重大挑战。[277-279]除此以外，探索更便宜、更安全、更稳定、更高效的材料将会是人们一直不断的追求。

（3）高效的无线电力传输

由于电能收集和保存在储能设备中，下一个问题是将电力方便、高效、可靠地传输到传感器。传统方法依赖于有线电力传输，可能无法有效地用于新兴的柔性传感器技术，例如体域网。在这些情况下，通过有线连接将能量收集器或能量存储设备集成到每个传感器节点会带来重大的安装和维护挑战，并限制传感器节点的移动性和可穿戴性。如果多个远距离传感器共享同一个电源，则有线连接会变得麻烦且不安全。为了解决这些问题，无线电力传输可能是更合适的策略。无线电力传输的主要挑战在于器件小型化、耦合距离增加和传输效率的提高，这也是其未来的主要发展目标。[251, 280, 281]

（4）整体系统电源管理

整体系统电源管理可以从多个角度实现系统级别的整体电源管理。[282]首先，降低传感器系统中单个模块的功耗至关重要。其次，应考虑根据应用要求和约束因素组合多种能量收集和存储策略。此外，集成系统中的低阻抗互连对于提高电源效率也至关重要。[283–285]通过整体系统电源管理，实现权衡传感器精度、可控性、可靠性和系统复杂性的传感器供电方案是其最终的发展目标。

3.5 柔性可穿戴传感器系统产业的可持续发展

柔性电子技术是涉及化学、材料、电子、物理以及医学等多学科交叉领域的新型平台技术，涵盖了柔性电极、柔性传感器、柔性电路、柔性显示等新兴领域，产业横跨化工原料、印制电路板、电子封测、集成电路设计等众多产业门类，对未来产业升级转型、结构优化以及社会发展模式转变等将产生重大而深远的影响。因此，柔性电子产业的发展需要从多个维度进行统筹考虑，其发展过程中存在的环境风险、商业变革以及新产业形态下的行业监管和伦理道德等问题已经成为柔性电子领域所面临的重大挑战。

3.5.1 环境风险及可持续发展策略

根据联合国国际电信联盟等联合发布的全球电子废弃物监测报告，中国超越美国成为全球最大的电子废弃物生产国（图 3–27）。由于柔性电子产品的可穿戴属性，为降低该产业对环境的负面影响，其环境风险需要更加审慎地评估。柔性电子产品制造流程涉及化学和电子两大高污染产业，其大规模应用势必带来巨大的环境治理压力，

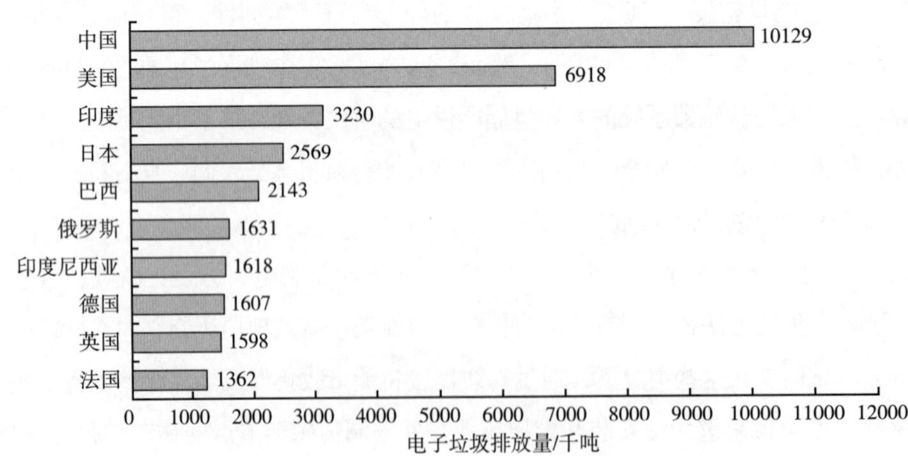

图 3–27 各国电子垃圾排放量统计图（2023 年）

传统电子行业所造成的环境污染问题将进一步加剧。此外，由于电子产品的破损、失效以及用户的主动更新换代，电子产品废弃后会产生数量庞大的“电子垃圾”，将成为实施国家“绿色发展”战略的重大阻碍。

柔性电子产业的环境污染主要来自其上下游的产业链，产业链上游和中游的污染主要来自材料加工以及器件组装过程中使用的高分子单体、催化剂、光刻胶、显影液以及有机溶剂等，产业链下游的污染主要来自器件使用过程中的破损、故障以及更新换代所产生的电子废弃物，主要包括高分子柔性衬底废弃物、金属纳米颗粒、金属氧化物半导体以及电池电解液等。相比于传统的污染源，电子垃圾难以自然降解，对空气、水体以及土壤等产生的环境危害更为严重，且生物富集性较强，严重威胁着人类的生活质量和生命健康，科学研究表明，许多重大的群体性疾病均与生态以及生活环境的恶化息息相关。然而，现有电子垃圾的回收率不足 20%，资源回收利用不彻底，相关电子垃圾无害化处理极其不充分。如何降低柔性电子产业带来的环境威胁已经成为柔性电子领域研究的重要问题之一。

发展符合绿色电子标准的柔性电子器件将是该领域未来的主流方向，绿色电子主要包含两方面内涵：其一是着眼于器件组装层面，优化柔性电子器件的加工流程，使之满足绿色化学的十二原则，减少生产过程中污染性化学试剂的使用，并提高电子材料利用率，降低生产能耗；其二是侧重于开发绿色电子材料，从材料层面优化电子器件，赋予其可降解以及可回收等特殊性能，降低电子废弃物的处理难度，提高电子材料的回收利用率，使柔性电子器件成为可循环利用的绿色电子器件。

国内外柔性电子相关研究团队针对可降解[292]、可回收[293，294]的绿色柔性电子器件做了大量的前瞻性研究。赵勇教授课题组[286]提取了莲藕根茎中的淀粉，经酸碱处理后，进行旋涂，得到了可自然降解的生物有机薄膜，以之为基底沉积金属后能够制得性能优良、廉价、可降解、环境友好的非易失性忆阻器（图 3-28 a）。支春义教授课题组[287]将 Zn-MXene、明胶和 Ti_3C_2-MXene 组装制备了可降解的、可重复充电的电容器。该电容器在经过 1000 次充放电循环后仍能维持 82.5% 的电池性能，自放电速率仅有 6.4 mV/h，优于现有的超级电容器的自放电性能（图 3-28 b）。而且该器件能够在 PBS 缓冲液、85℃的条件下完全降解，降解周期仅需 7.25 天。John A. Rogers 教授课题组[288]优化器件加工工艺，发展了全硅基的压力传感器、加速度传感器、温度传感器、流量传感器以及 pH 传感器，并将所有的传感器集成到聚乳酸 - 羟基乙酸共聚物（PLGA）的基底之上，制备了生物可吸收的硅基传感器芯片（图 3-28 c），由

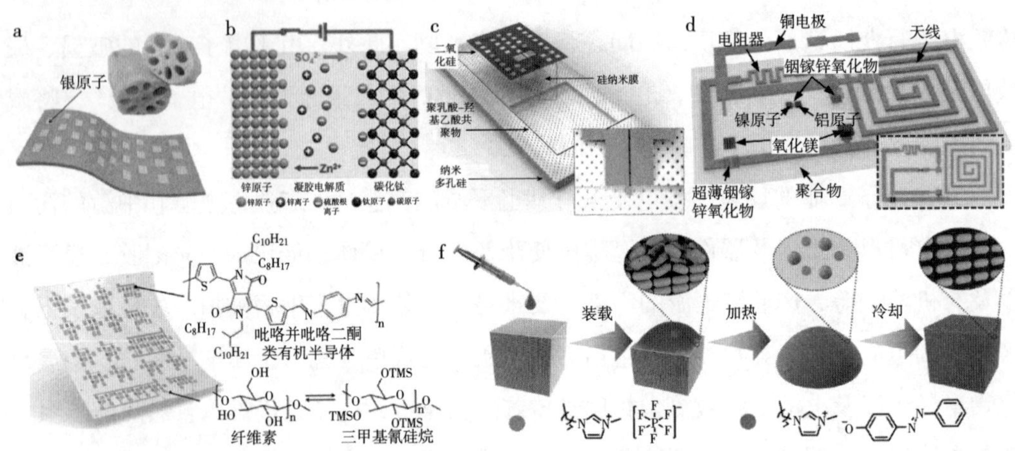

a. 基于淀粉基底的可降解非易失性忆阻器。[286] b. 可降解可重复充电电容器。[287] c. 全可降解硅基传感器芯片。[288] d. 聚酸酐基的瞬态电子器件。[289] e. 可降解有机半导体晶体管。[290] f. 离子液体基可回收温度传感器件。[291]

图 3-28 可降解可回收绿色电子器件研究现状

于硅基材料的厚度仅为几百纳米，该器件能够在 30 小时内实现完全降解。Kyoseung Sim 教授课题组[289] 以聚酸酐材料为基底材料发展了一种新型的瞬态电子器件（图 3-28 d）。由于聚酸酐材料的降解只需要痕量的水分子，因此器件能够在空气环境中自发的降解，可以有效地避免降解溶液的引入。同时，聚酸酐材料水解后会产生大量的有机酸，能够将附着于其上的铜、氧化镁以及镓铟锌氧化物等无机电子材料溶解，从而从整体上实现电子器件的自然降解，整个降解过程只需要 96 小时。鲍哲南教授课题组[290] 发展了一种生物相容的可完全降解的吡咯并吡咯二酮类有机半导体材料 PDPP-DP，以之为半导体层，该课题组成功组装出了超轻超薄的可降解柔性电子器件（图 3-28 e）。在碱性环境中，酰胺键和亚胺键相继发生水解断裂，整个聚合物骨架最终完全降解为小分子物质，从而进一步实现了柔性电子器件的完全降解。最近，王亚培教授课题组发展了基于离子液体的液体温度[291, 295, 296]、压力[297] 以及近红外[298] 传感器件，实现了柔性电子材料的全部回收，且回收工艺不涉及高温、高压以及强酸强碱等苛刻环境，为柔性电子器件的绿色化开辟了另外一条道路（图 3-28 f）。就目前的发展阶段而言，柔性电子器件的绿色化往往会降低器件原本的电学性能，柔性传感器精度与鲁棒性、系统集成度以及集成电路运算性能尚需优化和提升，降低绿色化制造对柔性电子器件性能的影响仍然需要更加深入的研究。

3.5.2 商业风险及可持续发展策略

相比于传统的刚性电子器件，柔性电子器件具备可弯曲、可折叠、可拉伸、可扭曲、可压缩等性质，满足各种复杂形态下的信号采集和处理需求，极大地拓展了传统刚性电子器件的应用场景。柔性电子技术的发展将引领人工智能、物联网、大数据以及智慧医疗等产业进行深度融合，从而促进相关的产业变革。

柔性电子技术已经成为世界各国学术界和产业界竞争的技术高地，国外的 John A. Rogers、鲍哲南、锁志刚、赵选贺、陈晓东、Takao Someya、Dae-Hyeong Kim 等团队发展了性能各异的柔性可穿戴材料和器件，国内许多高校和科研机构也建立了大量的柔性电子研究中心，例如清华大学柔性电子技术研究中心、西安电子科技大学柔性电子前沿交叉研究中心、西北工业大学柔性电子研究院、广东省柔性可穿戴能源与器件工程技术研究中心等。柔性电子技术的发展也催生了大量的高新技术企业，例如 Leanstar 科技（柔性传感器）、Canatu（柔性传感器）、ISORG（印刷图像传感器）、京东方（OLED）、华为（折叠屏手机）等。柔性电子的产业链上游主要是柔性电子原材料，以柔性衬底、高分子导电材料、有机半导体材料、低维半导体材料、金属纳米材料以及各类聚合物基质为主；产业链中游主要是各类柔性电子器件，以柔性多功能传感器、柔性供电模块、柔性显示器件以及柔性电路板等为主，产业链下游主要是各类场景应用端，以可折叠屏手机、柔性可穿戴电子设备、生命体征信号采集设备、医疗辅助器械以及虚拟现实设备等为主。

就终端而言，目前市场成熟度较高的柔性电子设备主要有柔性显示屏、可穿戴 VR 眼镜、折叠屏手机以及各种可穿戴手环等。除柔性显示屏外，其他几类可穿戴设备不属于严格意义上的柔性可穿戴设备，其产品形态与最终的可穿戴电子相去甚远。要推动可穿戴电子产业的深入发展，需要克服以下几个难题：

1）学术界虽然已经研发出了大量的柔性电子材料和器件，但是技术成熟度较低，无法满足商业化的各种要求，例如成本控制、器件稳定性、批次重复性以及环境耐受性等。

2）学术与商业之间存在较高的壁垒，需要强化基础科研成果的商业转化，从市场终端获取用户需求，并反馈至学术界寻求技术解决方案。

3）基于柔性电子技术的生态商业环境仍然没有建立，新兴柔性电子企业缺乏有效地上下游产业供应体系，市场环境和投资环境较为严峻。

4）柔性电子技术与传统电子技术之间将是互补关系，而非完全取代，需要两种技术支撑企业共同探索未来电子信息产业的发展模式，但是目前，传统电子产业巨头对于新兴领域的投资意愿不高，产品开发和交流相对滞后。

3.5.3 监管与道德问题

技术以及行业监管的首要目标是趋利避害，即确保社会享受技术发展所带来的便利的同时，消除或抑制技术对于社会发展的负面影响。根据之前的调查分析，柔性电子产业的监管主要包括三个方面：其一是建立行业标准规范；其二是规避环境风险；其三是规避伦理道德风险。

建立柔性电子产业的技术规范和标准，促进不同研究团队和企业的产品标准、行业标准以及产品兼容性，对于带动柔性电子产业的规模化生产和应用具有重要意义。首先，需要进行柔性电子设备的行业认证，评估相关产品的生物相容性、环境耐受性、电磁干扰评估以及电池安全特性等；其次，需要评估柔性电子设备与智能数据终端之间的数据传输能力，包括数据传输的稳定性、传输速度以及智能终端的数据处理能力等；最后，需要评估柔性电子设备的数据安全性，确保用户的信息安全。

现有柔性电子产业环境风险监管的法律法规主要有《固体废物污染环境防治法》《废弃电器电子产品处理目录（2014 年版）》《废弃电器电子产品规范拆解处理作业及生产管理指南（2015 年版）》《电子废物污染环境防治管理办法》以及《废弃电子产品回收利用通用技术要求》等。但是，针对柔性电子产业的监管法规仍然散落在传统电子电气监管的法律法规中，无法对新技术形态下的环境风险进行有效地监管，内容完整度较低，职能部门全责不够明确，可操作性较差。未来，需要出台专门针对柔性电子产业的环保监管法规，同时，需要鼓励柔性电子垃圾处理相关企业的发展，管控电子垃圾流向，增强“电子垃圾”处理能力。

柔性电子产业的伦理道德风险主要集中在个人信息的收集以及利用上，例如，佩戴柔性电子设备后，个人需要建立个人信息账户，用户的睡眠状况、心脏状态、呼吸速率、肥胖状态、身高体重、身体年龄、三围尺寸等健康数据将关联至用户的个人信息账户，从而使用户处于持续地被监测中。此时，用户隐私的非法使用将带来严重的伦理道德问题。后续相关监管部门需要会同行业专家共同商讨伦理道德规范，出台相应的法律法规确保柔性电子产业的发展符合隐私保护、数据安全、加密传输、安全存储以及使用安全等要求。

4 基于“数据+算法”柔性可穿戴传感电子材料–器件–系统产业技术路线图分析

追溯可穿戴电子设备的历史，从起源到发展再到蜕变，然后到今天的繁盛，已经有了约 60 年的历史。20 世纪 50 年代出现可穿戴设备的最初形态，一个可用于提高轮盘赌博致胜率的可穿戴电脑设备，在这一设备的影响下，1975 年世界上第一款手腕计算机 Pulsar 正式发布，1979 年索尼推出 Walkman 卡带随身听，1984 年卡西欧发布第一款能够存储信息的数字手表，1998 年出现可以用于记录生活的可穿戴无线摄像头。

进入 21 世纪后，从 2000 年第一款蓝牙耳机开始，可穿戴设备场景开始扩大，产业规模也开始不断延伸，发展到今天已经有了智能手表、智能手环、智能眼镜、智能服装，甚至智能戒指、智能耳环。智能可穿戴设备正日益深入我们的生活，随着人工智能和新材料技术的发展，它也不再仅仅是一种硬件设备，而是通过软件支持以及数据交互、云端交互来实现强大功能的终端，在人们的日常生活中扮演着越来越重要的角色。

4.1　基于年报与专利的数据分析

可穿戴设备行业分类标准并没有在证监会的产业分类公布，我们通过人为搜索确认了 2008—2020 年 11 家可穿戴设备的上市企业。我们通过 CSMAR 数据库收集了上市企业名单年报中的管理层讨论与分析，和发明专利的信息来作为我们讨论产业技术链的样本。

管理层讨论与分析是对公司经营中固有的风险和不确定性的提示，向投资者披露公司管理层对于公司过去经营状况的评价分析以及对公司未来的规划。报告期内前述事项的重要变化及对公司产生的影响均是核心竞争力的重要内容。此外，如公司发生设备或技术升级换代、特许经营权丧失等事项，导致公司核心竞争力提升或受损的，公司会详细分析，并说明拟采取的相应措施。因此，我们可以通过捕捉这方面相关的文本，来刻画该企业在技术层面的动向。

在当今激烈的市场竞争中，企业要实现可持续发展，必须具备强大的技术创新能力和专利布局能力。专利不仅有保护技术、产品和品牌的作用，还是衡量企业创新能力和核心竞争力的重要指标之一。

对于企业来说，专利意义重大。因此，通过专利数据，我们可以刻画一个企业在该行业中的竞争力以及技术创新型。国际专利分类分为 8 大类，分别为 A-H 部涉及各领域包括建筑、工程、纺织、化学等，其中可穿戴设备技术企业所有领域均有涉及，最主要涉及的领域包括 G 部和 H 部。其中 G 部为物理技术，如：G01 测量测试专利，“测量” 系指找出一个变量对某一计量单位或基准点或相同性质的另一变量的数值表达，其中 G01H11/00 为通过检测电或磁特性的变化测量机械振动或超声波、声波或次声波。G06 则为计算、推算或计数，包括在真实的设备或系统中，用数学方法计算现有或预期条件的模拟装置，其中 G06V 为图像或视频的识别或理解。涉及更多的 H 部则为电技术，包括：a. 基本电气元件，包括设备和电路的所有电气元件以及一般机械结构；b. 发电，包括发电、变电和配电以及其相应装置的控制；c. 应用电学等等。如：H01 为电气元件，其中 H01F 为磁体；电感、变压器、磁性材料的选择。H03 则为使用工作于非开关状态的有源元件电路，直接或经频率变换产生振荡，而 H03H7/00 为应用数字技术的网络。

4.1.1 MD&A 文本分析

根据前文阐述的可穿戴设备产业技术路线，我们可以将上中游产业链对应的技术链相关关键字刻画出来。例如：可穿戴设备上游是一些元件供应，像芯片、传感器、电池、通讯、显示器等。中游包括一些具体产品信息例如：智能手表、智能手环、智能眼镜、智能耳机和一些医疗设备等。不难看出，可穿戴设备产业相关技术领域主要分布在上中游，下游主要是对应一些销售渠道。因此我们通过对上中游两个维度进行区分。

TF 词频（Term Frequency）

表示所需要检测的关键字在目标文本中出现的频率。具体公式计算如下：

$$TF_w = \frac{w\text{在文件中出现的次数}}{\text{文件所有词的总次数}}$$

然后我们进行归一化处理，主要是防止文件本身的长度对最终结造成干扰，公式计算如下：

$$TF'_w = \frac{TF_w}{\text{文件总词数}}$$

IDF 逆向文件频率（Inverse Document Frequency）

逆向文件频率（IDF）：对包含该关键词的文件数量与总文件的数目的商取对数。具体公式表示如下：

$$IDF = \log\frac{|D|}{\left|\left\{j : t_j \in d_j\right\}\right|}$$

其中 $|D|$ 代表文件的总数目，$|\{j: t_j \in d_j\}|$ 代表包含关键词 t_i 的文件总数。

TF-IDF：TF*IDF

当词汇在某一特定文件中出现的频率越高，TF 值就越大；当其在整个文件集合中出现的文件频率越低，IDF 值也就越大。因此利用两者的乘积便能很快地找 TF-IDF 权重较高的词汇，完成主题词提取工作。

（1）计算方式

首先，我们针对上中游的字典进行区分，通过找到关键字所在的相关文本收集到上游的文本及中游的文本信息。在这步中，我们同时使用人工排除去掉一些停用词和不相关的信息。其次，通过主题词提取出相关文本的排名前五的关键词，以每年为划分区间，来描述该行业在上中游发展的趋势变化。

（2）计算结果

从上游排名前五的关键字来看，产品技术相关的设备和系统主要占的比例很大，这和我们对技术路线图的说明类型（图 3-29）。并且随着年份的增加，对于系统的开发重视程度提升。

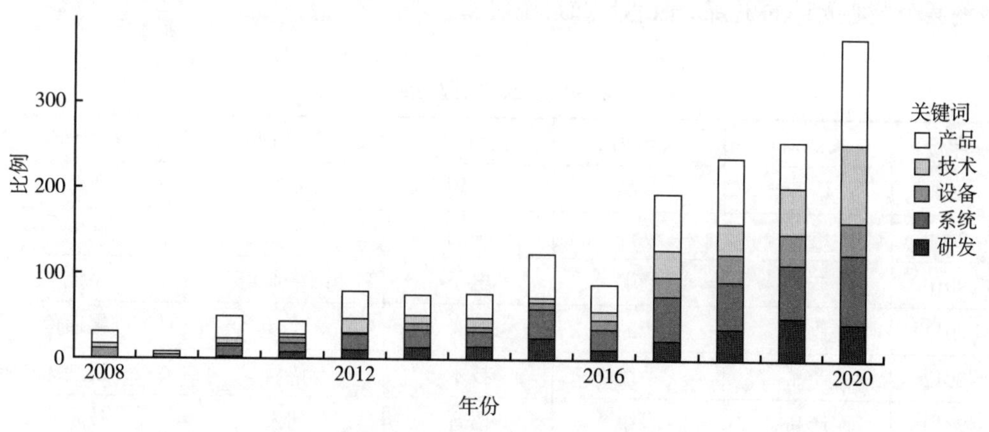

图 3-29　上游排名前五关键字

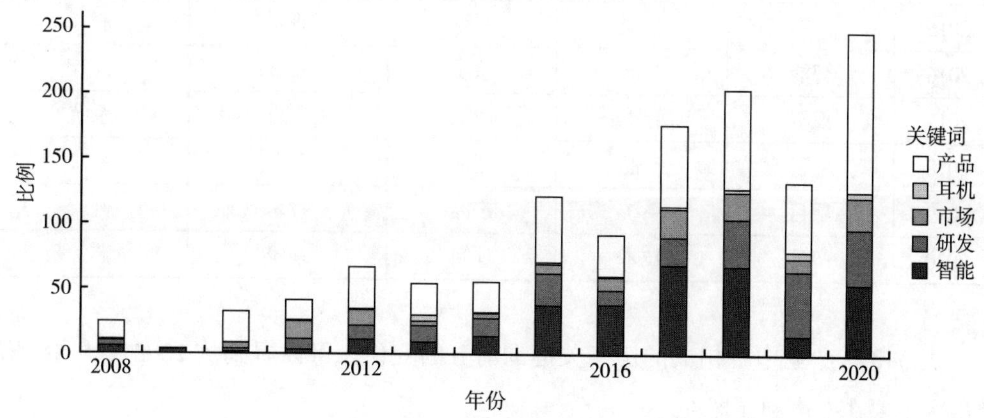

图 3-30　中游排名前五关键字

从中游排名前五的关键字来看，该文本主要是刻画产品层次例如耳机、智能产品等市场面向的信息（图 3-30）。这与我们对于产业链和技术链的刻画是比较符合的。可以看到产品一直是中游主要的产物，智能设备像是耳机的应用占比一直的比较高的。

表 3-2 是针对上游的分析进行了汇总，可以看到在 2008 年，可穿戴设备在语音功能上的文字描述最多，其次是一些面向市场的名字。到 2010 年，年报披露的信息中出现了网络通信和终端等字眼，说明该产业会有一些技术性的突破。直到 2014 年，出现了“智能”的关键字眼，这意味着该行业有进入智能相关的领域。紧随其后的 2015 年和 2016 年出现了“服务”和“医疗”，这意味着该行业的产品或者面向市场逐渐扩大，与现实呼应的是：由智能手环、手表等组成的长夜消费级柔性可穿戴设备同质化现象严重、竞争激烈，而专业医疗级可穿戴设备及奇特应用领域产品形态的相关产品少，市场的研究逐渐往这方面倾向。直到 2020 年，该产业逐渐聚焦到上游产业的某个核心元件的更新，像芯片和系统层面。

表 3-2　上游关键词展示

年份	关键词1	关键词2	关键词3	关键词4	关键词5
2008	语音	产品	应用	系统	业务
2009	语音	软件	中国	企业	国家
2010	产品	终端	电子	网络通信	系统
2011	业务	产品	语音	市场	网络通信
2012	产品	系统	技术	语音	发展
2013	产品	系统	语音	研发	技术
2014	产品	系统	研发	智能	效益
2015	产品	智能	系统	研发	服务
2016	智能	产品	系统	领域	医疗
2017	投资	智能	产品	项目	系统
2018	项目	产品	智能	营业	系统
2019	项目	系统	产品	技术	健康
2020	产品	技术	项目	系统	芯片

表 3-3 是产业中游相关的历年关键词前五的变化。可以看到从 2008 年开始，研究层次主要在电声和元器件。

表 3-3　中游关键词展示

年份	关键词1	关键词2	关键词3	关键词4	关键词5
2008	领域	电声	产品	技术	元器件
2009	耳机	产品	音响	市场	多媒体
2010	产品	耳机	电子	配件	汽车音响
2011	耳机	产品	市场	电子	音响
2012	产品	耳机	研发	音响	音频
2013	产品	音响	耳机	多媒体	实用新型
2014	产品	信息	智能	耳机	音响
2015	产品	耳机	研发	智能	无线
2016	产品	耳机	智能	电子	AR
2017	产品	耳机	手环	智能	品牌
2018	耳机	智能	音响	手环	多媒体
2019	智能	耳机	穿戴	无线耳机	市场
2020	智能	产品	耳机	穿戴	健康

4.1.2　LDA 分析

（1）计算方式

潜在狄利克雷分布（Latent Dirichlet Allocation）：一种用于主题模型的生成概率模型，通过对文档中的词汇进行概率分布分析，从而发现文档中的潜在主题。LDA 的工作过程原理如下，首先定义文档主题的先验分布为 Dirichlet 分布，即对于任何文档 D，其主题分布 θ_d 遵循狄利克雷分布（α），其中（α）为其分布的超参数，该参数是一个为 k 维的向量，k 为指定主题的个数。由于该主题对应的单词在 LDA 中的分布是狄利克雷分布，即对于任何一个主题 K，其单词分布 β_k 遵循狄利克雷分布（μ），μ 是一个分布式超文本，即一个 V 维的向量，V 表示单词数。我们可以得到最后每个文档对应的 k 维向量。k 维向量中的每个值表示文档与相应主题之间的相关性。其操作流程如下：①按照概率分布选择一篇文档；②根据狄利克雷分布取样生成该文档主题分布函数；③根据该主题分布函数从生成文档的主题；④再次依据狄利克雷分布取样生成主题的词语分布；⑤从词语的分布中取样生成最终的主题词。

生成模型：LDA 模型基于生成模型，即假设每篇文档都是由若干个主题混合生成的，并且每个主题又由若干个单词混合生成的。具体来说，LDA 模型假设有 K 个主题，每个主题包含了一组单词分布。对于每篇文档，先从主题分布中随机选择一个主题，然后根据该主题的单词分布随机选择一个单词，并重复该过程直到生成完整篇文档（图 3-31）。

参数估计：LDA 模型的参数估计可以通过最大似然估计或贝叶斯估计等方法进行。具体来说，需要对每篇文档中每个单词的主题进行估计，以及对每个主题中每个单词的概率分布进行估计。其中，估计文档中每个单词的主题可以通过 Gibbs 采样或变分推断等方法进行，而估计主题中每个单词的概率分布则可以通过矩阵分解等方法进行。

推断：在 LDA 模型中，推断指的是对于给定的文档，估计其主题分布。通常可以使用 Gibbs 采样或变分推断等方法进行推断。具体来说，对于给定的文档，可以通过先验分布和文档中单词的分布推断出其主题分布，从而得到文档的主题表示。

本文的模型输出确认使用三个主题来刻画词云，这些词云对自我定义这些主题很重要。其计算结果也比较符合我们对可穿戴设备产业技术分类。

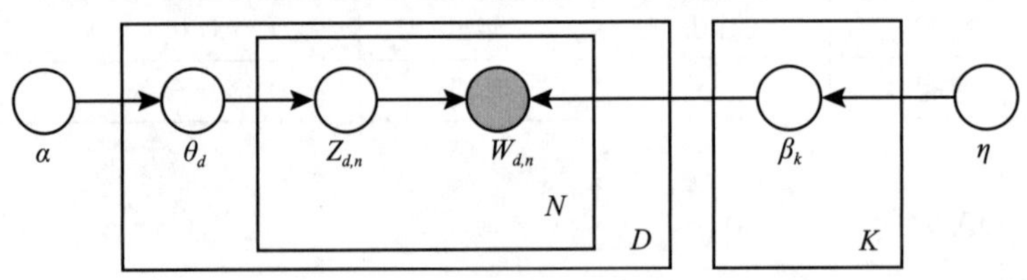

图 3-31　LDA 原理图

（2）计算结果

从中游的三个文本主题的划分可以看出，主题 1 对应了一些主要的医疗产品像血氧仪，同时针对医疗例如糖尿病额诊疗也有所涉及。家电等新模式的投入也出现在词云中。中游主题 2 更多对应了耳机、多媒体音响这些商品分类，还有游戏耳机和实用新型专利等维度的提及。中游主题 3 主要是描绘了产品销售情况。可以看出，LDA 主题的在中游的分类区分度还是可以的，一般市场层面的主题会在主题 3 中体现。

从上游的三个文本主题可以看到主要是上游开发相关的分类。上游主题 1 涉及一点专有配件或是名词例如芯片、软件、减少干扰等关键字。上游主题 2 意思是通信技术和中游衔接的一些商品例如音箱、医疗的心电图和透析机。上游主题 3 则更倾向于中游的产品系列，例如家用电器等。

4.1.3　专利情况分析

（1）专利申请数量趋势

根据目前趋势，未来几年可穿戴设备市场的发展，将如智能手机和平板电脑发展一样，引领相关科技企业新一轮的爆发式增长。根据我们对可穿戴设备行业技术公司历年的专利申请情况，该趋势得到了进一步的印证。

我们在可穿戴设备技术领域的上市公司中挑选了具代表性的十数家以可穿戴设备相关技术为核心业务的企业作为分析对象。其中包含有：综合类企业如科大讯飞和歌尔股份，医疗相关企业如九安医疗和乐心医疗，以及娱乐类如漫步者。以下是这些公司上市后每年各类专利的申请情况（图 3-32）。

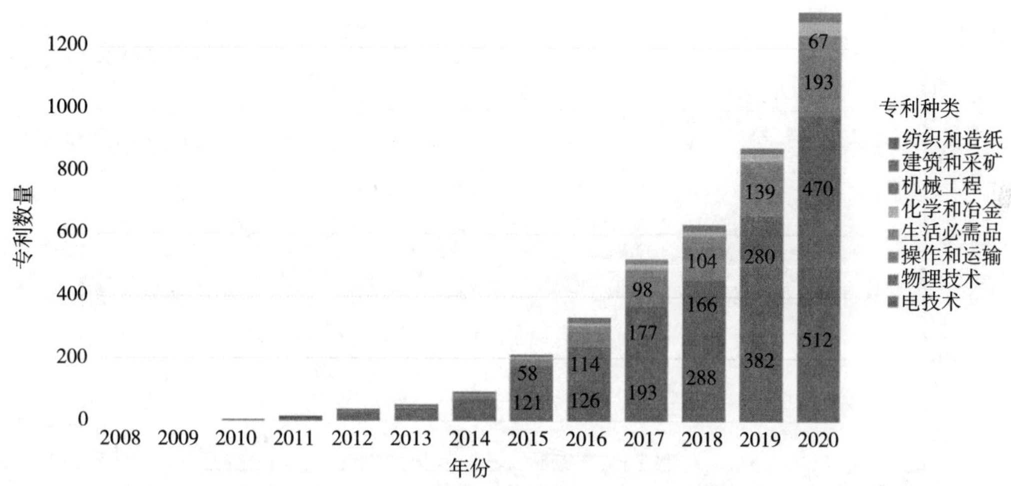

图 3-32　可穿戴设备技术公司专利数量

根据可穿戴设备技术公司历年专利获得数量，该行业的专利申请数量自 2010 年起历年的增长速率均超过 20%，且大部分年份增长率超过 50%。同时各类专利数量，包括纺织和造纸以及建筑和采矿，都获得了由不同程度的增长。

（2）可穿戴设备专利种类分布

可穿戴设备产业链的技术将朝着垂直、专业的方向发展。其中如电池和充电技术、屏幕技术，和可穿戴智能医疗设备等都是热门发展方向。其中大部分技术的发展从过去年份的专利申请趋势已经可以窥见一二。

根据所有年份各领域的专利申请比例同样可得，电技术和物理技术依次为可穿戴设备技术领域最为关键的两部分，印证了目前的发展趋势。而依据专利种类历年趋势图，电技术与物理技术同样是所有专利领域中增长速率最快，增长幅度最为明显的。而其他类别如操作运输和生活必需品等也获得了相应增长（图 3-33）。

（3）可穿戴设备企业专利分布

在我们选择的所有上市公司中，专利数量最多的一次为歌尔股份、科大讯飞、蓝思科技和宝莱特。我们具体透视了其中两家企业的专利分布。

歌尔股份是一家科技创新型企业，主要从事声光电精密零组件及精密结构件、智能整机、高端装备的研发、制造和销售。其主要产品为智能穿戴产品解决方案，设计智能手表手环以及相关算法。歌尔股份的专利主要以电技术为主，和公司主营业务是高度契合的（图 3-34）。

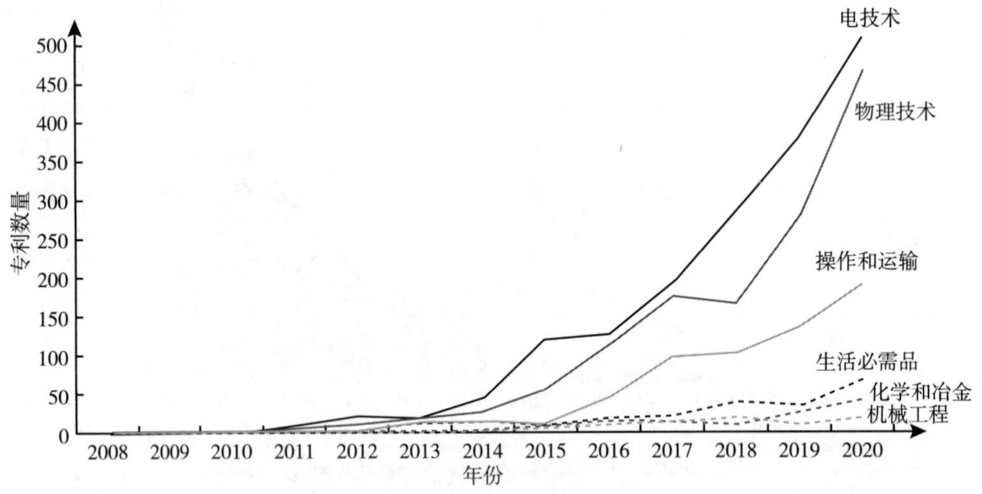

图 3-33　可穿戴设备专利种类分布

图 3-34　歌尔股份专利分布

宝莱特是一家集医疗器械研发、生产及销售为一体的高新技术企业，业务涵盖生命信息与支持、肾病医疗和大健康医疗，产品包含监护仪、心电图机、血透设备以及可穿戴家用医疗设备。其专利则主要涉及物理技术和操作与运输领域（图 3–35）。

综上所述，可穿戴设备技术专利自 2010 年起成快速增长且趋势未放缓，专利类别目前主要以电技术和物理技术为主，不过其他各领域也在同步发展（图 3–36）。从趋势看，可穿戴设备技术的发展呈多元化，在健身、娱乐、医疗等领域已经逐渐被广泛应用，未来大概率会垂直应用在更多领域。

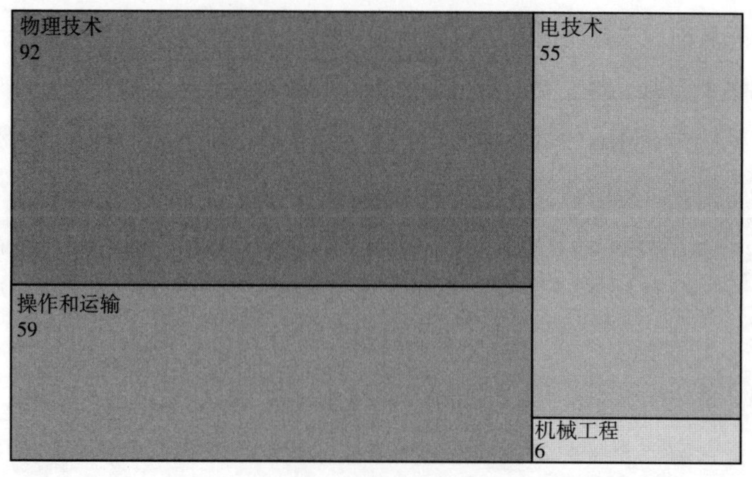

图 3–35　宝莱特专利分布

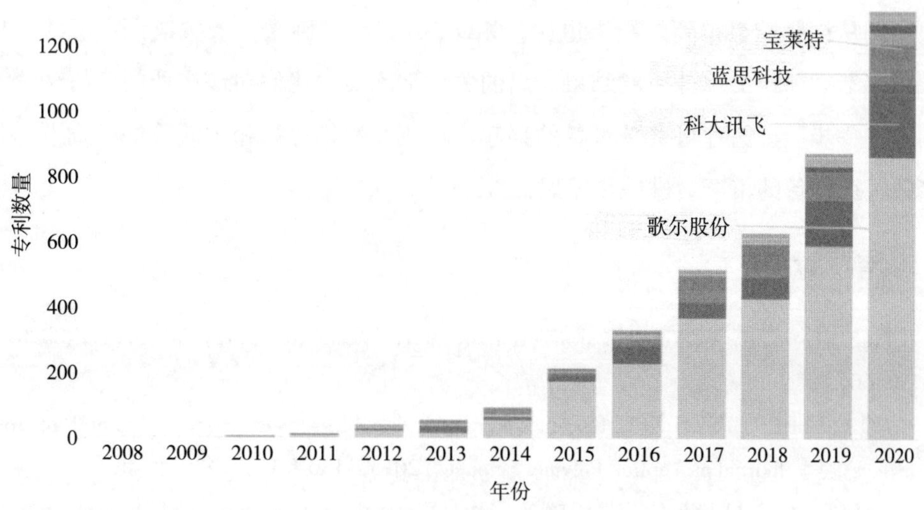

图 3–36　可穿戴设备技术公司专利申请情况

4.2 分析总结

总体来说，可穿戴设备产业的技术路线在发展调整阶段。中国可穿戴医疗设备行业上游参与主体为原材料及零件供应商，其中原材料包括电子元器件、玻璃、塑料等，零件包括 PCBA、传感器、芯片、电池及结构件等。从技术应用角度来看，中国可穿戴医疗设备上游原材料与零件生产的技术核心体现在芯片与传感器方面。可穿戴医疗设备生产企业处于产业链中游，是可穿戴医疗设备行业的核心参与者。从技术应用角度来看，可穿戴医疗设备生产涉及的主要技术包括生物传感技术、无线传输技术及电路设计等。从产品品牌角度来看，消费级可穿戴医疗设备以智能手环、智能手表为主，集中在运动健康监测领域，涉及的品牌商有小米、苹果、华为及步步高（产品以儿童智能手表为主）等。专业级可穿戴医疗设备以血压计、血糖仪、血脂检测仪为主，集中在糖尿病、高血压等慢病管理领域，涉及的品牌有乐心医疗、糖护士、怡成生物、三诺生物、艾康生物等。

从我们的数据分析结果来看，可穿戴设备产业技术和其他行业一样都经历了萌芽、快速发展和调整发展阶段。在 2000—2013 年，中国生物传感器在外资陆续进入后得到了资本与技术的支持，促进了一些初代产品的生产。例如电子手表、电子手环等，随着产品市场的需求的提高，可穿戴设备行业高速发展，加上国家颁布的一些规划和鼓励政策，该行业在上游和中游的产业技术层面不断钻研和探究。根据我们对词频的分析，“智能”和“系统”层面的开发是十分重要且占比较高的。调整阶段，由于一些相关出台的政策促使产业向智能化转型，很多产品更倾向于可穿戴的医疗设备。这跟我们从词频结果得到的结果也比较相似，“医疗”“健康”等关键词在近些年出现的频率逐渐靠前。文本分析的结果产出的关键字确实和我们对该产业的分析理论大致相同，进一步验证医疗可穿戴设备的兴起。在该发展趋势和相关政策的鼓励下，相信可穿戴医疗设备的市场会进一步发展扩大。

参考文献

[1] Y. Ling，T. An，L. W. Yap，et al. Disruptive，Soft，Wearable Sensors. Adv Mater，2020，32，1904664.

[2] PANG C，LEE C，SUH K Y. Recent advances in flexible sensors for wearable andimplantable devices [J]. Journal of Applied Polymer Science，2013，130 (3)：1429-1441.

[3] STASSI S，CANAVESE G，CAUDA V，et al. Wearable and flexible pedobarographic insole for continuous pressure monitoring[C]//Proceedings of IEEE Sensors. Baltimore，MD，USA，2013：1-4.

[4] FORREST S R. The path to ubiquitous and low cost organic-electronic appliances on plastic [J]. Nature, 2004, 428 (6986): 911-918.

[5] G. Maddirala, T. Searle, X. Wang, et al. Multifunctional skin-compliant wearable sensors for monitoring human condition applications, Appl. Mater. Today, 2022, 26, 101361.

[6] Z. Tan, H. Li, Y. Huang, et al. Breathing-effect assisted transferring large-area PEDOT: PSS to PDMS substrate with robust adhesion for stable flexible pressure sensor, Composites, Part A., 2021, 143, 106299.

[7] M. Sang, S. Liu, W. Li, et al. Flexible polyvinylidene fluoride (PVDF)/MXene ($Ti_3C_2T_x$)/ Polyimide (PI) wearable electronic for body monitoring, thermotherapy and electromagnetic interference shielding, Composites, Part A., 2022, 153, 106727.

[8] H. Xu, W. Chen, C. Wang, et al. Ultralight and flexible silver nanoparticle-wrapped "scorpion pectine-like" polyimide hybrid aerogels as sensitive pressor sensors with wide temperature range and consistent conductivity response, Chem. Eng. J., 2023, 453, 139647.

[9] P. Chaudhary, D. K. Maurya, A. Pandey, et al. Design and development of flexible humidity sensor for baby diaper alarm: Experimental and theoretical study, Sens. Actuators, B, 2022, 350, 130818.

[10] Y. Zhang, L. Wang, L. Zhao, et al. Flexible self-powered integrated sensing system with 3D periodic ordered black phosphorus@MXene thin-films, Adv. Mater., 2021, 33 (22): 2007890.

[11] Du X, Zhang Z, Liu W, et al. Nanocellulose-based conductive materials and their emerging applications in energy devices-A review. Nano Energy, 2017, 35: 299-320.

[12] X. Zhang, H. Geng, X. Zhang, et al. Modulation of double-network hydrogels via seeding calcium carbonate microparticles for the engineering of ultrasensitive wearable sensors, Journal of Materials Chemistry A 2023, 11: 2996-3007.

[13] F. Alshabouna, H. S. Lee, G. Barandun, et al. PEDOT: PSS-modified cotton conductive thread for mass manufacturing of textile-based electrical wearable sensors by computerized embroidery, Mater. Today, 2022, 59: 56-67.

[14] Sui X, Downing J R, Hersam M C, et al. Additive manufacturing and applications of nanomaterial-based sensors. Materials Today, 2021, 48: 135-154.

[15] Agarwala S, Goh G L, Yeong W Y. Aerosol jet printed strain sensor: Simulation studies analyzing the effect of dimension and design on performance (September 2018). IEEE Access, 2018, 6: 63080-63086.

[16] Li W, Xiong L, Pu Y, et al. High-performance paper-based capacitive flexible pressure sensor and its application in human-related measurement. Nanoscale Research Letters, 2019, 14 (1): 1-7.

[17] Yasaei P, Behranginia A, Foroozan T, et al. Stable and selective humidity sensing using stacked black phosphorus flakes. ACS nano, 2015, 9 (1 0): 9898-9905.

[18] Harada S, Kanao K, Yamamoto Y, et al. Fully printed flexible fingerprint-like three-axis tactile and slip force and temperature sensors for artificial skin. ACS nano, 2014, 8 (12): 12851-12857.

[19] Kim H J, Kim Y J. High performance flexible piezoelectric pressure sensor based on CNTs-doped 0-3 ceramic-epoxy nanocomposites. Materials & Design, 2018, 151: 133-140.

[20] S. Zhu, J. H. So, R. Mays, et al. Ultrastretchable Fibers with Metallic Conductivity Using a Liquid Metal Alloy Core. Adv. Funct. Mater., 2013, 23, 2308.

[21] D. J. Lipomi, J. A. Lee, M. Vosgueritchian, et al. Electronic Properties of Transparent Conductive Films of PEDOT: PSS on Stretchable Substrates. Chem. Mater., 2012, 24, 373.

[22] Y. Wang, C. X. Zhu, R. Pfattner, et al. A highly stretchable, transparent, and conductive polymer Sci. Adv., 2017, 3, e1602076.

[23] J. Y. Sun, X. H. Zhao, W. R. K. lleperuma, et al. Highly stretchable and tough hydrogels. Nature, 2012, 489, 133.

[24] McGee, T. D. Principles and Methods of Temperature Measurement; John Wiley & Sons, 1988.

[25] Global Strategy on Digital Health 2020-2025; 978-92-4-002092-4; World Health Organization, Geneva, 2021. https: //www.who.int/health-topics/digital-health#tab=tab_1 (accessed 2022-09-15).

[26] Sassanelli C, Arriga T, Zanin S, et al. Industry 4.0 Driven Result-Oriented PSS: An Assessment in the Energy Management. Int. J. Energy Econ. Policy, 2022, 12, 186-203, DOI: 10.32479/ijeep.13313.

[27] ACS Nano 2023, 17, 6, 5211-5295 Publication Date: March 9, 2023. https: //doi.org/10.1021/acsnano.2c12606.

[28] Wang Y, Yin L, Bai, Y, et al. Electrically Compensated, Tattoo-Like Electrodes for Epidermal Electrophysiology at Scale. Sci. Adv., 2020, 6, eabd0996 DOI: 10.1126/sciadv.abd0996.

[29] Kim J, Sempionatto J. R, Imani, S, et al. Simultaneous Monitoring of Sweat and Interstitial Fluid Using a Single Wearable Biosensor Platform. Adv. Sci., 2018, 5, 1800880.

[30] Liu Q, Liu Y, Wu F, et al. Highly Sensitive and Wearable In_2O_3 Nanoribbon Transistor Biosensors with Integrated On-Chip Gate for Glucose Monitoring in Body Fluids. ACS Nano, 2018, 12: 1170-1178.

[31] Yoon H, Xuan X, Jeong S, et al. Non-enzymatic Continuous Glucose Monitoring System and Its In Vivo Investigation. Biosens. Bioelectron., 2018, 117: 267-275.

[32] Aleeva Y, Maira G, Scopelliti M, et al. Amperometric Biosensor and Front-End Electronics for Remote Glucose Monitoring by Crosslinked PEDOT-Glucose Oxidase. IEEE Sens. J., 2018, 18: 4869-4878.

[33] Rassaei L, Olthuis W, Tsujimura S, et al. Lactate biosensors: Current status and outlook. Anal. Bioanal. Chem., 2014, 406: 123-137.

[34] Jia W, Bandodkar A. J, Valdés-Ramírez G, et al. Electrochemical tattoo biosensors for real-time noninvasive lactate monitoring in human perspiration. Anal. Chem., 2013, 85: 6553-6560.

[35] Jia W, Bandodkar A. J, Valdés-Ramírez G, et al. Electrochemical tattoo biosensors for real-time noninvasive lactate monitoring in human perspiration. Anal. Chem., 2013, 85: 6553-6560.

[36] Zaryanov N. V, Nikitina V. N, Karpova E. V, et al. Nonenzymatic Sensor for Lactate Detection in Human Sweat. Anal. Chem., 2017, 89: 11198-11202.

[37] Luo X, Yu H, Cui, Y. A. Wearable Amperometric Biosensor on a Cotton Fabric for Lactate. IEEE Electron. Device Lett., 2018, 39: 123-126.

[38] Simić M, Manjakkal L, Zaraska K, et al. TiO 2-Based Thick Film pH Sensor. IEEE Sens. J., 2017, 17: 248-255.

[39] Goh G. L, Agarwala S, Tan Y. J, et al. A low cost and flexible carbon nanotube pH sensor fabricated using aerosol jet technology for live cell applications. Sens. Actuators B: Chem., 2018, 260: 227-235.

[40] Nyein H. Y. Y, Gao W, Shahpar Z, et al. A wearable electrochemical platform for noninvasive simultaneous monitoring of Ca^{2+} and pH. ACS Nano, 2016, 10: 7216-7224.

[41] Guinovart T, Parrilla M, Crespo G. A, et al. Potentiometric sensors using cotton yarns, carbon nanotubes and polymeric membranes. Analyst, 2013, 138: 5208-5215.

[42] Tianzi Xia, Guangyan Liu, Junjie Wang, et al. MXene-based enzymatic sensor for highly sensitive and selective detection of cholesterol, Biosensors and Bioelectronics, 2021, 18, 113243, ISSN 0956-5663.

[43] https: //doi.org/10.1039/C9AN01679A.

[44] Wan-lu Zheng, Ya-nan Zhang, Li-ke Li, et al. A plug-and-play optical fiber SPR sensor for simultaneous measurement of glucose and cholesterol concentrations, Biosensors and Bioelectronics, Volume, 198, 2022, 113798, ISSN 0956-5663.

[45] Tamura T, Maeda Y, Sekine M, et al. Wearable photoplethysmographic sensors—Past and present. Electronics, 2014, 3: 282-302.

[46] Gong S, Schwalb W, Wang Y, et al. A wearable and highly sensitive pressure sensor with ultrathin gold nanowires. Nat. Commun., 2014, 5: 3132.

[47] Gao L, Dong D, He J, et al. Wearable and sensitive heart-rate detectors based on PbS quantum dot and multiwalled carbon nanotube blend film. Appl. Phys. Lett., 2014, 105: 153702.

[48] Bentolhoda Hadavi Moghadam, Mahdi Hasanzadeh, Abdolreza Simchi. Self-Powered Wearable Piezoelectric Sensors Based on Polymer Nanofiber-Metal-Organic Framework Nanoparticle Composites for Arterial Pulse Monitoring, ACS Applied Nano Materials, 2020 3 (9): 8742-8752. DOI: 10.1021/acsanm.0c01551.

[49] Fang Y, Zou Y, Xu J, et al. Ambulatory Cardiovascular Monitoring Via a Machine-Learning-Assisted Textile Triboelectric Sensor. Adv. Mater., 2021, 33, 2104178.

[50] Shen C.-L，Huang T.-H，Hsu P.-C，et al. Respiratory Rate Estimation by Using ECG，Impedance，and Motion Sensing in Smart Clothing. J. Med. Biol. Eng.，2017，37，826-842.

[51] Agnihotri A. Human body respiration measurement using digital temperature sensor with I2C interface. Int. J. Sci. Res. Publ.，2013，3，1-8.

[52] Manjunatha G. R，Rajanna K，Mahapatra D. R，et al. Polyvinylidene fluoride film based nasal sensor to monitor human respiration pattern：An initial clinical study. J. Clin. Monit. Comput.，2013，27，647-657.

[53] Y. Liu，L. Zhao，R. Avila，et al. Epidermal electronics for respiration monitoring via thermo-sensitive measuring，Materials Today Physics，2020，13，100199，ISSN 2542-5293.

[54] Jianxun Dai，Hongran Zhao，Xiuzhu Lin，et al. ACS Applied Materials&Interfaces，2019，11（6），6483-6490 DOI：10.1021/acsami.8b18904.

[55] Chu M，Nguyen T，Pandey V，et al. Respiration rate and volume measurements using wearable strain sensors. npj Digital Med，2019，2，8. https：//doi.org/10.1038/s41746-019-0083-3.

[56] Zhang S，Wang S，Wang Y，et al. Conductive Shear Thickening Gel/Polyurethane Sponge：A Flexible Human Motion Detection Sensor with Excellent Safeguarding Performance. Compos. Part A：Appl. Sci. Manuf.，2018，112，197-206.

[57] Mengüç Y，Park Y.-L，Martinez-Villalpando E，et al. Soft wearable motion sensing suit for lower limb biomechanics measurements. In Proceedings of the 2013 IEEE International Conference on Robotics and Automation（ICRA），Karlsruhe，Germany，6-10 May 2013；pp.5309-5316.

[58] Li Q，Li J，Tran D，et al. Engineering of carbon nanotube/polydimethylsiloxane nanocomposites with enhanced sensitivity for wearable motion sensors. J. Mater. Chem. C，2017，5，11092-11099.

[59] Mengüç Y，Park Y.-L，Pei H，et al. Wearable soft sensing suit for human gait measurement. Int. J. Robot. Res.，2014，33，1748-1764.

[60] Yan Wang，et al. A durable nanomesh on-skin strain gauge for natural skin motion monitoring with minimum mechanical constraints. Sci. Adv.6，eabb7043（2020）.

[61] Wang X，Deng Y，Jiang P，et al. Low-hysteresis，pressure-insensitive，and transparent capacitive strain sensor for human activity monitoring. Microsyst Nanoeng，8，113（2022）. https：//doi.org/10.1038/s41378-022-00450-7.

[62] Xiaoming Wang，Hongliu Yu，Søren Kold，et al. Wearable sensors for activity monitoring and motion control：A review. Biomimetic Intelligence and Robotics，2023，3（1）.

[63] Araz Rajabi-Abhari，Jong-Nam Kim，Jeehee Lee，et al. Diatom Bio-Silica and Cellulose Nanofibril for Bio-Triboelectric Nanogenerators and Self-Powered Breath Monitoring Masks. ACS Appl. Mater. Interfaces，2021，13（1），219-232.

[64] Xiandai Zhong，Ya Yang，Xue Wang，et al. Rotating-disk-based hybridized electromagnetic-triboelectric nanogenerator for scavenging biomechanical energy as a mobile power source. Nano

Energy，2015，13，771-780.

[65] Long Jin，Jun Chen，Binbin Zhang，et al. Self-Powered Safety Helmet Based on Hybridized Nanogenerator for Emergency. ACS Nano，2016，10（8）：7874-7881.

[66] Duarte Dias，João Paulo Silva Cunha. Wearable Health Devices-Vital Sign Monitoring，Systems and Technologies. Sensors（Basel），2018，18（8），2499.

[67] Longteng Yu，Joo Chuan Yeo，Ren Hao Soon，et al. Highly Stretchable，Weavable，and Washable Piezoresistive Microfiber Sensors. ACS Appl. Mater. Interfaces，2018，10（15）：12773-12780.

[68] Longteng Yu，Yuqin Feng，Dinesh S/O M Tamil Selven，et al. Dual-Core Capacitive Microfiber Sensor for Smart Textile Applications. ACS Appl. Mater. Interfaces，2019，11（36）：33347-33355.

[69] Chonghe Wang，Xiaoshi Li，Hongjie Hu，et al. Monitoring of the central blood pressure waveform via a conformal ultrasonic device. Nat Biomed Eng，2018，2（9）：687-695.

[70] Jayaraj Joseph，Srinivasa Karthik，Mohanasankar Sivaprakasam，et al. Bi-Modal Arterial Compliance Probe for Calibration-Free Cuffless Blood Pressure Estimation. IEEE Trans Biomed Eng，2018，65（11）：2392-2404.

[71] Shuwen Chen，Nan Wu，Long Ma，et al. Noncontact Heartbeat and Respiration Monitoring Based on a Hollow Microstructured Self-Powered Pressure Sensor. ACS Appl. Mater. Interfaces，2018，10（4）：3660-3667.

[72] Dan Luo，Haibo Sun，Qianqian Li，et al. Flexible Sweat Sensors：From Films to Textiles. ACS Sens.，2023，8（2）：465-481.

[73] Yadong Xu，Bohan Sun，Yun Ling，et al. Multiscale porous elastomer substrates for multifunctional on-skin electronics with passive-cooling capabilities. Proc Natl Acad Sci USA，2020，117（1）：205-213.

[74] Gregor Schwartz，Benjamin C.-K. Tee，Jianguo Mei，et al. Flexible polymer transistors with high pressure sensitivity for application in electronic skin and health monitoring. Nat. Commun.，2013，4，1859.

[75] Yan Wang，Li Wang，Tingting Yang，et al. Wearable and Highly Sensitive Graphene Strain Sensors for Human Motion Monitoring. Adv. Funct. Mater.，2014，24（29）：4666-4670.

[76] Shuwen Chen，Jiaming Qi，Shicheng Fan，et al. Flexible Wearable Sensors for Cardiovascular Health Monitoring. Adv. Healthc. Mater.，2021，10（17）：e2100116.

[77] Lei Zhang，Kirthika Senthil Kumar，Hao He，et al. Fully organic compliant dry electrodes self-adhesive to skin for long-term motion-robust epidermal biopotential monitoring. Nat. Commun.，2020，11（1），4683.

[78] Yongseok Joseph Hong，Hyoyoung Jeong，Kyoung Won Cho，et al. Wearable and Implantable Devices for Cardiovascular Healthcare：from Monitoring to Therapy Based on Flexible and

Stretchable Electronics. Adv. Funct. Mater., 2019, 29 (19), 1901014.

[79] M. J. REED, C. E. ROBERTSON, P. S. ADDISON. Heart rate variability measurements and the prediction of ventricular arrhythmias. QJM, 2005, 98 (2): 87–95.

[80] Robert A. Nawrocki, Hanbit Jin, Sunghoon Lee, et al. Self-Adhesive and Ultra-Conformable, Sub-300 nm Dry Thin-Film Electrodes for Surface Monitoring of Biopotentials. Adv. Funct. Mater., 2018, 28 (36), 1803279.

[81] S. Pyo, J. Lee, K. Bae, et al. Recent Progress in Flexible Tactile Sensors for Human-Interactive Systems: From Sensors to Advanced Applications. Adv. Mater., 2021, 33 (47), 2005902.

[82] J. H. Lee, J. S. Heo, Y. J. Kim, et al. A Behavior-Learned Cross-Reactive Sensor Matrix for Intelligent Skin Perception. Adv. Mater., 2020, 32 (22).

[83] L. H. Li, Z. G. Chen, M. M. Hao, et al. Moisture-Driven Power Generation for Multifunctional Flexible Sensing Systems. Nano Lett., 2019, 19 (8): 5544–5552.

[84] D. Y. Wang, D. Z. Zhang, P. Li, et al. Electrospinning of Flexible Poly (vinyl alcohol)/ MXene Nanofiber-Based Humidity Sensor Self-Powered by Monolayer Molybdenum Diselenide Piezoelectric Nanogenerator. Nano-Micro Letters, 2021, 13 (1), 2.

[85] Rui Guo, XueLin Wang, WenZhuo Yu, et al. A highly conductive and stretchable wearable liquid metal electronic skin for long-term conformable health monitoring. Science China Technological Sciences, 2018, 61 (7): 1031–1037.

[86] L. M. Suo, O. Borodin, T. Gao, et al. "Water-in-salt" electrolyte enables high-voltage aqueous lithium-ion chemistries. Science, 2015, 350 (6263): 938–943.

[87] S. Li, Y. Zhang, Y. L. Wang, et al. Physical sensors for skin-inspired electronics. Infomat, 2020, 2 (1): 184–211.

[88] S. Y. Kim, E. Jee, J. S. Kim, et al. Conformable and ionic textiles using sheath-core carbon nanotube microyarns for highly sensitive and reliable pressure sensors. RSC Adv., 2017, 7 (38): 23820–23826.

[89] Z. J. Zhu, R. Y. Li, T. R. Pan. Imperceptible Epidermal-Iontronic Interface for Wearable Sensing. Adv. Mater., 2018, 30 (6), 1702122.

[90] Jing Li, Zuqing Yuan, Xun Han, et al. Biologically Inspired Stretchable, Multifunctional, and 3D Electronic Skin by Strain Visualization and Triboelectric Pressure Sensing., 2022, 2 (1): 2100083.

[91] Martin Seeber, Lucia-Manuela Cantonas, Mauritius Hoevels, et al. Subcortical electrophysiological activity is detectable with high-density EEG source imaging. Nat. Commun., 2019, 10 (1): 753.

[92] C. Boehler, D. M. Vieira, U. Egert, et al. NanoPt-A Nanostructured Electrode Coating for Neural Recording and Microstimulation. ACS Appl. Mater. Interfaces, 2020, 12 (13): 14855–14865.

[93] T. Araki, F. Yoshida, T. Uemura, et al. Long-Term Implantable, Flexible, and Transparent

Neural Interface Based on Ag/Au Core-Shell Nanowires. Adv. Healthc. Mater., 2019, 8（10）, e1900130.

[94] T. Yang, H. Pan, G. Tian, et al. Hierarchically structured PVDF/ZnO core-shell nanofibers for self-powered physiological monitoring electronics. Nano Energy, 2020, 72.

[95] Y. Huang, X. Y. Fan, S. C. Chen, et al. Emerging Technologies of Flexible Pressure Sensors: Materials, Modeling, Devices, and Manufacturing. Adv. Funct. Mater., 2019, 29（12）.

[96] Y. H. Cho, Y. G. Park, S. Kim, et al.3D Electrodes for Bioelectronics. Adv. Mater., 2021, 33（47）, 2005805.

[97] H. L. Tai, Z. H. Duan, Y. Wang, et al. Paper-Based Sensors for Gas, Humidity, and Strain Detections: A Review. ACS Appl. Mater. Interfaces, 2020, 12（28）: 31037-31053.

[98] Stefan C. B. Mannsfeld, Benjamin C. K. Tee, Randall M. Stoltenberg, et al. Highly sensitive flexible pressure sensors with microstructured rubber dielectric layers. Nat. Mater., 2010, 9（10）: 859-864.

[99] Wook Choi, Junwoo Lee, Yong Kyoung Yoo, et al. Enhanced sensitivity of piezoelectric pressure sensor with microstructured polydimethylsiloxane layer. Appl. Phys. Lett., 2014, 104（12）: 123701.

[100] H. Z. Zhang, Q. Y. Tang, Y. C. Chan. Development of a versatile capacitive tactile sensor based on transparent flexible materials integrating an excellent sensitivity and a high resolution. AIP Adv., 2012, 2（2）: 022112.

[101] Donguk Kwon, Tae-Ik Lee, Jongmin Shim, et al. Flexible, and Wearable Pressure Sensor Based on a Giant Piezocapacitive Effect of Three-Dimensional Microporous Elastomeric Dielectric Layer. ACS Appl. Mater. Interfaces, 2016, 8（26）: 16922-16931.

[102] Jun Chang Yang, Jin-Oh Kim, Jinwon Oh, et al. Microstructured Porous Pyramid-Based Ultrahigh Sensitive Pressure Sensor Insensitive to Strain and Temperature. ACS Appl. Mater. Interfaces, 2019, 11（21）: 19472-19480.

[103] Xiaoxiang Zhang, Songtao Hu, Meng Wang, et al. Continuous graphene and carbon nanotube based high flexible and transparent pressure sensor arrays. Nanotechnology, 2015, 26（11）: 115501.

[104] Xingtian Shuai, Pengli Zhu, Wenjin Zeng, et al. Highly Sensitive Flexible Pressure Sensor Based on Silver Nanowires-Embedded Polydimethylsiloxane Electrode with Microarray Structure. ACS Appl. Mater. Interfaces, 2017, 9（31）: 26314-26324.

[105] Yongbiao Wan, Zhiguang Qiu, Ying Hong, et al. A Highly Sensitive Flexible Capacitive Tactile Sensor with Sparse and High-Aspect-Ratio Microstructures. Adv. Electron. Mater., 2018, 4（4）: 1700586.

[106] Ashok Chhetry, Jiyoung Kim, Hyosang Yoon, et al. Ultrasensitive Interfacial Capacitive Pressure Sensor Based on a Randomly Distributed Microstructured Iontronic Film for Wearable

Applications. ACS Appl. Mater. Interfaces，2019，11（3）：3438–3449.

[107] Jing Qin，Li–Juan Yin，Ya–Nan Hao，et al. Flexible and Stretchable Capacitive Sensors with Different Microstructures. Adv. Mater.，2021，33（34）：2008267.

[108] Ho–Hsiu Chou，Amanda Nguyen，Alex Chortos，et al. A chameleon–inspired stretchable electronic skin with interactive colour changing controlled by tactile sensing. Nat. Commun.，2015，6.

[109] Jin–Oh Kim，Se Young Kwon，Youngsoo Kim，et al. Highly Ordered 3D Microstructure–Based Electronic Skin Capable of Differentiating Pressure，Temperature，and Proximity. ACS Appl. Mater. Interfaces，2019，11（1）：1503–1511.

[110] Clementine M. Boutry，Marc Negre，Mikael Jorda，et al. A hierarchically patterned，bioinspired e–skin able to detect the direction of applied pressure for robotics. Science Robotics，2018，3（24），eaau6914.

[111] Minjeong Ha，Seongdong Lim，Jonghwa Park，et al. Bioinspired Interlocked and Hierarchical Design of ZnO Nanowire Arrays for Static and Dynamic Pressure–Sensitive Electronic Skins. Adv. Funct. Mater.，2015，25（19）：2841–2849.

[112] Zhihui Wang，Ling Zhang，Jin Liu，et al. Flexible hemispheric microarrays of highly pressure–sensitive sensors based on breath figure method. Nanoscale，2018，10（22）：10691–10698.

[113] Sara Rachel Arussy Ruth，Levent Beker，Helen Tran，Vivian Rachel Feig，et al. Rational Design of Capacitive Pressure Sensors Based on Pyramidal Microstructures for Specialized Monitoring of Biosignals. Adv. Funct. Mater.，2020，30（29），1903100.

[114] Sungmook Jung，Ji Hoon Kim，Jaemin Kim，et al. Reverse–Micelle–Induced Porous Pressure–Sensitive Rubber for Wearable Human–Machine Interfaces. Adv. Mater.，2014，26（28）：4825.

[115] Ningqi Luo，Wenxuan Dai，Chenglin Li，et al. Flexible Piezoresistive Sensor Patch Enabling Ultralow Power Cuffless Blood Pressure Measurement. Adv. Funct. Mater.，2016，26（8）：1178–1187.

[116] Yu Pang，Kunning Zhang，Zhen Yang，et al. Epidermis Microstructure Inspired Graphene Pressure Sensor with Random Distributed Spinosum for High Sensitivity and Large Linearity. Acs Nano，2018，12（3）：2346–2354.

[117] Baoqing Nie，Siyuan Xing，James D. Brandt，et al. Droplet–based interfacial capacitive sensing. Lab on a Chip，2012，12（6）：1110–1118.

[118] Zhiguang Qiu，Yongbiao Wan，Wohua Zhou，et al. Ionic Skin with Biomimetic Dielectric Layer Templated from Calathea Zebrine Leaf. Adv. Funct. Mater.，2018，28（37），1802343.

[119] Geun Yeol Bae，Sang Woo Pak，Daegun Kim，et al. Linearly and Highly Pressure–Sensitive Electronic Skin Based on a Bioinspired Hierarchical Structural Array. Adv. Mater.，2016，28（26）：5300.

[120] Geun Yeol Bae，Joong Tark Han，Giwon Lee，et al. Pressure/Temperature Sensing Bimodal

Electronic Skin with Stimulus Discriminability and Linear Sensitivity. Adv. Mater., 2018, 30（43）, 1803388.

[121] Youngoh Lee, Jonghwa Park, Soowon Cho, et al. Flexible Ferroelectric Sensors with Ultrahigh Pressure Sensitivity and Linear Response over Exceptionally Broad Pressure Range. Acs Nano, 2018, 12（4）: 4045–4054.

[122] Fan–Wu Zeng, Xiao–Xia Liu, Dermot Diamond, et al. Humidity sensors based on polyaniline nanofibres. Sensors and Actuators B: Chemical, 2010, 143（2）: 530–534.

[123] R. Chad Webb, Andrew P. Bonifas, Alex Behnaz, et al. Ultrathin conformal devices for precise and continuous thermal characterization of human skin. Nat. Mater., 2013, 12（10）: 938–944.

[124] Seungyong Han, Min Ku Kim, Bo Wang, et al. Mechanically Reinforced Skin–Electronics with Networked Nanocomposite Elastomer. Adv. Mater., 2016, 28（46）: 10257–10265.

[125] Jun Yang, Dapeng Wei, Linlong Tang, et al. Wearable temperature sensor based on graphene nanowalls. RSC Adv., 2015, 5（32）: 25609–25615.

[126] Shingo Harada, Wataru Honda, Takayuki Arie, et al. Fully Printed, Highly Sensitive Multifunctional Artificial Electronic Whisker Arrays Integrated with Strain and Temperature Sensors. Acs Nano, 2014, 8（4）: 3921–3927.

[127] Hui Yang, Dianpeng Qi, Zhiyuan Liu, et al. Soft Thermal Sensor with Mechanical Adaptability. Adv. Mater., 2016, 28（41）: 9175.

[128] Hyungmok Joh, Seung–Wook Lee, Mingi Seong, et al. Engineering the Charge Transport of Ag Nanocrystals for Highly Accurate, Wearable Temperature Sensors through All–Solution Processes. Small, 2017, 13（24）: 1700247.

[129] Hyungmok Joh, Woo Seok Lee, Min Su Kang, et al. Surface Design of Nanocrystals for High–Performance Multifunctional Sensors in Wearable and Attachable Electronics. Chemistry of Materials, 2019, 31（2）: 436–444.

[130] Chaoyi Yan, Jiangxin Wang, Pooi See Lee. Stretchable Graphene Thermistor with Tunable Thermal Index. Acs Nano, 2015, 9（2）: 2130–2137.

[131] Soo Yeong Hong, Yong Hui Lee, Heun Park, et al. Stretchable Active Matrix Temperature Sensor Array of Polyaniline Nanofibers for Electronic Skin. Adv. Mater., 2016, 28（5）: 930–935.

[132] Junsung Bang, Woo Seok Lee, Byeonghak Park, et al. Highly Sensitive Temperature Sensor: Ligand–Treated Ag Nanocrystal Thin Films on PDMS with Thermal Expansion Strategy. Adv. Funct. Mater., 2019, 29（32）, 1903047.

[133] Chengyi Hou, Hongzhi Wang, Qinghong Zhang, et al. Highly Conductive, Flexible, and Compressible All–Graphene Passive Electronic Skin for Sensing Human Touch. Adv. Mater., 2014, 26（29）: 5018–5024.

[134] Fengjiao Zhang, Yaping Zang, Dazhen Huang, et al. Flexible and self–powered temperature–

pressure dual-parameter sensors using microstructure-frame-supported organic thermoelectric materials. Nat. Commun.，2015，6（1），8356.

[135] Yichen Cai，Jie Shen，Ziyang Dai，et al. Extraordinarily Stretchable All-Carbon Collaborative Nanoarchitectures for Epidermal Sensors. Adv. Mater.，2017，29,（31）1606411.

[136] Songfang Zhao，Lingzhi Guo，Jinhui Li，et al. Binary Synergistic Sensitivity Strengthening of Bioinspired Hierarchical Architectures based on Fragmentized Reduced Graphene Oxide Sponge and Silver Nanoparticles for Strain Sensors and Beyond. Small，2017，13（28），1700094.

[137] Chan-Jae Lee，Keum Hwan Park，Chul Jong Han，et al. Crack-induced Ag nanowire networks for transparent，stretchable，and highly sensitive strain sensors. Scientific Reports，2017，7，7959.

[138] Yangyong Sun，Liangwei Yang，Kailun Xia，et al. "Snowing" Graphene using Microwave Ovens. Adv. Mater.，2018，30（40），1803189.

[139] C. Pang，G. Y. Lee，T. I. Kim，et al. A flexible and highly sensitive strain-gauge sensor using reversible interlocking of nanofibres. Nat. Mater.，2012，11（9）：795-801.

[140] Kyun Kyu Kim，Sukjoon Hong，Hyun Min Cho，et al. Highly Sensitive and Stretchable Multidimensional Strain Sensor with Prestrained Anisotropic Metal Nanowire Percolation Networks. Nano Lett.，2015，15（8）：5240-5247.

[141] TanPhat Huynh，Hossam Haick. Autonomous Flexible Sensors for Health Monitoring. Adv. Mater.，2018，30（50），e1802337.

[142] Sungwon Lee，Amir Reuveny，Jonathan Reeder，et al. A transparent bending-insensitive pressure sensor. Nature Nanotechnology，2016，11（5）：472.

[143] Morteza Amjadi，Ki-Uk Kyung，Inkyu Park，et al. Stretchable，Skin-Mountable，and Wearable Strain Sensors and Their Potential Applications：A Review. Adv. Funct. Mater.，2016，26（11）：1678-1698.

[144] Jinwon Oh，Jun Chang Yang，Jin-Oh Kim，et al. Pressure Insensitive Strain Sensor with Facile Solution-Based Process for Tactile Sensing Applications. Acs Nano，2018，12（8）：7546-7553.

[145] Qilin Hua，Junlu Sun，Haitao Liu，et al. Skin-inspired highly stretchable and conformable matrix networks for multifunctional sensing. Nat. Commun.，2018，9，244.

[146] Minpyo Kang，Hyerin Jeong，Sung-Won Park，et al. Wireless graphene-based thermal patch for obtaining temperature distribution and performing thermography. Sci. Adv.，2022，8（15），eabm3246.

[147] Subramanian Sundaram，Petr Kellnhofer，Yunzhu Li，et al. Learning the signatures of the human grasp using a scalable tactile glove. Nature，2019，569（7758）：698.

[148] Wonryung Lee，Dongmin Kim，Naoji Matsuhisa，et al. Transparent，conformable，active multielectrode array using organic electrochemical transistors. Proceedings of the National Academy of Sciences of the United States of America，2017，114（40）：10554-10559.

[149] T. Someya, T. Sekitani, S. Iba, et al. A large-area, flexible pressure sensor matrix with organic field-effect transistors for artificial skin applications. Proceedings of the National Academy of Sciences of the United States of America, 2004, 101 (27): 9966-9970.

[150] Yong Ju Park, Bhupendra K. Sharma, Sachin M. Shinde, et al. All MoS2-Based Large Area, Skin-Attachable Active-Matrix Tactile Sensor. Acs Nano, 2019, 13 (3): 3023-3030.

[151] Gihyeok Gwon, Hyeokjoo Choi, Jihoon Bae, et al. An All-Nanofiber-Based Substrate-Less, Extremely Conformal, and Breathable Organic Field Effect Transistor for Biomedical Applications. Adv. Funct. Mater., 2022, 32 (35), 2204645.

[152] Kyoseung Sim, Faheem Ershad, Yongcao Zhang, et al. An epicardial bioelectronic patch made from soft rubbery materials and capable of spatiotemporal mapping of electrophysiological activity. Nat. Electron., 2020, 3 (12): 775-784.

[153] Dae-Hyeong Kim, Jonathan Viventi, Jason J. Amsden, et al. Dissolvable films of silk fibroin for ultrathin conformal bio-integrated electronics. Nat. Mater., 2010, 9 (6): 511-517.

[154] Tomoyuki Yokota, Tsuyoshi Sekitani, Takeyoshi Tokuhara, et al. Sheet-Type Flexible Organic Active Matrix Amplifier System Using Pseudo-CMOS Circuits With Floating-Gate Structure. Ieee Transactions on Electron Devices, 2012, 59 (12): 3434-3441.

[155] Kris Myny. The development of flexible integrated circuits based on thin-film transistors. Nat. Electron., 2018, 1 (1): 30-39.

[156] Bin Bao, Boris Rivkin, Farzin Akbar, et al. Digital Electrochemistry for On-Chip Heterogeneous Material Integration. Adv. Mater., 2021, 33 (26), e2101272.

[157] Christian Becker, Bin Bao, Dmitriy D. Karnaushenko, et al. A new dimension for magnetosensitive e-skins: active matrix integrated micro-origami sensor arrays. Nat. Commun., 2022, 13 (1), 1-11.

[158] Yao Yao, Wei Huang, Jianhua Chen, et al. Flexible complementary circuits operating at sub-0.5 V via hybrid organic inorganic electrolyte-gated transistors. Proceedings of the National Academy of Sciences of the United States of America, 2021, 118 (44), e2105526118.

[159] M. Kondo, M. Melzer, D. Karnaushenko, et al. Imperceptible magnetic sensor matrix system integrated with organic driver and amplifier circuits. Sci. Adv., 2020, 6 (4), eaay6094.

[160] Yuanfeng Chen, Di Geng, Tengda Lin, et al. Full-Swing Clock Generating Circuits on Plastic Using a-IGZO Dual-Gate TFTs With Pseudo-CMOS and Bootstrapping. Ieee Electron Device Letters, 2016, 37 (7): 882-885.

[161] Chen Jiang, Xiang Cheng, Arokia Nathan. Flexible Ultralow-Power Sensor Interfaces for E-Skin. Proceedings of the Ieee, 2019, 107 (10): 2084-2105.

[162] Yahao Dai, Huawei Hu, Maritha Wang, et al. Stretchable transistors and functional circuits for human-integrated electronics. Nat. Electron., 2021, 4 (1): 17-29.

[163] Weichen Wang, Sihong Wang, Reza Rastak, et al. Strain-insensitive intrinsically stretchable

transistors and circuits. Nat. Electron.，2021，4（2）：143–150.

[164] Xiumei Wang，Yaqian Liu，Qizhen Chen，et al. Recent advances in stretchable field–effect transistors. Journal of Materials Chemistry C，2021，9（25）：7796–7828.

[165] Sungsik Lee，Arokia Nathan. Subthreshold Schottky–barrier thin–film transistors with ultralow power and high intrinsic gain. Science，2016，354（6310）：302–304.

[166] Chen Jiang，Hyung Woo Choi，Xiang Cheng，et al. Printed subthreshold organic transistors operating at high gain and ultralow power. Science，2019，363（6428）：719.

[167] Chen Jiang，Constantinos P. Tsangarides，Xiang Cheng，et al. Ieee In High Stretchability Ultralow–Power All–Printed Thin Film Transistor Amplifier on Strip–Helix–Fiber，IEEE International Electron Devices Meeting（IEDM），San Francisco，CA，2021Dec 11–16；San Francisco，CA，2021.

[168] Tae Yeong Kim，Wonjeong Suh，Unyong Jeong. Approaches to deformable physical sensors：Electronic versus iontronic. Materials Science & Engineering R–Reports，2021，146，100640.

[169] Emily L. Mackevicius，Matthew D. Best，Hannes P. Saal，et al. Millisecond Precision Spike Timing Shapes Tactile Perception. Journal of Neuroscience，2012，32（44）：15309–15317.

[170] Wang Wei Lee，Yu Jun Tan，Haicheng Yao，et al. A neuro–inspired artificial peripheral nervous system for scalable electronic skins. Science Robotics，2019，4（32），eaax2198.

[171] Taeyeong Kim，Jaehun Kim，Insang You，et al. Dynamic tactility by position–encoded spike spectrum. Science Robotics，2022，7（63），eabl5761.

[172] Tiance An，David Vera Anaya，Shu Gong，et al. Self–powered gold nanowire tattoo triboelectric sensors for soft wearable human–machine interface. Nano Energy，2020，77，105295.

[173] Xiaodong Wu，Maruf Ahmed，Yasser Khan，et al. A potentiometric mechanotransduction mechanism for novel electronic skins. Sci. Adv.，2020，6（30），eaba1062.

[174] Mengwei Liu，Yujia Zhang，Jiachuang Wang，et al. A star–nose–like tactile–olfactory bionic sensing array for robust object recognition in non–visual environments. Nat. Commun.，2022，13（1）：79.

[175] Shengshun Duan，Qiongfeng Shi，Jun Wu. Multimodal Sensors and ML–Based Data Fusion for Advanced Robots. Adv. Intell. Syst.，2022，4（12），2200213.

[176] Ruoxi Yang，Wanqing Zhang，Naveen Tiwari，et al. Multimodal Sensors with Decoupled Sensing Mechanisms. Adv. Sci.，2022，9（26），2202470.

[177] Qilin Hua，Junlu Sun，Haitao Liu，et al. Skin–inspired highly stretchable and conformable matrix networks for multifunctional sensing. Nat. Commun.，2018，9，1–11.

[178] Haicheng Yao，Weidong Yang，Wen Cheng，et al. Near–hysteresis–free soft tactile electronic skins for wearables and reliable machine learning. Proceedings of the National Academy of Sciences of the United States of America，2020，117（41）：25352–25359.

[179] H. U. Chung，B. H. Kim，J. Y. Lee，et al. Binodal，wireless epidermal electronic systems with

in-sensor analytics for neonatal intensive care. Science，2019，363（6430）：947.

[180] Juliane R. Sempionatto，Muyang Lin，Lu Yin，et al. An epidermal patch for the simultaneous monitoring of haemodynamic and metabolic biomarkers. Nature Biomedical Engineering，2021，5（7）：737-748.

[181] Yangzhi Zhu，Reihaneh Haghniaz，Martin C. C. Hartel，et al. A Breathable，Passive-Cooling，Non-Inflammatory，and Biodegradable Aerogel Electronic Skin for Wearable Physical-Electrophysiological-Chemical Analysis. Adv. Mater.，2023.

[182] Mengdi Han，Lin Chen，Kedar Aras，et al. Catheter-integrated soft multilayer electronic arrays for multiplexed sensing and actuation during cardiac surgery. Nature Biomedical Engineering，2020，4（10）：997-1009.

[183] Shu Gong，Lim Wei Yap，Bowen Zhu，et al. Local Crack-Programmed Gold Nanowire Electronic Skin Tattoos for In-Plane Multisensor Integration. Adv. Mater.，2019，31（41），e1903789.

[184] Shanshan Yao，Amanda Myers，Abhishek Malhotra，et al. A Wearable Hydration Sensor with Conformal Nanowire Electrodes. Adv. Healthc. Mater.，2017，6（6），1601159.

[185] Shuai Zhao，Rong Zhu. Flexible Bimodal Sensor for Simultaneous and Independent Perceiving of Pressure and Temperature Stimuli. Advanced Materials Technologies，2017，2（11），1700183.

[186] Shuai Zhao，Rong Zhu. Electronic Skin with Multifunction Sensors Based on Thermosensation. Adv. Mater.，2017，29（15），1606151.

[187] Guozhen Li，Shiqiang Liu，Liangqi Wang，et al. Skin-inspired quadruple tactile sensors integrated on a robot hand enable object recognition. Science Robotics，2020，5（49），eaax6968.

[188] Tien Nguyen Thanh，Sanghun Jeon，Do-Il Kim，et al. A Flexible Bimodal Sensor Array for Simultaneous Sensing of Pressure and Temperature. Adv. Mater.，2014，26（5）：796-804.

[189] Ce Yang，Haiyan Wang，Jiawei Yang，et al. A Machine-Learning-Enhanced Simultaneous and Multimodal Sensor Based on Moist-Electric Powered Graphene Oxide. Adv. Mater.，2022，34（41），2205249.

[190] Seiji Wakabayashi，Takayuki Arie，Seiji Akita，et al. A Multitasking Flexible Sensor via Reservoir Computing. Adv. Mater.，2022，34（26），e2201663.

[191] Insang You，David G. Mackanic，Naoji Matsuhisa，et al. Artificial multimodal receptors based on ion relaxation dynamics. Science，2020，370（6519）：961.

[192] Sang Min Won，Heling Wang，Bong Hoon Kim，et al. Multimodal Sensing with a Three-Dimensional Piezoresistive Structure. Acs Nano，2019，13（10）：10972-10979.

[193] Yichen Cai，Jie Shen，Chi-Wen Yang，et al. Mixed-dimensional MXene-hydrogel heterostructures for electronic skin sensors with ultrabroad working range. Sci. Adv.，2020，

6 (48), eabb5367.

[194] Pingqiang Cai, Changjin Wan, Liang Pan, et al. Locally coupled electromechanical interfaces based on cytoadhesion-inspired hybrids to identify muscular excitation-contraction signatures. Nat. Commun., 2020, 11 (1), 1-12.

[195] Jiaxue Zhu, Xumeng Zhang, Rui Wang, et al. A Heterogeneously Integrated Spiking Neuron Array for Multimode-Fused Perception and Object Classification. Adv. Mater., 2022, 34 (24), 2200481.

[196] Wenbo Liu, Youning Duo, Jiaqi Liu, et al. Touchless interactive teaching of soft robots through flexible bimodal sensory interfaces. Nat. Commun., 2022, 13 (1), 5030.

[197] Zequn Cui, Wensong Wang, Huarong Xia, et al. Freestanding and Scalable Force-Softness Bimodal Sensor Arrays for Haptic Body-Feature Identification. Adv. Mater., 2022, 34 (47), e2207016.

[198] Binghao Wang, Anish Thukral, Zhaoqian Xie, et al. Flexible and stretchable metal oxide nanofiber networks for multimodal and monolithically integrated wearable electronics. Nature Communications, 2020, 11 (1), 2405.

[199] Jun-Kyul Song, Junhee Kim, Jiyong Yoon, et al. Stretchable colour-sensitive quantum dot nanocomposites for shape-tunable multiplexed phototransistor arrays. Nature Nanotechnology, 2022, 17 (8): 849.

[200] Liguo Xu, Zhenkai Huang, Zhishuang Deng, et al. A Transparent, Highly Stretchable, Solvent-Resistant, Recyclable Multifunctional Ionogel with Underwater Self-Healing and Adhesion for Reliable Strain Sensors. Adv. Mater., 2021, 33 (51), e2105306.

[201] Liangren Chen, Xiaohua Chang, Han Wang, et al. Stretchable and transparent multimodal electronic-skin sensors in detecting strain, temperature, and humidity. Nano Energy, 2022, 96.

[202] Gang Ge, Yao Lu, Xinyu Qu, et al. Muscle-Inspired Self-Healing Hydrogels for Strain and Temperature Sensor. Acs Nano, 2020, 14 (1): 218-228.

[203] Shiming Zhang, Fabio Cicoira. Flexible self-powered biosensors. Nature, 2018, 561 (7724): 466-467.

[204] Trung Tran Quang, Nae-Eung Lee. Flexible and Stretchable Physical Sensor Integrated Platforms for Wearable Human-Activity Monitoring and Personal Healthcare. Adv. Mater., 2016, 28 (22): 4338-4372.

[205] Lisa Y. Chen, Benjamin C. K. Tee, Alex L. Chortos, et al. Continuous wireless pressure monitoring and mapping with ultra-small passive sensors for health monitoring and critical care. Nat. Commun., 2014, 5, 5028.

[206] Chunmei Li, Chengchen Guo, Vincent Fitzpatrick, et al. Design of biodegradable, implantable devices towards clinical translation. Nature Reviews Materials, 2020, 5 (1): 61-81.

[207] Nikita Obidin, Farita Tasnim, Canan Dagdeviren. The future of neuroimplantable devices:

a materials science and regulatory perspective. Adv. Mater.，2020，32（15）：1901482.

[208] Giwon Lee，Qingshan Wei，Yong Zhu. Emerging Wearable Sensors for Plant Health Monitoring. Adv. Funct. Mater.，2021，31（52）：2106475.

[209] Yifei Luo，Mohammad Reza Abidian，Jong-Hyun Ahn，et al. Technology Roadmap for Flexible Sensors. ACS Nano，2023，17（6）：5211-5295.

[210] Jing Li，Rongrong Bao，Juan Tao，et al. Recent progress in flexible pressure sensor arrays：from design to applications. Journal of Materials Chemistry C，2018，6（44）：11878-11892.

[211] Su-Ting Han，Haiyan Peng，Qijun Sun，et al. An Overview of the Development of Flexible Sensors. Adv. Mater.，2017，29（33）：1700375.

[212] Meng Xu，Dora Obodo，Vamsi K. Yadavalli. The design，fabrication，and applications of flexible biosensing devices. Biosensors&Bioelectronics，2019，124：96-114.

[213] Matthew A. Hopcroft，William D. Nix，Thomas W. Kenny. What is the Young’s Modulus of Silicon? Journal of Microelectromechanical Systems，2010，19（2）：229-238.

[214] Jianxing Liu，Dongjia Yan，Wenbo Pang，et al. Design，fabrication and applications of soft network materials. Materials Today，2021，49：324-350.

[215] Shuo Chen，Lijie Sun，Xiaojun Zhou，et al. Mechanically and biologically skin-like elastomers for bio-integrated electronics. Nat. Commun.，2020，11（1），1107.

[216] Michael D. Dickey. Stretchable and Soft Electronics using Liquid Metals. Adv. Mater.，2017，29（27）：1606425.

[217] Hyunwoo Yuk，Baoyang Lu，Xuanhe Zhao. Hydrogel bioelectronics. Chemical Society Reviews，2019，48（6）：1642-1667.

[218] Jongyoun Kim，Hyeonwoo Jung，Minkyoung Kim，et al. Conductive Polymer Composites for Soft Tactile Sensors. Macromolecular Research，2021，29（11）：761-775.

[219] Irmandy Wicaksono，Carson I. Tucker，Tao Sun，et al. A tailored，electronic textile conformable suit for large-scale spatiotemporal physiological sensing in vivo. Npj Flexible Electronics，2020，4（1）：5.

[220] Siaw Fui Kiew，Lik Voon Kiew，Hong Boon Lee，et al. Assessing biocompatibility of graphene oxide-based nanocarriers：A review. Journal of Controlled Release，2016，226：217-228.

[221] Na Lu，Liqian Wang，Min Lv，et al. Graphene-based nanomaterials in biosystems. Nano Research，2019，12（2）：247-264.

[222] S. K. Smart，A. I. Cassady，G. Q. Lu，et al. The biocompatibility of carbon nanotubes. Carbon，2006，44（6）：1034-1047.

[223] Haizhou Huang，Shi Su，Nan Wu，et al. Graphene-Based Sensors for Human Health Monitoring. Frontiers in Chemistry，2019，7，399.

[224] Matteo Andrea Lucherelli，Xuliang Qian，Paula Weston，et al. Boron Nitride Nanosheets Can Induce Water Channels Across Lipid Bilayers Leading to Lysosomal Permeabilization. Adv.

Mater.，2021，33（45）：2103137.

[225] Peng Zhang，Fang Sun，Sijun Liu，et al. Anti–PEG antibodies in the clinic：Current issues and beyond PEGylation. Journal of Controlled Release，2016，244：184–193.

[226] Sunny O. Abarikwu. Lead，Arsenic，Cadmium，Mercury：Occurrence，Toxicity and Diseases. In Pollutant Diseases，Remediation and Recycling，Eric Lichtfouse，Schwarzbauer Jan，Robert Didier，Eds. Springer International Publishing：Cham，2013，351–386.

[227] Clementine M. Boutry，Yukitoshi Kaizawa，Bob C. Schroeder，et al. A stretchable and biodegradable strain and pressure sensor for orthopaedic application. Nat. Electron.，2018，1（5）：314–321.

[228] Eli J. Curry，Kai Ke，Meysam T. Chorsi，et al. Biodegradable Piezoelectric Force Sensor. Proceedings of the National Academy of Sciences of the United States of America，2018，115（5）：909–914.

[229] Yuxin Liu，Jinxing Li，Shang Song，et al. Morphing electronics enable neuromodulation in growing tissue. Nat. Biotechnol.，2020，38（9）：1031–1036.

[230] Joy H. Samuels–Reid，Judith U. Cope. Medical Devices and Adolescents Points to Consider. Jama Pediatrics，2016，170（11）：1035–1036.

[231] C. Pena，K. Bowsher，J. Samuels–Reid. FDA–approved neurologic devices intended for use in infants，children，and adolescents. Neurology，2004，63（7）：1163–1167.

[232] Lin Qi，Zhongping Lee，Chuanmin Hu，et al. Requirement of minimal signal–to–noise ratios of ocean color sensors and uncertainties of ocean color products. Journal of Geophysical Research–Oceans，2017，122（3）：2595–2611.

[233] Yuanwen Jiang，Zhitao Zhang，Yi–Xuan Wang，et al. Topological supramolecular network enabled high–conductivity，stretchable organic bioelectronics. Science，2022，375（6587）：1411–1417.

[234] Seongjun Park，Hyunwoo Yuk，Ruike Zhao，et al. Adaptive and multifunctional hydrogel hybrid probes for long–term sensing and modulation of neural activity. Nat. Commun.，2021，12（1）：3435.

[235] Christina M. Tringides，Nicolas Vachicouras，Irene de Lázaro，et al. Viscoelastic surface electrode arrays to interface with viscoelastic tissues. Nature Nanotechnology，2021，16（9）：1019–1029.

[236] Soon Ja Park，Teruko Tamura. Distribution of Evaporation Rate on Human Body Surface. The Annals of physiological anthropology，1992，11（6）：593–609.

[237] Xiang Shi，Yong Zuo，Peng Zhai，et al. Large–area display textiles integrated with functional systems. Nature，2021，591（7849）：240–245.

[238] Zekun Liu，Tianxue Zhu，Junru Wang，et al. Functionalized Fiber–Based Strain Sensors：Pathway to Next–Generation Wearable Electronics. Nano–Micro Letters，2022，14（1）：61.

[239] Bohan Sun, Richard N. McCay, Shivam Goswami, et al. Gas–Permeable, Multifunctional On–Skin Electronics Based on Laser–Induced Porous Graphene and Sugar–Templated Elastomer Sponges. Adv. Mater., 2018, 30 (50): 1804327.

[240] Sijie Zheng, Weizheng Li, Yongyuan Ren, et al. Moisture–Wicking, Breathable, and Intrinsically Antibacterial Electronic Skin Based on Dual–Gradient Poly (ionic liquid) Nanofiber Membranes. Adv. Mater., 2022, 34 (4): 2106570.

[241] Longteng Yu, Joo Chuan Yeo, Ren Hao Soon, et al. Highly Stretchable, Weavable, and Washable Piezoresistive Microfiber Sensors. ACS Appl. Mater. Inter., 2018, 10 (15): 12773–12780.

[242] Hegeng Li, Hongzhen Liu, Mingze Sun, et al.3D Interfacing between Soft Electronic Tools and Complex Biological Tissues. Adv. Mater., 2021, 33 (3): 2004425.

[243] Xiao Yang, Tao Zhou, Theodore J. Zwang, et al. Bioinspired neuron–like electronics. Nat. Mater., 2019, 18 (5): 510–517.

[244] Jia Liu, Tian–Ming Fu, Zengguang Cheng, et al. Syringe–injectable electronics. Nature Nanotechnology, 2015, 10 (7): 629–636.

[245] Ron Feiner, Leeya Engel, Sharon Fleischer, et al. Engineered hybrid cardiac patches with multifunctional electronics for online monitoring and regulation of tissue function. Nat. Mater., 2016, 15 (6): 679–685.

[246] Yin Fang, Endao Han, Xin–Xing Zhang, et al. Dynamic and Programmable Cellular–Scale Granules Enable Tissue–like Materials. Matter, 2020, 2 (4): 948–964.

[247] Yin Fang, Xiao Yang, Yiliang Lin, et al. Dissecting Biological and Synthetic Soft–Hard Interfaces for Tissue–Like Systems. Chemical Reviews, 2022, 122 (5): 5233–5276.

[248] Jia Liu, Yoon Seok Kim, Claire E. Richardson, et al. Genetically targeted chemical assembly of functional materials in living cells, tissues, and animals. Science, 2020, 367 (6484): 1372–1376.

[249] Xiaohang Sun, Sachin Agate, Khandoker Samaher Salem, et al. Hydrogel–Based Sensor Networks: Compositions, Properties, and Applications—A Review. ACS Appl. Bio Mater., 2021, 4 (1): 140–162.

[250] Hritwick Banerjee, Mohamed Suhail, Hongliang Ren. Hydrogel Actuators and Sensors for Biomedical Soft Robots: Brief Overview with Impending Challenges. Biomimetics (Basel, Switzerland), 2018, 3 (3): 15.

[251] Simiao Niu, Naoji Matsuhisa, Levent Beker, et al. A wireless body area sensor network based on stretchable passive tags. Nat. Electron., 2019, 2 (8): 361–368.

[252] Yue Liu, Xufeng Zhou, Hui Yan, et al. Robust Memristive Fiber for Woven Textile Memristor. Adv. Funct. Mater., 2022, 32 (28): 2201510.

[253] Tianyu Wang, Jialin Meng, Xufeng Zhou, et al. Reconfigurable neuromorphic memristor

network for ultralow-power smart textile electronics. Nat. Commun., 2022, 13 (1): 7432.

[254] Qiang Li, Kewang Nan, Paul Le Floch, et al. Cyborg Organoids: Implantation of Nanoelectronics via Organogenesis for Tissue-Wide Electrophysiology. Nano Lett., 2019, 19 (8): 5781-5789.

[255] D. Ryu, D. H. Kim, J. T. Price, et al. Comprehensive pregnancy monitoring with a network of wireless, soft, and flexible sensors in high-and low-resource health settings. Proc Natl Acad Sci USA, 2021, 118 (20), e2100466118.

[256] Rongzhou Lin, Han-Joon Kim, Sippanat Achavananthadith, et al. Wireless battery-free body sensor networks using near-field-enabled clothing. Nat. Commun., 2020, 11 (1): 444.

[257] Raza Qazi, Kyle E. Parker, Choong Yeon Kim, et al. Scalable and modular wireless-network infrastructure for large-scale behavioural neuroscience. Nature Biomedical Engineering, 2022, 6 (6): 771-786.

[258] F. Costa, S. Genovesi, M. Borgese, et al. A Review of RFID Sensors, the New Frontier of Internet of Things. Sensors (Basel), 2021, 21 (9), 3138.

[259] Khalid Hasan, Kamanashis Biswas, Khandakar Ahmed, et al. A comprehensive review of wireless body area network. Journal of Network and Computer Applications, 2019, 143: 178-198.

[260] T. B. Welch, R. L. Musselman, B. A. Emessiene, et al. The effects of the human body on UWB signal propagation in an indoor environment. IEEE Journal on Selected Areas in Communications, 2002, 20 (9): 1778-1782.

[261] W. Saadeh, M. A. B. Altaf, H. Alsuradi, et al. A Pseudo OFDM With Miniaturized FSK Demodulation Body-Coupled Communication Transceiver for Binaural Hearing Aids in 65 nm CMOS. IEEE Journal of Solid-State Circuits, 2017, 52 (3): 757-768.

[262] Rongzhou Lin, Han-Joon Kim, Sippanat Achavananthadith, et al. Digitally-embroidered liquid metal electronic textiles for wearable wireless systems. Nat. Commun., 2022, 13 (1): 2190.

[263] M. Kiani, M. Ghovanloo. A 13.56-Mbps Pulse Delay Modulation Based Transceiver for Simultaneous Near-Field Data and Power Transmission. IEEE Transactions on Biomedical Circuits and Systems, 2015, 9 (1): 1-11.

[264] Yu Song, Daniel Mukasa, Haixia Zhang, et al. Self-Powered Wearable Biosensors. Acc. Mater. Res., 2021, 2 (3): 184-197.

[265] Xiaolong Zeng, Ruiheng Peng, Zhiyong Fan, et al. Self-powered and wearable biosensors for healthcare. Materials Today Energy, 2022, 23: 100900.

[266] Rebeca M. Torrente-Rodríguez, Jiaobing Tu, Yiran Yang, et al. Investigation of Cortisol Dynamics in Human Sweat Using a Graphene-Based Wireless mHealth System. Matter, 2020, 2 (4): 921-937.

[267] KunHyuck Lee, Xiaoyue Ni, Jong Yoon Lee, et al. Mechano-acoustic sensing of physiological processes and body motions via a soft wireless device placed at the suprasternal notch. Nature

Biomedical Engineering，2020，4（2）：148–158.

[268] Yiming Liu，Chunki Yiu，Zhen Song，et al. Electronic skin as wireless human–machine interfaces for robotic VR. Sci. Adv.，2022，8（2）：eabl6700.

[269] Akihito Miyamoto，Hiroshi Kawasaki，Sunghoon Lee，et al. Highly Precise，Continuous，Long–Term Monitoring of Skin Electrical Resistance by Nanomesh Electrodes. Adv. Healthc. Mater.，2022，11（10）：2102425.

[270] R. Vilkhu，W. J. C. Thio，P. Das Ghatak，et al. Power Generation for Wearable Electronics：Designing Electrochemical Storage on Fabrics. IEEE Access，2018，6：28945–28950.

[271] Shu Gong，Wenlong Cheng. Toward Soft Skin–Like Wearable and Implantable Energy Devices. Adv. Energy Mater.，2017，7（23）：1700648.

[272] Veenasri Vallem，Yasaman Sargolzaeiaval，Mehmet Ozturk，et al. Energy Harvesting and Storage：Energy Harvesting and Storage with Soft and Stretchable Materials（Adv. Mater.19/2021）. Adv. Mater.，2021，33（19）：2170151.

[273] Yihao Zhou，Xiao Xiao，Guorui Chen，et al. Self–powered sensing technologies for human Metaverse interfacing. Joule，2022，6（7）：1381–1389.

[274] Canan Dagdeviren，Zhou Li，Zhong Lin Wang. Energy Harvesting from the Animal/Human Body for Self–Powered Electronics. Annu. Rev. Biomed. Eng.，2017，19（1）：85–108.

[275] Xueying Huang，Liu Wang，Huachun Wang，et al. Materials Strategies and Device Architectures of Emerging Power Supply Devices for Implantable Bioelectronics. Small，2020，16（15）：1902827.

[276] Ruiyuan Liu，Zhong Lin Wang，Kenjiro Fukuda，et al. Flexible self–charging power sources. Nature Reviews Materials，2022，7（11）：870–886.

[277] Jian Chang，Qiyao Huang，Yuan Gao，et al. Pathways of Developing High–Energy–Density Flexible Lithium Batteries（Adv. Mater.46/2021）. Adv. Mater.，2021，33（46）：2170363.

[278] Mingzhe Chen，Yanyan Zhang，Guichuan Xing，et al. Electrochemical energy storage devices working in extreme conditions. Energy&Environmental Science，2021，14（6）：3323–3351.

[279] Zhisheng Lv，Changxian Wang，Changjin Wan，et al. Strain–Driven Auto–Detachable Patterning of Flexible Electrodes. Adv. Mater.，2022，34（30）：2202877.

[280] Chengmei Jiang，Xunjia Li，Sophie Wan Mei Lian，et al. Wireless Technologies for Energy Harvesting and Transmission for Ambient Self–Powered Systems. ACS Nano，2021，15（6）：9328–9354.

[281] Jiamin Li，Yilong Dong，Jeong Hoan Park，et al. Body–coupled power transmission and energy harvesting. Nat. Electron.，2021，4（7）：530–538.

[282] J. Dieffenderfer，H. Goodell，S. Mills，et al. Low–Power Wearable Systems for Continuous Monitoring of Environment and Health for Chronic Respiratory Disease. IEEE Journal of Biomedical and Health Informatics，2016，20（5）：1251–1264.

[283] Lu Yin, Kyeong Nam Kim, Jian Lv, et al. A self–sustainable wearable multi–modular E–textile bioenergy microgrid system. Nat. Commun., 2021, 12 (1): 1542.

[284] Asir Intisar Khan, Alwin Daus, Raisul Islam, et al. Ultralow–switching current density multilevel phase–change memory on a flexible substrate. Science, 2021, 373 (6560): 1243–1247.

[285] Qixiang Zhang, Dandan Lei, Nishuang Liu, et al. A Zinc–Ion Battery–Type Self–Powered Pressure Sensor with Long Service Life. Adv. Mater., 2022, 34 (40): 2205369.

[286] T Li, Y Xu, M Lei, et al. The pH–controlled memristive effect in a sustainable bioelectronic device prepared using lotus root. Materials Today Sustainability, 2020, 7: 100029.

[287] Qi Yang, Zhaodong Huang, Xinliang Li, et al. A wholly degradable, rechargeable Zn–Ti3C2 MXene capacitor with superior anti–self–discharge function. ACS nano, 2019, 13 (7): 8275–8283.

[288] Seung–Kyun Kang, Rory KJ Murphy, Suk–Won Hwang, et al. Bioresorbable silicon electronic sensors for the brain. Nature, 2016, 530 (7588): 71–76.

[289] Hector Lopez Hernandez, Seung–Kyun Kang, Olivia P Lee, et al. Triggered transience of metastable poly (phthalaldehyde) for transient electronics. Adv. Mater., 2014, 26 (45): 7637–7642.

[290] Ting Lei, Ming Guan, Jia Liu, et al. Biocompatible and totally disintegrable semiconducting polymer for ultrathin and ultralightweight transient electronics. Proceedings of the National Academy of Sciences, 2017, 114 (20): 5107–5112.

[291] Naiwei Gao, Yonglin He, Xinglei Tao, et al. Crystal–confined freestanding ionic liquids for reconfigurable and repairable electronics. Nat. Commun., 2019, 10 (1): 547.

[292] Yang Gao, Ying Zhang, Xu Wang, et al. Moisture–triggered physically transient electronics. Sci. Adv., 2017, 3 (9): e1701222.

[293] Naiwei Gao, Xun Wu, Yonglin He, et al. Reconfigurable and recyclable circuits based on liquid passive components. Adv. Electron. Mater., 2020, 6 (8): 1901388.

[294] Zhiwu Chen, Naiwei Gao, Yanji Chu, et al. Ionic network based on dynamic ionic liquids for electronic tattoo application. ACS Appl. Mater. Interfaces, 2021, 13 (28): 33557–33565.

[295] Xun Wu, Naiwei Gao, Hanyu Jia, et al. Thermoelectric converters based on ionic conductors. Chemistry–An Asian Journal, 2021, 16 (2): 129–141.

[296] Yonglin He, Shenglong Liao, Hanyu Jia, et al. A self–healing electronic sensor based on thermal–sensitive fluids. Adv. Mater., 2015, 27 (31): 4622–4627.

[297] Hanyu Jia, Yonglin He, Xinyue Zhang, et al. Integrating Ultra–Thermal–Sensitive Fluids into Elastomers for Multifunctional Flexible Sensors. Adv. Electron. Mater., 2015, 1 (3): 1500029.

[298] Naiwei Gao, Xun Wu, Yingchao Ma, et al. A Sunflower–Inspired Sun–Tracking System Directed by an Ionic Liquid Photodetector. Adv. Opt. Mater., 2023, 11 (4): 2201871.

第四章

生物传感新材料产业技术路线图

第一节　柔性可穿戴传感电子材料产业技术路线图

柔性可穿戴技术改变了医疗进程和人们的生活方式，在健康监测、人机交互、假肢系统以及智能机器人应用等方面具有巨大的社会和经济价值[1-3]。柔性穿戴传感材料是可穿戴技术中最重要的一环，它可以检测人在各种环境下的各种应激信号，人们正是通过这种传感材料来实时检测各种信号。柔性可穿戴传感电子材料的性能决定了传感器件的性能，在整个柔性可穿戴传感电子领域占据最重要的地位。开发出灵活、轻量化、小型化和集成的柔性可穿戴器件对于社会的发展和人们生活的方式的改变意义重大。近年来柔性可穿戴传感电子材料在科学研究以及商业化应用方面都取得了很大的发展[4, 5]。但是目前柔性可穿戴传感器处于发展的初级阶段，面临着复合型人才的缺失、关键技术受制于人、产业发展薄弱、发展目标不清晰等一系列巨大的挑战。为了建设制造强国的战略任务，帮助广大科研工作者、企业、决策部门深入了解柔性可穿戴传感电子材料技术产业，我们从需求、愿景目标、发展重点、提出产业水平、重要产品及关键技术预计实现时间等，进行重要国家或地区之间的差距比较，分析产业技术发展的制约因素，绘制柔性可穿戴传感电子器件产业技术路线图。"技术路线图"的发布，可以为广大企业和科研者确定自身的发展方向和重点提供参考；引导金融投资机构支持研发、生产"技术路线图"中所列产品，从而使资源向国家的战略重点聚集；此外，"技术路线图"也可为各级决策机构提供参考。

总体需求分析：2018 年全球可穿戴设备出货量达到 1.72 亿台，同比增长 27.5%；其中，中国可穿戴设备出货量为 7320 万台，同比增长 28.5%，市场规模庞大。在我国传感器市场的应用结构中，可穿戴设备相关领域的市场份额约占 20%。近两年每年仍然以百分之三十的同比增长率飞速发展，柔性可穿戴传感设备在人体健康监测方面发挥着至关重要的作用。近年来，人们已经在可穿戴可植入传感器领域取得了显著进步，例如利用电子皮肤向大脑传递皮肤触觉信息，利用三维微电极实现大脑皮层控制假肢，利用人工耳蜗恢复病人听力等。然而，实现柔性可穿戴电子传感器的高分辨、高灵敏、快速响应、低成本制造和复杂信号检测仍然有巨大市场需求[6]

国家战略需求：从国际看，柔性可穿戴传感电子材料产业作为战略性产业，其发展水平已成为衡量一个国家或地区经济、科技实力的重要标志。在新一轮科技革命的大背景下，柔性可穿戴传感电子材料存在巨大需求。发达国家凭借在国际新材料产业中占据的领先地位，不断强化对高端材料的技术壁垒和产业垄断。核心技术、关键材料成为大国、强国竞争的焦点。我国正处于战略转型期，对新材料的战略需求更加突出，为柔性可穿戴传感电子材料的发展提供了难得的历史机遇。目前我国在先进高端材料研发和生产方面存在创新能力不强，人才体系、产业链不完备等问题，不能完全满足我国经济和社会发展的需求。柔性可穿戴传感电子材料作为最重要的新型材料对我国的发展至关重要，是我国重大的科技强国战略需求。

总体目标：柔性可穿戴传感电子材料的总体发展目标是实现更加智能化、便携化、舒适化的可穿戴设备，以满足人们对健康、运动、娱乐等方面的需求。具体发展目标包括：实现更高的传感器灵敏度和准确度，以提高可穿戴设备的监测和诊断能力。开发更加柔性、轻便、舒适的材料，以提高可穿戴设备的佩戴舒适度和使用便捷性。开发出可修复，自愈合的柔性可穿戴传感电子材料，增强使用寿命。开发出生物相容性出色的、生物可降解的柔性可穿戴传感电子材料。总之，柔性可穿戴传感电子材料的发展目标是不断提高可穿戴设备的性能和功能，以更好地服务人们的生活和工作（图 4–1）。

柔性可穿戴传感电子材料主要包括柔性基底、有机材料，无机半导体传感材料、导电材料、封装材料等。接下来将分领域介绍每一种材料的产业技术路线图。

项目		2023—2025年	2025—2030年	2030–2035年
需求	战略需求	柔性可穿戴传感电子材料产业作为新兴的战略性产业，其发展水平已成为衡量一个国家或地区经济、科技实力的重要标志。核心技术、关键材料成为大国、强国竞争的焦点。我国正处于战略转型期，对新材料的战略需求更加突出。		
	市场需求	柔性可穿戴技术的出现改变了医疗进程和人们的生活方式，在健康监测、人机交互、假肢系统以及智能机器人应用等方面具有巨大的经济和社会价值，近两年每年仍然以百分之三十的同比增长率飞速发展，有巨大的市场需求。		

项目		2023—2025年	2025—2030年	2030-2035年
需求	技术需求	需要具有良好的柔性和延展性的柔性可穿戴传感电子材料；需要稳定耐用、低功耗的柔性可穿戴传感电子材料；需要具有高的安全性、出色的生物相容性的柔性可穿戴传感电子材料；需要可自愈合的、生物可降解的柔性可穿戴传感电子材料。		
目标	总体目标	开发出多种能够适应人体形状、柔软、耐用、具有出色性能的柔性可穿戴传感电子材料，实现部分产品的规模化生产。	培育一批柔性可穿戴传感电子材料生产骨干企业；完善产业链，降低柔性可穿戴传感电子导电材料的生产成本。	建立完善的柔性可穿戴传感电子材料评价体系，使行业稳定健康发展。在柔性可穿戴传感电子领域达到国际一流水平。
	衬底材料	开发出具有高柔性、高透明度、可持续性、绿色环保的柔性可穿戴传感电子衬底材料，实现规模化生产，实现批量出口。		在可自愈、生物可降解等高端衬底材料领域市场占据主导地位
	传感材料	开发出高柔软、稳定耐用、低能耗、具有高灵敏度和高精度的柔性可穿戴传感电子传感材料。		开发出具有高的安全性，出色的生物相容性的传感材料。
	导电材料	开发出具有出色导电性能、高柔性、低能耗、长寿命的导电材料。		建立完善的柔性可穿戴传感电子导电材料评价体系；绿色安全的导电材料大规模应用。
	封装材料	开发出高柔性、物理、化学性质稳定、透气性强、生物相容性出色的封装材料。		可回收、生物可降解、自愈合的封装材料规模化应用。
关键技术	衬底材料	柔性化技术、表面处理技术。		
	传感材料	聚合物，有机、无机半导体的改性技术。		
	导电材料	性能提升技术、大规模制备技术、导电材料与基底材料的结合技术。		
	封装材料	柔化技术、增强封装材料生物相容性技术。		
重要产品	衬底材料	聚合物薄膜、纺织品和静电纺弹性纤维。		聚乳酸（PLA）、聚羟基烷酯（PHA）等高端衬底材料。
	传感材料	聚合物（P3HT、PPy、PANI）；小分子有机半导体；无机半导体及有机－无机复合材料。		
	导电材料	导电聚合物、碳基导电材料、金属导电材料。		导电水凝胶和MXene。
	封装材料	聚合物材料（聚氨酯、聚酰亚胺等）、柔性硅胶材料。		
产业水平	国外	美国、日本、韩国等在柔性可穿戴传感电子领域起步较早，拥有相对完善的产业链和技术体系，在世界上处于领先地位，拥有较高的市场占有率。		
	国内	产业规模处于发展的初期阶段，产业链尚不成熟。		
不同国家差距比较	美国、日本	美国、日本、在理论研究、技术储备方面处于全球领先地位。它们拥有相对完善的产业链。其柔性可穿戴电子产品应用范围广，主要应用于医疗、健康监测等领域。在传感电子材料制备工艺方面更注重环保和自动化，		
	中国	中国在柔性可穿戴传感电子材料领域起步晚，基础薄弱。产业链不完整，目前的可穿戴主传感材料更多用于体育运动。材料制备更关注成本。		

项目		2023—2025年	2025—2030年	2030-2035年
发展制约因素	技术因素	相关综合性人才较少，研发经验缺失。 材料的制备所需的先进的设备缺失。 产业链不完整，生产成本居高不下。 产业标准缺失，产品质量不统一。		
	政策因素	相关企业对于柔性可穿戴传感电子材料的研究资金精力投入较少； 全球不同国家或者地区刺激政策分散，没有形成促进发展的合力。		

图 4-1　柔性可穿戴电子材料产业路线图

1　衬底材料

柔性可穿戴传感电子技术是将有机或者是无机材料的电子器件制作在柔性或可延性塑料、薄金属基板等衬底材料之上。衬底材料是实现柔性可穿戴的基础，衬底材料的柔性 / 延展性以及高效、低成本制造工艺会直接影响到整体器件的性能。开发高性能的衬底材料对柔性可穿戴传感电子技术的发展至关重要。

（1）需求分析

衬底材料是柔性可穿戴传感电子的基础，各种信号感知、处理、显示等都要在衬底材料上进行。柔性可穿戴传感电子的发展首先要发展衬底材料，因此衬底材料拥有巨大的技术需求和市场需求[7]。①衬底材料需要具有良好的柔性和延展性，在经过反复的伸缩，弯曲，扭转，变形而不失去性能。未来需要具有更好的抗形变能力的衬底材料。②衬底材料的面积大小决定了可穿戴传感电子器件的大小，为了满足多场景的应用需求，未来需要更大面积的衬底材料，因此开发出大规模制备衬底材料的方法迫在眉睫。激光诱导打印或书写将是大规模制备的有效途径，该工艺使可穿戴传感电子器件具有可定制特征，促使可穿戴传感电子设备朝着通用小型化发展。虽然该工艺目前处于萌芽阶段，未来在大范围需求的驱动下将迎来飞速发展。工程纺织是另一种可大规模制备柔性衬底的新技术，它在可以保证批量制备的基础上通过采用不同方向的编织、针织、刺绣、或毛毡将纤维排列成三维图案，织物表面的空隙可以被介电质极大地填充，从而制造出更紧密的结构。③基于柔性可穿戴传感电子产品在长期机械变形或清洗下可能会损坏，将直接影响到整体设备的可靠性和寿命，因此开发出可自愈合的衬底材料也是未来衬底材料发展的一大趋势，自愈合衬底产品的面世将明显降低可穿戴传感电子器件的整体成本和使用寿命。④生物可降解衬底材料。随着电子产品设备的革命，现代社会正面临固态电子废物的新挑战。因此研究人员现在开始关注生物可降解的衬底材料，并通过排除加工中使用无毒材料和溶剂来制造绿色可穿戴电子产品[8-10]。下一代智能纺织品在积极寻找可生物降解材料，以确保大规模生产的可持续性和环境友好性。

（2）目标

可以适应各种形状和尺寸穿戴设备的高柔性衬底材料。开发具有高透明度，方便显示信息的衬底材料。开发出具有可持续性、绿色环保、具有较好生物相容性的衬底材料。

（3）关键技术

柔性可穿戴传感电子衬底材料主要涉及的关键技术点包括：①柔性化技术，通过各种物理化学处理方法使衬底材料变成柔性材料。②表面处理技术，开发新型的表面处理技术改变衬底材料表面性质，提高其导电性以及与传感材料、导电材料的相容性。③绿色制备衬底技术，减少衬底材料制备过程中对环境产生的负面影响。通过以上技术的突破提升柔性可穿戴传感电子衬底材料的性能和可靠性。实现大规模制备柔韧性出色、轻质、超薄、高透气性和具有出色生物相容性的衬底材料，推动柔性电子技术的发展。

（4）重要产品

具有良好的机械性能、良好的耐化学性和热稳定性的聚合物薄膜，包括聚碳酸酯、聚对苯二甲酸乙二醇酯（PET）、聚萘二甲酸乙二醇酯（PEN）和聚酰亚胺（PI）。在这些聚合物衬底中，PI具有较高的抗拉强度、极低的蠕变和很大的柔韧性，也可以在452℃的温度下使用。此外，它们可以抵抗弱碱和酸以及常用的有机溶剂，如丙酮和乙醇。PET和PEN在可见光波段的透过率均大于85%，具有良好的光学清晰度。然而，它能承受的最高温度只有140℃，并且拉伸性较差。具有优异的耐化学和耐热性，以及灵活性的聚二甲基硅氧烷（PDMS），PDMS目前仍然是可拉伸传感器衬底的最佳选择。聚氨酯（PU）由于具有良好的相容性也表现出很大的应用潜力[3, 11, 12]。

（5）纺织品和静电纺弹性纤维产业水平

当前国内外柔性可穿戴传感电子衬底材料产业水平都在不断提高，但国外的发展相对较为成熟。其中美国、日本、韩国等国家在柔性可穿戴传感电子衬底材料领域处于领先地位，已经形成了较为完善的产业链和技术体系。其中，美国的柔性衬底材料技术发展最成熟，已经形成了苹果、谷歌等一批具有较高市场占有率的企业。国内方面，柔性可穿戴传感电子衬底材料的发展处于起步阶段，但发展迅速。目前，国内柔性电子材料企业主要集中在广东、江苏、浙江等沿海地带，其中最为著名的企业有华星光电、京东方、中微半导体等。随着国内企业对柔性可穿戴传感电子的重视，国内柔性可穿戴传感电子衬底材料产业有望迎来更好的发展。

（6）不同地区差异比较

柔性可穿戴传感电子衬底材料是一种新兴的材料，目前各国水平仍处于发展阶段。然而，不同国家或地区在该领域的发展水平存在一定的差距。

美国：美国是柔性可穿戴传感电子衬底材料重要的发源地，在该领域的研究和开发方面美国一直处于领先地位。美国的许多大学和研究机构都在该领域得了一些重要的成果。在理论研究、技术储备方面美国处于全球领先地位。此外，美国的柔性电子衬底材料产业也比较发达，产业链较为完整。

1）中国：中国在柔性可穿戴传感电子衬底材料领域起步较晚。目前中国的柔性电子衬底材料产业正处于快速发展的阶段，但由于基础薄弱，中国在该领域的研究和开发方面与国际先进水平之间存在巨大差距。随着中国科研工作者和企业对该领域的重视，在未来我国的柔性电子衬底材料会取得飞速发展。

2）欧洲：欧洲在柔性可穿戴传感电子衬底材料领域起步同样较晚，与中国相比欧洲在该领域的投入较少，因此欧洲的柔性可穿戴传感电子衬底材料的发展相对较慢。欧洲在柔性可穿戴传感电子衬底材料领域有一些独特优势，那就是欧洲相关产业链比较完整，在产业化的道路上优势要远远大于其他国家。目前，欧洲的一些国家和地区也意识到了柔性可穿戴传感电子材料的重要性，正在加大对该领域的资金投入和政策支持。

（7）发展制约因素

首先柔性可穿戴传感电子材料的开发利用涉及电子学、生物工程，系统工程，材料科学和其他跨学科的专业知识。衬底材料的发展需要材料、生物、电子等多种学科支撑，复合型专业人才的缺失是当前制约柔性可穿戴传感电子衬底材料的主要因素。

其次柔性可穿戴传感电子衬底材料的生产需要专用的设备，专用的设备往往对工艺、精度、稳定性有较高的要求。这些设备的研发水平的落后也是制约柔性可穿戴传感电子衬底材料发展重要的因素。当前对于柔性可穿戴传感电子衬底材料的研究主要集中在实验室小型器件方面，成本较高，难以产业化。

此外，企业对于衬底材料的研究资金精力投入较少，产业链不完整、不稳定。从原材料的生产、制造设备、工艺、销售都存在缺陷，这也成为制约衬底材料难以产业化的因素。

最后，全球不同国家或者地区刺激政策分散，没有形成促进发展的合力。

综上所述，柔性可穿戴传感电子衬底材料产业发展的制约因素比较复杂，需要从多个方面进行改善和优化（图 4–2）。

<table>
<tr><th colspan="2">衬底材料</th><th>2023—2025年</th><th>2025—2030年</th><th>2030—2035年</th></tr>
<tr><td rowspan="2">需求</td><td>市场需求</td><td colspan="3">衬底材料是柔性可穿戴传感电子的基础，各种信号感知、处理、显示等都要在衬底材料上进行，随着柔性可穿戴传感电子器件的发展衬底材料拥有巨大的市场需求。</td></tr>
<tr><td>技术需求</td><td colspan="3">需要具有良好的柔性和延展性的衬底材料；需要大面积的衬底材料。
需要可自愈合的衬底材料；需要生物可降解衬底材料。</td></tr>
<tr><td rowspan="2">目标</td><td>技术目标</td><td colspan="3">开发出能适应各种形状和尺寸穿戴设备的高柔性衬底材料；开发具有高透明度，方便显示信息的衬底材料；开发出具有可持续性、绿色环保、具有较好生物相容性的衬底材料。</td></tr>
<tr><td>产业目标</td><td colspan="2">掌握系统的柔性可穿戴传感电子衬底材料制备工艺和方法，衬底材料生产形成规模，实现大批量出口。</td><td>在可自愈、生物可降解等高端衬底材料领域市场占据主导地位。</td></tr>
<tr><td>关键技术</td><td colspan="3">柔性化技术：探索新的衬底处理技术，增强其柔性。
表面处理技术：开发新型的表面处理技术，提高其导电性以及与传感材料、导电材料的相容性。</td><td>绿色、可自修复衬底制备技术。</td></tr>
<tr><td>重要产品</td><td colspan="3">聚合物薄膜，包括聚碳酸酯、聚对苯二甲酸乙二醇酯（PET）、聚萘二甲酸乙二醇酯（PEN）和聚酰亚胺（PI）纺织品和静电纺弹性纤维。</td><td>聚乳酸（PLA）、聚羟基烷酯（PHA）等高端衬底材料。</td></tr>
<tr><td rowspan="2">产业水平</td><td>国内</td><td colspan="2">国内方面衬底材料的发展处于起步阶段。目前，相关企业主要集中在广东、江苏、浙江等沿海地带，其中最为著名的企业有华星光电、京东方、中微半导体等。</td><td>随着政策的扶持和相关企业的重视，2028 年左右中国的衬底材料产业将明显缩小与先进水平的差距。到 2035 年左右中国相关产业将达到世界领先水平。</td></tr>
<tr><td>国外</td><td colspan="2">在 2028 年之前美国、日本、韩国等国家在柔性可穿戴传感电子衬底材料领域将始终处于领先地位，他们拥有较为完善的产业链和技术体系，美国的苹果、谷歌企业在相关市场有较高的占有率。</td><td>2035 年左右，美国、日本、韩国对比中国的技术优势将愈发不明显，但是由于技术体系更加完善，衬底材料应用领域更广阔。</td></tr>
<tr><td>不同国家差距比较</td><td colspan="2">在 2025 年以前美国和日本在理论研究、技术储备方面处于全球领先地位。
中国和欧洲的柔性电子衬底材料产业在该阶段正处于快速发展的阶段，但由于基础薄弱，中国在该领域的研究和开发方面与国际先进水平之间存在巨大差距。</td><td>在 2025—2030 年阶段美国和日本凭借起步较早，产业链较为完整，依旧占据市场主导地位。
中国在该阶段在技术，产业链建设、产品生产方面将取得巨大进步。</td><td>2035 年中国将形成较为完整的衬底材料产业链，丰厚的技术储备，与美国、日本差距进一步缩小，甚至在某些材料及应用领域实现反超。</td></tr>
</table>

衬底材料	2023—2025年	2025—2030年	2030—2035年
发展制约因素	2023—2030年阶段主要制约发展因素是：企业对于衬底材料的研究资金精力投入较少，产业链不完整、不稳定；相关生产设备、检测设备缺失：生产需要专用的设备，专用的设备往往对工艺、精度、稳定性有较高的要求。这些设备的缺失限制了衬底材料的发展；全球不同国家或者地区刺激政策分散，没有形成促进发展的合力。		产业链形成之后影响发展的主要因素是综合性人才的缺失：衬底材料的发展需要材料、生物、电子等多种学科支撑。

图 4-2　柔性可穿戴传感电子衬底材料产业路线图

2　传感材料

柔性可穿戴传感电子传感材料是柔性可穿戴器件的核心部分。传感器材料的选取就直接性的决定了传感器的可用性和制造成本等因素，主要的传感材料包括有机半导体材料和金属氧化物无机半导体材料。有机半导体材料被大量地应用于制造柔性可穿戴设备，具有灵活性、体积可变、好的稳定性、适应性强等优势（图 4–3）。

（1）需求分析

随着柔性穿戴设备的普及，柔性可穿戴传感电子传感材料的市场需求在全球各地需求也越来越大。①需要开发出高灵敏度、低功耗的传感材料，能够准确地感知人体的运动和生理变化，同时备较低的功耗。②需要稳定耐用的传感材料，能够在不同的环境下保持长时间的使用和频繁的传感效果。③需要具有高的安全性，出色的生物相容性的传感材料，使可穿戴器件不会对人产生危害。

综上所述，开发基于纳米材料、混合复合材料的具有高灵敏度、低功耗、稳定性、安全性等特点新型传感材料；开发与人体之间的生物接触相容性出色的能够识别多模态传感环境的传感材料。

（2）目标

柔性可穿戴传感电子传感材料的目标是开发出多种能够适应人体形状、柔软、耐用、具有高灵敏度和高精度的传感器材料，能够动态监测人体的生理参数，包括心率、血压、体温、呼吸、运动、睡眠等，为人们提供更加智能化、个性化的健康和医疗服务。同时，这种材料还需要具有低功耗、易于集成和制造等特点，因此未来发展目标也包括一些先进的制造技术，如三维打印技术、喷墨印刷技术、工程纺织等以满足不同应用场景的需求。

（3）关键技术

柔性可穿戴传感电子传感材料主要涉及的技术有聚合物的改性及批量制备，使其具有良好的柔性和可穿戴性。

有机、无机半导体性能提升，实现对人体生理参数的动态监测。

三维打印技术、喷墨印刷技术等先进制造技术的普及应用，实现传感材料的大规模制造和低成本生产。

（4）重要产品

有机聚合物，聚（3，4-乙烯二氧噻吩）-聚（苯乙烯磺酸盐）、聚（3-己基噻吩）（P3HT）、聚吡咯（PPy）、和聚苯胺（PANI）等聚合物。

有机半导体，包括小分子有机半导体：如PTCDA、PDI、TIPS-PEN等。这些有机半导体具有柔性、可塑性，适合制备柔性传感材料。此外，可以通过化学合成和掺杂等方法进行对他们的性能进行调控，以满足不同传感器的需求[13, 14]。

无机半导体（如InAs、ZnO、In_2O_3纳米线、碳纳米管、石墨烯，金属纳米线）[15, 16]。

有机-无机复合材料：如聚合物-纳米粒子复合材料、碳纳米管-聚合物复合材料等。

聚合物与无机半导体相比载流子迁移率更低，尽管缺点很明显，但聚合物的物理和化学性质是高度可调的，可以通过改变组成和结构来控制，因此有很广泛的应用前景。

（5）产业水平

目前，柔性可穿戴传感电子传感材料产业规模处于发展的初期阶段，产业链尚不成熟。柔性可穿戴传感电子传感材料生产企业主要集中在美国、日本、韩国和中国。其水平现状如下：

1）技术水平：柔性可穿戴传感电子传感材料虽然已经取得了一定的进展，但在性能和稳定性还需要进一步提高。

2）产业规模：柔性可穿戴传感电子传感材料产业规模相对较小，但正在逐步扩大。

3）产业链完整度：柔性可穿戴传感电子传感材料产业链相对不完整，地区发展差异较大，还需要进一步完善。总的来说，柔性可穿戴传感电子传感材料产业还处于发展初期，需要进一步加强技术研发和产业链建设。

（6）不同地区差异比较

柔性可穿戴传感电子传感材料发展处于初期阶段，不同国家和地区发展水平差异较大，主要体现在以下方面：

1）材料种类：在传感材料种类方面存在巨大差异，在美国、欧洲等地区的传感材料主要聚集在聚合物、碳纳米管等材料。在亚洲地区，传感材料主要以氧化锌、氧化铟锡等无机材料为主要发展目标。

2）材料性能：不同地区的传感材料性能需求与研发目标存在巨大差异，在北欧等寒冷地区，人们更关注具有良好耐寒性能的材料，而在热带地区，具有良好耐热性能的材料才是人们研发的重点。

3）应用领域：不同地区的传感材料应用领域存在差异，在美国、日本等地区，传感材料主要应用于医疗、健康监测等领域，而在亚洲地区，传感材料更多用于体育运动。

4）生产工艺：不同地区的传感材料生产工艺存在较大差异，在生产工艺较为先进的美国、欧洲，传感材料制备工艺更注重环保和自动化，而在亚洲地区，传感材料制备更关注成本。总的来说，不同国家和地区的传感材料发展方向和重点存在巨大差异，但随着全球化的发展，地域之间的差异正在逐渐缩小。

（7）发展制约因素

1）研发难度限制：柔性可穿戴传感电子传感材料需要具备高度的柔性和可穿戴性，同时还需要具备高精度、高灵敏度、高稳定性等性能，这对材料的研发提出了很高的要求，由于相关综合性人才较少，研发经验缺失，研发难度较大成为制约传感材料发展最大的因素。

2）制备工艺难度：柔性可穿戴传感电子传感材料的制备工艺相对复杂，制备过程中需要先进的设备和技术，此外原材料的成本和可持续性等问题也是需要考虑的问题，这对发展初期的柔性可穿戴传感电子产业来说难度较大。

3）产业链不完整：柔性可穿戴传感电子传感材料的生产需要原料、设备、工厂等多链条合作。目前各国的产业链都不完整，大批量生产用于医疗、健康监测等多场景的柔性可穿戴柔性传感材料难度较大。

4）标准化问题：柔性可穿戴传感电子传感材料的标准化目前比较缺失，还需要进一步完善，以确保产品的质量和安全性，同时还需要建立相应的产业标准和规范，促进产业的健康发展。

<table>
<tr><th colspan="2">传感材料</th><th>2023—2025年</th><th>2025—2030年</th><th>2030—2035年</th></tr>
<tr><td rowspan="2">需求</td><td>市场需求</td><td colspan="3">传感器材料的性能直接性的决定了传感器的可用性和制造成本等因素，是柔性可穿戴传感重要组成部分，有巨大的市场需求。</td></tr>
<tr><td>技术需求</td><td colspan="2">需要开发出高灵敏度、低功耗的传感材料。
需要稳定耐用的传感材料。</td><td>需要具有高的安全性，出色的生物相容性的传感材料。</td></tr>
<tr><td rowspan="2">目标</td><td>技术目标</td><td colspan="3">开发出多种能够适应人体形状、柔软、耐用、具有高灵敏度和高精度的传感器材料。</td></tr>
<tr><td>产业目标</td><td colspan="3">批量生产能够动态监测人体的生理参数，包括心率、血压、体温、呼吸、运动、睡眠等的传感材料，为人们提供更加智能化、个性化的健康和医疗服务。</td></tr>
<tr><td colspan="2">关键技术</td><td colspan="2">聚合物，有机、无机半导体的改性技术，使其具有良好的柔性和可穿戴性。</td><td>发展一些先进的制造技术，如三维打印技术、喷墨印刷技术、工程纺织等。</td></tr>
<tr><td colspan="2">重要产品</td><td colspan="2">聚（3，4–乙烯二氧噻吩）–聚（苯乙烯磺酸盐）、聚（3–己噻基吩）（P3HT）、聚吡咯（PPy）、和聚苯胺（PANI）等聚合物；小分子有机半导体：如PTCDA、PDI、TIPS–PEN等；无机半导体及有机–无机复合材料。</td><td>绿色、拥有高生物安全性的可降解传感材料。</td></tr>
<tr><td colspan="2">产业水平</td><td colspan="2">产业规模处于发展的初期阶段，产业链尚不成熟。生产企业主要集中在美国、日本、韩国和中国。应用的领域主要集中于智能手环、智能手表等小型智能化程度较低的设备。</td><td>传感材料的发展将达到一个新的阶段，在材料的柔性、透明度、耐用性、生物相容性、绿色环保等方面将取得重大突破。应用领域也进一步扩展到医疗健康监测等高智能化领域。</td></tr>
<tr><td rowspan="2">不同国家差距比较</td><td>美国、日本、欧洲</td><td colspan="3">美国、日本、欧洲等地区的传感材料主要聚集在聚合物、碳纳米管等有机材料。主要应用于医疗、健康监测等领域。此外，传感材料制备工艺更注重环保和自动化。</td></tr>
<tr><td>中国、韩国</td><td colspan="3">中国、韩国等地区，传感材料主要为氧化锌、氧化铟锡等无机材料。传感材料更多用于体育运动领域。传感材料制备更关注成本。</td></tr>
<tr><td colspan="2">发展制约因素</td><td colspan="3">研发难度限制：相关综合性人才较少，研发经验缺失；制备工艺难度：传感材料的制备工艺相对复杂，需要先进的设备和技术较多；产业链不完整：传感材料的生产需要多链条合作。目前各国的产业链都不完整，导致生产成本居高不下；产业标准缺失：需要建立相应的产业标准和规范，以确保产品的质量和安全性。</td></tr>
</table>

图4-3　柔性可穿戴传感电子传感材料产业路线图

3　导电材料

柔性可穿戴传感电子导电材料是实现柔性可穿戴传感电子器件的关键材料之一，通常由导电聚合物、碳纳米管、金属纳米线等材料制成。正是通过导电材料将柔性可穿戴传感电子器件的各个组件之间连接。出色的导电材料是实现更高的灵敏度和精度，提高柔性可穿戴传感电子器件的性能和可靠性的必要条件（图 4-4）。

（1）需求分析

为了保证柔性可穿戴传感电子器件的灵敏度，就需要具有高导电性的导电材料。同时为了保证可穿戴传感电子器件的柔韧性就要求导电材料具有出色的柔性和可塑性，以适用于各种应用场景。为了保证柔性可穿戴传感电子器件的稳定性和可靠性需要导电材料具备出色的耐磨性和耐腐蚀性。为了减少柔性可穿戴传感电子对环境的影响和对人产生的不良反应，要求导电材料具备可持续性和出色的生物相容性。为了降低生产成本，促进产业化，需要更具有市场竞争力的廉价的导电材料。

综上所述，目前迫切需要具备出色的导电性能、柔韧性、耐磨性和耐腐蚀性、绿色环保、生物相容性出色、成本低等特点的柔性可穿戴传感电子导电材料，以满足不同应用场景。

（2）目标

在目前导电材料的基础上通过改变制备方法、通过各种处理途径提高柔性可穿戴传感电子导电材料的导电性能、柔韧性、使用寿命等。

制备几种具有大规模应用潜力的柔性导电材料、建设导电材料评价体系、培育几个导电材料生产骨干企业。

完善产业链，降低柔性可穿戴传感电子导电材料的生产成本。

（3）关键技术

柔性可穿戴传感电子导电材料作为柔性可穿戴传感电子器件的重要材料，其关键技术问题可以概括如下：

1）导电性能稳定性：柔性可穿戴传感电子导电材料出色的导电性和稳定性是其大规模应用的关键。需要保证在不同的温度、湿度下长时间使用过程中导电性能不出现下降。

2）导电材料的大规模制备技术：柔性可穿戴传感电子导电材料的制备技术包括化学合成、物理合成等。需要对现有的制备技术进行升级，实现大规模制备。

3）导电材料的机械性能：需要保证导电材料有出色的柔韧性和强度，以适应复杂的应用场景。

4）导电材料与基底材料的结合技术：为了保证柔性可穿戴传感电子器件的稳定性和可靠性，导电材料需要与基底材料紧密结合。但是，在导电材料与基底材料的结合也会影响导电材料的导电性能。因此需要开发出新的结合技术去解决这一难题。

5）降低导电材料的成本：导电材料的成本是其应用的重要因素之一。目前，导电材料的成本较高，需要优化合成步骤。完善产业链进一步降低成本，以促进其在柔性可穿戴传感电子领域中的应用。

（4）重要产品

柔性可穿戴传感电子导电材料中重要的导电聚合物主要有：聚苯胺（PANI）、聚噻吩（PT）、聚丙烯酸（PAA）、聚苯乙烯（PS）、聚乙烯醇（PVA）等[17]。

碳基柔性可穿戴传感电子导电材料主要有：石墨烯、碳纳米管、碳纤维、碳布等[18]。

柔性可穿戴传感电子金属导电材料主要：金属（银、铜、金等）纳米颗粒和金属纳米线[19]。

此外还有导电水凝胶和 MXene 等新型材料。

（5）产业水平

柔性可穿戴传感电子导电材料是一种新兴的材料，目前的产业水平还处于发展阶段，整个产业链还需要进一步完善和发展。

在材料方面，虽然目前已经有一些导电聚合物、导电纤维、导电墨水等工业化产品，但其导电性、柔性、稳定性等方面需要进一步优化。其产品均一性较差，生产工序过于复杂，导致生产成本居高不下。

在制造方面，缺乏生产导电材料所需设备完整的产业链。国内设备大都依赖进口，国产率低。

在导电材料应用方面，柔性可穿戴传感电子导电材料目前应用过于单一，仅仅在智能手环、智能手表、等小型产品中普及，对于医疗检测，健康服务方面的范围很有限，因此，但还需要进一步扩大使用范围。

总的来说，柔性可穿戴传感电子导电材料的产业水平目前仍处于初级阶段。并且各国家地区发展极不平衡。

（6）不同地区差异比较

1）美国和日本：美国和日本是柔性可穿戴传感电子导电材料的主要生产和研发地区，美日在该领域起步较早，研究基础好，科技公司和研究机构数量远远大于其他国家和地区。因此，美国和日本的产业水平较高，拥有比其他国家更为完整的产业链，包括材料研发、制造、应用等。

2）中国：目前中国也是柔性可穿戴传感电子导电材料的主要生产地区，但是我国起步较晚、产业链不完整、相关人才比较缺失，因此产业水平与美日相比有些差距。

3）欧洲地区：欧洲地区在柔性可穿戴传感电子导电材料方面的产业水平整体较低，主要是资金投入与政策刺激方面较弱。

总的来说，柔性可穿戴传感电子导电材料的产业水平在不同地区之间存在巨大差异，但随着不同国家政策的支持和人才的培养，这种差异可能会逐渐缩小。

（7）发展制约因素

1）技术水平制约：柔性可穿戴传感电子导电材料的制备技术存在许多瓶颈问题，例如有些导电较差能，耐久性、安全性等也存在一些问题亟须解决。

2）产业链不完善：柔性可穿戴传感电子导电材料的缺乏完整的产业链，缺乏相关的生产、检测设备等，限制了导电材料产业化的发展。

3）复合型人才短缺：柔性可穿戴传感电子导电材料的研发和生产需要材料、电子、生物等专业背景的复合型人才，但相关人才短缺。

4）部分国家和地区政策扶持力度低，导向不明显。

<table>
<tr><th colspan="2">导电材料</th><th>2023—2025年</th><th>2025—2030年</th><th>2030—2035年</th></tr>
<tr><td rowspan="2">需求</td><td>市场需求</td><td colspan="3">柔性可穿戴传感电子器件各个组件之间依靠导电材料相互连接。导电材料是实现柔性可穿戴传感电子器件的关键材料之一，具有巨大的市场需求。</td></tr>
<tr><td>技术需求</td><td colspan="3">需要具有高导电性的导电材料；需要具有高柔性的导电材料；需要更具有市场竞争力的廉价的导电材料。</td></tr>
<tr><td colspan="2">目标</td><td colspan="2">开发出具有出色导电性能、高柔性、长寿命的导电材料；培育一批柔性可穿戴传感电子导电材料生产骨干企业；完善产业链，降低柔性可穿戴传感电子导电材料的生产成本。</td><td>建立完善的柔性可穿戴传感电子导电材料评价体系；绿色安全、环境友好的导电材料大规模应用。</td></tr>
<tr><td colspan="2">关键技术</td><td colspan="3">性能提升技术：提升导电性能稳定性；大规模制备技术：对现有的制备技术进行升级，实现大规模制备；导电材料与基底材料的结合技术：保证柔性可穿戴传感电子导电材料与基底材料紧密结合又不会影响性能。</td></tr>
<tr><td colspan="2">重要产品</td><td colspan="2">导电聚合物主要有：聚苯胺（PANI）、聚噻吩（PT）、聚丙烯酸（PAA）、聚苯乙烯（PS）、聚乙烯醇（PVA）等；碳基导电材料：石墨烯、碳纳米管、碳纤维、碳布等；金属导电材料：金属（银、铜、金等）纳米颗粒和金属纳米线。</td><td>新一代导电材料如导电水凝胶和 MXene 等新型材料。</td></tr>
<tr><td rowspan="2">产业水平</td><td>材料制造</td><td colspan="3">虽然目前已经有一些导电聚合物、导电纤维、导电墨水等工业化产品，但产品均一性较差，生产成本居高不下。制造方面，国内设备大都依赖进口，国产率低。</td></tr>
<tr><td>材料应用</td><td colspan="3">材料应用方面，柔性可穿戴传感电子导电材料目前应用过于单一，对于医疗检测，健康服务方面的范围很有限。</td></tr>
</table>

导电材料		2023—2025年	2025—2030年	2030—2035年
不同国家差距比较	美国 日本	美国和日本是柔性可穿戴传感电子导电材料的主要生产和研发地区，美日在该领域起步较早，研究基础好、产业水平较高。		
	中国 欧洲	中国起步较晚、产业链不完整、相关人才比较缺失，因此产业水平与美日相比有些差距。 欧洲地区在柔性可穿戴传感电子导电材料方面的产业水平整体较低。		
发展制约因素		缺乏相关的生产、检测设备；具有材料、电子、生物等专业背景的复合型人才短缺；部分国家和地区政策扶持力度低。		

图 4-4　柔性可穿戴传感电子导电材料产业路线图

4　封装材料

柔性可穿戴传感电子封装材料是可穿戴传感电子器件的重要组成部分，具有多种作用。

他可以有效保护电子器件免受外部环境的影响，隔绝水、氧气、灰尘等，从而延长电子器件的使用寿命。此外多种封装材料可以提供优良的导电性能和柔韧性，能实现电子器件在各种形状和尺寸上的使用。提高可穿戴传感电子器件的稳定性、扩大其使用范围（图 4-5）。

（1）需求分析

在全球相关科技工作者的共同努力下柔性可穿戴传感电子封装材料已经取得了一定的发展。目前，柔性可穿戴传感电子器件封装材料已经有了多种种类，如聚合物材料、金属箔、导电纤维等。并且封装材料的强度和耐热性等性能也有了一定的发展，使用范围也在不断扩大。柔性可穿戴传感电子器件的巨大市场需求和技术需求对封装材料提出了更高的要求，催生出封装材料的巨大需求，对于多场景的应用还需要加强研究，以满足日益增长的市场需求。未来对封装材料的需求主要体现在以下方面。柔性可穿戴传感电子器件封装材料的需求分析主要从以下几个方面进行：①为了满足不同应用场景的需求，需要发展高导电性、高机械强度等高性能柔性可穿戴传感电子封装材料。②为了延长使用寿命需要防水、防尘、防辐射等具备多种功能的柔性可穿戴传感电子封装材料。③为了减少电子垃圾产生，降低对生态环境的影响，需要采用可回收、生物可降解的封装材料。④封装材料是整个柔性可穿戴传感电子器件中最容易受到外界损伤的材料，因此具有自动修复损伤的自愈合材料具有巨大的需求，这种材料可以延长柔性可穿戴传感电子器件的寿命。⑤为了大规模应用必须要控制封装材料的制造成本，能保证柔性可穿戴传感电子器件满足市场需求的长期稳定运行。总之，迫切需要柔性可穿戴传感电子封装材料需要具备高性能、多功能、环保、廉价和高稳定性等特点。未来，随着柔性可穿戴传感电子器件的不断发展，对封装材料的需求也将不断提高。

（2）目标

开发出高柔性的封装材料。能够适应多种形状和尺寸的柔性可穿戴传感电子器件，扩大其使用范围。

开发出高物理、化学性质稳定（防水、防尘、耐腐蚀等）的柔性可穿戴传感电子封装材料，使其能适应多种工作环境，寿命更长。

开发出透气性强、生物相容性出色的封装材料，能够更好地适应人体皮肤，增强穿戴舒适感。

开发新型封装材料，例如可自愈、生物可降解材料等，使发展过程更加绿色环保。

开发大规模制备柔性可穿戴传感电子封装材料的方法，如三维打印，工程纺织等。

（3）关键技术

封装材料柔化技术，柔性可穿戴传感电子封装材料的基础是柔性的基质，发展材料柔化技术可以使封装材料具有高度的柔性，能适应各种应用场景。

提升封装材料的稳定性，可以有效防止柔性可穿戴传感器件受到物理破坏以及汗水等湿度的腐蚀。

提升封装材料的透气性和散热性，防止损伤皮肤以及内部的电子器件发热导致热失控。

提升封装材料的生物相容性，柔性可穿戴传感电子封装材料经常与人体直接接触，要努力提升其生物相容性，避免对人体产生过敏等不良的影响。

（4）重要产品

常用的柔性可穿戴传感电子封装材料包括：聚合物材料（聚氨酯、聚酰亚胺等）、柔性硅胶材料等，不同的材料具有不同的优缺点，能适应不同的应用场景[20, 21]。

1）聚合物材料：聚合物材料（聚氨酯、聚酰亚胺等）是常见的柔性封装材料，具有良好的柔性和可塑性，可用于各种形状及大小的传感器。此外，聚合物材料还具有较好的耐热性和耐化学性能，可以有效避免内部电子元件受外部环境的影响。

2）柔性硅胶材料：柔性硅胶材料具有良好的柔性和弹性。此外硅胶材料具有无毒以及良好的生物相容性等优良性质，是一类很有潜力大规模应用的封装材料。

（5）产业水平

目前市场上出现多种柔性可穿戴传感电子封装材料，主要为聚合物，和柔性硅胶。并且在材料的柔韧性、导电性、耐热性等方面都有了很大的进步。相关产业链也在逐步完善。主要的封装材料生产厂家包括日本东丽和三菱化学、德国拜耳、美国赛峰等。柔性硅胶封装材料技术比较先进的企业有杜邦公司、三菱化学等。日本东丽是全球最大的聚合物封装材料生产厂家，其产能达到了数十万吨。

（6）不同地区差异比较

柔性可穿戴传感电子封装材料是柔性可穿戴器件的重要组成部分，不同国家和地区电子封装材料发展水平不均衡，具体情况如下：

1）美国：美国在柔性可穿戴传感电子封装材料技术领域处于领先地位，在材料研发、生产和应用方面都优于其他国家。美国在柔性可穿戴传感电子封装材料应用方面主要集中于医疗和军事。

2）日本：日本在柔性可穿戴传感电子封装材料的研发和产业化方面都领先于其他国家，有一批非常出名企业，如日本东丽和三菱化学，其技术领先于其他国家和地区。日本在封装材料的研究涉及的领域比较广，产业链也较为完整。在智能穿戴、健康监测等小型柔性器件封装材料领域成果比较突出。

3）中国和欧洲：中国和欧洲在柔性可穿戴传感电子封装材料方面的研发和生产起步较晚，产业基础薄弱，与美国和日本相比存在巨大差距。中国的柔性可穿戴传感电子封装材料仅仅应用于运动检测领域，场景较为单一。但是近年中国和欧洲在柔性可穿戴传感电子封装材料方面投入巨大，相信在未来会取得飞速发展。

（7）发展制约因素

柔性可穿戴传感电子封装材料的发展主要受以下因素制约：

1）技术水平限制：柔性可穿戴传感电子封装材料对材料本身的性能要求较高，比如需要有高弹性、高耐热性、高耐腐蚀性等。这就对制造技术和工艺提出了很高的要求，在材料设计、制备、测试等方面都存在很多技术屏障需要突破。

2）制造成本：柔性可穿戴传感电子封装材料生产过程需要高精度的设备和高质量的原材料。由于现在各个国家的产业链都不是很完善，使得柔性电子封装材料的成本较高，限制了大规模普及。

3）不同国家地区之间缺乏技术交流，沟通合作，限制了柔性可穿戴传感电子封装材料的多元化发展。

<table>
<tr><th colspan="2">封装材料</th><th>2023—2025年</th><th>2025—2030年</th><th>2030—2035年</th></tr>
<tr><td rowspan="2">需求</td><td>市场需求</td><td colspan="3">柔性可穿戴传感电子封装材料可以有效保护电子器件免受外部环境的影响，隔绝水、氧气、灰尘等，从而延长电子器件的使用寿命，是柔性可穿戴传感电子器件必不可少的部分，有巨大的市场需求。</td></tr>
<tr><td>技术需求</td><td colspan="2">需要发展高导电性、高机械强度等高性能封装材料；需要防水、防尘、防辐射等具备多种功能封装材料。</td><td>可回收、生物可降解的封装材料；自动修复损伤的自愈合材料。</td></tr>
<tr><td rowspan="2">目标</td><td>技术目标</td><td colspan="3">开发出高柔性、物理、化学性质稳定（防水、防尘、耐腐蚀等）、透气性强、生物相容性出色的封装材料。能够适应多种形状和尺寸、多种工作环境、更好地适应人体皮肤的封装材料。</td></tr>
<tr><td>产业目标</td><td colspan="3">建设封装材料生产制造全产业链，扩大封装材料产能，能满足日益增长的封装材料需求，制定相关标准。</td></tr>
<tr><td colspan="2">关键技术</td><td colspan="3">柔化技术，提升柔韧性；提升加工技术，增强透气性和散热性；提升封装材料生物相容性。</td></tr>
<tr><td colspan="2">重要产品</td><td colspan="2">聚合物材料（聚氨酯、聚酰亚胺等）、柔性硅胶材料</td><td>生物可降解、可自愈的新型封装材料</td></tr>
<tr><td colspan="2">产业水平</td><td colspan="3">目前市场上出现多种柔性可穿戴传感电子封装材料，主要为聚合物，和柔性硅胶。日本东丽是全球最大的聚合物封装材料生产厂家，其产能达到了数十万吨。</td></tr>
<tr><td rowspan="2">不同国家差距比较</td><td>美国、日本</td><td colspan="3">美国和日本在柔性可穿戴传感电子封装材料技术领域处于领先地位，在材料研发、生产和应用方面都优于其他国家。美国的封装材料产业主要集中于医疗和军事，日本领域则涉及较广。</td></tr>
<tr><td>中国、欧洲</td><td colspan="3">中国和欧洲在柔性可穿戴传感电子封装材料方面的研发和生产起步较晚，仍处于发展初期阶段。</td></tr>
<tr><td rowspan="2">发展制约因素</td><td>技术制约</td><td colspan="3">技术水平限制：在材料设计、制备、测试等方面都存在很多技术屏障需要突破；制造成本限制：目前柔性电子封装材料的成本较高，限制了大规模普及。</td></tr>
<tr><td>政策制约</td><td colspan="3">不同国家地区之间缺乏技术交流，沟通合作，限制了多元化的发展。</td></tr>
</table>

图 4-5　柔性可穿戴传感电子封装材料产业技术路线图

第二节　柔性可穿戴传感电子器件产业技术路线图

在从新型传感材料和传感器件结构两个层面分析了制约柔性可穿戴电子器件发展的瓶颈，可能的发展路径以及发展目标的基础上，本章节我们将继续从材料和器件结构两个方面，分时间节点详细的描绘和阐述该领域未来发展的产业技术路线图（图 4-6）。

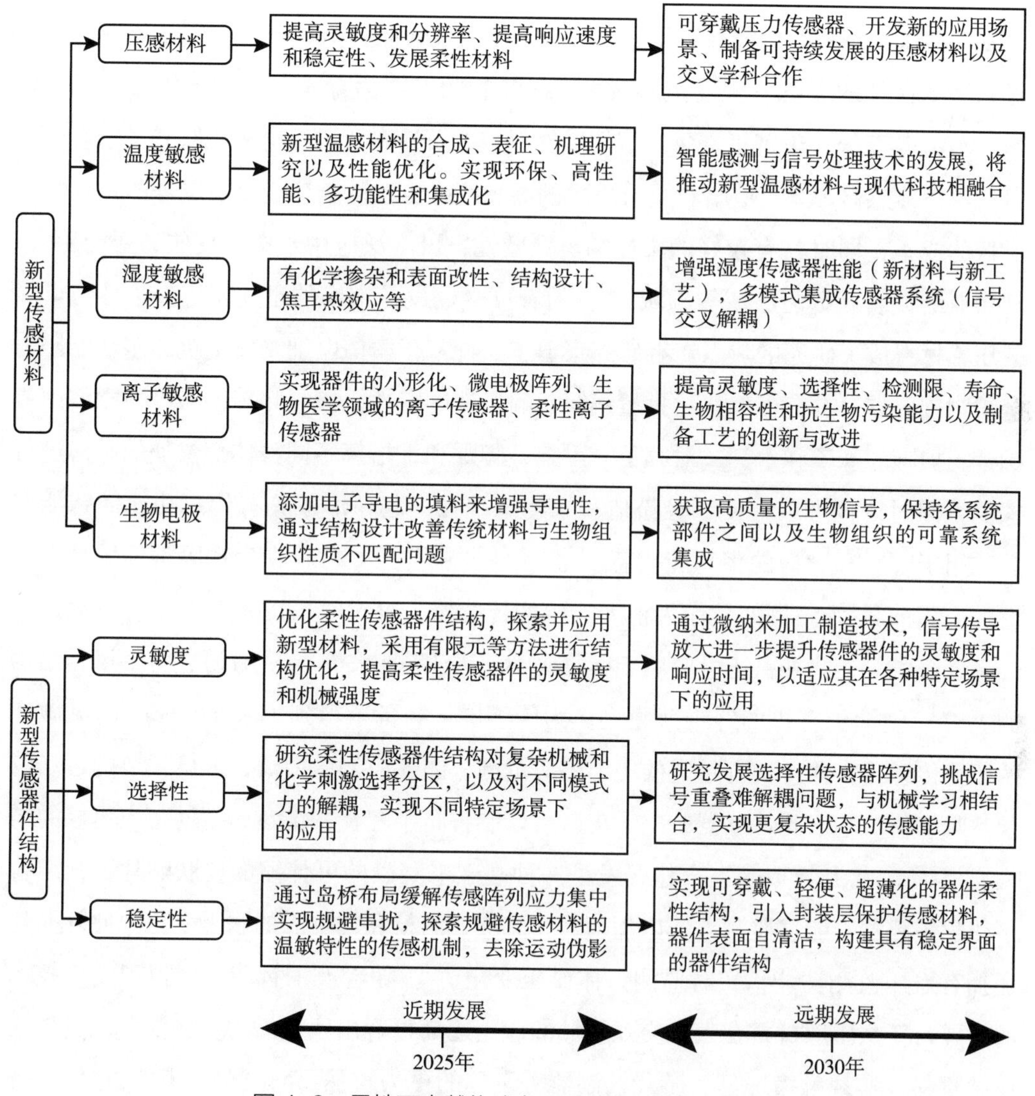

图 4-6　柔性可穿戴传感电子器件产业技术路线图

1　新型传感材料的发展方向、技术路径和阶段发展目标

首先，我们将从压感材料、温感材料、湿度敏感材料、离子敏感材料、生物电极材料方向阐述新型传感材料可能的发展方向技术路径以及阶段发展目标。

1.1 压感材料

压感材料是一类具有压力敏感性能的功能材料，其电阻值随着压力的变化而变化。随着科技的快速发展，新型压感材料在各个领域的应用逐渐显现出巨大的潜力。关于新型压感材料的研究取得了重要突破，为智能设备、人机交互、医疗健康等领域带来了革命性的变革。从最初的双极性晶体管的发明为标志，拉开了压力传感的序幕。2010 年至今，出现了许多新型压感材料，如石墨烯、柔性电子皮肤和基于有机材料的压力传感器等。这些材料具有更高的灵敏度、更快的响应速度、更好的稳定性和更低的成本，同时具有较好的柔性和可穿戴性，可广泛应用于电子皮肤、智能手表、健康监测设备、智能服装等领域[22]。随着可穿戴设备市场的迅速发展，柔性与可穿戴压感材料成了研究的热点。有研究报道了一种基于摩擦电纳米发电机的多功能压力全织物传感器，具有可工业化批量编织、耐机洗的特性，该织物传感器可独立编织成颈带、护腕、袜子和手套，对脖子、手腕、脚踝和手指等不同身体部位处的脉搏进行探测，同时，也可以方便、轻松地和衣物编织在一起，形成具有传感功能的智能服装，用于呼吸和脉搏的多功能传感[23]。此外，新型压感材料在生物医学领域具有广泛的应用前景[24]。例如，作为植入式生物传感器，可实时监测患者的生理参数，如心率、血压等；此外，还可应用于康复医学、人工皮肤等领域。有研究将手风琴结构的 MXene 浸润到有机的纤维薄膜上作为传感层，制备了得到了 81.89 kPa^{-1} 高灵敏度的压力传感器，并且具有超宽的压力感应范围，能够监测脉搏波、人体关节的运动以及呼吸变化。基于此传感器的电子皮肤可以制备布莱叶盲文键盘，帮助盲人更好的与人交流[25]。徐升教授等人合作开发了一种基于水凝胶的可伸缩的皮肤贴片，其结合了化学传感器，能够监测人体内葡萄糖、乳酸、酒精和咖啡因的水平变化。此外贴片还拥有血压监测功能，实时监测人体血压变化[26]。随着人工智能、虚拟现实等技术的发展，新型压感材料在人机交互领域的应用逐渐显现出巨大潜力。例如，通过集成压感材料，实现触摸屏幕、游戏控制器等设备的更为自然、直观的交互方式[27]。香港城市大学合作开发了一种柔性超薄的微型无线电触觉反馈系统，用于人体手部触觉信息编码，实现了 AR-VR 交互，在远程社交、医疗、教育等领域也具有广阔的应用前景[28]。

压力传感在生活中无处不在，并且在研究人员的努力下，在各个领域都取得了长足的发展，包括在传感范围、灵敏度等方面都得到了扩大和提升，但是随着科技的进步以及发展的需求，传感器在形态上要更加精细化、小型化、贴附性好，同时也不能损失传感器的灵敏度和传感范围，这就传感材料本身要具有高的柔性、范围可调的灵敏度以及足够小的传感单元。因此在需要开发新的材料或者对现有的材料进行改性来实现上述目标，可以通过纳米技术、聚合物科学等方法，研究者可以开发出具有更高压感敏感性、更快响应速度的压感材料。除了对材料进行本征优化外，传感设备的集成与优化至关重要。研究者需要探索将压感材料与电子器件、微电子技术等进行有效集成的方法，以实现更高性能、更低功耗的压感设备。此外，针对新型压感材料的特性，建立准确的压力－电阻关系模型和快速高效的数据处理算法是关键。这有助于提高压感设备的准确性和可靠性，从而为各应用领域提供更好的性能。

随着新型压感材料研究的不断深入，其在各个领域的应用前景将日益广泛。在未来的研究中，我们除了要提升传感器的各个性能外，还应该保护生态环境不被化学或者电子垃圾污染，保持可持续的发展[29]。我们认为以下几个方向值得关注：①生态环境友好型压感材料环境保护和可持续发展成为全球关注的焦点，开发生态环境友好型压感材料具有重要意义。研究者可从生物降解性、可循环利用等方面入手，提高压感材料的环境友好性。②多功能一体化随着科技的发展，多功能一体化成为新型压感材料的发展趋势。例如，研究者可以尝试开发集压力感应、温度感应、湿度感应等多种功能于一体的压感材料。③新型压感材料在特殊环境下的应用在特殊环境下（如极端温度、高湿度等），新型压感材料的应用具有重要意义。研究者需要针对这些特殊环境开发具有更高稳定性、更强适应性的压感材料。

总之，未来新型压感材料的发展方向和技术路径将在提高灵敏度和分辨率、提高响应速度和稳定性、发展柔性和可穿戴压力传感器、开发新的应用场景、制备可持续发展的压感材料以及交叉学科合作等方面展开，将为智能健康、机器人、汽车、航空航天等领域的发展提供更多的支持和保障。

1.2　温度敏感材料

温度是监测环境变化和人体健康状况的一个重要参数，温度传感器在传感领域占有重要的地位，作为较早发现，应用广泛的一种传感器，在1821年由德国物理学家发明的热电偶真正实现了将温度转换成为电信号。随着科技的飞速发展，新型温感材料在各个领域的应用日益广泛，尤其在智能家居、医疗器械、可穿戴设备、航天等领域。为了满足可持续发展的需求，新型温感材料的研发将更注重环保与可持续发展[30]。在生产过程中降低污染、减少能源消耗，同时提高材料的可降解性和循环利用率。新型温感材料的应用要求其具有高灵敏度和高响应速度，以满足更复杂的环境变化。因此，提高材料的温度响应特性和精确度是发展的重点。未来的温感材料将具有多功能性，如压力感应、湿度感应等功能。此外，集成化将是新型温感材料发展的趋势，将温感功能与其他功能相结合，提高系统的整体性能。此外，温度是表征人体健康的一个重要理化参数，这就要求设计出具有生物相容性、可生物降解性的温感材料，使其在疾病诊断、治疗等领域发挥重要作用。

现有的大部分传感材料（MXene、石墨烯、PEDOT：PSS、CNT、离子液体）本身对温度较为敏感，能作为传感组分开发柔性的温度传感器[30-34]。马晓乐等人基于 PEDOT：PSS 和 Zns-CaZnOS 开发出一种柔性双模传感器，实现了对压力和温度的解耦响应，温度传感范围为 20~60℃，具有长时稳定性[35]。新型温感材料的合成技术主要包括溶液法、固相法、电化学法等。通过合成技术的优化，可获得具有优良性能的温感材料。此外，材料的表征方法也在不断发展，如原子力显微镜、扫描电子显微镜等，这有助于更深入地了解材料的结构与性能。温感材料的响应机理对于提高材料和传感的性能具有重要意义。可以通过对材料的微观结构、能带结构、输运性质等方面的研究，可揭示温感响应的内在机理，为设计高性能的温感材料提供理论依据。为满足不同应用场景的需求，新型温感材料的性能需要不断优化，可以通过改变材料的组成、结构、形貌等来实现材料的灵敏度、响应速度、稳定性的调控。

随着物联网、大数据等技术的发展，智能感测与信号处理技术在新型温感材料中的应用越来越重要。通过将温感材料与传感器、芯片等电子元件集成，可实现对温度信号的实时采集、处理与传输。此外，新型温感材料在各领域的应用需求不断增加，因此需要不断拓展与创新。在智能家居领域，可以开发具有温度调节功能的家具和家居用品；在医疗领域，可以研究与开发可用于体温监测的可穿戴设备和植入式传感器；在能源领域，可以设计具有温度调控功能的新型电池和储能系统。

新型温感材料作为一种具有广泛应用前景的新材料，其发展方向与技术路径应紧密结合实际需求，实现环保、高性能、多功能性和集成化。通过新型温感材料的合成、表征、机理研究以及性能优化等技术路径，将为各个领域的应用提供更优质、高效的解决方案（图 4-7）。同时，智能感测与信号处理技术的发展，将推动新型温感材料与现代科技相融合，进一步拓展应用领域，为人类生活带来更多便利。

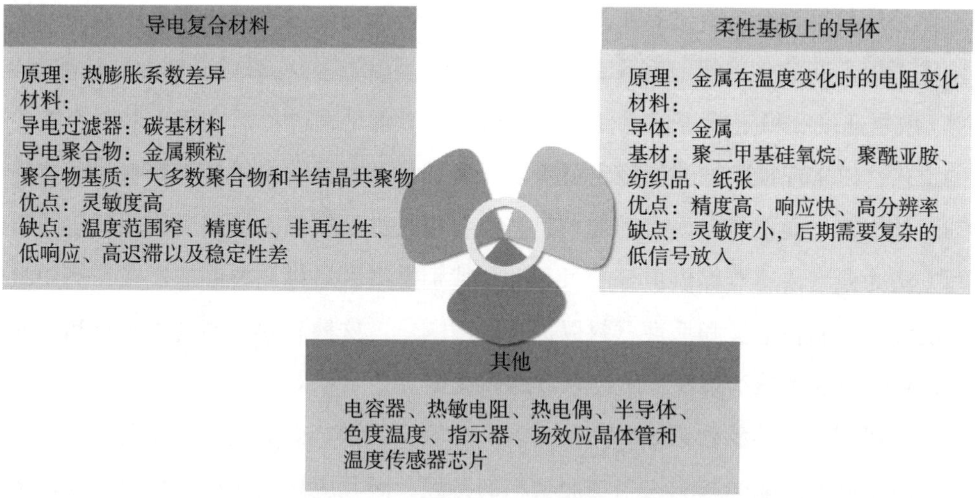

图 4-7　柔性温度传感器的不同类型

1.3　湿度敏感材料

作为一种具有非接触式监测独特优点的柔性传感器，柔性湿度传感器在医疗监测、智能机器人和人机交互方面展示了其多样化的应用[36, 37]。尽管目前已经在柔性湿度传感器方面取得了巨大成就，但仍应考虑几个关键因素才能满足实际应用需求。例如，目前的大多数柔性湿度传感器都难以长时间运行，首先是在高湿度水平（$>90\%$）下，因为水分子很难从设备中解吸[38]。其次，则是湿度传感器的传感性能还需要提高。最后，目前大多数柔性湿度传感器依赖于基于溶液的方法制备，这相对难以实现不同批次之间的可重复性和稳定性。因此在提升传感性能与稳定性方面，目前近期可能的发展方向有化学掺杂和表面改性，结构设计，焦耳热效应等。首先，为了提高湿度传感器的灵敏度，可以通过化学掺杂增加活性纳米材料上的亲水位点来实现。常见的掺杂剂包括金属[39]，离子[40]和氮 / 氧原子[41]等。目前已经有许多的报道，例如通过氮掺杂各种电荷载流子将缺陷引入 GO 表面导致电阻随着湿度的增加而增加[41]，通过在介孔 TiO_2 上氮原子的表面掺杂来提高缺陷位点的氢离子浓度，以提高湿度敏感性[42]，通过 Pd 掺杂 HNb_3O_8 纳米片，Pd 上的氢原子能够将水合氢还原为水分子，从而提高传感器的可重复性等[43]。其次是通过结构设计来提高性能。例如将传感材料或电极设计成多孔结构[44]，以增强水分子的逸出，又或者是利用模板法，化学蚀刻法或水热法来制备三维多孔结构。最后则是通过与低压电热平台集成，通过焦耳热促进物理或化学解吸过程。

但是从长远目标看，进一步增强湿度传感器性能可能的方向应具备：首先可能需要侧重于探索新的传感机制和发现新型的材料。尽可能满足兼顾灵敏度、检测范围、响应 / 恢复速度和稳定性等优良性能的需求。其次则是改进目前依赖于基于溶液法制备的工艺，以实现批次之间的稳定可重复。尤其是与上述的新机制与新材料结合创造新的制备工艺，或者是与现有的加工工艺结合与改进。例如，通过光刻图案化或激光直写方法为湿度传感器提供更好的可靠性。特别是可以通过调整制造模式，例如激光加工能够同时制备电极和活性材料以进行湿度响应。这种简便、高度可重复和高通量的手段将更有利于推动柔性湿度传感器的商业化。

从多模式集成传感器系统的角度来看，信号交叉耦合效应也是必须要考虑的一个方面。由于湿度可能会影响许多功能材料的特性，因此应深入研究湿度对集成在系统中的其他传感器的影响。通过跨学科研究人员的密切合作，未来的努力应该能够弥合高性能柔性湿度传感器系统与实际应用之间的差距，以实现持久且高灵敏快速的非接触式传感（图 4–8）。

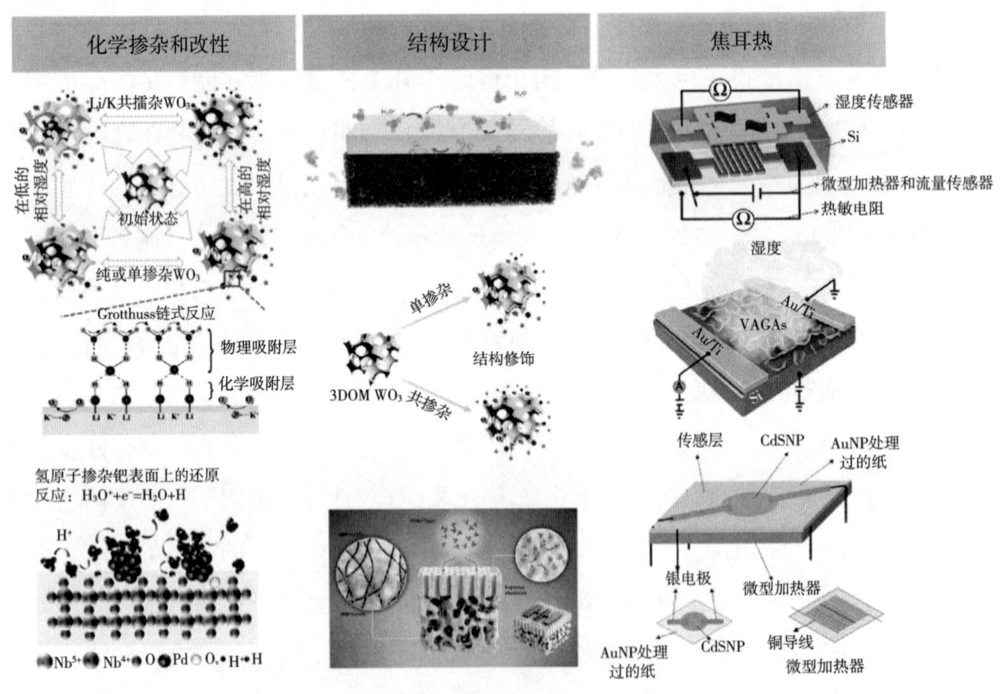

图 4–8　湿度传感器的改进方向

1.4　离子敏感材料

体液中的离子水平（即汗液、尿液等）是反映人体电解质活性的核心指标[45]。以 K^+ 为例，它是生物体中最丰富的生理金属离子之一，在多种生物过程中（包括血压控制和肌肉收缩以及心跳的调节）中起着至关重要的作用[46]。从保健和医疗角度来看，灵活的可穿戴离子传感器可以为电解质失衡障碍的诊断提供不可替代的支持[47]，以及监测个人的脱水状态[48]。可穿戴离子传感器的核心关键性能包括响应时间、电极响应的可逆性、弹性和稳定性、适当的校准方案、接触模式（非侵入性 / 侵入性）等[49]。其中离子传感器的最简单形式是通过活性材料与目标离子的相互作用来改变电导率，从而检测对应离子。这种结构的制备工艺简单，成本低，易于大规模制备，但是其缺点在于工作范围窄、检测限高和稳定性差[50]。

而选择性检测离子的传统方法是通过离子选择性电极，其中玻璃或玻璃碳电极尖端被离子选择性膜覆盖。然而，由于其刚性、笨重和内部填充溶液的需求，几乎不可能应用于可穿戴领域[50]。相反，柔性固态离子选择电极则具备一些有吸引力的特性，可以在可穿戴技术应用中轻松使用。但是其中作为固体接触层，材料需要满足以下需求[51]：①作为离子 - 电子换能器，固体接触层的最基本功能是提供从离子到电子传导的足够快速和可逆的过渡，而没有任何同时的副反应。②理想的固体接触层应具有大氧化还原 / 双层电容的非极化界面，以防止电位测量过程中施加的细电流，并具有在某些外部干扰下重新建立平衡的能力。③固体接触层和传感膜之间明确界定的界面电位是确保电位稳定性和电位稳定和电极之间的标准电位重现性的关键。④固体接触功能材料的化学稳定性非常重要，这与其寿命以及固体接触离子选择电极与光、气和氧化还原物种可能出现的副反应有关。足够的疏水性和低吸水性有利于抑制水层的形成，防止固体接触层的变形。⑤功能材料的实现应独立于传感膜的组成，不应导致离子选择性膜出现影响电动势响应的不受控制的杂质。⑥从设计和制造的角度来看，固体接触层的功能材料应易于获得，经济，无毒，并且能够简化传感器的制造。

也因此目前的固体接触功能材料主要是：①导电聚合物，特别是 PPY[52]，POT[53]，PANI[54] 和 PEDOT[55] 等。这些材料根据其氧化（p- 掺杂）水平通常可分为两种主要类型。其中，PPY、PANI 和 PEDOT 通常在其高 p 掺杂状态下具有相对稳定性，而 POT 在其未掺杂形式下具有稳定性，具有低氧化还原电容和电子电导率。这也意味着两种不同的转导路径：前者基于高氧化还原电容和电子导电性，而后者主要归因于在 POT 层和 ISM 之间形成双电层[56]。然而，由于其目前还存在一些缺点，较大的限制了应用范围。为了克服导电聚合物的这些已知缺点并进一步改善其性能特征，近期主要可以从以下一些方面进行，包括疏水性导电聚合物衍生物和亲脂性掺杂剂，纳米结构导电聚合物，含导电聚合物的纳米复合材料，外部电化学控制或预极化，动态电化学实验方案等等。②碳材料，例如球形碳纳米材料富勒烯，多孔碳微/纳米，碳纳米管，碳纳米角，石墨烯和碳黑等。③金属纳米材料，由于其高导电性和较大的表面体积以及制备工艺较为简单，而因此备受关注。例如金纳米材料、铂纳米材料、银纳米材料等。④金属氧化物，实现金属氧化物宏观/纳米材料作为固体接触层来实现离子-电子转导功能主要依赖于两种策略：高比表面积和高氧化还原活性。由于各种金属氧化物宏观/纳米材料的不断涌现，显示出作为碳和贵金属纳米材料的替代品的一定潜力。⑤插层化合物，具有离子和电子导电性，因为它们具有易于逆的插层和离子交换反应的独特特性，这使得它们适合用于电池，显示器和传感器等方面。⑥ PB 及其类似物，PB 是已知最古老的配位聚合物，长期以来一直用于离子传感领域。7ILs，Ils 由有机盐组成，并可以根据所需功能材料或溶剂的特定要求通过改性阳离子和阴离子来提供可调的物理化学性质。

由于上述的固体接触功能材料的多样性为小型化和柔性离子选择电极和离子传感器提供了更多的发展可能性。而目前的大趋势是由于多样化的需求不断推动离子传感器向小型化，柔性化和集成化的方向发展。目前短期内的发展方向主要是以下几个方面，通过结构设计实现器件的小形化，优化电极结构设计以提高耐久性，开发具有更高鲁棒性的离子选择电极。其次是通过与微细加工工艺结合制备用于多离子分析的微电极阵列，例如将具有不同选择性的离子选择电极集成到相同的平面或三维微型传感器内，或是开发基于微流体的多传感器。再一个是开发可用于生物医学领域的离子传感器，特别是在体内测量方面。但是用于体内测量的应用条件更加苛刻更具挑战性，这对离子选择电极提出了更高的要求。例如，必须具有足够的机械强度以穿透生物组织，并且必须足够小以避免插入过程中不必要的损坏，且对物理化学因素不敏感，同时还得考虑生物相容性和生物污染。对于这一方面近期最有希望的发展方向是通过接枝生物或合成分子来修饰膜表面，使用生物相容性材料表面保护涂层。另外一个十分具有潜力的发展方向是柔性离子传感器，从短期的发展目标来看首先是将材料优化和结构设计与制备工艺结合，例如通过丝网印刷蛇形结构的方式实现柔性化，喷涂和喷墨打印也是十分具有潜力的发展方向。基于纺织品的离子传感可以实现设备与人体的保形接触进行实时分析也展现了巨大的发展前景。

但从长期目标看，离子传感器还存在许多问题需要解决，因此长期的发展方向主要是，首先需要做出并细化标准测试协议和通用评价标准，并提供不同固体接触功能材料之间明确且可比的参数。其次还需要继续进行材料方面的研究，继续提高灵敏度、选择性、检测限、寿命、生物相容性和抗生物污染能力以及将其检测能力扩展到普通离子之外等方面的性能。同时也需要继续关注制备工艺的创新与改进，与材料的创新结合，以及大规模，高通量和稳定的生产工艺的实现，从而进一步降低成本和促进商业化（图 4-9）。

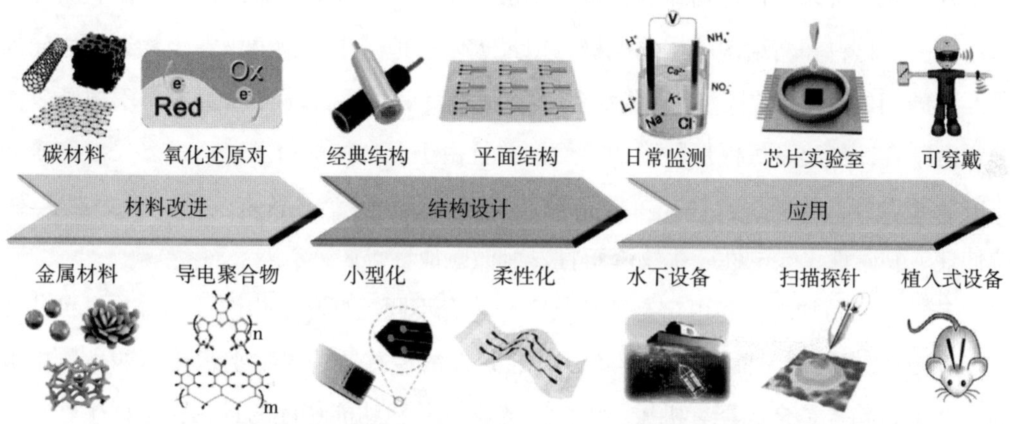

图 4-9　离子传感发展方向：材料改进，结构设计与应用创新

1.5　生物电极材料

生物电信号作为人体器官和组织的活动中的重要部分，贯穿了从常规的肌肉活动到复杂的大脑思维活动。通过生物电极在人体的不同部位收集和传递各种生物电子信号，并通过处理与分析，可以作为机体的各种生理活动、身体状况、行为分析等的关键指标，也因此在可穿戴医疗保健、运动训练、药物输送系统、人机交互等方面应用潜力巨大。从最早 Luigi Galvani 在 1791 年里程碑性的发现生物电以来，通过使用电极在生物组织和电子设备之间建立连接，从而更好地了解生物组织和电子设备之间的电子通信，也即生物电子学，一直是科研与技术上的巨大挑战[57]。自 20 世纪 30 年代人脑电信号的记录技术的开始出现，早期的生物电极基本是由钨、不锈钢、金和铂等金属制成的单微线或多微丝由于其稳定的化学性质和良好的导电性，可以用于内源性神经活动的测量[58]。然而由于金属诱导的免疫排斥和高侵入性，以及不同信道之间的串扰和信号干扰则极大地限制了其进一步发展和应用[59]。而后随着

微纳加工技术的发展，开发出了基于硅基的针状电极阵列，例如20世纪70年代的密歇根电极和20世纪90年代初期的犹他电极，这种电极阵列通常包含数十到数百个电极，并且只暴露出电极的尖端部位，并可以分别记录多点信号和LFP[59]。虽然上述电极可以获得高空间分辨率和高SNR等优异性能，但由于其刚性机械性质，与人体组织柔软和高含水量的性质差异巨大[57]，容易造成组织损伤且不利于长期稳定使用[59]。

生物电极一方面应通过生物－非生物界面获取高质量的生物信号，另一方面，不应干扰生物有机体的正常功能。在过去的数十年中，研究人员也在着力于研究与开发基于许多新材料和新结构的生物电极，以最大限度地减少生物电极和生物组织之间的不匹配的问题[57]。其中，聚合物材料通常具备良好的柔性，可以实现与不规则表面的紧密贴合，创建良好保形贴附的界面。并且由于聚合物材料可以通过多尺度和多样化的分子设计，使得许多性能可以精确调整并组合在单个材料系统中，例如柔软性、拉伸性、黏附性、导电性、生物降解性、刺激响应性等。

其良好的易加工性和可定制特性，十分适合不同类型和结构设计的生物电极的开发[59]。因此在材料方面，发展具备更好兼容性的传感器－生物组织接口的生物电极的一个主要趋势是合成具有机械、电学、光学或其他功能特性的且具备类似生物组织性质的聚合物材料，例如超分子聚合物材料，共轭聚合物，水凝胶等[60]。在导电聚合物中，PPy和PEDOT由于其出色的生物相容性和导电性，在生物电极中的研究最为广泛[61]。水凝胶则由于其与生物组织相近的性质，其与生物组织相近的机械性质和生物相容性可以最大限度的减少生物组织不匹配的问题[57]。

但是目前导电聚合物与水凝胶材料的导电性相对较低。并且传统导电聚合物的较高模量且易碎的性质极大限制了其应用。因此近期的发展方向主要集中在改善导电聚合物的机械性能与电学性能。近期比较有潜力的改进方向是通过增塑剂，如表面活性剂，离子盐等进行掺杂改性以提高导电性和拉伸性，另一种具有潜力的方向则是与弹性体相混合，从而获得较好的拉伸性[57]。

还有一种具备较大应用潜力的是水凝胶材料，由于其与生物组织相似的性质，在生物电子学领域引起了越来越多的兴趣。尽管水凝胶具备许多优势，但是目前的水凝胶材料的导电性普遍较差，并不太利于获取高质量的生物电信号。因此目前水凝胶最常见的应用方式是使用水凝胶涂层和封装，以保持电极与皮肤的保型接触，降低皮肤－电极界面阻抗，并且已经成功的进行商业化应用，例如Ag/AgCl凝胶电极。在侵入式生物电极中，可以通过水凝胶涂层提高生物相容性。

近期提升电极的电学性能的发展方向主要还是通过添加电子导电的填料来增强导电性，例如金属纳米材料、碳纳米材料和导电聚合物等。然而，从材料方面解决电极－生物组织不匹配问题，在一种材料中实现所有理想的性能还是十分具有挑战性的，并且这也将会是未来一个长期发展的方向。同时传统材料在部分性能方面依旧具备较强竞争力，例如良好的导电性。也因此通过结构设计改善传统材料与生物组织性质不匹配问题，也是目前短期发展的一个重要方向。提高电极与生物组织界面兼容性的结构设计方向主要是更轻，更薄，多孔，小型化，高度集成化。传统电子材料与目前的微纳加工工艺兼容性较好，可以使传统材料获取较为理想的生物电极需要具备的性质。也因此新型的结构设计是目前短期内的重要发展方向。

从长远目标来看，为了使生物电极能够获取高质量的生物信号，则需要能够同时兼具以下多种性质：与生物组织类似地机械性能，与生物组织良好的黏附性，良好的生物相容性、生物降解性、电化学兼容性、生长适应性、良好的顺应性、渗透性、微创性和良好的组织覆盖性等。也因此长期的发展目标必然是新材料与新结构相互结合，并且同时发展能够具备多种理想的性能的材料。但是目前新材料通常与现有的微纳加工工艺不兼容，发展新型的加工方式十分必要。同时使生物电极良好的机械鲁棒性，保持良好传感性能同时保持各系统部件之间以及生物组织的可靠系统集成。另外，详细深入地了解解剖学、生理学、材料特性、生物组织功能等方面，并与结构和材料设计相结合，将会是未来长期发展的重要方向（图 4–10）。

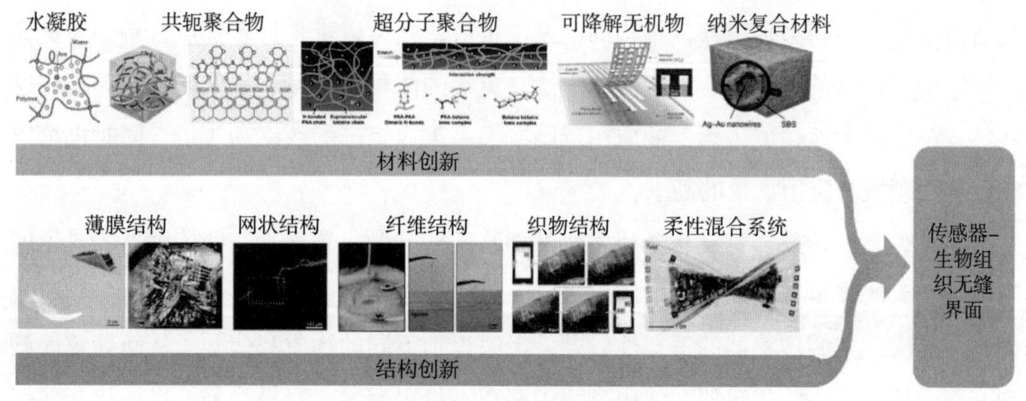

图 4–10　生物电极发展方向

2 新型传感器件的发展方向、技术路径和阶段发展目标

随着物联网、人工智能等技术的快速发展和普及，新型传感器件在各个领域的应用需求也越来越大。而传统的硬性传感器在柔性、透明、高灵敏度、高选择性、高稳定性等方面存在瓶颈，难以满足市场的需求（表 4–1）。因此，新型传感器室温研发和制造成为行业的热点，市场前景广阔。以可穿戴电子技术为例，据 IDTechEx 发布的调研数据显示，截至 2021 年可穿戴设备用于已接近 9 亿，其市场份额在 2025 年将增长到 750 亿元以上[47]。尽管目前可穿戴器件发展迅速，但其仍然面临硬质刚性、难以贴附人体皮肤、器官之间的弹性模量适配问题，被看作是可穿戴产品 1.0~2.0 转变的关键核心部件，具有巨大的市场应用前景。

表 4–1 传统的刚性传感器与新型的柔性传感器对比

传统的刚性传感器	新型的柔性传感器
硬基底为衬底，柔韧性差	柔性材料为衬底，柔韧性好
单个分立封装，降低了空间分辨率，难以获得连续分部信息	多个传感器形成阵列总装，可以连续点测量
需要平整表面，应用受限	可以适应曲线表面等复杂表面
多个分立传感器总装成本高	传感器阵列总装成本低

2.1 柔性可穿戴传感器件的发展需求

传感器件在现代工业中扮演着至关重要的角色，其作用是将某个物理量转化为可测量的信号。而新型传感器件结构的研发与推广，则可以带来许多优点，例如：更高的灵敏度、更高的选择性、更高的稳定性、更小的体积和重量、更低的功耗等等。这些特点可以极大地拓展传感器的应用范围，提高工业生产的效率和质量，同时也可以满足不同领域和应用场景的需求。

目前，新型传感器件结构的研发仍然面临一些问题。首先，一些传感器的灵敏度不够高，无法满足某些高精度的应用需求，可能会导致传感器无法检测到目标物质或误判。其次，某些传感器的选择性较差，无法识别不同的物质和信号，从而导致误测和漏测。最后，一些传感器在使用过程中存在不稳定问题，容易受到外界干扰和环境变化的影响。未来，新型传感器件的发展目标主要集中在提高灵敏度、选择性和稳定性。为了实现这些目标，需要从以下方面进行研究和改进：

（1）探索新的材料和结构设计：寻找更加敏感的材料，开发新的结构设计，以提高传感器的灵敏度、选择性、稳定性。

（2）提高传感器的信噪比和分辨率：通过降低噪声水平和提高信号处理能力，提高传感器的信噪比和分辨率，以增强传感器的稳定性和准确定。

（3）引入新的技术：如机器学习、人工智能和物联网等技术，将传感器与其他设备或系统结合起来，以提高传感器的性能和应用范围。

2.2　柔性可穿戴传感器件的灵敏度

对于任何传感器来说，检测性能都至关重要的。柔性传感器的性能包括适用于刚性和柔性传感器的基本指标。柔性传感器的灵敏度是一个关键指标。它被定义为输出（$\Delta x/x$）的相对变化与施加压力（Δp）的变化之比，可表示如下：

$$S=\frac{\delta(\Delta x/x_0)}{\delta p}$$

其中：x 是电阻（R）、电容（C）、电流（I）或电压（U）。高灵敏度与高 SNR[62] 相关，使得柔性传感器能够区分外力的细微变化。此外，较大的敏感性通常意味着外力的微小变化会导致材料出现显著的结构变化[63]。由于在大多数情况下，检测极限与传感器灵敏度成反比，那么检测极限低的柔性传感器可以检测到更细微的信号。因此，需要具有高灵敏度和低检测极限的柔性传感器来检测外力的微小变化（图 4-11）。

优化微结构实现高灵敏传感性能

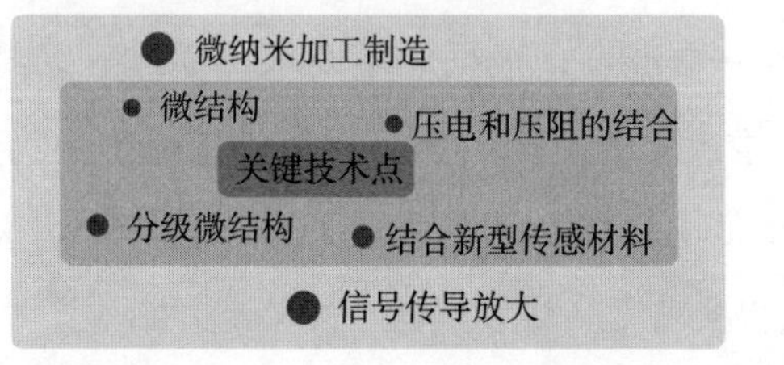

0~2年以上
3~7年以上
影响力中等
影响力大
影响力极大

2023—2025年	我们将集中精力研究和优化柔性传感器件的结构，探索并应用新型材料，采用有限元分析等方法进行结构优化，提高柔性传感器件的灵敏度和机械强度。
2025—2030年	我们将在柔性传感器件结构优化的基础上，通过微纳米加工制造技术，信号传导放大进一步提升传感器件的灵敏度和响应时间，以适应其在各种特定场景下的应用。

图 4-11　优化传感器件结构灵敏性能的关键技术点和发展趋势

在这一阶段，我们将集中精力研究和优化传感器件的结构，探索并应用新型材料，以提高柔性传感器件的灵敏度和机械强度，以及我们将采用有限元分析等方法进行结构优化，并进行多次仿真验证。

高灵敏度允许传感器检测刺激的微小变化，以减小假阴性信号，并提高信噪比和准确度。大多数灵活的物理传感器（例如，机械传感器）、温度传感器、光电传感器的灵敏度对于常见应用是足够的。一个值得注意的问题是机械传感器件中灵敏度和感测范围之间的权衡。灵敏度和感测范围之间的权衡以及非线性问题存在于大多数机械传感器中[64-69]，对于压力传感器尤为突出[70]。理想情况下，在较宽的压力范围内实现高灵敏度是理想的。但是在大体积压阻 / 压电电容传感器件中很难实现，因为软材料在压缩时会产生硬化效应。微结构时提高。微结构是提高灵敏度的常用策略[71，72]，然而，这种方法主要在低的压力下工作。已经有许多尝试来解决这个问题。结构方面，可填充的微结构下面的低切和凹槽中容纳变形的表面结构，从而延迟多孔结构的饱和[73]。机制方面，组合的压敏电阻和压电电容显著提高了灵敏度，即使在高达 50 kPa 的大应变下也是如此。磁致弹性效应可用于从 3.5 kPa 到 2000 kPa 的宽范围内的压力感测[74]，但是其灵敏度低于压敏电阻和电容式灵敏度。上述方法没有解决非线性问题。一种解决方案是使用分级微结构，例如半球阵列上的微柱[75]，在活性材料内增加梯度电荷分布可能能解决非线性问题。该策略已在电容式压力传感器件中得到了验证，达到了创纪录的高线性范围，最高可达 1000 kPa。其机制是梯度可压缩性和介电特性随压力的增加而增加，通过由不同介电常数的材料制成的类似皮肤的分级微结构来实现[76]。该策略可扩展至基于梯度电导率或梯度离子的其他类型柔性压力传感器。解决这种灵敏度范围冲突的另一个观点是根据应用要求按需编程传感器性能，因为小压力检测通常需要极高的灵敏度，而对于大压力，宽传感范围更为重要。开发了一种刚度记忆的离子凝胶[77]，刚度可以通过压力和热处理来调节。可编程刚度带来了可编程的压力范围、检测极限和灵敏度。尽管这是一个有趣的概念，但是这种可定制传感器的实际适用性应该仔细评估，考虑再现性、校准等。

一般来说，对于机械传感器和其他设计机械传感的传感器（如振动传感器、超声波）[78]，灵敏度 – 可变形性能需要在合理设计的结构中实现刚性材料通常具有良好的灵敏度，而柔性材料具有较大的可变形性。当设计大范围的敏感系统时，集成密度、系统复杂性和可制造性是需要考虑的关键因素。利用 COMSOL[79-83] 和 Abaqus[84，85]，FEA 已被广泛用于优化各种压力传感器的传感性能。研究了几种有代表性的微观结构。Ren 小组模拟了典型压力值下微柱、金字塔、圆顶和 RDS 微观集合结构的应力分布[70, 86]。微柱结构在高度方向上显示出均匀的压力分布和最低灵敏度。由于应力转移，棱锥和微圆顶结构的应力集中在该区域的顶部，而随机分布的脊结构的应力集中在初始接触峰和相邻峰的底部。这一特点有助于更均匀的应力分布，并导致更高的屈服强度和更大的线性范围。此外，在凹表面和凸表面接触之后，间隙仍然存在，这可以进一步延迟接触面积的饱和。这些结构的接触面积的大小遵循微柱 < 棱锥 < 圆顶 < RDS 的顺序。因此，具有 RDS 微结构的传感器具有更高的灵敏度和最大的传感范围。微集合结构通常以单面微结构[85, 87]和双面互锁微结构[88, 89]的形式组装。受生物系统启发的互锁结构可以实现所得传感器的一些特征。例如各种外部刺激感知[90]、高灵敏度[91]、快速响应[92]，以及最小的机械损伤[93, 94]。Pang 等人报道了一种高度灵活的多路压力和应变传感器，该传感器基于互锁的高纵比 Pt 涂层聚合物纳米纤维阵列，模拟甲虫翅膀锁定的微结构[95]。机械感测通过柔性支撑表面上相邻高纵横比纤维之间的大量微小接触来实现。该传感器能够以高灵敏度全方位检测压力、扭矩和剪切力。

各种纳米材料，例如导电聚合物纳米纤维、石墨烯、纳米结构金、MOFs、过渡金属纳米颗粒（例如 Fe_3O_4 和 NiO），经常被用在电化学传感器的工作电极上，因为它们可以提高电化学活性表面积和电子转移动力学，从而产生更高的检测信号[96]。和树枝状金纳米结构成功地用于监测汗液中微摩尔水平的维生素 C 和葡萄糖[97]。除了纳米材料，使用可印刷油墨配方和三维混合电极结构，微至宏观尺度方法也可以增加电活性表面面积[84]。

在第二阶段，我们将在柔性传感器件结构优化的基础上，通过微纳米加工制造技术、信号传导放大进一步提升传感器件的灵敏度和响应时间，以适应在各种特定场景下的应用，例如生物化学传导、可穿戴生物传感器件。

信号传导对灵敏度是重要的，有效的传导可以放大结合事件以达到可测量的信号。晶体管，包括 FET[71] 和 OECTs[98, 99] 都是有效的放大设备。当 FET 的通道缩小到纳米级时，高的比表面积使高灵敏度的检测成为可能通过与适体结合。使用这一机制，可以选择性地检测浓度低至 1pM54。此外，减少表面结合的生物受体分子大小，例如使用寡核苷酸代替的纳米体代替抗体，可以使得靶标结合事件更接近传感器件，从而提高灵敏度。这种考虑在适体的设计和选择中也很有用，以确保人工受体的显著构象变化发生在靠近表面的地方，从而最佳地栅极 FET 通道将肽[100] 和 DNA[94] 成功地工程化到半导体中，可以使分析物在单一材料中结合、转导和扩增统一起来，从而提高灵敏度和响应时间。能够有效地放大设备，进一步探索用于可穿戴生物传感器件[101]。

2.3 柔性可穿戴传感器件的选择性

选择性是指传感器区分感兴趣的分析物和可能的干扰能力[91]。它最初是为化学[99]和生物[97]传感器定义的，但可以扩展到包括机械传感器（例如压力传感器、应变传感器、扭转传感器等）。在实际应用中，广泛的化学物质和机械力通常同时存在，它们通过相似的机制与传感材料相互作用，从而产生模糊的传感器效应。

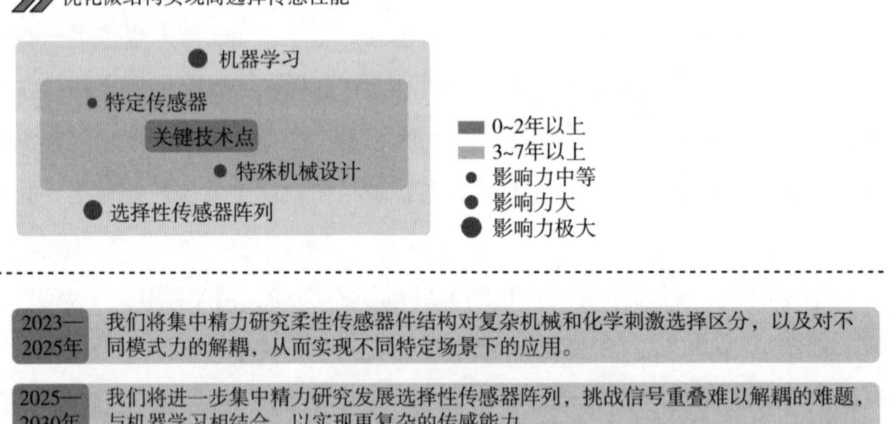

图 4-12 优化传感器件结构选择性能的关键技术点和发展趋势

在这一阶段，我们将集中精力研究柔性传感器件结构对复杂机械和化学刺激选择区分，以及对不同模式力的解耦，从而实现不同特定场景下的应用。

传感器一般有两种选择性方法：特定传感器和选择性传感器阵列。理想情况下，一个特定的传感器只对一种分析物做出反应，这样的传感器将告诉混合物的确切成分，而不需要大量的数据分析，但这种特殊的传感器通常很难实现。相反，在选择性传感器阵列中，每个传感器对一组分析物的响应不同，阵列的相应共同产生混合物的指纹。通过适当的数据分析，可以获得混合物的成分。这两个原理广泛应用于机械传感器、生物传感器和气体传感器。

施加在传感器上的机械力通常是压力、张力、剪切和扭转的混合物。解耦这些模式对手势识别、机器人控制和假肢都很重要。已经有人尝试制造“特定的”机械传感[102, 103]。例如，将刚性和各向异性的电阻材料结构成微弯曲，并封装在弹性薄膜中。这样传感器仅对一个方向的拉伸应变响应，而对弯曲和扭转不敏感。刚性平台嵌入金字塔微结构下，用于压力传感器，在高达 50% 的拉伸应变下实现无干扰性能。虽然由于材料和几何限制，这些“特定”传感器对其他机制刺激的不敏感性并不理想，但它们的性能对于非关键应用或感兴趣的大应变值（例如，关节运动）是足够的。已经集成了“特定的”传感器来实现多模态机械传感，其中需要仔细的机械设计来隔离和分配不同的机械刺激到所需的传感器，以便可以独立地感知每种变形[88, 104]。

在这一阶段，我们将进一步集中精力研究发展选择性传感器阵列，挑战信号重叠难以解耦的难题，将其与机器学习相结合，以实现更复杂的传感能力。

简单的实现是制造可变形的传感材料[94, 105]和 / 或设计三维传感器结构[89]，以使响应曲线针对不同形式的变形而不同，通过适当的信号分析，可以识别出正确的变形。一个类似的方法是将多个传感器集成在一个小型化的三维结构或二维表面上。单个传感器的响应根据所施加的应力不同而不同；对所有传感器输出的整体分析得出了所经历的变形。然而，使用上述方法，信号重叠可能难以解耦同时组合的变形（例如压缩加剪切）。使用高级算法，如机器学习，可能能够解决这个问题。第三种方法是使用对多种刺激敏感的材料或装置，但是这些刺激可以通过不同的测量模式（例如，电阻和电容）[62]来区分。使用这种策略的集成设备的读出电子器件将更加复杂，这将进一步增加系统级功耗和硬件成本。

与特定 VOC 传感器相比，选择性传感阵列更广泛地用于识别气体混合物。与机器学习相结合，这种策略在电子鼻上取得了商业成功。纳米材料也是选择性传感阵列的首选[96]，因为它们具有高灵敏度和易于调节表面相互作用[106]。例如，石墨烯被各种配体功能化，与金纳米粒子偶联，构建了一个传感器的阵列，该阵列可以对 13 种植物 VOCs 进行分类，分类精度为 >97%。最近的一种方法实现了 108 个基于石墨烯传感器阵列的制造和利用，这些传感器由 36 个化学受体功能化，可以在一分钟内识别 6 种气体，为使用大尺度传感器阵列快速检测 VOC 提供了帮助。总体而言。柔性室温气体传感器阵列的最新进展在不牺牲传感性能的情况下实现了更低的功耗、更低的制造成本和更高的可穿戴性[107]。尽管机械学习算法能够提供更高的预测精度，可以弥补传感器选择性的不足[64, 108]，但提高每个传感器的选择性仍然是一个关键的挑战。

选择性阵列传感的一个有趣的应用最近被报道用于摩擦电基材料的识别。具有不同摩擦电特性的传感器阵列与特定材料接触时产生指纹信号模式。结合机器学习，当使用阵列中的 4 个传感器时，材料分类的准确率达到 97%，这种策略可以在柔性传感器中找到更广泛的应用，以实现更复杂的传感能力（图 4–13）。

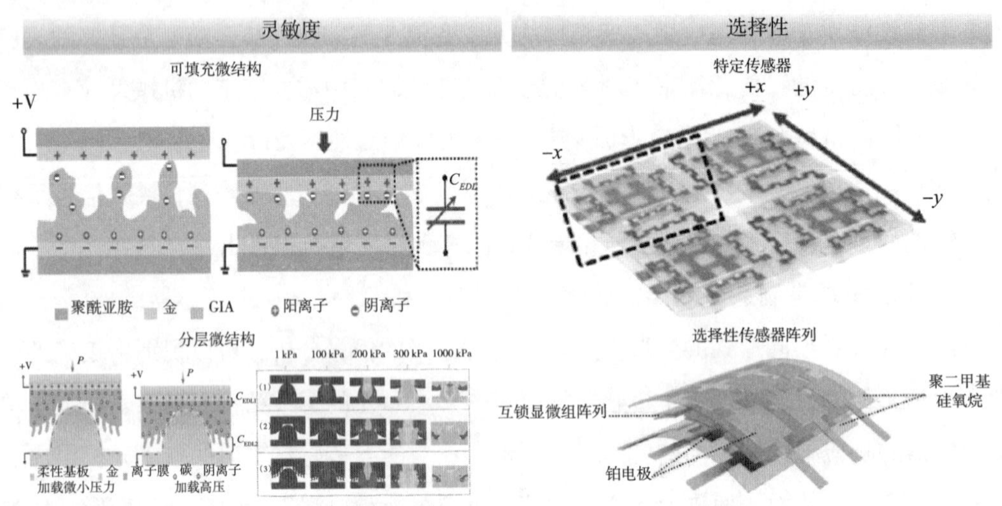

图 4–13 柔性传感器件结构灵敏度和选择性发展示意图

2.4 柔性可穿戴传感器件的稳定性

稳定性是传感器实用性的核心，因此，本阶段将致力于提升单个柔性可穿戴器件的传感信号的稳定性，为将来器件的阵列化、集成化应用奠定扎实基础。为了实现此目标，未来发展方向可从以下四点进行：

2.4.1 器件结构柔性、可穿戴、轻便、超薄化

刚性可穿戴器件使人佩戴笨重不舒适，并且不能提供连续长期且稳定的监测，因此对于可穿戴器件未来发展的首要关键点就是将器件结构柔性化，使其轻便且佩戴舒适。可解决的策略是将传感元件或传感材料嵌入柔性基材中，如硅橡胶（PDMS、Ecoflex 等）、柔性聚合物（PU、PI 等）、天然柔性材料（水凝胶、纺织物、纤维素纸等），从而实现器件的柔性化和可穿戴[65]。

此外，器件结构的超薄化是提高传感信号稳定性有效途径之一[109, 110]。对于测量灵敏度和精度要求高的传感器，如体温、心率、脉搏、血压以及生物表皮电极等，器件过厚会造成测量信号不灵敏或信噪比低、透气差、贴附不紧密等问题，进而影响器件传感信号的准确度和稳定性。比如，Wang 等人通过光刻和蚀刻技术将光电探测器和温度传感器集成在 PEI 软基板上，传感器的整体厚度在 20 μm 以内，贴合身

体的任何部位，不会给佩戴者带来不适[107]。Kireev 等人设计了一种灵活的血压监测装置，该装置利用原子薄、自粘、轻量和不显眼的石墨烯电子纹身作为人体生物电子接口，可连续无创监测动脉血压 300 分钟，比以前的研究报告的时间长 10 倍，舒张压精度为（0.2 ± 4.5）mm Hg，收缩压精度为（0.2 ± 5.8）mm Hg，相当于 A 级等级（图 4–14）[72]。

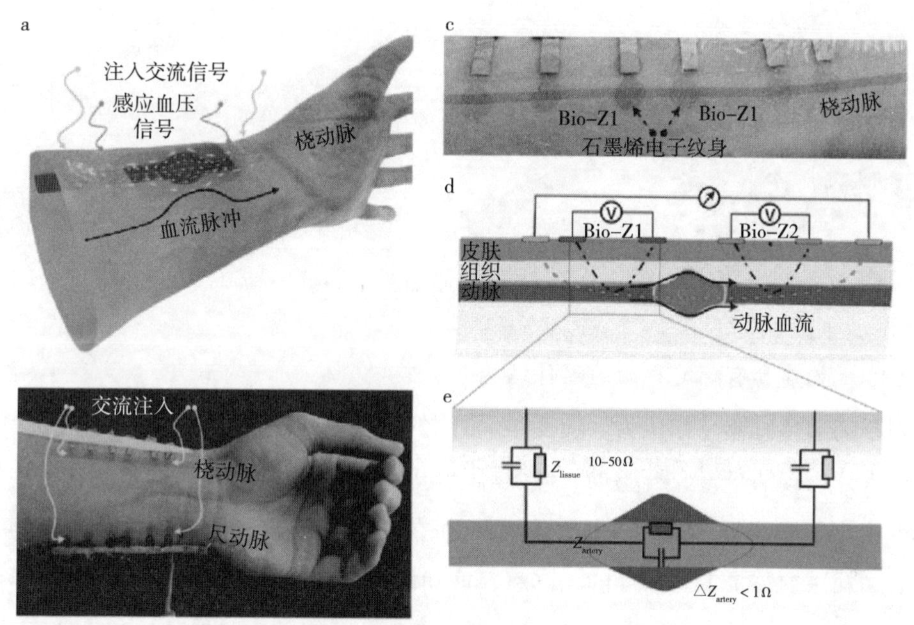

图 4–14 基于石墨烯纹身的血压监测传感器[72]

2.4.2 引入封装层保护传感材料

有些传感材料由于其本身固有特性，如水凝胶、液态金属、电解质、钙钛矿材料等，容易受到环境影响而发生性能衰减，因此，当外在刺激和传感材料之间不需要直接接触时（例如，在力学、温度和光传感器中），可行策略是在传感材料或整个装置上引入封装涂层或保护层，从而提高传感装置的环境稳定性。此外，适当的封装器件可以降低传感噪音或减少信号漂移，有利于可穿戴器件的长期稳定性和使用[74]。

2.4.3 器件表面处理

当传感材料或传感装置需要直接接触外在刺激时，如可穿戴表皮生物电极，器件除了材料本征物理化学属性影响，还易被外在应用条件（如皮肤汗液、污渍、腐蚀性液体等）干扰，可行的策略是对传感材料或传感装置进行表面处理实现自清洁。比如 Dong 等人在织物基生物表皮电极上构建了具有低表面能的超疏水微纳结构

（图 4–15），实现电极表面的自清洁，有效缓解沉积物残留带来或微生物附着引起的表面腐蚀作用以及电极电势偏移[74]。此外，传感器与被测物体（通常是皮肤）之间亲密接触也非常重要，不然易造成运动伪影。可行的策略除了降低器件厚度外，还可以通过对器件进行表面处理增加其对所测目标物体的附着性，如引入黏合聚合物或官能团[76, 111]。

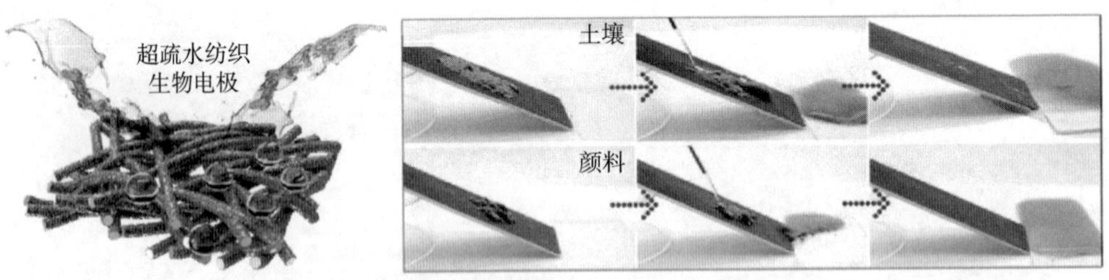

图 4–15 超疏水织物基生物电极[74]

2.4.4 构建具有稳定界面的器件结构

对于力学传感器（如压力、应变），常用的制备方式是将导电材料（如金属颗粒、金属纳米片、碳纳米管、石墨烯、炭黑等）与弹性聚合物复合，通过监测其结构的几何形变或者导电通路变化实现力学传感。而在恶劣和复杂的机械条件（如拉伸、扭曲、剪切和压缩等）下，器件的功能材料或功能层之间由于力学模量失配和弱界面粘力等因素，很容易发生滑移、分离或分层等现象，进而导致器件的传感性能不稳定。基于此，可选用模量相近的功能材料或功能层（如同质材料）解决模量失配问题，以及可通过化学交联、界面微结构设计、引入功能耗散层等方式增强器件结构的稳定性。比如，Guo 等人通过使用准同质功能层及在功能层之间引入互连的微结构接口（图 4–16 a），成功制备了高度稳定的柔性压力传感器。该传感器能够在恶劣的机械条件（如在至少 10000 次的反复摩擦和剪切测试中，或固定在汽车轮胎上在沥青路上行驶 2.6 千米）下保持信号稳定[107]。除此之外，Guo 等人还提出一种传感层嵌进封装层的稳定结构策略制备柔性压力传感器（图 4–16 b），其将内部的传感层与封装层侧向键合，同时在功能层上方预留固定缝隙空间。在器件受到高剪切力或高压缩力时，该器件可通过这些预留空腔的缝隙和孔间壁实现能量耗散，从而有效地提高该器件结构的界面韧性和强度。该传感器可在高剪切（44 kPa）和高压缩（200 kPa）条件下稳定工作超过 10000 次循环[67]。

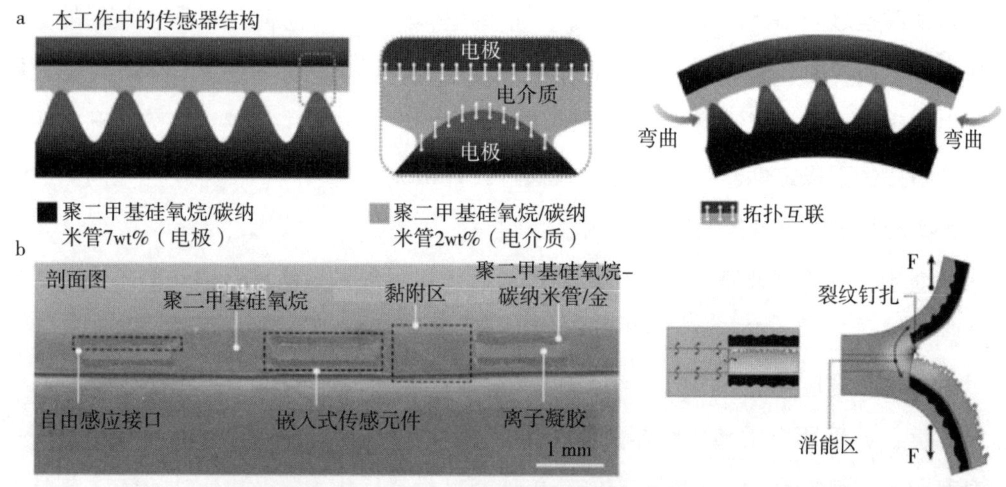

a. 传感器结构和工作原理示意图。b. 传感器界面示意图[67, 107]。

图 4-16　构建稳定器件结构的策略

在实现单个传感器信号稳定性的基础上，本阶段将致力于实现柔性可穿戴传感器的阵列化、集成化，以满足实际应用。为了实现此目标，未来发展方向可从以下三点进行：

（1）规避串扰

在实际可穿戴应用中，单个传感器并不能满足实际需求，因此其往往以阵列化或集成化的方式实现精细测量。而在这些阵列化或集成化器件的实际使用中，其传感信号可能会受到来自器件结构上的力学串扰、阵列像素之间的串扰、传感阵列检测信号的串扰等因素影响，因此如何规避这些串扰，是柔性可穿戴传感器未来发展应用中务必解决的关键问题。

除力学传感器外，柔性传感器不应对机械变形做出响应，不然就可视为受力学串扰。在实际可穿戴应用中，人身体的不同区域都有不均匀分布的应力应变，因此，要规避这些应力应变对柔性传感器的干扰。而有效缓解传感阵列应力集中的策略是岛桥布局[79]。将易受干扰的传感器放置在形变量小的岛屿区域上，实现隔离应力应变保护。另一种策略是使用内置电路来补偿应变引起的变化[69, 107]。由于这些策略会增加系统设计的复杂性，因此实现高密度的应变不敏感传感器阵列将依赖于集成策略的创新和高分辨率高产量的制造。最近提出的一个有可能克服这些限制的策略是通过 ACFs 连接脆性功能薄膜和可拉伸导体[68]，尽管功能薄膜在拉伸应变下会开裂，但它提供了不受应变影响的可替代电子传导途径。

此外，提高传感单元的信噪比、分离传感单元、传感阵列单元微结构设计是有效解决阵列像素之间串扰的策略。比如，早期的电容式压力传感阵列常采用共同的介电层材料，在按压时，相邻位置的电容单元明显受到力学与电学串扰。Guo 等人通过提高压力传感单元的电容密度去提升传感单元的信噪比，同时将传感单元分隔开，明显降低了串扰的不稳定性[84]。Zhang 等人通过设计微笼结构去隔离传感单元之间的力学干扰，实现精确的柔性压力阵列监测[106]。

而对于传感阵列检测信号的串扰，可通过优化硬件采集信号电路和信号处理算法可解决。

（2）消除温度影响

温度是几乎所有柔性传感器的影响因素，因为大多数传感材料，包括刚性材料，对温度变化都很敏感。这个问题不能简单地通过材料优化或封装来解决。引入额外的补偿元件，如温度传感器和反馈电路通常更有效[83, 112]。另外，探索规避传感材料的温敏特性的传感机制是可行[113, 114]，尽管这不是通用的解决方案。目前也有的工作研究热管理，比如 Yu 等人通过辐射和非辐射热传递来冷却皮肤电子设备的温度，实现超过 56℃的温度降低[81]。总的来说，用简单的器件结构和高集成度来抑制温度效应仍然需要继续探究。

（3）去除运动伪影

运动伪影是由被监测物体的运动和表面变形引起的传感器输出噪声。它们掩盖了真实信号，导致测量不准确或信噪比降低。运动伪影是可穿戴和可植入传感器的常见问题，也是电生理学及其在可穿戴医疗保健和人机界面中的应用面临的较大挑战之一。传感器系统的机械不稳定性、传感器与佩戴者界面的不稳定性、人体运动的复杂性、肌肉运动产生的电信号、变形和排汗对组织内离子电荷分布和动力学的干扰等都是造成该问题的主要原因。除了可以通过上述策略解决器件结构稳定性、监测界面稳定等问题，在系统层面，特殊的传感器布局和系统设计也可以减轻运动伪影。例如，制备传感器阵列可以使系统测量一些生理参数，尽管传感器和身体的相对运动很小[115]。利用这些精心放置的多个传感器可以帮助消除某些传感器中的运动伪影[105, 114, 115]。整合其他传感模式或机制，如力、热、磁、光、声和化学，可以缓冲运动伪影的影响。

另外，运动伪影也可以通过信号处理去消除。一些容易分辨的运动伪影可以用传感器附件的电路滤波。柔性有机电子元件，如差分放大器和自适应滤波器，可以与可穿戴传感器无缝集成以实现降噪[116]。噪声也可以通过算法来衰减。除了简单的低通、高通和带通滤波器，小波和短时傅立叶变换等先进的信号处理方法在去除运动伪影方面已经显示出有效性。

机器学习有望通过更大的可定制性来补偿运动工件。例如，一个深度学习框架在不使用参考运动传感器的情况下，从光电容积脉搏波传感器准确地确定了心率[117]。通过对呼吸引起的运动伪影进行滤波，训练神经网络对脉冲波信号进行降噪[118]。这种基于数据的方法比优化硬件更通用、更有效，首先，因为材料和设备设计可能因应用而异，其次，因为放大器和滤波器只能在有限的特定频谱上去除噪声。相比之下，机器学习算法可以迭代和更新，以开发个性化的运动伪影过滤协议。

新型传感器件结构稳定性的拟发展方向总结如图 4–17 所示。

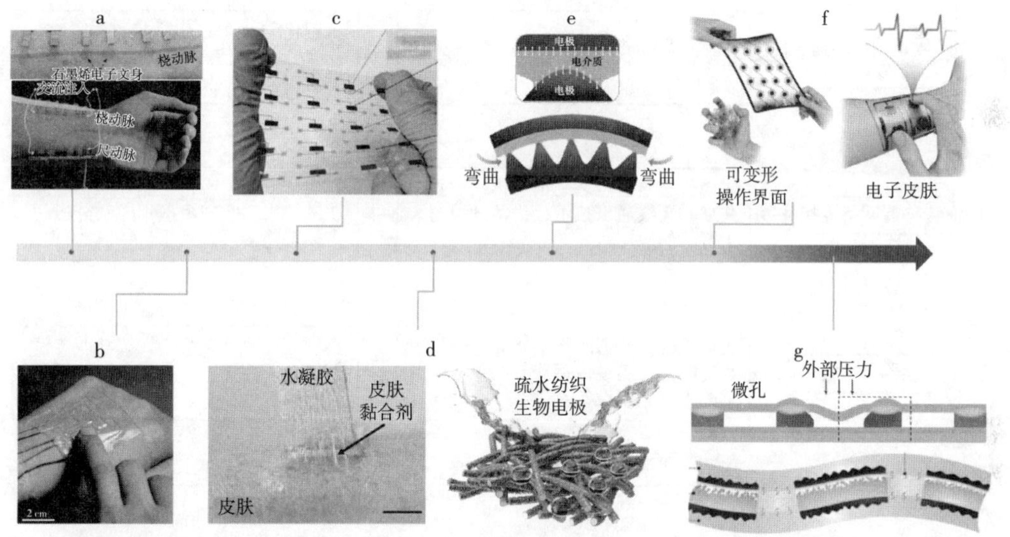

a. 器件超薄化。b. 封装保护。c. 功能层与柔性基底模量匹配。d. 器件表面处理：自黏性、疏水性等。e. 器件微结构设计。f. 应变隔离。g. 规避阵列单元串扰。

图 4–17　新型传感器件结构稳定性的拟发展方向

第三节　柔性可穿戴传感电子系统产业技术路线图

1　大面积集成技术拟发展方向

在如今的数字化和大数据时代中，人们越来越依赖各种先进的传感器提高生活质量。在过去的几十年中，基于硅材料的刚性传感器获得了广泛的发展，同时兼具有低功耗和高性能，然而制造大面积柔性的传感器仍然是一个巨大的挑战。近年来，人们开始使用柔性的材料和对应的印刷技术来实现这一目标。[119] 相比于传统的电子产品，柔性电子产品质量较轻，可以应用在人体或具有弯曲结构的物体上，并且与生物和自然进行交互。[120, 121] 在这一节中，我们对新型柔性传感器的大规模制备方法进行了概述，并绘制了可穿戴电子系统从 2023—2025 年和 2025—2030 年两个时间段的产业技术线路图（图 4–18）。

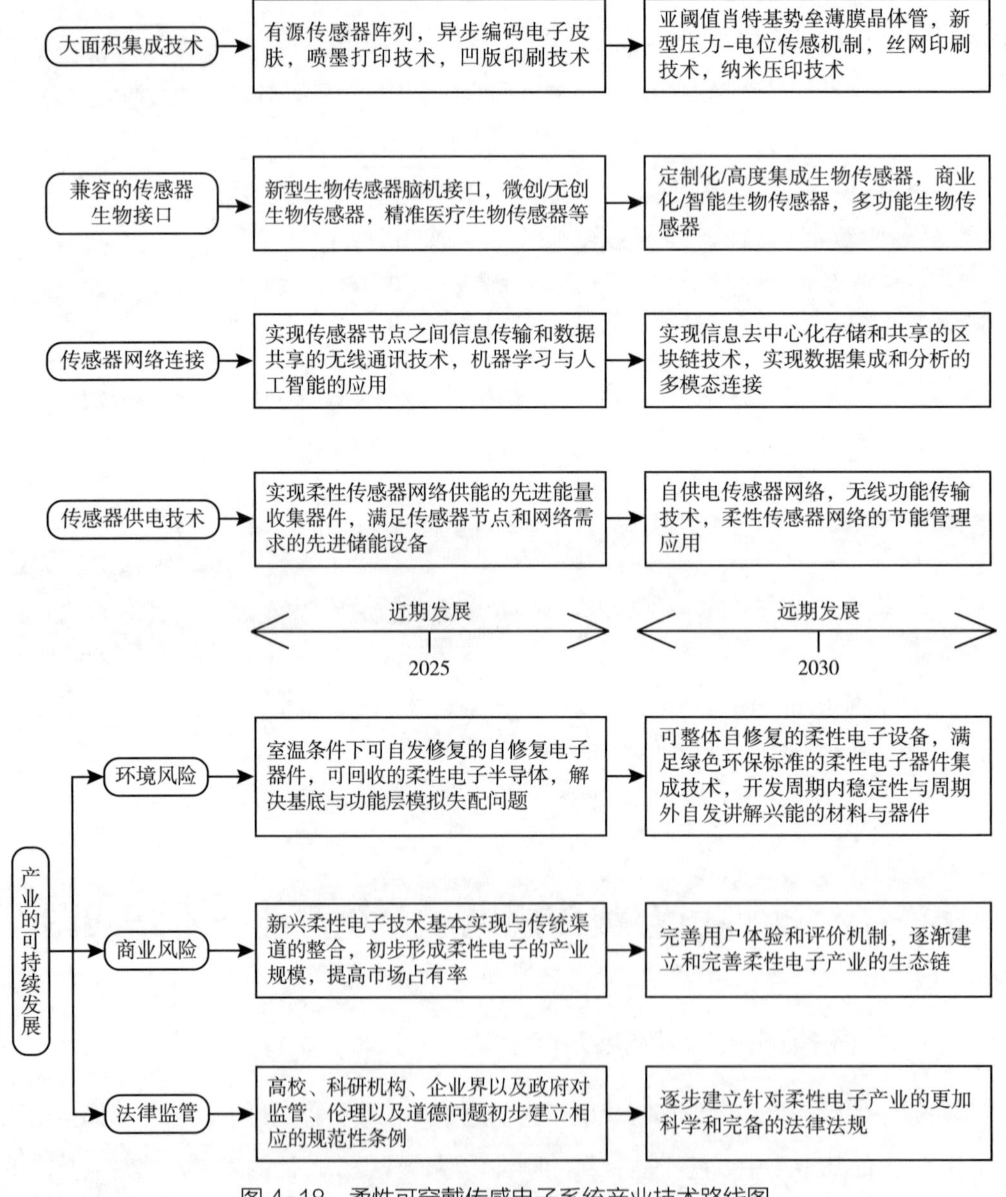

图 4–18 柔性可穿戴传感电子系统产业技术路线图

1.1　大面积集成技术的近期发展方向、技术路径和目标（图 4-19）

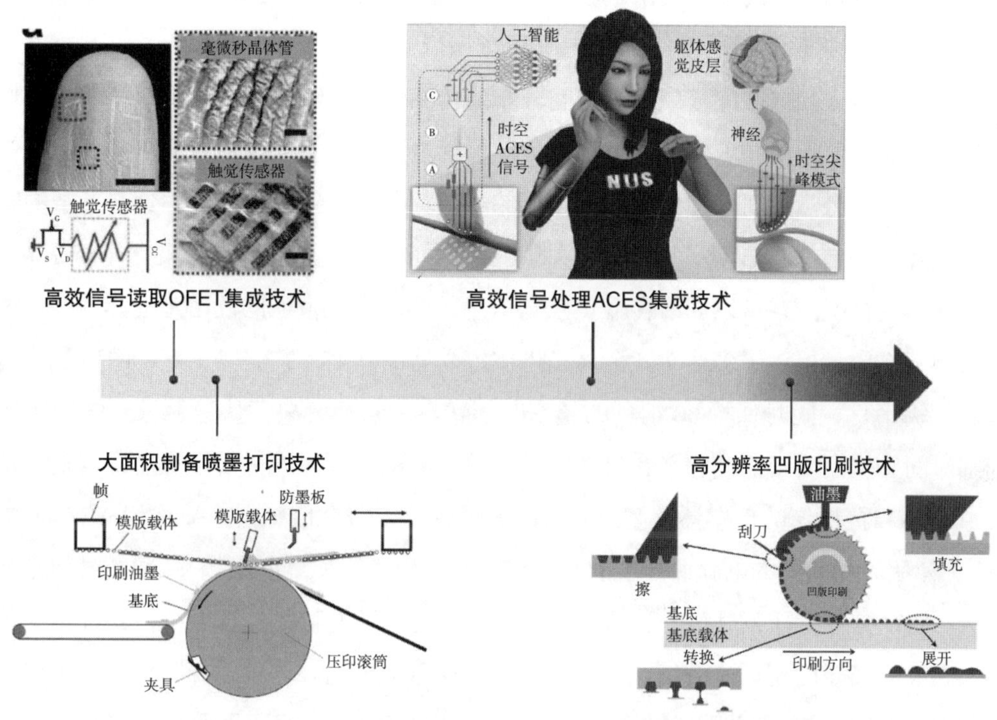

图 4-19　2023—2025 年大面积集成技术拟发展方向

（1）高效信号读取集成技术

为了实现柔性传感器广泛应用，其中一个问题就是如何快速、准确、稳定和大面积地对传感器获得的信号进行处理。柔性传感器的材料一般为柔性，通常不能使用直接连接到导线的方式来与其他元件（例如电路板）配合使用。为了保证信号的可靠读取，需要与传感器配合使用相应的电路和设备，例如放大器、数据采集和信号处理。

为了实现系统级器件的应用，人们常常使用有机场效应晶体管与各种传感器集成，实现有效的信号采集。为了从人体中提取有意义的生理数据并优化处理，必须将 OFET 与多功能传感器集成在一起，这通常被称为有源传感器阵列。基于独特的一维纳米纤维的 OFET 由于其优异的物理特性而引起了人们的广泛关注。[122] 然而，由于工艺要求严格、成本高，纳米电子的研究主要集中在开发简单的结构元件上。近年来，研究人员首次使用传统的真空沉积方法开发了一种无衬底的纳米网状有机场效应晶体管，代替了原来复杂的合成和高温工艺。[123] 与基于薄膜的装置相比，所开发的装置取得了令人满意的电学性能，并且在完全弯曲和折叠的情况下功能齐全。

（2）高效信号处理集成技术

人类的触觉对于灵活使用工具、空间意识以及社会交流是必不可少的。通过为类人智能机器人和假肢配备一大批空间分布的传感器，能够快速进行感知，将使它们能够与人类融洽地协同工作以操纵物体。而触感电子皮肤主要是利用来自并行运输传感器的触觉信息。然而，随着传感器数量的增加，将会导致读出延迟并具有复杂的布线。为此，研究人员开发了 ACES，这是一种神经模拟架构，在阵列尺寸超过 10000 个传感器的情况下，可以同时传输热触觉信息，同时具有极低的读出延迟。[124] 在这项研究工作中，展示了多达 240 个人工机械感受器的阵列，它们以 1 毫秒的恒定延迟异步传输事件，同时保持 60 纳秒的超高时间精度，从而解决了快速触觉感知所需的精细时间和空间要求。这种平台只需要一个单一的电导体来进行信号传播，实现了动态可重构和抗损伤的传感器阵列。在 ACES 平台上，每个传感器，被称为 ACES“受体”，使用时间间隔的电脉冲异步捕获和传输刺激信息作为“事件”。脉冲的时间排列称为 ACES 脉冲特征，对每个受体都是独一无二的。脉冲特征的扩频特性允许多个传感器在没有特定时间同步的情况下进行传输，通过单个电导体将组合脉冲特征传播到解码器。ACES 信号被设计为在 1 毫秒内传输。在接收端，解码器通过将接收到的脉冲与每个受体签名的已知脉冲时间安排相关联来识别发送受体。如果匹配脉冲的数量超过预定义的阈值，则认为检测到来自特定受体的事件。在未来，ACES 平台可以与皮肤传感器进行广泛的集成，用于人工智能增强的自主机器人、神经假肢和神经形态计算硬件的物体操作和体感知觉。

（3）高通量印刷技术

在传统的刚性传感器制备过程中，通常使用标准的硅微加工工艺。即利用覆盖层材料沉积、光刻和蚀刻步骤来实现器件每一层的堆叠，以实现器件的功能。在这种减法工艺中，使用光刻进行图案化后，会除去多余的材料。因此，在大面积制备过程中，这种减法工艺造成了一定的浪费，导致工艺价格上涨。与光刻不同的是，印刷是一种增材制造过程，印刷电子产品具有大面积、大批量和卷对卷制造等主要优势。由于柔性电子的制备受到油墨和印刷图案受到流变效应的影响，传统的制造刚性电子设备光刻和真空沉积方法无法发挥原有作用。为了实现高性能的柔性印刷电子和集成电路，需要发展其他类型的印刷方法，如喷墨印刷、丝网印刷和凹版印刷以及其他新颖的印刷技术。这些不同的方法具有各种不同的参数，要获得理想的薄膜并得到高分辨率的图案，应该仔细选择油墨参数和印刷方法，以得到性能良好的器件。在这一节中，我们对有机材料传感器的高通量制备方法进行了概述，以便选择合适的印刷方法进行大规模制备。

喷墨印刷是一种具有吸引力的非接触式印刷金属。在喷墨印刷中，低黏度油墨液滴通过在上游腔室中产生压力波而从喷嘴喷射出来。喷墨印刷能够轻松地动态更改模式，这在研究和原型设计中是一个很大的优势。在印刷电子产品中，压电驱动得到了最多的关注，因为它通常与广泛的油墨兼容，并在印刷过程中不会使油墨暴露于热应力。在喷墨印刷原型压电系统中，通过偏转压电收缩器在墨水容器内产生压力波。这是通过向收缩器施加电压脉冲使其偏转来实现的。当墨水偏转进入腔室然后返回时，在墨水中引入压力波，将液体推过喷嘴板。当收缩器拉回墨水时，液滴被挤压、分离并从喷墨头排出。在高印刷速度下产生压力波的方法多种多样，包括热泡的形成、压电膜的变形等。其动量决定了喷出的液滴通常向下运动。一般来说，大多数快速印刷技术本身存在分辨率差的问题；相反的，高分辨率印刷技术则存在吞吐量差的问题。[125，126]考虑到所有这些特点，实际上印刷电子产品很可能会使用多种印刷技术，其中每种技术将根据其特定的优点和缺点进行选择。柔性电子设备应该更多地关注设备的性能，并考虑到克服的空气稳定性和设备的机械耐用性等问题。柔性电子设备通常使用印刷传感器将物理和化学量（如温度、光、压力、化学浓度等）转换为电信号。该电信号通过硅集成电路进行调节和处理，然后通过印刷天线传输到外部主机或显示在印刷显示器上，该系统通常由印刷电池或能量收集器供电。

在使用喷墨打印器件制备过程中，有机材料显示了应用于大规模制造技术的巨大潜力。柔性可穿戴电子的制备工艺需要对应的新型工艺。利用本身柔性（可弯曲和可拉伸）的有机半导体、有机电解质和有机导体，将使高度柔性电路的制造变得更加容易。与无机材料不同，有机材料被证明适用于包括喷墨印刷和丝网印刷在内的大规模制造技术，以实现卷对卷印刷；其中一些有机材料甚至与标准CMOS工艺兼容，这表明它们具有大规模和低成本制造的潜力。基于有机柔性材料的器件的另一个重要优点是其生物相容性，因此可以用于可穿戴的电子器件，以实现生物与自然之间的交互。有机材料不仅表现出了硅的性能水平，而且还表现出了未来技术所要求的性能，实现柔性电子器件将彻底改变传感技术。[127–129]在满足日常使用要求设备的制造方面，柔性有机设备已经实现了性能里程碑。

在介绍了喷墨印刷高质量特征的基本原理、制备原料之后，需要考虑集成到晶体管中的问题。需要考虑到分辨率缩放的问题，这在器件制备中是一个严重的问题。接下来讨论考虑到分辨率缩放时的两种应对方案。在第一种方法中，演示了喷墨印刷晶体管，引入了一种技术来实现印刷层之间的自校准，这放宽了基于机器的校准的限制。在第二种方法中，利用印刷电子器件中分辨率超过对准精度的事实，追求具有最小对准约束的替代器件结构。使用这种方法，在 1 μm 范围内实现了自对准。由于润湿剂通过栅极电介质的扩散迁移，更好的对准是不可能的。此外，该工艺需要考虑具体的材料，因此需要仔细选择所有的材料，以确保适当的润湿性开关。在适当的加工条件下，当印刷源极和漏极时，它们在栅极角滚下栅极和引脚，形成了出色地对准。在这些装置中，栅极、源极和漏极用纳米颗粒银油墨印刷。栅极电介质是交联 PVP。当热交联作用于栅极电介质时，来自底层栅极的残余配体会通过电介质扩散并改变其润湿特性。虽然许多现代有机半导体在顶栅结构中表现出更好的性能，但底栅结构具有吸引力，因为半导体是最后沉积的，因此不受源极、漏极、栅极和栅极介电过程的任何削弱作用的影响。底部闸门结构的使用允许一种独特的方法来自对准。此外，喷墨印刷等非接触印刷一般使用低黏度油墨，因此会形成所谓的咖啡环效应，制备器件所获得的图案不均匀。当印刷油墨在基材表面干燥时，溶质通常从中心向边缘输送，所形成的溶质膜形成不均匀的环状轮廓。抑制咖啡环效应并获得平面图案是印刷电子学的重要问题之一。由于喷墨打印在大面积电子打印中具有的巨大潜力，在 2023—2025 年，得到了广泛的发展和应用。在 2025—2030 年，喷墨打印电子将会在大面积制备中获得发挥越来越重要的作用。

（4）高分辨率印刷技术

在大规模印刷技术中，高速印刷技术的图案尺寸分辨率通常为几十微米左右。喷墨打印技术具有能够轻松地更改模式的优点，这在研究和设计中是一种很大的优势。然而，使用喷墨打印实现高的吞吐量、可靠性和分辨率都是一个挑战。喷墨通常通过从相对于基材扫描的喷嘴喷射液滴来沉积材料。为了实现高通量，必须使用大量的喷嘴，这增加了喷嘴堵塞的风险。同样，特征尺寸的缩小也受到喷嘴尺寸和液滴放置精度的限制。在高印刷速度下，这进一步导致了图案分辨率的下降。因此，非数字印刷方法，如凹版印刷则更有希望用于大规模的高通量制造。这种接触印刷技术由于没有喷嘴喷射从而使得图案保真度较高。对于丝网印刷而言，由于油墨是通过网格传送至承印物上，其中网格作为定义图案的模板支撑。相反，胶印、柔印和凹版印刷都使用带油墨的滚筒，从中将图案油墨转移到承印物上，它们的不同之处在于如何在卷筒上创造图案。[130]在凹版印刷中，图案是由滚筒面以下的凹型格子组成的。这些单元被填满油墨，多余的油墨会使用刮刀从各个单元之间的区域中除去。图案通常被像素化成单个的方形单元格。凹印滚筒通常由金属制成，如镀铬的铜，这导致了优异的尺寸稳定性。[131]凹印滚筒的良好的耐久性和图案保真度，并且能够与各种溶剂进行良好的兼容。凹印的主要挑战是克服刀片擦拭过程的非理想性。通过详细了解潜在的物理原理并对具体技术进行改进，最终凹版印刷可以达到特征尺寸远低于 10 μm 的特征尺寸，同时仍然以 1 m/s 的高速度进行印刷。

高精度凹印滚筒的制造是凹印工艺的一个关键组成部分。其次，墨水与单个单元相互作用，形成图案的基本构建单元，这个过程中的物理原理对于高分辨率印刷的最终实现至关重要。将描述凹版印刷过程中发生的各个子过程，即单元填充，刀片擦拭和油墨转移到承印物。在设计图案、油墨特性和印刷条件时，需要考虑构成最终像素化图案的多个单元的效果。

凹版印刷可以缩放到较小的尺寸，另外，考虑搭配机器限制以及常用塑料基板中的基板变形等因素，实质上滚筒与印刷层之间对准较差。在这种情况下，需要对设备架构进行重新评估。其中的一种方法是利用自校准，并获得了 0.5 μm 的校准精度。刚性基板上的光刻图像化器件，层对层的对准通常与分辨率的提高保持同步。通过了解通过印刷形成图案的基本物理原理，可以实现高度缩放的印刷特征。可以通过丝网印刷进行集成以获得高分辨率。在 2023—2025 年，通过适当的集成策略，能够实现具有积极扩展通道和器件架构的印刷晶体管，从而大幅提高器件的整体性能。印刷技术的全面进步，加上最先进的材料，极大地扩展了印刷晶体管的性能，从而增加了印刷电子的范围、性能包络和潜在的适用性。

1.2　大面积集成技术的远期发展方向、技术路径和目标

（1）高效信号读取集成技术

利用特定晶体管器件的特殊运行原理，可以实现高效的信号读取。亚阈值 SB-TFTs 提供了一个超低功耗和高增益的解决方案。[132]有机 SB-TFTs 可以使用喷墨打印制备，方面大规模制备，同时器件的性能优越。晶体管信号具有较高的放大效率，接近理论热离子极限，同时超低功耗为 1 纳瓦。使用肖特基势垒作为源，使晶体管具有与几何无关的电特性，并适应喷墨打印特征的大尺寸变化。这些晶体管表现出良好的稳定性，具有可以忽略不计的阈值电压漂移。使用超低功率高增益放大器用于检测电生理信号，并显示了 60 分贝的信噪比。由这种 SB-TFTs 制成的放大器具有超

低功耗（峰值功率约 600 pW）和高增益（峰值增益 260 V · V^{-1}），从而实现了比其他 TFT 技术更高的分辨率（图 4–20）。

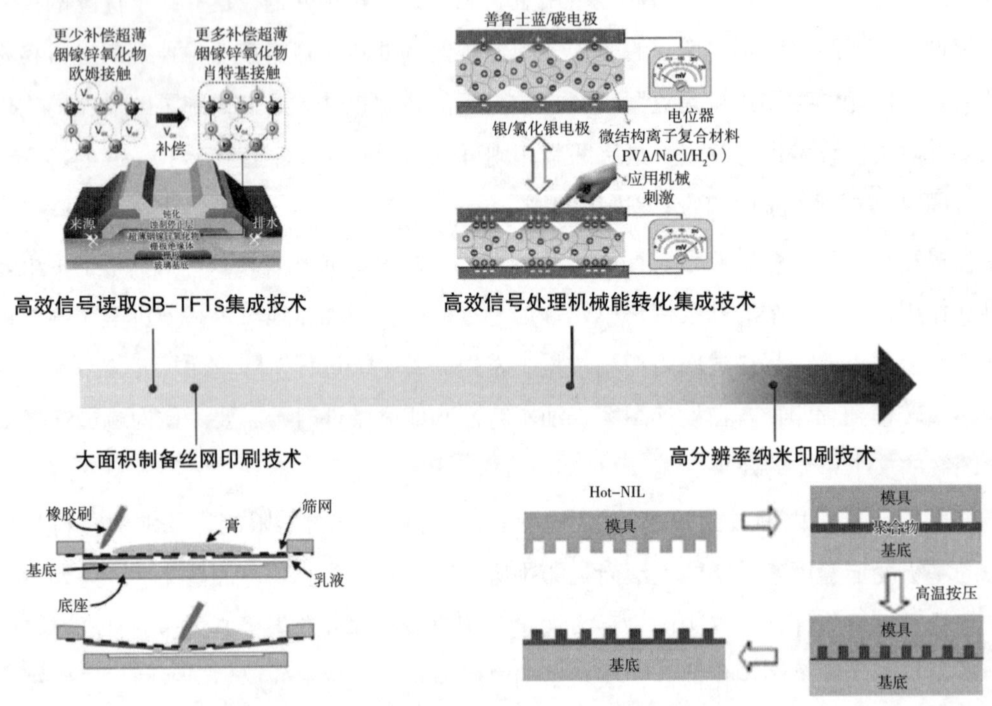

图 4–20 2023—2025 年大面积集成技术拟发展方向

（2）高效信号处理集成技术

人体皮肤通过感知皮肤感觉细胞膜电位的变化来感知外界机械刺激。许多科学家试图重建皮肤功能，开发基于主动和被动传感机制的 e–skin。受皮肤感觉行为的启发，Ana C. Arias 等人通过新的材料和设备构造，可以将机械刺激编码为两个电极之间测量的电位差，从而产生电位机械转导机制。[133] 提出了一种通过全溶液处理方法制造的电位式机械传感器。该机械换能器具有超低功耗，高度可调的传感行为，以及检测静态和低频动态机械刺激的能力。这种机械转导机制通过提供大大改进的人机界面，对机器人、假肢和医疗保健产生了广泛的影响。

传感机制的创新是制造具有新性能的电子皮肤的重要途径。然而，除了现有的传感机制，传感机制的创新很少被报道。在皮肤的感觉系统中，皮肤机械感受器通过膜电位的变化为我们提供了感知外部机械刺激的手段。当人们休息时，皮肤感觉细胞的内部通常比外部带更多的负电荷。当外部刺激与感觉细胞相结合时，机械门控离子通道将被打开，允许离子在细胞膜上迁移或流动。这一过程产生了膜电位的大幅上升。随着机械刺激的释放，通过将特定离子泵回细胞膜，膜电位回到初始水平。这种通过膜电位变化的机械转导机制为感知环境刺激提供了一种高效节能的途径。受皮肤感觉行为的启发，科学家提出了一种基于两个电极之间测量的机械调节电位差的电位机械转导机制。当将两种精心挑选的电极材料与含有氯化钠的电解质接触时，两个电极之间会产生电位差。通过对电解质的组分操纵和在电解质表面产生微观结构，电解质/电极界面可以通过外部机械刺激来调节，从而导致两个电极之间测量的电位差的变化。利用这种策略，我们可以将机械刺激编码为电位差变化，类似于皮肤感觉细胞将机械刺激耦合为膜电位变化。这里报道的装置，基于这种电位机械转导机制，不依赖于外部能源，并显示出超低功耗。我们记录了低于 1 nW 的功耗，这比传统传感设备的功耗低了几个数量级。此外，制造的电位式机械换能器显示出良好的检测静态和低频动态机械刺激的能力，弥补了自供电压电和摩擦电装置在记录静态机械刺激方面的局限性。这种新型的传感模式的创新有利于大面积柔性传感器的高效信号处理。

（3）高通量印刷技术

在 2025—2030 年，丝网印刷作为一种高通量印刷技术将会得到进一步的发展。在这一节中，我们对丝网印刷已经取得的进步进行概况，并对其未来发展进行展望。在传统的微制造工艺中，利用硅基微加工工艺精度的技术，可以制造精度远高于传统卷材且分辨率低于 5 μm 的网格。为了完全发挥丝网印刷的潜力，对丝网印刷过程的细节理解是必要的。丝网印刷需要高黏度的油墨，这使它非常适合较厚的薄膜的沉积。[134] 由于高分辨率特征的印刷受到网格的限制，小的特征尺寸则需要更大的单位面积网格数，即更小的网格开口来保持掩膜上的精细特征。因此，这限制了高黏度油墨的数目，通过网格导致了不均匀的特征。因此，丝网印刷的分辨率被限制在几微米的范围；事实上，在商业用途中，丝网印刷通常提供的分辨率低于几十微米。在丝网印刷中，模板放置在模板载体上，模板载体通常是制备的网格。该模板载体在显著张力下附着在稳定框架上。该模板具有打开的区域，这将形成图像和非图像区域，其中网格被阻塞。在弹性刮板的帮助下，印刷材料被挤压到基材上形成线接触，并允许印刷油墨通过模板的开放区域通过网格转移到基材上。在印刷过程开始之前，首先将油墨均匀地分布在刮刀区域。这种方法使得墨水填充网格开口。位于网孔中的油墨体积随后可以通过刮墨刀的运动转移到承印物上。由于在标准筛网中，筛网厚度通常不小于 50 μm，开放的筛网面积百分比约为 25%。在印刷过程中，转移的油墨形成湿涂层厚度约为 8 μm 的层。因此，丝网印刷比任何其他印刷工艺沉积更高的墨层厚度。实际上，根据网格几何形状的不同，油墨沉积量也可以大得多，可以很容易地达到 0.5 mm，在特殊情况下甚至达到 1 mm。丝网印刷的分辨率取决于网孔的大小和形状。

近年来，丝网印刷广泛应用于柔性电子器件制备中，如场效应晶体管、太阳能电池以及发光二极管等方面。早在 1997 年，鲍哲南等报道了使用丝网印刷制备的第一个有机场效应晶体管。他们在柔性的聚对苯二甲酸乙二醇酯树脂表面沉积了一层 ITO 的作为基底材料。他们用丝网印刷将聚酰亚胺沉积在 ITO 表面作为介电层。最后用丝网印刷将导电墨水印刷到半导体层之上，制备了 100 μm 和 4 μm 长的沟道长度和宽度，通过对有机场效应晶体管输出和转移曲线的分析，得出了室温下 0.01 到 0.03 $cm^2V^{-1}s^{-1}$ 的载流子迁移率。这种使用丝网印刷制备的器件性质在当时明显优于旋涂等其他溶液法制备的器件，为大面积、低成本制备电子器件提供了可能。[125] 此外，由于传统化石能源带来的环境污染问题越来越严重，开发可持续无污染的新型能源迫在眉睫，而使用丝网印刷制备太阳能电池则具有很多优势。2008 年，丹麦理工大学的 Krebs 等人使用全有机丝网印刷在柔性 PET 衬底上大面积制备出了非富勒烯有机聚合物太阳能电池。虽然通过丝网印刷制备的太阳能电池光电转化率只有传统溶液法如旋涂制备的太阳能电池光电转化率的十分之一，但是这种方法可以快速大面积制备而且制作成本低廉、均一性很好，有利于工业化生产。[135] 在 2008 年韩国成均馆大学的 Cho 等人采用丝网印刷制备出了高性能的磷光聚合物单层发光二极管，操作电压为 17.1 V 时的发光效率峰值为 63 cd · A^{-1}，亮度为 650 cd · m^{-2}。而操作电压在 35 V 时，亮度最高可达 21 000 cd · m^{-2}。这种高性能的器件制备也相对简单，发光层通过丝网印刷沉积。而 PEDOT：PSS 电极通过旋涂沉积在 ITO 导电玻璃上，最后通过真空慕镀分别沉积铝电极和电子注入层 LiF，这种方法有利于大面积制备单层有机发光二极管。[136] 这些应用为将来丝网印刷用于大规模柔性电子提供了良好的示范并奠定了基础。

（4）高分辨率印刷技术

纳米压印技术是一种新兴的微纳米制版技术，具有高分辨率、高通量以及较为简单的制造工艺。根据 ITRS，纳米压印技术已成为 22 nm 和 16 nm 技术节点的下一代光刻候选产品。[137] 这一节中，我们对高分辨率印刷技术进行概括，阐述了 2025—2030 年的高分辨印刷技术的主要发展方向，并对纳米压印光刻技术的研究重点、关键问题和未来发展进行了阐述。纳米加工作为纳米技术的关键领域之一，受到了科学界的广泛关注。

自纳米压印光刻技术发明以来，由于其低成本、高通量和高分辨率，人们认为其可能成为光学光刻技术的替代品。自发明以来，人们进行了大量的研究，并进行了进一步的发展。一般而言，纳米制造有三种方法：自上而下、自下而上以及两者的混合方法。自顶向下的方法是指在传统的集成电路制造工艺的基础上，通过使用较大的器件的分辨率来制造较小的器件。自底向上流程是将较小的组件应用到更复杂的组件中。在纳米制造中通常采用自上而下与自下而上相结合的方法。纳米压印工艺首先在基材上涂上聚合物层或功能层，并将模具压在聚合物层上。固化聚合物后，从层中释放压印模具。因此，微 / 纳米图案被转移到功能层上。一般而言，聚合物层上的图案是通过反应离子蚀刻工艺蚀刻制备的。主要的纳米压印技术是基于热压印、紫外光刻和软光刻。根据所用模具的种类，对硬压印和软压印进行了相应的定义。根据旋涂聚合物固化方式的不同，可分为热压印、紫外纳米压印和热紫外纳米压印。卷对卷纳米压印工艺适合大批量生产，在柔性纳米器件中具有广泛的应用前景。

从具体的工艺而言，纳米压印技术涵盖了电子工程、机械工程、控制工程、材料、物理和化学等学科领域。研究和开发新方法、过程控制、设备制造以及设备和系统对于器件制备变得越来越重要。目标是开发制造新的设备与工艺，从而实现低成本、高效率和高质量的产品。这里介绍了纳米压印技术的发展过程中的基本工艺和应用。基本工艺包括模具制造、功能材料、压印工艺的控制和优化以及压印机的开发。纳米压印技术的应用领域包括电子器件、光电器件、光学元件和生物领域。纳米压印工艺可分为三个步骤：①模具制造和处理；②压印工艺；③后续蚀刻。所涉及的工艺包括模具制造、光刻胶、工艺控制和高质量蚀刻。为了获得小而均匀的纳米图案，在纳米压印工艺中任何一个工艺控制都是至关重要的。模具是纳米压印的功能单元。模具的制造和模具处理是纳米压印成功的关键技术。用于热纳米压印的压印模具材料具有硬度高、抗压强度、抗拉强度、热膨胀系数低、耐腐蚀性能好等性能，保证了模板能耐磨、不变形、保持精度并具有较长的寿命。硅、石英、氮化硅、金刚石等可作为纳米压印的模具，软质聚合物适合大面积压印。纳米压印技术仍然是一个新生事物，在 2025—2030 年，将会在新方法、过程控制、设备制造以及系统等方面有更多的研究和开发工作，并且将会得到进一步的发展。

2　兼容的传感器–生物接口的发展方向、技术路径和阶段目标

随着科技进步和数字化浪潮的推动，生物医学和生物技术领域在过去几年取得了

显著的进展。传感器生物接口作为这些领域的关键组成部分，对改善人类健康、推动医疗技术发展和提高生活质量产生了深远影响。传感器生物接口技术通过将生物体与电子设备相连接，使得生物信号的实时采集和处理成为可能，从而为诊断、治疗和健康监测等应用场景提供了基础。本书旨在探讨 2023—2025 年和 2025—2030 年两个阶段的传感器生物接口技术的拟发展方向，如图 4-20 所示，报告将基于当前的科技发展趋势、市场需求，对各个阶段的拟发展方向进行深入分析，并探讨相关技术的挑战和机遇。

2.1　兼容的传感器 - 生物接口技术的近期发展方向、技术路径和目标

首先，2023—2025 年阶段传感器生物接口的拟发展方向着重于新型生物传感材料的研究与应用、脑机接口技术的进一步发展与应用拓展和无创和微创生物传感器的研究与发展等，这个阶段的传感器生物接口的发展可以分为以下几个方向（图 4-21）：

（1）新型生物传感材料的研究与应用

随着新材料科学的进步，研究人员将继续探索新型生物传感材料，目前有着以下几个基本要求：①生物相容性：生物传感器需要与生物体内的组织和细胞长期接触，因此生物相容性是传感器生物接口材料的关键要求。传感器材料需要具备良好的生物相容性，避免引发免疫反应、炎症和组织损伤等问题。目前，高生物相容性材料的研究和开发仍有较大的挑战。②灵敏度与特异性：为了获得准确的生物信号，传感器材料需要具备高灵敏度和特异性。然而，如何提高材料的灵敏度与特异性，降低干扰因素对信号的影响，仍是当前研究中的难题。③机械性能：传感器生物接口材料需要具备优良的机械性能，以适应生物体内的复杂环境。例如，柔性、可延展性和生物降解性等性能对于生物传感器的稳定性和长期应用至关重要。目前，如何在保证传感器性能的同时，提高材料的机械性能仍是一个挑战。④耐用性：在生物体内长时间工作的传感器需要具备良好的耐用性。然而，生物环境中的腐蚀、生物降解和机械磨损等因素可能影响传感器的稳定性和性能。研究和开发具有高耐用性的材料是传感器生物接口技术亟待解决的问题之一。具有高灵敏度、高生物相容性和可降解性的新型生物传感材料。例如，石墨烯、导电聚合物和生物降解材料等将得到更广泛的研究和应用。不少科学家在新型生物传感材料的研究与应用领域做出了巨大的贡献，取得了很多突破性的进展。Oh 等人在综述中讨论了基于范德华材料的基本传感原理，然后是技术挑战，如表面化学、集成和毒性，展示了利用范德华材料实现新的生物传感功能方面的进展。[138]Sekhon 等人研究了通过适配体与二维氧化石墨烯结合而合成的二维氧化

石墨烯－适配体共轭材料可以实现基于抗体的癌症诊断和治疗策略。[139]Wang 等人利用共轭聚合物制备了一个柔性的生物电子装置，用于检测生理液体（汗液、尿液和血浆）中的乳酸。这些新材料将为生物传感器的性能提升和应用拓展奠定基础。[140]

（2）脑机接口技术的进一步发展与应用拓展

脑机接口技术是一种能实现大脑与外部设备之间直接通信的技术，它通过解析大脑中的神经信号并将其转换成特定的命令来实现人脑与计算机、机器人等智能系统的交互，可以广泛应用于康复医学和辅助设备、神经科学研究、人工智能和虚拟现实、教育和娱乐、信息安全和通信等。作为连接大脑与外部设备的关键技术，由于其在人机交互等方面的巨大应用潜力，在 2023—2025 年将继续取得重要进展。在 2023 年以前脑机接口技术已经取得了一定的技术突破，Willsey 等人利用两只成年雄性猕猴的实时脑机接口利用浅层前馈神经网络解码器实现了高速的假体手指运动，神经网络解码器具有更高的速度和更自然的手指运动，展示了连续运动的实时解码，其水平优于目前的最先进水平，可以为使用神经网络开发更自然的脑控假肢提供一个起点。[141]研究人员将通过优化器件设计、提高信号处理能力和改善人机交互等途径，使脑机接口技术在康复医学、健康监测和人工智能等领域发挥更大的作用。[142]

（3）无创和微创生物传感器的研究与发展

无创和微创生物传感器是指通过非侵入性或微侵入性手段，对生物体内的生物分子、生理参数和生物信号进行检测的传感器。这类生物传感器在医疗、健康监测、运动科学等领域具有重要的应用价值。随着科技进步和社会需求的不断提高，为了实现减少病人痛苦、降低感染风险、实时监测、便携性和易用性、个性化和精准化医疗、降低医疗成本、推动技术创新、拓展应用领域、促进跨学科交流与合作的功能的目标，无创和微创生物传感器的研究与发展具有巨大的重要性，将在未来发挥越来越重要的作用，为人类的健康和福祉做出更大的贡献。其中 Jung 探索了可注射形式的生物医学电子产品，以准确安全地靶向深层身体器官，提供了微型设备的非侵入性渗透策略。研究人员将继续关注无创和微创生物传感器的研究与发展。例如，皮肤贴片式生物传感器、可穿戴式生物传感器和微针技术等将得到进一步研究和优化，使患者在使用生物传感器时感受到更低的痛苦和不适，促进无创和微创生物传感器的进一步发展和应用。[143]

（4）生物传感器系统的集成与智能化

在 2023—2025 年，生物传感器多系统的集成与智能化将成为重要的发展方向。新型传感器生物接口器件的发展包括了以下方面：①无线通信与能源管理：为了实现生物传感器的无创植入和长期监测，无线通信和能源管理技术至关重要。②信号处理与分析：在复杂的生物环境中，传感器收集的信号往往伴随着高度的噪声和干扰。因此，高效、准确的信号处理与分析技术是传感器件研究的重要方向。③集成与封装：传感器生物接口器件需要在尺寸、重量和功能上实现高度集成，需要将传感器、信号处理、通信和能源管理等功能集成在一个迷你化、轻便的器件中，并确保良好的生物相容性和耐用性。④多功能与智能化：随着科技的进步，人们对生物传感器的要求越来越高。多功能与智能化是传感器器件发展的趋势。⑤可定制化和个性化：由于生物体内环境和个体差异的存在，传感器生物接口器件需要具备一定的可定制化和个性化特性。如在生物传感器系统的集成与智能化上许多科学家也取得了许多突破性进展，包括 Xue 等人开发了一种基于高密度石墨烯的传感器阵列平台，以克服先进材料的巨大可变性，而不是专注于提高固有材料质量、制造均匀性或表面功能化。最后制备了一个石墨烯阵列器件（16×16 个像素点），并通过用三种不同的离子选择膜对表面进行功能化，展示了可重新配置的多离子电解质传感能力。[144] 目前传感器生物接口技术仍面临着诸多亟待解决的难题，随着科技的不断发展和创新，我们有理由相信这些难题将逐步得到解决，为传感器生物接口技术的广泛应用和发展奠定坚实基础。研究人员将通过集成多种传感器、开发智能算法和优化人机交互等方式，使生物传感器系统具有更高的智能化水平和更好的用户体验。生物传感器系统的集成与智能化在当今科技发展与应用中具有重要意义，包括系统实现多功能化、提高检测灵敏度与准确性、降低误报率、实现个性化与定制化、促进远程医疗与监测、提高数据处理能力。总之，生物传感器系统的集成与智能化对于提高其性能、实现个性化服务、拓展应用领域等。[144, 145]

（5）生物传感器在疫情防控与公共卫生领域的应用

鉴于近年来全球疫情的严重性，生物传感器在疫情防控和公共卫生领域的应用将得到更多关注。研究人员将开发用于检测病原体、监测生物标志物和评估患者状况的高灵敏度和高选择性生物传感器。这些传感器将有助于提高疫情防控的效果，降低传染病的传播风险。生物传感器在疫情防控与公共卫生领域的应用具有重要意义，主要体现在以下几个方面：①快速病原体检测：生物传感器可以实现对病原体（如病毒、细菌等）的快速、高灵敏度和高特异性检测，有助于及时发现疫情，为疫情防控提供关键信息。②实时监测环境中的病原体：生物传感器可以部署在公共场所、医疗机构等环境中，实时监测空气、水质、物体表面等环境中的病原体，为公共卫生安全提供数据支持。③个体健康监测与疫苗接种策略：生物传感器可用于监测个体免疫水平、病毒载量等指标，有助于评估个体健康状况及疫苗接种策略的制定。④病毒变异监测：生物传感器可以对病毒的基因组进行高通量测序，及时发现病毒基因的变异情况，有助于评估病毒传播风险及制定相应的防控措施。⑤早期预警系统：生物传感器可结合大数据和人工智能技术，构建疫情预警系统，实现对疫情的早期发现、预测及防控。⑥减轻医疗资源压力：生物传感器可以提供快速、便捷的检测手段，有助于减轻医疗机构的压力，提高检测效率。⑦促进疫苗研发：生物传感器可以对病原体和宿主的相互作用进行研究，为疫苗研发提供重要信息。综上所述，生物传感器在疫情防控与公共卫生领域具有重要的应用价值，可以为疫情防控、公共卫生安全提供有力支持。其中 Liu 等人报道了一个基于有机电化学晶体管的超快速、低成本、无标签和新冠病毒免疫球蛋白 G 检测平台。[146]

（6）生物传感器在精准医疗领域的应用

随着精准医疗理念的逐渐普及，生物传感器在实现个体化诊疗方案和提高治疗效果方面的应用将得到更多关注。[147] 例如，通过监测个体特异性的生物标志物，生物传感器可以辅助医生为患者制定更精确的治疗方案，从而提高治疗效果和降低副作用。生物传感器在精准医疗领域的应用具有重要意义，主要体现在以下方面：①早期诊断：生物传感器可以检测特定的生物标志物，例如蛋白质、基因、代谢物等，有助于实现疾病的早期发现和诊断，为患者提供及时的治疗机会。②个体化治疗：生物传感器可以监测患者的生理参数、药物代谢速率等，从而为每个患者制定个性化的治疗方案，提高治疗效果并降低副作用。③疗效监测：生物传感器可以实时监测患者病情的变化，为医生评估治疗效果提供有力依据，以便及时调整治疗方案。④药物研发：生物传感器可以加速药物筛选和研发过程，通过高通量筛选技术，快速识别具有治疗潜力的候选药物。⑤基因检测：生物传感器可以用于基因检测，识别患者的遗传特征，从而预测疾病风险和药物反应，实现精准预防和治疗。⑥生物信息学分析：生物传感器产生的大量生物数据可通过人工智能和大数据技术进行分析，为疾病的发病机制研究和新型治疗方法的开发提供支持。⑦患者自我管理：生物传感器可与可穿戴设备等智能硬件结合，帮助患者实时监测健康状况，提高自我管理能力。⑧医疗资源优化：生物传感器可提高医疗资源的使用效率，例如远程监测和随访，减轻医疗系统的负担。综上所述，生物传感器在精准医疗领域的应用将促进医疗领域的革新。

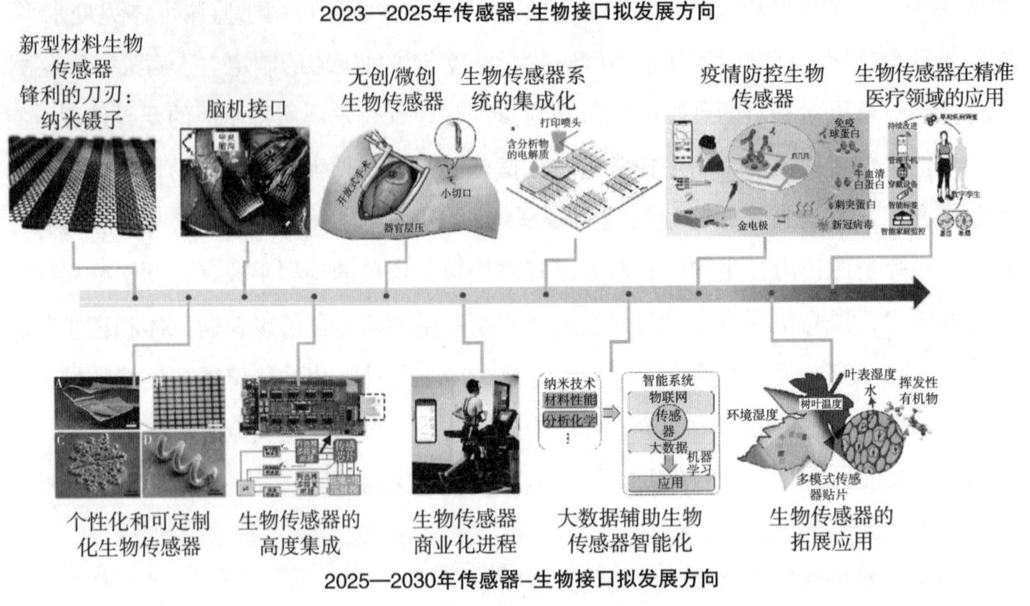

图 4-21 传感器生物接口的拟发展方向示意图

2.2 兼容的传感器-生物接口技术的远期发展方向、技术路径和目标

传感器生物接口在 2025—2030 年的发展方向将在 2023—2025 年发展的基础上将更加着重探讨个性化和可定制化生物传感器的研究与应用、生物传感器与其他智能系统的无缝集成等方面的发展。根据近几年的文献展示传感器生物接口领域的创新成果和各个阶段的发展趋势。这个阶段的传感器生物接口技术的发展将重点关注以下几个方向：

（1）个性化和可定制化生物传感器的研究与应用

个性化和可定制化生物传感器是一类根据用户需求和特定应用场景进行设计和优化的传感器。这类传感器可以实现高度灵活性、精准度和适应性，以满足不同用户和行业的特定需求。个性化和可定制化生物传感器在多个领域具有广泛的应用前景，如医疗、环境监测、精准农业等。个性化和可定制化生物传感器的研究与应用具有重要意义，主要体现在以下几个方面：①高度灵活性：可定制化生物传感器允许根据不同应用场景和需求进行设计和优化，从而实现高度灵活性和适应性。②高度精准：个性化生物传感器可以根据特定生物标志物或特定生物环境进行设计，提高检测的灵敏度和特异性。③快速响应：个性化和可定制化生物传感器可以针对特定生物应用进行优化，提高传感器的响应速度。④多样化应用：可定制化生物传感器可以应用于多个领域，如医疗、环境监测、精准农业、食品安全等。⑤个性化治疗：通过对患者的生理参数和生物标志物进行个性化监测，生物传感器可以为患者提供个性化治疗方案。⑥便携性和舒适性：个性化和可定制化生物传感器可以根据使用者的需求进行设计，使其更加便携、舒适和易于使用。⑦创新驱动：个性化和可定制化生物传感器的研究有助于推动生物传感器技术的创新发展，为未来的生物传感器应用提供新思路和新技术。综上所述，个性化和可定制化生物传感器可以迅速、低成本地为用户提供所需的检测方案。这对于资源有限的地区（如发展中国家）在医疗、环境监测等领域的应用具有重要意义。它们可以提高诊断的准确性，降低误诊率，并为患者提供个性化、精准的治疗方案，从而提高治疗效果和患者生活质量。总结起来，个性化和可定制化生物传感器的研究与应用具有重要意义。[148]

（2）生物传感器与其他智能系统的无缝集成

生物传感器接口目前已经实现了与其他系统的结合，但是需要满足实际使用的要求，目前的简单集成是不够的，因此，生物传感器与其他智能系统的无缝集成是生物传感器接口进一步发展所需要的。生物传感器与其他智能系统的无缝集成意味着将生物传感器与现有的智能硬件和软件系统相结合，实现对生物信息的实时采集、分析和处理。[145]以下是生物传感器与其他智能系统的无缝集成的一些优势：①实时监测：通过将生物传感器与其他智能系统集成，可以实现对生物信息的实时监测，从而及时发现问题，为用户提供准确的反馈。②数据分析：集成后的系统可以对生物传感器采集的数据进行深度分析，从而为用户提供更加精准的诊断、预测和建议。③便捷性：生物传感器与其他智能系统的无缝集成可以简化用户操作，提高使用便捷性。④自动化：集成后的系统可以实现对生物信息的自动采集、处理和分析，从而减轻用户负担。⑤“互联网+”：将生物传感器与其他智能系统集成，实现远程监控和管理，为用户提供“互联网+”的服务体验。⑥个性化：通过集成，可以实现对生物传感器的个性化设置和调整，以满足不同用户的需求。⑦智能优化：将生物传感器与其他智能系统集成，可以利用人工智能和机器学习技术对系统进行智能优化，提高传感器的性能和稳定性。总之，生物传感器与其他智能系统的无缝集成为生物传感器的应用带来了新的可能性，有助于实现更高效、精准的生物信息监测和分析。

（3）生物传感器在健康医疗领域的广泛应用与商业化进程

传感器生物接口的发展是为了进一步服务人们的需要，因此后续的广泛应用与商业化进程是必需的，并且生物传感器在健康检测和医疗领域是其主要的应用领域，生物传感器在健康医疗领域的广泛应用与商业化进程主要体现在以下几个方面：①疾病诊断：生物传感器可以用于检测生物标志物，帮助医生进行疾病的早期诊断和评估病情。例如，生物传感器可以用于检测癌症标志物、病毒感染等。②生理参数监测：生物传感器可以实时监测患者的生理参数，如心率、血压、血糖等，为患者提供及时的反馈和预警。③药物研发：生物传感器在药物研发过程中可以用于药物筛选、药物作用机制研究等，帮助科学家快速发现新型药物。④个性化治疗：通过对患者的生物信息进行个性化监测，生物传感器可以为患者提供个性化的治疗方案。⑤便携式医疗设备：生物传感器可以集成到便携式医疗设备中，方便患者在家庭和日常生活中进行自我监测和管理。⑥远程医疗：生物传感器可以将患者的生物信息实时上传至云端，使医生可以远程监控患者的病情，实现远程医疗服务。⑦医疗大数据：生物传感器采集的大量生物信息可以用于医疗大数据分析，有助于疾病预防、流行病学研究等。随着生物传感器技术的不断发展和创新，越来越多的生物传感器产品进入市场，推动了健康医疗领域的商业化进程。生物传感器为医疗领域带来了更高效、精准的检测手段，有望在未来为人类健康带来更多的福祉。

（4）生物传感器在人工智能和大数据技术支持下的智能化发展

生物传感器在人工智能和大数据技术支持下的智能化发展具有重要意义。这种发展不仅可以提高生物传感器的检测准确性和效率，还有助于实现更为全面、精准的医疗服务。以下是生物传感器在人工智能和大数据技术支持下的智能化发展的重要性：①提高诊断准确性和效率：借助人工智能和大数据技术，生物传感器可以对大量生物数据进行实时分析，从而提高对疾病的诊断准确性和效率。[149, 150]②实现个性化医疗：人工智能和大数据技术可以帮助生物传感器对患者的生物信息进行深度分析，从而实现个性化医疗。③预测和预防疾病：通过分析患者的生物数据，人工智能和大数据技术可以预测患者可能出现的疾病风险。④提高疾病监测能力：智能生物传感器可以实时监测患者的生理指标，如心率、血压和血糖等。这些数据可以通过人工智能和大数据技术进行分析，以识别患者的健康状况是否正常。⑤改进医疗资源配置：通过对大量生物数据的分析，人工智能和大数据技术可以帮助医疗机构更有效地分配医疗资源。⑥促进医学研究：人工智能和大数据技术可以帮助研究人员分析大量生物数据，从而发现新的生物标志物和疾病治疗方法。综上所述，生物传感器在人工智能和大数据技术支持下的智能化发展具有重要意义。这种发展可以提高诊断准确性和效率、实现个性化医疗、预测和预防疾病、提高疾病监测能力、改进医疗资源配置以及促进医学研究。随着生物传感器技术的不断进步和人工智能、大数据技术的广泛应用，我们有理由相信生物传感器将在医疗领域发挥越来越重要的作用。

（5）生物传感器在环境监测、精准农业等领域的应用拓展

生物传感器在环境监测、精准农业等领域的应用拓展具有重要意义。生物传感器技术在 2025—2030 年的阶段将不再局限于应用于人体相关的应用，可以进一步拓展其应用范围，包括实现对环境污染物和农业生产过程中关键参数的高灵敏度、高精度监测，从而为环境保护和农业生产提供有力支持。[151，152] 以下是生物传感器在这些领域应用的重要性：①环境监测：生物传感器可以实时、快速地检测环境中的有害物质，如重金属、有机污染物和病原体等。这种监测有助于及时发现环境问题，制定相应的治理措施，以保护生态环境和人类健康。②精准农业：生物传感器可用于监测农业生产过程中的关键参数，如土壤养分、水分、植物生长状况等。通过对这些参数的实时监测和分析，农民可以采取精确的农业管理措施，如精确施肥、灌溉和病虫害防治，从而提高农业生产效率和减少资源浪费。③食品安全监测：生物传感器可以实时检测食品中的有害物质和病原体，从而确保食品安全。这对于预防食品安全事故、保障公众健康具有重要意义。④气候变化研究：生物传感器可以监测环境中的温室气体浓度，为气候变化研究提供重要数据。⑤生物多样性保护：生物传感器可以用于监测野生动植物种群的数量和分布，为生物多样性保护提供关键信息。总之，生物传感器在环境监测、精准农业等领域的应用拓展具有重要意义。这些应用有助于实现环境保护、农业生产、食品安全、气候变化研究和生物多样性保护等领域的目标。随着生物传感器技术的进一步发展和普及，它们在这些领域的应用将越来越广泛，为人类创造更加绿色、可持续的发展环境。

3　传感器网络连接的发展方向、技术路径和阶段目标

柔性传感器网络已经成为物联网的重要组成部分，它为人们提供了更加方便快捷和灵活的通信方式。它可以收集、处理和传输环境信息，如温度、湿度、气压、光照等，以实现智能化监控、控制和调节。传感器网络的应用范围广泛，包括环境监测、农业、水利、交通、安防等领域。传感器网络是由多个传感器节点组成的网络，主要由数据采集、通信和控制三个模块构成。

随着物联网技术的不断发展，越来越多的传感器节点被部署在各种环境中。这些节点通常由微处理器、传感器和无线模块等组成，它们可以通过无线网络进行数据通

信，并将传感器数据发送到云端进行分析和处理。其中，柔性传感器网络由于其具有高度的可塑性和适应性，在许多应用领域中得到了广泛的应用，如医疗、健康监测、智能家居、智能交通等。在柔性传感器网络中，传感器节点通常由柔性电路板、柔性传感器、无线模块等组成，其可以适应不同的环境，并能够实现各种功能。[153]

然而，在柔性传感器网络中，传感器节点之间的连接和通信是关键问题之一。传统的硬件传感器网络需要使用布线来连接传感器节点，但是这种方法在柔性传感器网络中并不适用，因为柔性传感器节点的位置和形状会不断变化，导致传输介质的布线变得非常困难。因此，研究如何实现柔性传感器节点之间的连接和通信是目前的研究热点之一。我们将从 2023—2025 年和 2025—2030 年两个时间节点讨论传感器网络连接的拟发展方向，如图 4-22 所示。

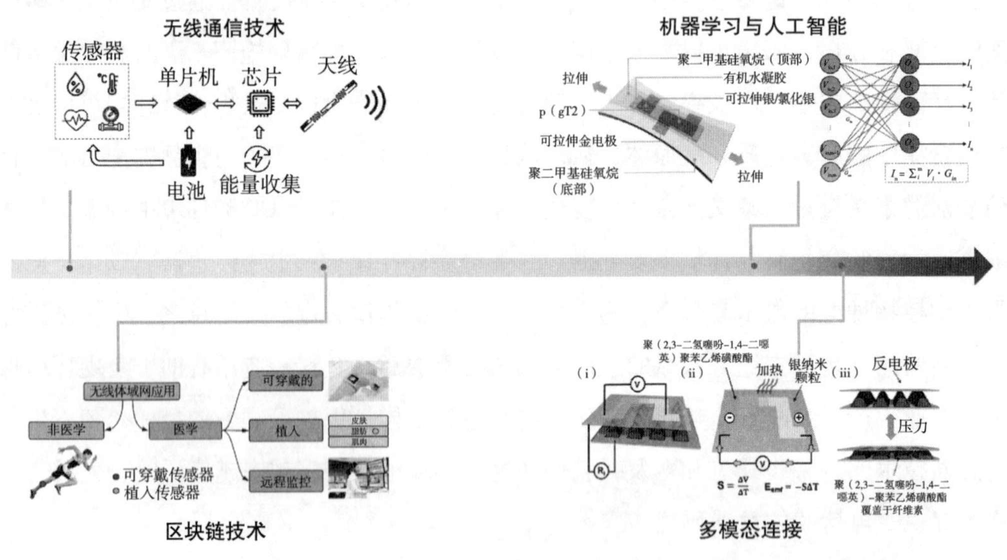

图 4-22　2023—2025 年和 2025—2030 年传感器网络连接拟发展方向

3.1　传感器网络连接的近期发展方向、技术路径和目标

（1）无线通信技术

在 2023—2025 年，无线通信技术将会更加成熟和普及。柔性传感器网络连接的无线通信技术是柔性传感器网络中的关键技术之一，它能够实现传感器节点之间的信息传输和数据共享。传统的无线通信技术对于柔性传感器网络来说存在一些限制，例如在柔性环境中工作时易受到外界的干扰和影响，传输距离有限等。因此，为了更好地满足柔性传感器网络的应用需求，需要采用一些新型的无线通信技术。

其中，一种应用较为广泛的无线通信技术是基于射频识别的技术。射频识别技术通过电磁波实现对传感器节点的数据传输，具有不需要线缆连接、易于集成、低功耗等优点，非常适合于柔性传感器网络应用。在射频识别技术中，传感器节点需要搭载射频芯片和天线来实现通信，将信息传输到接收器中，实现数据共享和处理。[154]

此外，还有一种新型的无线通信技术是基于可见光通信的技术。该技术使用LED等光源实现数据传输，具有传输速度快、距离远、无线电干扰小等优点。这种技术可以与现有的照明系统相结合，形成一个可扩展的通信网络。[155]

同时，蓝牙低功耗技术也是一种适合柔性传感器网络的无线通信技术。它不仅具有传输速度快、距离远等优点，还能够连接多个传感器节点，并可以通过网关连接云平台，实现数据的实时监控和管理。

总的来说，柔性传感器网络连接的无线通信技术应该具备低功耗、长距离传输、抗干扰能力强等特点，从而可以满足不同应用场景下的需求。随着通信技术的不断发展，相信将有更多适合柔性传感器网络的无线通信技术被开发和应用。

（2）机器学习与人工智能

机器学习和人工智能技术在柔性传感器网络连接中有着重要的应用前景。首先，可以利用机器学习优化柔性传感器网络连接，机器学习技术能够通过对传感器网络的数据进行分析和学习，优化传感器网络的连接方式和参数设置，提高传感器网络的形变适应性和传感性能。例如，可以通过机器学习算法对传感器网络中的节点位置、连接方式和参数等进行优化和调整，以实现最优的传感性能和形变适应性。其次，利用人工智能辅助柔性传感器网络连接，人工智能技术能够通过对传感器网络的数据进行分析和处理，提高传感器网络的自适应性和可靠性。例如，可以通过人工智能算法对传感器网络中的异常数据进行检测和处理，提高传感器网络的鲁棒性和可靠性。[156]此外，人工智能技术还可以应用于传感器网络中的数据融合和信息处理等方面，提高传感器网络的数据处理和分析能力。还需要开发智能化柔性传感器网络连接，智能化技术将机器学习和人工智能技术应用到柔性传感器网络连接中，实现传感器网络的智能化管理和控制。例如，可以通过智能化算法对传感器网络中的节点进行自适应调整和管理，实现传感器网络的自动化管理和控制。此外，智能化技术还可以应用于传感器网络的安全管理和监控等方面，提高传感器网络的安全性和可靠性。总之，机器学习和人工智能技术在柔性传感器网络连接中具有重要的应用前景，能够提高传感器网络的形变适应性、传感性能、自适应性和可靠性。随着这些技术的不断发展和应用，柔性传感器网络连接将变得更加智能化、自适应和可靠。[157]

3.2 传感器网络连接的远期发展方向、技术路径和目标

（1）区块链技术

区块链技术是一种分布式账本技术，能够实现信息的去中心化存储和共享，具有高度的安全性和透明性。在柔性传感器网络连接中，区块链技术也有着广泛的应用前景。区块链技术可以提高传感器网络数据的安全性，能够实现传感器网络数据的去中心化存储和管理，避免数据被篡改或丢失。例如，在医疗领域中，通过采用区块链技术可以确保医疗数据的隐私性和安全性，防止数据被恶意篡改或泄露。此外，区块链技术还能够实现传感器网络数据的溯源和追溯，确保数据来源的真实性和可信度。区块链技术可以提高传感器网络连接的可信度和透明度，能够实现传感器网络连接的去中心化管理和控制，提高传感器网络连接的可信度和透明度。例如，在工业控制和自动化领域中，通过采用区块链技术可以实现传感器网络连接的智能化管理和控制，提高传感器网络连接的自适应性和可靠性。区块链技术还能实现传感器网络的数据交易和价值共享，促进传感器网络的共享经济发展。例如，在智能城市建设中，通过采用区块链技术可以实现传感器网络数据的交易和共享，促进城市数据的开放和共享，提高城市的治理效率和服务水平。[158]

区块链技术在柔性传感器网络连接中具有广泛的应用前景，能够提高传感器网络数据的安全性、可信度和透明度，实现传感器网络的智能化管理和控制，促进传感器网络的共享经济发展。随着区块链技术的不断发展和应用，柔性传感器网络连接将变得更加安全、智能化和可靠。

（2）多模态连接

柔性传感器网络可以用于多个领域，包括医疗、体育、工业控制等。这些领域需要多种类型的传感器来收集不同的数据，并且需要将这些数据进行整合和分析。这就需要柔性传感器网络实现多模态连接，将不同类型的传感器连接起来，实现数据的集成和分析，以便更好地实现预测和决策。

在柔性传感器网络的多模态连接中，不同类型的传感器可以进行集成，实现数据的整合和分析。例如，通过将心率传感器、体温传感器、血压传感器等多种传感器进行集成，可以获得更为全面的健康数据，提高诊断的准确性和效率。此外，还可以将光学传感器、声学传感器、电化学传感器等多种传感器进行集成，实现更为全面的数据采集和分析。

在传感器网络的多模态连接中，需要对不同类型的数据进行融合和处理，以实现更好的预测和决策。例如，在医疗领域中，通过将不同类型的健康数据进行融合和处理，可以实现个性化的健康管理和诊断，提高医疗服务的效率和质量[159]。

随着传感器技术的不断发展，新型传感器技术的应用也将促进柔性传感器网络的多模态连接。例如，柔性电子皮肤可以通过集成不同类型的传感器，实现多模态的生物信号检测和分析；同时，柔性生物传感器也可以用于不同领域的数据采集和分析，实现多模态的数据连接和处理。

4 传感器供电技术的发展方向、技术路径和阶段目标

传感器节点一般是由传感器、处理器、存储器、通信模块和能量供应模块组成的。传感器节点的能量供应模块和各个模块之间的连接是整个传感器网络的核心。传感器网络的性能、可靠性和寿命都与能量供应模块和各模块之间的连接方式密切相关。因此，柔性传感器网络的长期运行离不开供能和连接，传感器网络的供能和连接是其发展的关键问题之一。电源是传感系统正常运行的基础。随着柔性传感器在更多的用例中具有更先进的功能和多样化的形状因素，在可持续和可靠地为传感系统和网络供电方面出现了挑战。集成传感系统的功耗，包括传感器、信号处理电路、微控制器、通信模块等，以及这些元件之间的互连，可以大大高于单独的传感器。需要同时读取大量传感器像素的大规模（和多模式）传感器阵列会带来巨大的能量预算。执行连续监控的系统需要恒定的电源。所有这些因素都导致了下一代柔性传感系统的高功率需求，而传统的储能设备无法满足这一需求。我们将从 2023—2025 年和 2025—2030 年两个时间节点讨论传感器网络供能的拟发展方向，如图 4-23 所示。[160]

4.1 传感器供电技术的近期发展方向、技术路径和目标

（1）先进的能量收集器件

在柔性传感器网络中，能量收集器件的研发是解决供能问题的关键之一。目前，能量收集器件的主要类型包括太阳能电池、热电转换器、压电元件等。未来，将会研发更加先进的能量收集器件，例如通过纳米技术制备出更加高效的太阳能电池、通过新型材料研发出更加灵活的热电转换器等，以更好地实现柔性传感器网络的供能。[161]

柔性传感系统中使用的环境能源采集技术中的光伏技术是最成熟的，有着悠久的市场历史。目前的研究试图赋予光伏器件更大的生物功能，如适形性、柔软性、超轻量、生物相容性、生物降解性等。由于太阳辐射的高能量密度和光伏器件的高功率密

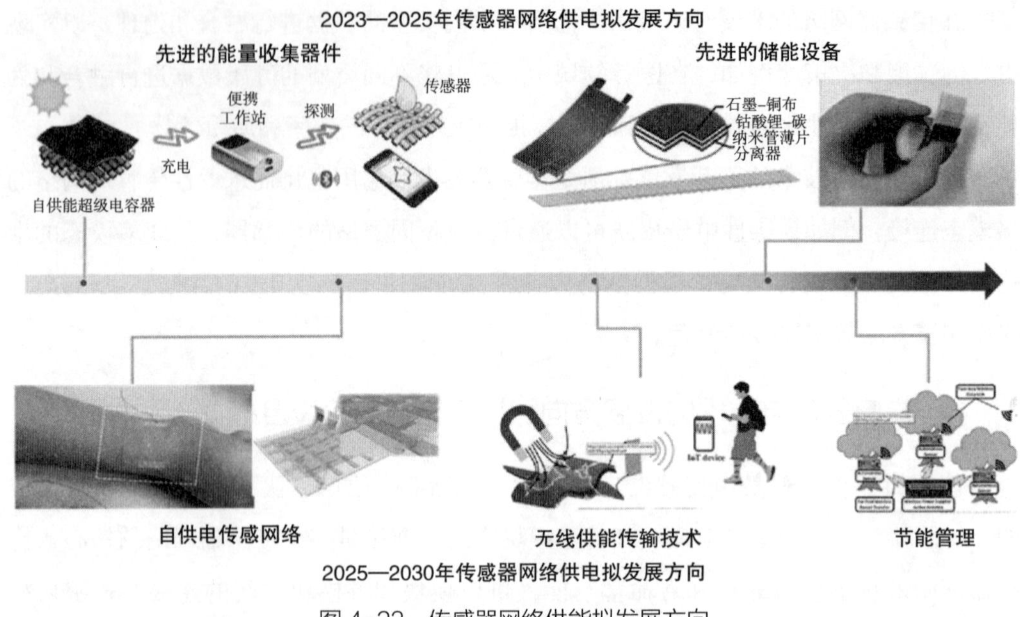

图 4-23　传感器网络供能拟发展方向

度，太阳能光伏供电系统是可行的，并且将响应波长调谐到近红外区域允许使用外部光源进行皮下功率输送。[162] 压电技术是将机械能转换为电能的一种技术。在柔性传感器网络中，它可用于通过人体运动来收集能量。例如，一个柔性传感器网络的手环可以通过手腕的运动收集能量，用于充电传感器。随着技术的改进，压电技术的效率和灵敏度将得到提高，从而提高其在柔性传感器网络中的应用。

（2）先进的储能设备

柔性传感器网络中，储能设备的作用十分重要，其主要功能是存储能量以满足传感器节点和网络的供能需求。在柔性传感器网络中，储能设备的选择需要兼顾能量密度、功率密度、可靠性和安全性等因素。在未来的柔性传感器网络中，储能器件的发展趋势将是更小、更轻、更安全、更高效、更环保等方面的改进。

随着柔性传感器网络的逐渐普及，人们对储能器件的体积和重量提出了更高的要求。因此，未来的储能器件将更小、更轻，以适应柔性传感器网络的应用需求。在这方面，石墨烯储能器件、纳米电池等技术将是主流的发展方向。这些技术具有较高的比能量和比功率，同时具有较小的体积和重量，非常适合用于柔性传感器网络中。

目前，许多储能器件都存在着安全隐患。例如，锂离子电池的发热、起火等问题，会对人体和环境造成严重的威胁。因此，未来的储能器件将更加注重安全性能的提升。例如，采用新型的电解质材料、添加防火剂等技术，可以有效地提高储能器件的安全性能。[163]

柔性传感器网络对能源的需求越来越高，因此，未来的储能器件将更加注重能量转换效率的提高。例如，采用高能量密度的电池、超级电容器等技术，可以有效地提高储能器件的能量转换效率，从而满足柔性传感器网络的应用需求。

随着全球环保意识的提高，未来的储能器件将更加注重环保性能的提高。例如，采用可再生能源和可降解材料等技术，可以有效地降低储能器件的对环境的影响，符合未来可持续发展的要求。[164]

柔性传感器网络是未来物联网发展的重要方向之一，储能器件作为其中不可或缺的组成部分，对其性能和应用起着至关重要的作用。目前，储能器件技术已经取得了很大的进步，未来还有许多改进的空间。随着新材料、新技术的不断涌现，储能器件的性能和应用将得到更加广泛和深入的发展。

4.2　传感器供电技术的远期发展方向、技术路径和目标

（1）自供电传感器网络

随着科技的不断进步，越来越多的设备需要实现无线传输数据，但是这些设备又需要一个可靠的能源供应，以便维持其长期的运行。自供电传感器网络正是针对这一需求而研究出来的技术之一。自供电传感器网络是指通过采用微型化发电机、能量储存器和微处理器等组成的一种无线传感网络，该网络不需要外部电源的支持，能够实现长期稳定的工作状态。[165]

自供电传感器网络最重要的组成部分是微型化发电机。在所有微型化发电机中，摩擦电纳米发电机因为其结构简单，能够使用的材料种类多，所以被广泛应用于自供电传感器网络中。

摩擦电纳米发电机是一种可以将机械运动转化为电能的纳米发电机。其基本原理是基于接触起电和静电感应的耦合响应，通过摩擦效应产生电荷分布不均，从而产生电势差，最终实现电能转换。尽管摩擦电纳米发电机的历史很短，但它的发展很快，是一种非常有前途的可持续电源技术。它具有高输出性能，以及相对较低成本的超宽材料可用性，制造简单，操作模式多样，能够实现成本效益高的大规模生产和可定制性，以适应不同的应用。由于对变形的敏感性，摩擦电纳米发电机可以作为各种机械刺激的自供电传感器，如脉搏、呼吸、声音、触摸和身体运动，还可以感测气体和湿度。[166]

摩擦电纳米发电机自供电传感器网络的优点包括：节能：传感器节点可以通过

摩擦电纳米发电机自行获取能源，不需要外部电源供应，因此节约了能源消耗和维护成本。可靠性高：摩擦电纳米发电机采用固态材料和微纳加工技术制造，具有可靠性高、耐用性强的特点，可以应对恶劣环境下的使用需求。灵活性强：传感器节点可以被制造成不同形状和大小，以适应不同的应用场景和需求。环保：摩擦电纳米发电机使用了可再生的机械能作为能源，不会产生废物和污染物，因此对环境友好。[165]

（2）无线供能传输技术

无线供能传输技术是一种新型的能量传输方式，可以让设备在不需要有线连接的情况下，实现无线供能。在传统的有线供能方式中，需要通过电缆或插头来连接电源和设备，这种方式限制了设备的灵活性和移动性。而无线供能传输技术则可以通过无线信号，将能量传输到需要供电的设备上，从而实现无线供能，使设备更加灵活和便捷。

目前，无线供能传输技术主要分为两种：磁感应供能技术和射频供能技术。磁感应供能技术是利用电磁感应原理，将电源端产生的磁场作用于接收端的线圈上，从而产生感应电流，实现无线供能。射频供能技术则是利用电磁波传播特性，将电源端产生的射频信号通过天线传输到接收端，从而产生感应电流，实现无线供能。[167]

无线供能传输技术的应用非常广泛，包括移动设备、智能家居、医疗设备、工业自动化等领域。无线供能技术可以实现传感器网络的长期供能，避免频繁更换电池的问题。它可以让设备在移动过程中保持充电状态，避免了充电线缆的束缚，同时也可以提高设备的安全性和稳定性。无线供能传输技术需要在一定的距离范围内实现能量传输，而且传输效率也是一个非常重要的因素。未来，随着无线供能技术的发展和应用，预计将有更多的柔性传感器网络采用无线供能技术。无线供能传输技术的供能效率和传输距离将会不断提高，能够更好地适应各种应用场景。[168]

（3）柔性传感器网络的节能管理

柔性传感器网络在设计时应充分考虑其节能管理。在未来，将会研发更加智能化的节能管理系统，以便更好地延长传感器网络的寿命。例如，通过建立更加智能化的供能管理系统，对网络中各个传感器节点进行实时监测和调控，以实现更加精准、高效的节能管理。

智能能量管理技术可通过对能量的监测、优化和控制，实现对能量的高效利用，提高柔性传感器网络的能量利用率，延长其使用寿命。其中，一些新型的电池管理技术可通过智能的充放电控制和能量储存方式的优化，降低柔性传感器网络的能量消耗。此外，应用一些基于人工智能的优化算法，例如遗传算法、蚁群算法等，对柔性传感器网络的能量进行预测和优化，能够使能量利用更为高效。[169]

传感器网络中大量的能量消耗都来自数据的通信。因此，在设计柔性传感器网络时，应尽量采用低功耗的通信技术，例如窄带物联网、低功耗广域网等。这些技术不仅能够降低数据通信过程中的能量消耗，而且能够提高传输效率，从而进一步延长柔性传感器网络的使用寿命。

5　柔性可穿戴传感器系统产业的可持续发展

前面已经深入讨论和分析了柔性电子产业的技术特点以及行业问题，拟定柔性电子产业在环境、商业、监管以及道德方面的发展方向对于行业发展具有重要的指导意义（图 4-24）。

5.1　环境风险及可持续发展策略

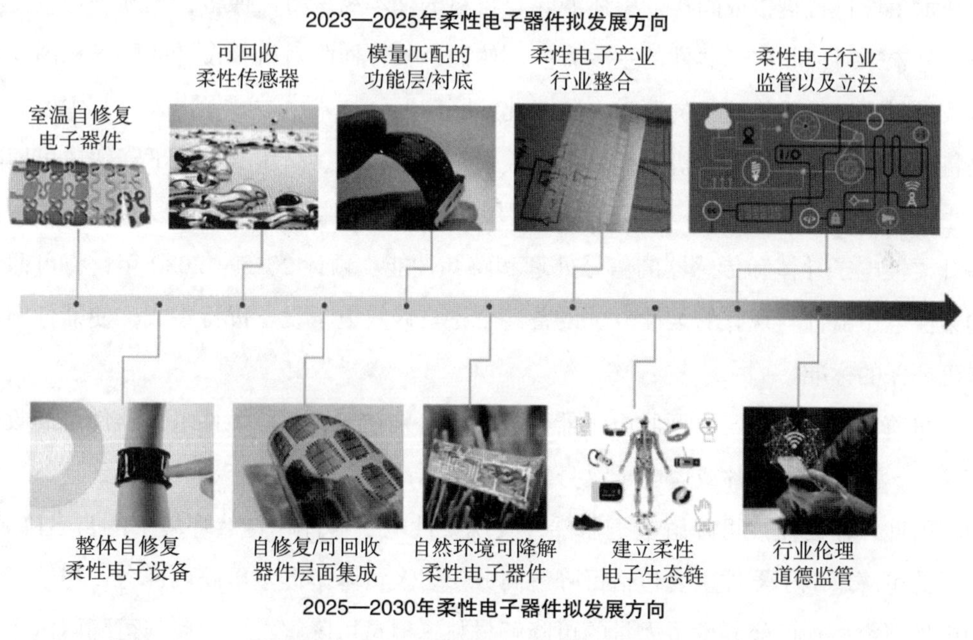

图 4-24　柔性电子器件拟发展方向时间节点

针对柔性电子产业的环境风险，未来需要发展基于柔性电子技术的自修复电子器件、可回收电子器件以及可降解瞬态电子器件。

柔性电子器件的使用过程中不可避免地要受到机械磨损、环境腐蚀甚至机械撞击的破坏，发展自修复电子器件将使得柔性电子设备在遭受破坏后通过各种超分子相互作用进行自我修复，延长设备使用寿命，减少“电子垃圾”的产生。经过长期的探索，现已制备出可自修复的柔性衬底[170–172]、有机半导体[173]、金属电极[174–176]以及介电陶瓷[177]等材料，并陆续发展了自修复的温度传感器、压力传感器、场效应晶体管、超级电容器以及太阳能电池等器件。现有的自修复电子器件需要克服诸多挑战，为满足实际应用和最终的商业化需求，系统级的自修复策略仍然需要进一步发展和探索。基于此，本团队提出了柔性电子技术的自修复路线，预计 2023—2025 年，发展出室温条件下可自发修复的自修复电子器件，避免高温甚至辅助修复助剂的使用。预计 2025—2030 年，优化材料性能，将现有自修复材料的自修复性能和传感性能等进一步提升，并探索出集成不同功能自修复器件的可行方案，设计出可整体自修复的柔性电子设备。

发展可回收电子器件将有效地降低柔性电子设备废弃后的回收成本，提高资源的循环利用水平。现有的回收策略主要包括整体回收和降解回收两种。可溶性有机半导体[176]、热塑性弹性体[178]、离子液体[179]以及液态金属[180, 181]等都可以通过相应的技术手段进行直接或间接的整体回收，材料的基本结构得以保留，无须进行重复合成，是未来可回收电子器件的主流方向。然而，整体回收对材料设计的要求较高，大多数材料不满足整体回收的要求，基于此，降解回收技术也被开发出来，其主要方式是将柔性电子材料通过有机溶剂、强酸或强碱等在高温、高压的条件下降解成可回收的小分子材料。预计 2023—2025 年，发展出可回收的柔性电子导体以及传感器，并提升柔性电子导体和传感器的信号处理和感知性能。预计 2025—2030 年，将可回收的柔性电子器件与现有的柔性电子设备甚至是自修复电子设备进行集成，使器件满足绿色环保的标准。

可降解电子器件与可回收电子器件类似，区别在于，部分柔性电子器件可回收价值不高，譬如电子贴片或者电子纹身等，此类柔性电子器件更容易被丢弃到自然环境中，因此，需要发展可降解电子器件，实现柔性电子器件在自然环境中的自发降解。典型的可降解电子器件主要包括可降解高分子以及可降解硅基电路两部分，尽管目前国内外研究机构已经开发了大量的可降解材料，但是可降解柔性衬底与可降解电子材料之间的模量失配问题仍然没有得到有效地解决。同时，如何提升可降解电子器件的稳定性也是目前需要克服的难题之一，而这需要更加复杂地设计以确保器件在使用周期内性能维持在一个稳定的水平上，在器件达到其使用周期后再开始进行自发降解。预计 2023—2025 年，基底与功能层模量失配的问题可以得到有效地解决。预计 2025—2030 年，满足使用周期内稳定性与周期外自发降解性能的材料和器件可以被开发出来。

5.2　商业风险及可持续发展策略

除环境风险外，商业转化将搭建柔性电子产业未来发展的基础平台，柔性电子技术的成功应用需要高度完善的商业模式和市场反馈机制。预计到 2025 年，全球柔性电子产业的市场规模将达到 3049.4 亿美元，数据显示，2022—2027 年，柔性电子市场的复合年增长率预估值可达到 9.82%。未来柔性电子技术的发展趋势将是：一是将新兴的技术模式与传统的技术渠道进行整合，形成新的市场发展模式，加快柔性电子产业的发展；二是柔性电子产品品类多样化，建立柔性电子产业的细分领域，逐渐形成完备的上下游产业供应体系；三是基于市场反馈和用户体验逐渐提升柔性电子设备的技术成熟度，加快设备的智能化进程。预计 2023—2025 年，新兴柔性电子技术基本实现与传统渠道的整合，初步形成柔性电子的产业规模，提高市场占有率。预计 2025—2030 年，柔性电子产品形态逐渐成熟，品类逐渐丰富，完善用户体验和评价机制，逐渐建立和完善柔性电子产业的生态链。

5.3　法律监管、伦理与道德

完善立法，建立针对柔性电子的伦理和道德评价机制，是柔性电子产业发展需要关注的又一方向。立法方面，需要建立专门针对柔性电子产业的法律法规，包括环保方面的法规以及产业标准的制定和规范。伦理道德方面，需要建立柔性电子技术伦理审查机制，制定和实施伦理道德相关的战略和决策，建立健全伦理审查的合规性、透明性和可追溯性渠道。同时，需要建立更加苛刻和完善的个人信息安全审查制度，出台相对应的行业标准，确保个人信息采集端、传输路径以及应用端的信息安全，相关企业需要进行必要的设备备案以及算法备案，注重算法安全性问题，提高用户对于隐私授权的透明度和决策度，避免因个人隐私不当或非法使用带来的伦理道德问题。预计 2023—2025 年，高校、科研机构、企业界以及政府对监管、伦理以及道德问题进行广泛的社会讨论，初步建立相应的规范性条例。预计 2025—2030 年，随着柔性电子产业的逐渐成熟，逐步建立针对柔性电子产业的更加科学和完备的法律法规。

第四节　基于“数据+算法”柔性可穿戴传感电子材料-器件-系统产业技术路线图

柔性可穿戴技术诞生于 20 世纪 60 年代，借助该技术，可以将显示、传感和无线通信等技术嵌入人们的衣物、饰品中，以提升产品的医疗辅助、运动健康、信息娱乐等功能，涉及生物传感技术、无线通信技术与智能分析等多种底层技术。柔性可穿戴设备运用的底层技术原理主要是通过传感器采集到的物理信号转化成电信号，通过后台智能分析系统对电信号做出数据计算和分析得出信息，其主体主要是由底层的硬件技术传感器与后台软件智能分析系统两部分组成。得益于硬件技术与软件技术等多种底层技术的共同进步，可穿戴设备的发展方兴未艾。鉴于此，本项目基于可穿戴设备的产业链刻画技术路线（图 4–25），以期明确可穿戴设备产业的技术演进与未来趋势。

可穿戴设备产业链由上游的硬件供应和系统支持、中游的设备制造与下游的软件开发、产品分销和终端用户组成。从可穿戴设备的研发、生产到用户能够正常使用可穿戴设备，至少需要五类厂商的共同努力，包括元件供应商、系统支持商、终端制造商、软件开发商和产品分销商五大类，这五类角色又可以按其供应的商品形态分为几个子类。

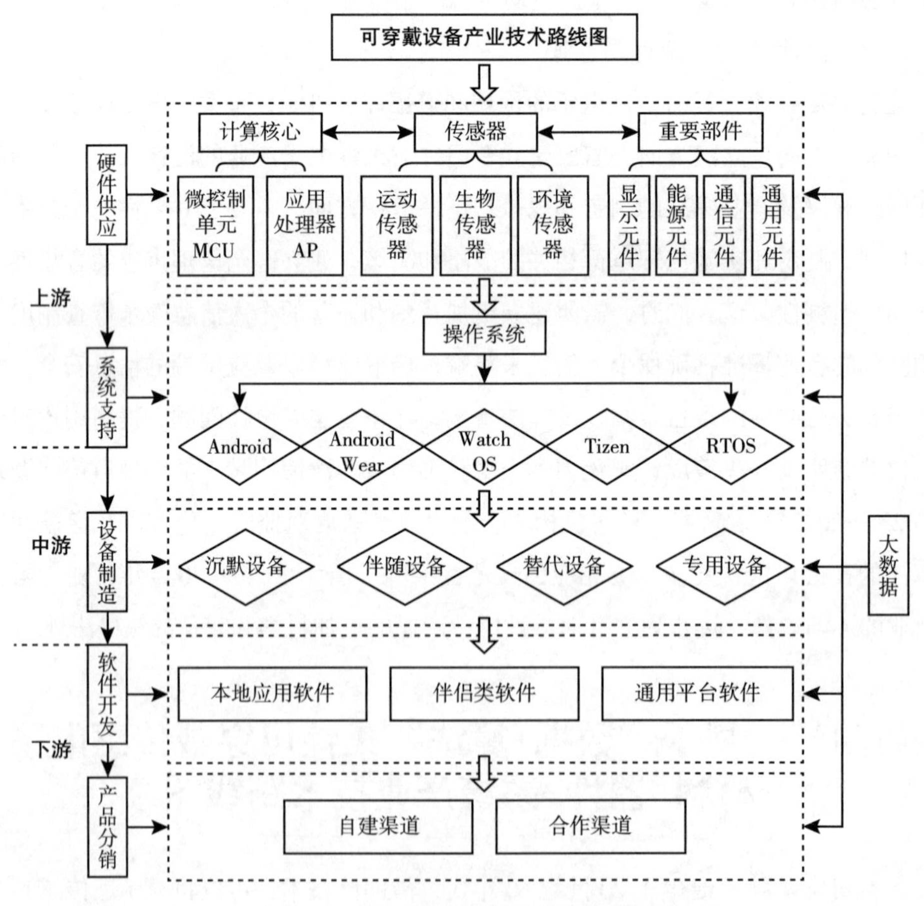

图 4–25　可穿戴设备产业技术路线图

（1）上游

硬件供应主要包括计算核心、传感器和重要部件，其中，计算核心包括微控制单元（MCU）与应用处理器（AP），两者可被统一称作芯片，是柔性可穿戴设备发展的核心，但是中国芯片企业长期处于被垄断的局面，近九成的芯片依赖进口。传感器包括运动传感器、生物传感器与环境传感器，传感技术是柔性可穿戴设备的底层核心技术，其中，生物传感被广泛应用于各个领域和产品形态中。传感器是可穿戴设备感知外部环境的窗口，也是产品功能差异化的重要硬件。与人体紧密接触是可穿戴设备的主要特征，而可穿戴设备正常工作的前提是对人体数据的有效感知，这些都依赖于各种类型的传感器，可穿戴设备使用的传感器需要具备体积小、质量轻、功耗低、可靠性好、稳定性高、易于集成等特点。重要部件涉及显示元件、能源元件、通信元件和通用元件，显示元件是设备和用户交互的重要渠道，显示技术的提高将改善柔性可穿戴设备的可穿戴性以及交互方式，通过触显屏进行人机交互是当前大部分智能硬件采用的交互方式。除此之外，还有语音、姿势、眼动等新的交互技术；能源元件为柔性可穿戴设备提供能量供给。目前，学术界大量工作聚焦于功率自感知通信协议、功率自感知通信算法、节点数据融合和聚合技术，旨在优化各单元工作时间，降低系统功耗，增加电池容量，通过无线充电、极速充电、太阳能和生物充电等技术缓解该问题，但这些充电技术大多处于研究阶段，尚未大规模商用；可穿戴设备中使用的通信技术主要包括蓝牙、WiFi、蜂窝网络，根据具体场景，灵活搭配多种通信方式，是使可穿戴设备性能最优的解决方案。柔性可穿戴设备对操作系统有着较高的要求，操作系统目前主要有 Android 和 Android Wear、WatchOS、Tizen、RTOS 等几类。由于操作系统碎片化，不同设备搭载着互不兼容的开发平台，各类应用与信息不能共享。各厂商希望打造自己的生态系统，包括定制操作系统、界面交互、提供接口给第三方开发者、发展开发者社区等。

（2）中游

终端制造按其可穿戴设备的产品形态可以分为沉默设备制造、伴随设备制造、替代设备制造和专用设备制造。其中，沉默设备以数据采集为主要功能旨在完成信息收集；伴随设备以 M2M 交互为核心功能，需要同时强调信息交换与信息收集，强调信息传输能力；替代设备以人机交互为核心，需要同时强调信息交换和信息可视化两个方面，致力于成为下一个移动计算中心；专用设备以信息呈现为核心。目前，主要的终端产品包括智能手表、智能手环、智能眼镜、智能耳机、智能服饰、专业医疗级设备等。随着物联网技术的发展和相关政策的颁布，中国柔性可穿戴设备行业发展方向逐渐市场化，未来应用领域范围将不断扩大。中国的柔性可穿戴设备（前文提及的中游）主要集中在商业消费产品上，如智能手环、智能手表、智能耳机等。在这些产品形态中，应用的硬件传感技术主要集中在相对简单的运动和生物传感技术上，功能有限，市场竞争十分激烈，市场也趋于饱和。随着各项政策的颁布，各种上游技术不断完善，行业衍生出更多细分市场和应用领域，如情感计算和心理分析领域的垂直细分轨道。商用消费类柔性可穿戴设备市场接近饱和，专业医疗柔性可穿戴设备市场未来市场空间更为广阔。结合到现实情况，中国老龄化问题日益严重，老年人口比例不断增加，老年人的医疗保健需求急剧增加。未来，医疗可穿戴设备可以广泛应用于老年人群体。此外，庞大的慢性病患者群体为专业医疗级柔性可穿戴设备创造了市场机会，这些设备是轻便高效的家庭医疗健康电子产品。

（3）下游

根据软件开发的应用功能，可以再分为三种类型：本地应用软件（例如，健康类软件、天气类软件、即时通信软件）、伴侣类软件（手机端同步软件和电脑端同步软件）和通用平台型软件（穿戴轻应用与微信服务号）。柔性可穿戴设备的销售终端可分为自建渠道与合作渠道。中国可穿戴医疗设备的下游行业为销售终端，参与主体涉及品牌商、医疗服务机构及商超等，各个销售终端均具有各自独特的优势。主要体现在以下几个方面：①品牌商是可穿戴医疗设备核心销售终端。品牌商凭借其品牌知名度，通过自有渠道进行产品销售，形成独特的产品销售优势。此外，品牌商根据用户的需求和偏好，选择为自己服务的制造商，或者自主研发个性化的产品，从而获得商业竞争的自主权；②医疗服务机构是可穿戴医疗设备主要应用场景之一。医疗服务机构直接服务病患，与广大慢病群体及老年群体建立了关系，再加上中国医疗资源紧张，尤其是乡村地区需要医生，医疗服务机构需要大量可穿戴医疗设备，未来可穿戴医疗设备在医疗服务机构市场容量将不断扩大；③商超是可穿戴医疗设备重要的零售渠道。目前，大型连锁商超凭借长期经营实体店的渠道优势及用户体验与信赖的优势，是线下销售的主力军。随着线上商超的兴起，全渠道融合的商超逐渐成为可穿戴医疗设备销售终端之一。从市场构成来看，品牌商、医疗服务机构及商超三大可穿戴医疗设备销售终端的市场占比分别为 65%、25% 及 10%，随着可穿戴医疗设备普及，医疗服务机构的市场占比将逐步扩大。

此外，需要指出的是，无论是柔性可穿戴设备的正常运行，还是该产业的健康发展均离不开大数据技术。换言之，大数据技术嵌入柔性可穿戴设备产业的上游、中游和下游。当可穿戴设备具备的功能不断增多，能监测的数据也逐渐增多，应该将传感器采集到的大数据在平台中进行分析，向用户展示和反馈一些数据用于反映的用户的运动、健康等状况，并提供相应的解决方案，实现“生理信号—物理信号—电信号—信息”的转换与集成，从而真正地解决人们在生活中遇到的问题。大数据技术作为可穿戴设备的“重要后台”，不仅为柔性可穿戴设备提供了数据存储与分析的功能，也为相关企业完成数据累积和打造数据生态奠定了基础。

参考文献

[1] Z. Lou，L. Wang，G. Shen. Adv. Mater. Technol.，2018，3：1800444.
[2] H. Liu，L. Wang，G. Lin，et al. Biomater. Sci.，2022，10：614-632.
[3] X. Nan，X. Wang，T. Kang，et al. Micromachines，2022，13：1395.
[4] Q. Meng，C. Yang，X. Tai，et al. J. Phys.：Condens. Matter，2022，34：453001.
[5] Y. S. Rim，S. Bae，H. Chen，et al. Adv. Mater.，2016，28：4415-4440.
[6] B. Zazoum，K. M. Batoo，M. A. A. Khan. Sensors，2022，22：4653.
[7] Y. Song，J. Min，Y. Yu，et al. Sci. Adv.，2020，6，eaay9842.
[8] Z. Pu，X. Zhang，H. Yu，et al. Sci. Adv.，2021，7，eabd0199.
[9] S. Yang，C. Li，X. Chen，et al. ACS Appl. Mater. Interfaces，2020，12：19874-19881.
[10] Q. Zhang，D. Jiang，C. Xu，et al. Sensors and Actuators B：Chemical，2020，320，128325.
[11] M. L. Hammock，A. Chortos，B. C.-K. Tee，et al. Adv. Mater.，2013，25：5997-6038.
[12] W. A. MacDonald. J. Mater. Chem.，2004，14，4.
[13] A. Taghizadeh，M. Taghizadeh，M. Jouyandeh，et al. Journal of Molecular Liquids，2020，312：113447.
[14] C. Liu，K. Wang，X. Gong，et al. Chem. Soc. Rev.，2016，45：4825-4846.
[15] N. Barsan，D. Koziej，U. Weimar，et al. Sensors and Actuators B：Chemical，2007，121：18-35.
[16] K. S. Novoselov，A. K. Geim，S. V. Morozov，et al. Science，2004，306：666-669.
[17] S. Zheng，X. Wu，Y. Huang，et al. Composites Science and Technology，2020，197：108255.
[18] M. Liu，X. Pu，C. Jiang，et al. Adv. Mater.，2017，29：1703700.
[19] Z. Zhao，Q. Huang，C. Yan，et al. Nano Energy，2020，70：104528.
[20] Y. Liu，M. Pharr，G. A. Salvatore，et al. ACS Nano，2017，11：9614-9635.
[21] Y. Wu，Y. Ma，H. Zheng，et al. Materials&Design，2021，211：110164.
[22] J. Kim，A. S. Campbell，B. E. F. de Avila，et al. Wearable biosensors for healthcare monitoring. Nat. Biotechnol.，2019，37（4）：389-406.

[23] W. J. Fan，Q. He，K. Y. Meng，et al. Machine-knitted washable sensor array textile for precise epidermal physiological signal monitoring. Sci. Adv.，2020，6（11）：10.

[24] J. Deng，H. Yuk，J. J. Wu，et al. Electrical bioadhesive interface for bioelectronics. Nat. Mater.，2021，20（2）：229.

[25] Y. Liu，H. Y. Xu，M. Dong，et al. Highly Sensitive Wearable Pressure Sensor Over a Wide Sensing Range Enabled by the Skin Surface-Like 3D Patterned Interwoven Structure. Adv. Mater. Technol.，2022，7（12）：12.

[26] J. R. Sempionatto，M. Y. Lin，L. Yin，et al. An epidermal patch for the simultaneous monitoring of haemodynamic and metabolic biomarkers. Nature Biomedical Engineering，2021，5（7）：737-748.

[27] G. R. Gao，F. J. Yang，F. H. Zhou，et al. Bioinspired Self-Healing Human-Machine Interactive Touch Pad with Pressure-Sensitive Adhesiveness on Targeted Substrates. Adv. Mater.，2020，32（50）：10.

[28] K. M. Yao，J. K. Zhou，Q. Y. Huang，et al. Encoding of tactile information in hand via skin-integrated wireless haptic interface. Nat. Mach. Intell.，2022，4（10）：893.

[29] Y. Liu，J. Tao，W. K. Yang，et al. Biodegradable，Breathable Leaf Vein-Based Tactile Sensors with Tunable Sensitivity and Sensing Range. Small，2022，18（8）：11.

[30] X. Z. Lin，F. Li，Y. Bing，et al. Biocompatible Multifunctional E-Skins with Excellent Self-Healing Ability Enabled by Clean and Scalable Fabrication. Nano-Micro Letters，2021，13（1）：14.

[31] P. Q. Yao，Q. W. Bao，Y. Yao，et al. Environmentally Stable，Robust，Adhesive，and Conductive Supramolecular Deep Eutectic Gels as Ultrasensitive Flexible Temperature Sensor. Adv. Mater.，12.

[32] M. Z. Lin，Z. J. Zheng，L. Yang，et al. A High-Performance，Sensitive，Wearable Multifunctional Sensor Based on Rubber/CNT for Human Motion and Skin Temperature Detection. Adv. Mater.，2022，34（1）：13.

[33] D. H. Ho，Q. Sun，S. Y. Kim，et al. Stretchable and Multimodal All Graphene Electronic Skin. Adv. Mater.，2016，28（13）：2601.

[34] H. D. Liu，C. F. Du，L. L. Liao，et al. Approaching intrinsic dynamics of MXenes hybrid hydrogel for 3D printed multimodal intelligent devices with ultrahigh superelasticity and temperature sensitivity. Nat. Commun.，2022，13（1）：11.

[35] X. L. Ma，C. F. Wang，R. L. Wei，et al. Bimodal Tactile Sensor without Signal Fusion for User-Interactive Applications. Acs Nano，2022，16（2）：2789-2797.

[36] Dandan Lei，Qixiang Zhang，Nishuang Liu，et al. Self-Powered Graphene Oxide Humidity Sensor Based on Potentiometric Humidity Transduction Mechanism. Adv. Funct. Mater.，2021，32（10）：12.

[37] S. M. S. Rana, M. Abu Zahed, M. T. Rahman, et al. Cobalt–Nanoporous Carbon Functionalized Nanocomposite–Based Triboelectric Nanogenerator for Contactless and Sustainable Self–Powered Sensor Systems. Adv. Funct. Mater., 2021, 31 (52): 12.

[38] Y. Lu, G. Yang, Y. Shen, et al. Multifunctional Flexible Humidity Sensor Systems Towards Noncontact Wearable Electronics. Nanomicro Lett, 2022, 14 (1): 150.

[39] V. K. Tomer, S. Duhan. A facile nanocasting synthesis of mesoporous Ag–doped Sn_{O2} nanostructures with enhanced humidity sensing performance. Sensor Actuat B–Chem, 2016, 223: 750–760.

[40] D. Toloman, A. Popa, M. Stan, et al. Reduced graphene oxide decorated with Fe doped Sn_{O2} nanoparticles for humidity sensor. Appl. Surf. Sci., 2017, 402: 410–417.

[41] S. J. Choi, H. Yu, J. S. Jang, et al. Nitrogen–Doped Single Graphene Fiber with Platinum Water Dissociation Catalyst for Wearable Humidity Sensor. Small, 2018, 14 (13): e1703934.

[42] Z. Li, A. A. Haidry, B. X. Dong, et al. Facile synthesis of nitrogen doped ordered mesoporous TiO2 with improved humidity sensing properties. Journal of Alloys and Compounds, 2018, 742: 814–821.

[43] Y. Lu, K. Xu, M. Q. Yang, et al. Highly stable Pd/HNb (3) O (8) –based flexible humidity sensor for perdurable wireless wearable applications. Nanoscale Horiz., 2021, 6 (3): 260–270.

[44] J. Wu, Y. M. Sun, Z. Wu, et al. Carbon Nanocoil–Based Fast–Response and Flexible Humidity Sensor for Multifunctional Applications. ACS Appl. Mater. Interfaces, 2019, 11 (4): 4242–4251.

[45] Y. Yu, H. Y. Y. Nyein, W. Gao, et al. Flexible Electrochemical Bioelectronics: The Rise of In Situ Bioanalysis. Adv. Mater., 2020, 32 (15): 25.

[46] D. A. Doyle, J. M. Cabral, R. A. Pfuetzner, et al. The structure of the potassium channel: Molecular basis of K+ conduction and selectivity. Science, 1998, 280 (5360): 69–77.

[47] M. Cuartero, M. Parrilla, G. A. Crespo. Wearable Potentiometric Sensors for Medical Applications. Sensors, 2019, 19 (2): 24.

[48] S. M. Ali, G. Yosipovitch. Skin pH: From Basic Science to Basic Skin Care. Acta Derm.–Venereol., 2013, 93 (3): 261–267.

[49] Marc Parrilla, Inmaculada Ortiz–Gómez, Rocío Cánovas, et al. Wearable Potentiometric Ion Patch for On–Body Electrolyte Monitoring in Sweat: Toward a Validation Strategy to Ensure Physiological Relevance. Anal. Chem., 2019, 91 (13): 8644–8651.

[50] Su–Ting Han, Haiyan Peng, Qijun Sun, et al. An Overview of the Development of Flexible Sensors. Adv. Mater., 2017, 29 (33): 1700375.

[51] Yuzhou Shao, Yibin Ying, Jianfeng Ping. Recent advances in solid–contact ion–selective electrodes: functional materials, transduction mechanisms, and development trends. Chemical

Society Reviews，2020，49（13）：4405–4465.

[52] Aodhmar Cadogan，Zhiqiang Gao，Andrzej Lewenstam，et al. All–solid–state sodium–selective electrode based on a calixarene ionophore in a poly（vinyl chloride）membrane with a polypyrrole solid contact. Anal. Chem.，1992，64（21）：2496–2501.

[53] Johan Bobacka，Mary McCarrick，Andrzej Lewenstam，et al. All solid–state poly（vinyl chloride）membrane ion–selective electrodes with poly（3–octylthiophene）solid internal contact. Analyst，1994，119（9）：1985–1991.

[54] Johan Bobacka，Tom Lindfors，Mary McCarrick，et al. Single–piece all–solid–state ion–selective electrode. Anal. Chem.，1995，67（20）：3819–3823.

[55] Johan Bobacka. Potential Stability of All–Solid–State Ion–Selective Electrodes Using Conducting Polymers as Ion–to–Electron Transducers. Anal. Chem.，1999，71（21）：4932–4937.

[56] Jinbo Hu，Andreas Stein，Philippe B ü hlmann. Rational design of all–solid–state ion–selective electrodes and reference electrodes. TrAC Trends in Analytical Chemistry，2016，76：102–114.

[57] Hyunwoo Yuk，Baoyang Lu，Xuanhe Zhao. Hydrogel bioelectronics. Chemical Society Reviews，2019，48（6）：1642–1667.

[58] Jun Chang Yang，Jaewan Mun，Se Young Kwon，et al. Electronic Skin：Recent Progress and Future Prospects for Skin–Attachable Devices for Health Monitoring，Robotics，and Prosthetics. Adv. Mater.，2019，31（48）：1904765.

[59] Zhanao Hu，Qianqian Niu，Benjamin S. Hsiao，et al. Bioactive polymer–enabled conformal neural interface and its application strategies. Materials Horizons，2023，10（3）：808–828.

[60] Yifei Luo，Mohammad Reza Abidian，Jong–Hyun Ahn，et al. Technology Roadmap for Flexible Sensors. ACS Nano，2023，17（6）：5211–5295.

[61] Rylie Green，Mohammad Reza Abidian. Conducting Polymers for Neural Prosthetic and Neural Interface Applications. Adv. Mater.，2015，27（46）：7620–7637.

[62] Yun–Chiao Huang，Yuan Liu，Chao Ma，et al. Sensitive pressure sensors based on conductive microstructured air–gap gates and two–dimensional semiconductor transistors. Nat. Electron.，2020，3（1）：59–69.

[63] Zekun Liu，Yan Zheng，Lu Jin，et al. Highly Breathable and Stretchable Strain Sensors with Insensitive Response to Pressure and Bending. Adv. Funct. Mater.，2021，31（14），2100360.

[64] S. Zhuo，C. Song，Q. Rong，et al. Shape and stiffness memory ionogels with programmable pressure–resistance response. Nat. Commun.，2022，13（1）：1743.

[65] Yichao Zhao，Bo Wang，Jiawei Tan，et al. Soft strain–insensitive bioelectronics featuring brittle materials. Science，2022，378（6625）：1222–1227.

[66] X. Zhao，G. Chen，Y. Zhou，et al. Giant Magnetoelastic Effect Enabled Stretchable Sensor for Self–Powered Biomonitoring. ACS Nano，2022，16（4）：6013–6022.

[67] Yuan Zhang，Junlong Yang，Xingyu Hou，et al. Highly stable flexible pressure sensors with

a quasi-homogeneous composition and interlinked interfaces. Nat. Commun., 2022, 13 (1): 1317.

[68] W. Zhai, J. Zhu, Z. Wang, et al. Stretchable, Sensitive Strain Sensors with a Wide Workable Range and Low Detection Limit for Wearable Electronic Skins. ACS Appl. Mater. Interfaces, 2022, 14 (3): 4562-4570.

[69] Xiangwen Zeng, Youdi Liu, Fengming Liu, et al. A bioinspired three-dimensional integrated e-skin for multiple mechanical stimuli recognition. Nano Energy, 2022, 92.

[70] Yingying Yuan, Bo Liu, Hui Li, et al. Flexible Wearable Sensors in Medical Monitoring. Biosensors (Basel), 2022, 12 (12): 1069.

[71] P. Prasad, P. Raut, S. Goel, et al. Electronic nose and wireless sensor network for environmental monitoring application in pulp and paper industry: a review. Environ Monit Assess, 2022, 194 (12): 855.

[72] Dmitry Kireev, Kaan Sel, Roozbeh Jafari, et al. Continuous cuffless monitoring of arterial blood pressure via graphene bioimpedance tattoos. Nat. Nanotechnol., 2022, 17 (8): 864-870.

[73] K. H. Ha, H. Huh, Z. Li, et al. Soft Capacitive Pressure Sensors: Trends, Challenges, and Perspectives. ACS Nano, 2022, 16 (3): 3442-3448.

[74] Jiancheng Dong, Dan Wang, Yidong Peng, et al. Ultra-stretchable and superhydrophobic textile-based bioelectrodes for robust self-cleaning and personal health monitoring. Nano Energy, 2022, 97: 107160.

[75] N. Bai, L. Wang, Y. Xue, et al. Graded Interlocks for Iontronic Pressure Sensors with High Sensitivity and High Linearity over a Broad Range. ACS Nano, 2022, 16 (3): 4338-4347.

[76] Sanghoon Baek, Youngoh Lee, JinHyeok Baek, et al. Spatiotemporal Measurement of Arterial Pulse Waves Enabled by Wearable Active-Matrix Pressure Sensor Arrays. ACS Nano, 2022, 16 (1): 368-377.

[77] Duarte Dias, João Paulo Silva Cunha. Wearable Health Devices-Vital Sign Monitoring, Systems and Technologies. Sensors (Basel), 2018, 18 (8), 2414.

[78] Bruce H. Dobkin, Clarisa Martinez. Wearable Sensors to Monitor, Enable Feedback, and Measure Outcomes of Activity and Practice. Curr Neurol Neurosci Rep, 2018, 18 (12): 87.

[79] W. Tang, Z. Chen, Z. Song, et al. Microheater Integrated Nanotube Array Gas Sensor for Parts-Per-Trillion Level Gas Detection and Single Sensor-Based Gas Discrimination. ACS Nano, 2022, 16 (7): 10968-10978.

[80] X. C. Tan, J. D. Xu, J. M. Jian, et al. Programmable Sensitivity Screening of Strain Sensors by Local Electrical and Mechanical Properties Coupling. ACS Nano, 2021, 15 (12): 20590-20599.

[81] Yunsheng Fang, Yongjiu Zou, Jing Xu, et al. Ambulatory Cardiovascular Monitoring Via a Machine-Learning-Assisted Textile Triboelectric Sensor. Adv. Mater., 2021, 33 (41):

e2104178.

[82] Q. Wu, Y. Qiao, R. Guo, et al. Triode-Mimicking Graphene Pressure Sensor with Positive Resistance Variation for Physiology and Motion Monitoring. ACS Nano, 2020, 14 (8): 10104-10114.

[83] Liangqi Wang, Rong Zhu, Guozhen Li. Temperature and Strain Compensation for Flexible Sensors Based on Thermosensation. ACS Appl. Mater. Interfaces, 2020, 12 (1): 1953-1961.

[84] N. Bai, L. Wang, Q. Wang, et al. Graded intrafillable architecture-based iontronic pressure sensor with ultra-broad-range high sensitivity. Nat. Commun., 2020, 11 (1): 209.

[85] J. Lee, H. Kwon, J. Seo, et al. Conductive fiber-based ultrasensitive textile pressure sensor for wearable electronics. Adv. Mater., 2015, 27 (15): 2433-2439.

[86] K. Tao, P. Makam, R. Aizen, et al. Self-assembling peptide semiconductors. Science, 2017, 358 (6365), eaam9756.

[87] Ruomeng Yu, Simiao Niu, Caofeng Pan, et al. Piezotronic effect enhanced performance of Schottky-contacted optical, gas, chemical and biological nanosensors. Nano Energy, 2015, 14: 312-339.

[88] Dwaipayan Biswas, Luke Everson, Muqing Liu, et al. CorNET: Deep Learning Framework for PPG-Based Heart Rate Estimation and Biometric Identification in Ambulant Environment. Ieee Transactions on Biomedical Circuits and Systems, 2019, 13 (2): 282-291.

[89] Ming-jie Yin, Yangxi Zhang, Zhigang Yin, et al. Micropatterned Elastic Gold-Nanowire/Polyacrylamide Composite Hydrogels for Wearable Pressure Sensors. Adv. Mater. Technol., 2018, 3 (7), 1700361.

[90] J. Lee, S. Shin, S. Lee, et al. Highly Sensitive Multifilament Fiber Strain Sensors with Ultrabroad Sensing Range for Textile Electronics. ACS Nano, 2018, 12 (5): 4259-4268.

[91] Jonghwa Park, Jinyoung Kim, Jaehyung Hong, et al. Tailoring force sensitivity and selectivity by microstructure engineering of multidirectional electronic skins. NPG Asia Materials, 2018, 10 (4): 163-176.

[92] Gregor Schwartz, Benjamin C.-K. Tee, Jianguo Mei, et al. Flexible polymer transistors with high pressure sensitivity for application in electronic skin and health monitoring. Nat. Commun., 2013, 4: 1859.

[93] O. A. Araromi, M. A. Graule, K. L. Dorsey, et al. Ultra-sensitive and resilient compliant strain gauges for soft machines. Nature, 2020, 587 (7833): 219-224.

[94] A. H. Jalal, F. Alam, S. Roychoudhury, et al. Prospects and Challenges of Volatile Organic Compound Sensors in Human Healthcare. ACS Sens., 2018, 3 (7): 1246-1263.

[95] Youhua Wang, Yitao Qiu, Shideh Kabiri Ameri, et al. Low-cost, μm-thick, tape-free electronic tattoo sensors with minimized motion and sweat artifacts.npj Flexible Electronics, 2018, 2 (1), 4.

[96] L. Guo, T. Wang, Z. Wu, et al. Portable Food-Freshness Prediction Platform Based on Colorimetric Barcode Combinatorics and Deep Convolutional Neural Networks. Adv. Mater., 2020, 32 (45): e2004805.

[97] Y. Cheng, Y. Ma, L. Li, et al. Bioinspired Microspines for a High-Performance Spray Ti (3) C (2) T (x) MXene-Based Piezoresistive Sensor. ACS Nano, 2020, 14 (2): 2145-2155.

[98] K. Guo, S. Wustoni, A. Koklu, et al. Rapid single-molecule detection of COVID-19 and MERS antigens via nanobody-functionalized organic electrochemical transistors. Nat Biomed Eng, 2021, 5 (7): 666-677.

[99] Jonathan Rivnay, Sahika Inal, Alberto Salleo, et al. Organic electrochemical transistors. Nature Reviews Materials, 2018, 3 (2), 17086.

[100] C. Pang, G. Y. Lee, T. I. Kim, et al. A flexible and highly sensitive strain-gauge sensor using reversible interlocking of nanofibres. Nat. Mater., 2012, 11 (9): 795-801.

[101] Y. Pang, K. Zhang, Z. Yang, et al. Epidermis Microstructure Inspired Graphene Pressure Sensor with Random Distributed Spinosum for High Sensitivity and Large Linearity. ACS Nano, 2018, 12 (3): 2346-2354.

[102] F. Zhang, V. Lemaur, W. Choi, et al. Repurposing DNA-binding agents as H-bonded organic semiconductors. Nat. Commun., 2019, 10 (1): 4217.

[103] Yingjie Tang, Hao Zhou, Xiupeng Sun, et al. Triboelectric Touch-Free Screen Sensor for Noncontact Gesture Recognizing. Adv. Funct. Mater., 2019, 30 (5), 1907893.

[104] Naoji Matsuhisa, Xiaodong Chen, Zhenan Baoc, et al. Materials and structural designs of stretchable conductors. Chem Soc Rev, 2019, 48 (11): 2946-2966.

[105] Clementine M. Boutry, Yukitoshi Kaizawa, Bob C. Schroeder, et al. A stretchable and biodegradable strain and pressure sensor for orthopaedic application. Nat. Electron., 2018, 1 (5): 314-321.

[106] Yufei Zhang, Qiuchun Lu, Jiang He, et al. Localizing strain via micro-cage structure for stretchable pressure sensor arrays with ultralow spatial crosstalk. Nat. Commun., 2023, 14 (1): 1252.

[107] Junli Shi, Yuan Dai, Yu Cheng, et al. Embedment of sensing elements for robust, highly sensitive, and cross-talk-free iontronic skins for robotics applications. Sci. Adv., 2023, 9 (9): eadf8831.

[108] Jiyu Li, Yang Fu, Jingkun Zhou, et al. Ultrathin, soft, radiative cooling interfaces for advanced thermal management in skin electronics. Sci. Adv., 2023, 9 (14): eadg1837.

[109] Tran Quang Trung, Subramaniyan Ramasundaram, Byeong-Ung Hwang, et al. An All-Elastomeric Transparent and Stretchable Temperature Sensor for Body-Attachable Wearable Electronics. Adv. Mater., 2016, 28 (3): 502-509.

[110] Xin-Hua Zhao, Sai-Nan Ma, Hui Long, et al. Multifunctional Sensor Based on Porous Carbon

Derived from Metal–Organic Frameworks for Real Time Health Monitoring. ACS Appl. Mater. Interfaces，2018，10（4）：3986–3993.

[111] H. Zhang，D. Liu，J. H. Lee，et al. Anisotropic，Wrinkled，and Crack–Bridging Structure for Ultrasensitive，Highly Selective Multidirectional Strain Sensors. Nano–Micro Lett.，2021，13（1）：122.

[112] Chenxin Zhu，Alex Chortos，Yue Wang，et al. Stretchable temperature–sensing circuits with strain suppression based on carbon nanotube transistors. Nat. Electron.，2018，1（3）：183–190.

[113] Hyoyoung Jeong，Jong Yoon Lee，KunHyuck Lee，et al. Differential cardiopulmonary monitoring system for artifact–canceled physiological tracking of athletes，workers，and COVID–19 patients. Sci. Adv.，2021，7（20）：eabg3092.

[114] Shuai Zhao，Rong Zhu. Flexible Bimodal Sensor for Simultaneous and Independent Perceiving of Pressure and Temperature Stimuli. Adv. Mater. Technol.，2017，2（11）：1700183.

[115] B. Yin，X. Liu，H. Gao，et al. Bioinspired and bristled microparticles for ultrasensitive pressure and strain sensors. Nat. Commun.，2018，9（1）：5161.

[116] Huayang Guo，Changyong Lan，Zhifei Zhou，et al. Transparent，flexible，and stretchable WS2 based humidity sensors for electronic skin. Nanoscale，2017，9（19）：6246–6253.

[117] Jing Zhao，Na Li，Hua Yu，et al. Highly Sensitive MoS2 Humidity Sensors Array for Noncontact Sensation. Adv. Mater.，2017，29（34）：1702076.

[118] Kausar Shaheen，Zarbad Shah，Behramand Khan，et al. Electrical，Photocatalytic，and Humidity Sensing Applications of Mixed Metal Oxide Nanocomposites. ACS Omega，2020，5（13）：7271–7279.

[119] Yifei Luo，Mohammad Reza Abidian，Jong–Hyun Ahn，et al. Technology Roadmap for Flexible Sensors. ACS Nano，2023，17（6）：5211–5295.

[120] Jennifer A. Lewis，Bok Y. Ahn. Three–dimensional printed electronics. Nature，2015，518（7537）：42–43.

[121] Hong Wei Tan，Yu Ying Clarrisa Choong，Che Nan Kuo，et al.3D printed electronics：Processes，materials and future trends. Progress in Materials Science，2022，127：100945.

[122] O. Young Kweon，Moo Yeol Lee，Teahoon Park，et al. Highly flexible chemical sensors based on polymer nanofiber field–effect transistors. Journal of Materials Chemistry C，2019，7（6）：1525–1531.

[123] Gihyeok Gwon，Hyeokjoo Choi，Jihoon Bae，et al. An All–Nanofiber–Based Substrate–Less，Extremely Conformal，and Breathable Organic Field Effect Transistor for Biomedical Applications. Advanced Functional Materials，2022，32（35）：2204645.

[124] Wang Wei Lee，Yu Jun Tan，Haicheng Yao，et al. A neuro–inspired artificial peripheral nervous system for scalable electronic skins. Science Robotics，2019，4（32）：eaax2198.

[125] Zhenan Bao, Yi Feng, Ananth Dodabalapur, et al. High-Performance Plastic Transistors Fabricated by Printing Techniques. Chemistry of Materials, 1997, 9 (6): 1299-1301.

[126] Zhiqiang Tang, Yanxia Liu, Yagang Zhang, et al. Design and Synthesis of Functional Silane-Based Silicone Resin and Application in Low-Temperature Curing Silver Conductive Inks Nanomaterials [Online], 2023.

[127] M. Berggren, D. Nilsson, N. D. Robinson. Organic materials for printed electronics. Nat. Mater., 2007, 6 (1): 3-5.

[128] W. Clemens, W. Fix, J. Ficker, et al. From polymer transistors toward printed electronics. Journal of Materials Research, 2004, 19 (7): 1963-1973.

[129] Boseok Kang, Wi Hyoung Lee, Kilwon Cho. Recent Advances in Organic Transistor Printing Processes. ACS Appl. Mater. Interfaces, 2013, 5 (7): 2302-2315.

[130] Gerd Grau, Jialiang Cen, Hongki Kang, et al. Gravure-printed electronics: recent progress in tooling development, understanding of printing physics, and realization of printed devices. Flexible and Printed Electronics, 2016, 1 (2): 023002.

[131] Xudong Tao, Bryan W. Stuart, Hazel E. Assender. Roll-to-roll manufacture of flexible thin-film thermoelectric generators using flexography with vacuum vapour deposition. Surface and Coatings Technology, 2022, 447: 128826.

[132] Chen Jiang, Hyung Woo Choi, Xiang Cheng, et al. Printed subthreshold organic transistors operating at high gain and ultralow power. Science, 2019, 363 (6428): 719-723.

[133] Xiaodong Wu, Maruf Ahmed, Yasser Khan, et al. A potentiometric mechanotransduction mechanism for novel electronic skins. Sci. Adv., 6 (30): eaba1062.

[134] M. U. Ahmed, M. M. Hossain, M. Safavieh, et al. Toward the development of smart and low cost point-of-care biosensors based on screen printed electrodes. [1549-7801 (Electronic)].

[135] Frederik C. Krebs, Mikkel Jørgensen, Kion Norrman, et al. A complete process for production of flexible large area polymer solar cells entirely using screen printing—First public demonstration. Solar Energy Materials and Solar Cells, 2009, 93 (4): 422-441.

[136] D. H. Lee, J. S. Choi, H. Chae, et al. Highly efficient phosphorescent polymer OLEDs fabricated by screen printing. Displays, 2008, 29 (5): 436-439.

[137] Weimin Zhou, Guoquan Min, Jing Zhang, et al. Nanoimprint Lithography: A Processing Technique for Nanofabrication Advancement. Nanomicro Lett, 2011, 3 (2): 135-140.

[138] Sang-Hyun Oh, Hatice Altug, Xiaojia Jin, et al. Nanophotonic biosensors harnessing van der Waals materials. Nat. Commun., 2021, 12 (1): 3824.

[139] Simranjeet Singh Sekhon, Prabhsharan Kaur, Yang-Hoon Kim, et al.2D graphene oxide-aptamer conjugate materials for cancer diagnosis. Npj 2d Materials and Applications, 2021, 5(1): 21.

[140] Zenghao Wang, Haotian Bai, Wen Yu, et al. Flexible bioelectronic device fabricated by

conductive polymer–based living material. Sci. Adv.，2022，8（25）：eabo1458.

[141] Matthew S. Willsey Samuel，R. Nason–Tomaszewski，Scott R. Ensel，et al. Real–time brain–machine interface in non–human primates achieves high–velocity prosthetic finger movements using a shallow feedforward neural network decoder. Nat. Commun.，2022，13（1）：6899.

[142] You Yu，Jiahong Li，Samuel A. Solomon，et al. All–printed soft human–machine interface for robotic physicochemical sensing. Sci. Robot.，2022，7（67）：eabn0495.

[143] Yei Hwan Jung，Jong Uk Kim，Ju Seung Lee，et al. Injectable Biomedical Devices for Sensing and Stimulating Internal Body Organs. Adv. Mater.，2020，32（16）：1907478.

[144] Mantian Xue，Charles Mackin，Wei–Hung Weng，et al. Integrated biosensor platform based on graphene transistor arrays for real–time high–accuracy ion sensing. Nat. Commun.，2022，13（1），5064.

[145] Zachary Ballard，Calvin Brown，Asad M. Madni，et al. Machine learning and computation–enabled intelligent sensor design. Nat. Mach. Intell.，2021，3（7）：556–565.

[146] Hong Liu，Anneng Yang，Jiajun Song，et al. Ultrafast，sensitive，and portable detection of COVID–19 IgG using flexible organic electrochemical transistors. Sci. Adv.，2021，7（38）：eabg8387.

[147] Sanjiv S. Gambhir，T. Jessie Ge，Ophir Vermesh，et al. Continuous health monitoring：An opportunity for precision health. Sci. Transl. Med.，2021，13（597）：eabe5383.

[148] Omid Dadras–Toussi，Milad Khorrami，Anto Sam Crosslee Louis Sam Titus，et al. Multiphoton Lithography of Organic Semiconductor Devices for 3D Printing of Flexible Electronic Circuits，Biosensors，and Bioelectronics. Adv. Mater.，2022，34（30），e220270220.

[149] Amir Bahmani，Wenyu Zhou，Camille Lauren Berry，et al. A scalable，secure，and interoperable platform for deep data–driven health management. Nat. Commun.，2021，12（1）：5757.

[150] Fernando V. Paulovich，Maria Cristina F. De Oliveira，Osvaldo N. Oliveira，et al. A Future with Ubiquitous Sensing and Intelligent Systems. ACS Sens，2018，3（8）：1433–1438.

[151] Giwon Lee，Oindrila Hossain，Sina Jamalzadegan，et al. Abaxial leaf surface–mounted multimodal wearable sensor for continuous plant physiology monitoring. Sci. Adv.，2023，9（15）：eade2232.

[152] Giuseppe Nocella，Junjie Wu，Simone Cerroni. The use of smart biosensors during a food safety incident：Consumers' cognitive–behavioural responses and willingness to pay. International Journal of Consumer Studies，2023，47（1）：249–266.

[153] Xiang Feng，Fang Yan，Xiaoyu Liu. Study of Wireless Communication Technologies on Internet of Things for Precision Agriculture. Wireless Personal Communications，2019，108（3）：1785–1802.

[154] Filippo Costa，Simone Genovesi，Michele Borgese，et al. A Review of RFID Sensors，the New

Frontier of Internet of Things Sensors [Online], 2021, 3138.

[155] Han-Joon Kim, Hiroshi Hirayama, Sanghoek Kim, et al. Review of Near-Field Wireless Power and Communication for Biomedical Applications. IEEE Access, 2017, 5: 21264-21285.

[156] Shilei Dai, Yahao Dai, Zixuan Zhao, et al. Intrinsically stretchable neuromorphic devices for on-body processing of health data with artificial intelligence. Matter, 2022, 5 (10): 3375-3390.

[157] Chayakrit Krittanawong, Albert J. Rogers, Kipp W. Johnson, et al. Integration of novel monitoring devices with machine learning technology for scalable cardiovascular management. Nature Reviews Cardiology, 2021, 18 (2): 75-91.

[158] Khalid Hasan, Kamanashis Biswas, Khandakar Ahmed, et al. A comprehensive review of wireless body area network. Journal of Network and Computer Applications, 2019, 143: 178-198.

[159] Ruoxi Yang, Wanqing Zhang, Naveen Tiwari, et al. Multimodal Sensors with Decoupled Sensing Mechanisms. Adv. Sci., 2022, 9 (26): 2202470.

[160] Yu Song, Daniel Mukasa, Haixia Zhang, et al. Self-Powered Wearable Biosensors. Acc. Mater. Res., 2021, 2 (3): 184-197.

[161] Xiaolong Zeng, Ruiheng Peng, Zhiyong Fan, et al. Self-powered and wearable biosensors for healthcare. Materials Today Energy, 2022, 23: 100900.

[162] Luyao Lu, Zijian Yang, Kathleen Meacham, et al. Biodegradable Monocrystalline Silicon Photovoltaic Microcells as Power Supplies for Transient Biomedical Implants. Adv. Energy Mater., 2018, 8 (16): 1703035.

[163] Heng Li, Huibo Wang, Dan Chan, et al. Nature-inspired materials and designs for flexible lithium-ion batteries. Carbon Energy, 2022, 4 (5): 878-900.

[164] David G. Mackanic, Xuzhou Yan, Qiuhong Zhang, et al. Decoupling of mechanical properties and ionic conductivity in supramolecular lithium ion conductors. Nat. Commun., 2019, 10 (1): 5384.

[165] Xun Zhao, Hassan Askari, Jun Chen. Nanogenerators for smart cities in the era of 5G and Internet of Things. Joule, 2021, 5 (6): 1391-1431.

[166] Jingjing Fu, Xin Xia, Guoqiang Xu, et al. On the Maximal Output Energy Density of Nanogenerators. ACS Nano, 2019, 13 (11): 13257-13263.

[167] Aaron D. Mickle, Sang Min Won, Kyung Nim Noh, et al. A wireless closed-loop system for optogenetic peripheral neuromodulation. Nature, 2019, 565 (7739): 361-365.

[168] Chengmei Jiang, Xunjia Li, Sophie Wan Mei Lian, et al. Wireless Technologies for Energy Harvesting and Transmission for Ambient Self-Powered Systems. ACS Nano, 2021, 15 (6): 9328-9354.

[169] Lu Yin, Kyeong Nam Kim, Jian Lv, et al. A self-sustainable wearable multi-modular E-textile

bioenergy microgrid system. Nat. Commun.，2021，12（1）：1542.

[170] Haoran Gong，Yanjing Gao，Shengling Jiang，et al. Photocured materials with self-healing function through ionic interactions for flexible electronics. ACS Appl. Mater. Interfaces，2018，10（31）：26694-26704.

[171] Yao Zhou，Li Li，Zhubing Han，et al. Self-Healing Polymers for Electronics and Energy Devices. Chemical Reviews，2022.

[172] Xiaohong Li，Hanzhi Zhang，Ping Zhang，et al. A sunlight-degradable autonomous self-healing supramolecular elastomer for flexible electronic devices. Chemistry of Materials，2018，30（11）：3752-3758.

[173] Xiaobo Yu，Cheng Li，Chenying Gao，et al. Incorporation of hydrogen-bonding units into polymeric semiconductors toward boosting charge mobility，intrinsic stretchability，and self-healing ability. SmartMat，2021，2（3）：347-366.

[174] Miao Qi，Ruiqi Yang，Zhe Wang，et al. Bioinspired Self-healing Soft Electronics. Adv. Funct. Mater.，2023，2214479.

[175] Dongdong Chen，Dongrui Wang，Yu Yang，et al. Self-healing materials for next-generation energy harvesting and storage devices. Adv. Energy Mater.，2017，7（23）：1700890.

[176] Shuqi Liu，Song Chen，Wei Shi，et al. Self-healing，robust，and stretchable electrode by direct printing on dynamic polyurea surface at slightly elevated temperature. Adv. Funct. Mater.，2021，31（26）：2102225.

[177] Yang Liu，Meng Gao，Shengfu Mei，et al. Ultra-compliant liquid metal electrodes with in-plane self-healing capability for dielectric elastomer actuators. Appl. Phys. Lett.，2013，103（6）：064101.

[178] Siya Huang，Yuan Liu，Yue Zhao，et al. Flexible electronics：stretchable electrodes and their future. Adv. Funct. Mater.，2019，29（6）：1805924.

[179] Hiroki Ota，Kevin Chen，Yongjing Lin，et al. Highly deformable liquid-state heterojunction sensors. Nat. Commun.，2014，5（1）：5032.

[180] Meng Wang，Chao Ma，Pierre Claver Uzabakiriho，et al. Stencil printing of liquid metal upon electrospun nanofibers enables high-performance flexible electronics. ACS Nano，2021，15（12）：19364-19376.

[181] Rui Guo，Jianbo Tang，Shijin Dong，et al. One-step liquid metal transfer printing：toward fabrication of flexible electronics on wide range of substrates. Adv. Mater. Technol.，2018，3（12）：1800265.

第五章

促进生物传感新材料产业技术发展的政策建议

第一节　柔性可穿戴传感电子材料产业发展的政策建议

柔性传感器可穿戴设备产业链涉及环节较多，从产业分工维度看可分为上游关键器件、中游可穿戴设备产品、下游应用领域三个环节。我国智能可穿戴设备行业已形成从原材料及零部件供应，到设备生产、产品销售完整的产业链。随着智能可穿戴设备在国内外市场的快速发展，智能可穿戴设备行业标准化建设也被列入政策清单。

我们在对柔性可穿戴电子材料进行了深入的调研后提出了一些政策方面的建议。首先，我们需要建立行业标准，保证柔性可穿戴电子材料的安全性、可穿戴性、对环境无污染等。其次，应该加大在柔性可穿戴电子材料的科技创新力度，增加对科研单位的研究经费，加强人才培养和团队建设调整专业和学科布局，扩大本、硕、博培养数量和博士后队伍，将目前5G互联网、理论计算、大数据等方面上的技术运用在柔性可穿戴传感电子材料设计与制造上。将各种柔性可穿戴设备制造上升为国家战略，提高柔性电子材料的创新能力与产业化能力，重点发展可穿戴设备以及各种相关传感器件。政府为规范和推动“智能可穿戴设备＋健康医疗”服务，积极部署具体工作重点和任务方向，主要包括：建设统一权威，积极研究数字化健康医疗智能设备，以及加强提高智能设备、智能可穿戴设备在疑难疾病等方面的研究。依法成立且符合条件的柔性可穿戴电子材料设计企业和制造企业，在2022年12月31日前自获利年度起计算优惠期，第一年至第二年免征企业所得税，第三年至第五年按照25%的法定税率减半征收企业所得税，并享受至期满为止。补齐高端传感器、物联网芯片等产业短板，进一步提升高性能、通用化的物联网感知终端供给能力。加快各种柔性传感器的研制和应用。实施仪器设备质量提升工程，强化计量在仪器设备研发、设计、试验、生产和使用中的基础保障作用。最后在各省市依据各自条件以及当地优势，例如人力资源、矿产资源等来制定更细化的政策来推动各地的产业更替与升级。

第二节　柔性可穿戴传感电子器件产业发展的政策建议

智能可穿戴是近年来蓬勃发展的新兴领域。柔性传感电子器件是智能可穿戴设备的核心部件，也是制约可穿戴设备领域发展的瓶颈之一。为了推动可穿戴传感器件产业的发展，各级各地政府指定政策时应该在材料、电子等多领域对相关技术与产业进行照顾与倾斜。具体建议如下。

1　支持研发机构建设

支持建设国家、省部、地市等多级产业创新中心、技术创新中心、制造业创新中心，以及国家重点实验室、工程研究中心、产业测量测试中心、企业技术中心、工业设计中心等。各地对国家级中心建设，可按国家拨付资金按比例进行配套补贴；对于省级中心建设，可按省拨资金进行配套；同时鼓励各地市建立市级中心。

2　加大研发和激励力度

针对柔性可穿戴传感器件领域核心技术的新材料、柔性电子器件等，遴选一批“卡脖子”技术项目，设立专项基金，通过“定向委托”“揭榜攻坚”等方式，给予高额研发补贴。对于承担共性技术研发和重大科技成果工程化项目，择优给予补贴。与此同时，各地市可出台相关政策，对于承担国家或省部级相关项目及技术攻关的单位给予配套补贴。

3　促进科技成果转化

设立国家、省部、地市各级科技成果转化基金。对于柔性可穿戴传感器件核心技术的转移转化。对于高层次人才团队落地及中试平台建设等，给予政策上的倾斜支持。对于相关领域的高新技术企业，通过认定可以给予奖励。对于高成长的中资企业，可以给予企业专门的研发补贴。

4　支持各地规划相关产业园

产业园中可以对柔性可穿戴电子器件核心技术，如新材料、柔性器件等的初创企业给予税收、房租等方面的优惠，帮助新技术的初创企业成长壮大。政府可投建孵化器，帮助新兴技术进行产业化转化。

5　加强相关领域法制建设

可穿戴器件涉及生物安全与环境保护问题，在关注产业发展的同时，应加强相关领域的法制建设，避免可能出现的伦理道德及违法犯罪问题。

第三节　柔性可穿戴传感电子系统产业发展的政策建议

柔性可穿戴传感电子系统是将传感器、无线通信、多媒体等技术嵌入直接穿戴在身上的便携式医疗或健康电子设备中，感知、记录、分析、调控、干预甚至治疗疾病或维护健康状态。为了推动可穿戴传感系统产业的发展，各级各地政府指定相关政策时应该在电子、储能、网络等多领域对相关产业进行照顾与倾斜。具体建议如下。

1　支持研发机构建设

支持建设国家、省部、地市等多级产业创新中心、技术创新中心、制造业创新中心，以及国家重点实验室、工程研究中心、产业测量测试中心、企业技术中心、工业设计中心等。各地对国家级中心建设，可按国家拨付资金按比例进行配套补贴；对于升级中心建设，可按省拨资金进行配套；同时鼓励各地市建立市级中心。

2　加大研发和激励力度

针对柔性可穿戴传感系统核心技术，如新型电子印刷技术、新型储能技术、医联网等，遴选一批“卡脖子”技术项目，设立专项基金，通过“定向委托”“揭榜攻坚”等方式，给予高额研发补贴。对于承担共性技术研发和重大科技成果工程化项目，择优给予补贴。与此同时，各地市可出台相关政策，对于承担国家或省部级相关项目及技术攻关的单位给予配套补贴。

3 促进科技成果转化

设立国家、省部、地市各级科技成果转化基金。对于柔性可穿戴传感系统核心技术的转移转化，对于高层次人才团队落地及中试平台建设等，给予政策上的倾斜支持。对于相关领域的高新技术企业，通过认定可以给予奖励。对于高成长的中资企业，可以给予企业专门的研发补贴。

4 支持各地规划相关产业园

产业园中可以对柔性可穿戴传感系统核心技术，如新型电子印刷技术、新型储能技术、医联网等的初创企业给予税收、房租等方面的优惠，帮助新技术的初创企业成长壮大。政府可投建孵化器，帮助新兴技术进行产业化转化。

5 加强相关领域法制建设

可穿戴器件涉及生物安全与医疗安全领域，作为一个蓬勃发展的新兴产业，在扶持的同时也要进行相应的监管。可穿戴设备被认为是将来智能医疗网络的重要组成部分，需要制定有关用户安全、数据隐私、道德、质量保证、健康安全和环境影响的法规，以支持柔性可穿戴器件及智能医疗领域的发展。

第四节 基于“数据+算法”柔性可穿戴传感电子材料-器件-系统产业发展的政策建议

1 突破技术瓶颈，实现产能优势到技术优势的转变

目前在柔性可穿戴设备的优势上，得益于“世界工厂”的地位，我国的优势主要体现在产能上。由于美、日、韩等国厂商垄断了产业中所涉及的核心技术，例如，处理器芯片、存储芯片、SOC 等集成电路产品以及数据分析系统和操作系统，我国企业在这些方面的竞争力较弱。

1.1 促进产学研融合，助力产业升级

政府主管部门在政策上大力支持关键核心技术的研发。支持投资该方面的企

业，同时打造产业链上下游协作的生态，鼓励投入芯片、传感器、存储等核心器件的研发。按照"市场引导、政府推动、企业化运作"的模式，柔性可穿戴设备产业可通过一些有效的机制，联合企业和科研机构进行技术攻关，探索政府、企业、科研和应用实践一体化的运行机制，推荐科研成果在本地产业化，推动产品和技术落地。

1.2　加强人才建设，打造技术梯队

激发地方政府和用人单位引进柔性电子技术领军人才。通过领军人才的影响和能力建立人才资源库，培养相关领域的紧缺人才和专业技术人才，通过研究机构、企业、联盟、协会聚集高层次人才。在国家级研究项目中，对相关领域的科研团队提供资源和机会，对优势科研团队重点关注。充分利用国家集成电路产业基金、中国互联网投资基金等资本的引领，扶持一批创新能力强、产品竞争度高的团队。通过一系列政策引导，打造核心关键技术的人才梯队。

1.3　融合新兴领域技术，开展前瞻性布局

近些年来，新兴的大数据技术、人工智能技术、机器学习技术、人机交互技术、物联网与云计算技术，对柔性可穿戴设备产业产生了重要影响，波及未来的发展，并对进一步的创新起到关键作用。因此，当前应该在柔性可穿戴设备的研究、政策、产业、市场等方面提前布局。第一，在当前先进科技的大趋势下，对未来可能涉及的情景布局人工智能相关的技术体系，推动人工智能技术的应用，例如，语音识别、图像识别等。第二，对柔性可穿戴产业的跨界融合提供支持，通过连接、融合等多种方式应用在传统行业、新兴行业，尽可能扩大既有成果的辐射范围。第三，拓展柔性可穿戴产业的技术框架，面对各行各业带来的挑战，加快开展与新材料、能源技术、生物技术等多学科的交叉研究。

2　培育市场需求，开发高端产品，打造品牌优势

在"以用户为中心"的发展理念下，根据社会发展的需要，解决工作难题，改善生活品质，满足各类需求。在产品自身的角度，要实现提质增效，提前构思转型升级，开发高端产品，打造品牌优势，建立品牌效应。

2.1　企业需要规划品牌建设方案，推动品牌升级

柔性可穿戴设备的企业应该提出品牌建设方案的规划，为企业品牌建立发展方向。对于企业品牌来说，首先应该重点关注"产品研发"和"技术攻关"。当技术实

现突破，研发出新产品，再加上产业链的紧密对接和协同工作，就会推出高端产品，满足有高端需求的客户，同时又使产业链上下游企业都参与到创新协同技术共同体中，形成了良性的创新产业生态。其次，企业品牌建设还应包括“企业文化”和“企业形象”，具有社会责任。因此企业在生产过程中，应该管家关注人的价值，担负对用户、社区、环境、社会的责任，消除利润至上的理念。同时，在提升企业形象、建立积极企业文化的同时，提高产品质量、强化创新和诚信管理，从而进一步实现品牌升级，在柔性可穿戴行业建立起优质的国产品牌。

2.2 政府需要制定相应的政策，为企业建设品牌提供保障

在政务方面，建议政府相关部门通过了解企业品牌建设中所遇到的问题，通过政策，采取相关措施进行解决。例如，采用“互联网+政务服务”，优化有关企业品牌建设的相关流程便捷，高效地完成相关事务。此外，政府提供廉洁的政务环境，为品牌建设营造健康的制度环境，杜绝商业贿赂等问题给品牌建设带来的消极影响。

在市场层面，政府营造公平竞争的环境，优化资源配置，提高效率。公平竞争会激发企业打造优质品牌的积极性，良性的市场竞争是推动企业品牌的有效途径。推动市场主体通过良性竞争获得高的品牌效应，避免采用不正当竞争手段获得垄断地位，为企业建立品牌提供制度保障。

3 重视数据安全，保护用户隐私

安全与发展同样重要。安全是不断扩大消费市场的基本保障。随着柔性可穿戴设备产品应用场景的多元化和多样化的趋势，在数据安全和用户隐私方面遇到的挑战越来越大。近些年来大数据技术和人工智能等相关技术的突飞猛进更是加剧了这一风险。柔性可穿戴设备产业的未来发展必须要加强安全管理。首先，鼓励企业联合产业链上下游协同攻关加密算法及安全软件架构，进一步规范获取用户信息的权限和认证流程。其次，利用法律法规建立安全的使用环境，严格审核可穿戴设备以及 App 等的安全性，加大事后安全问题惩处力度。针对穿戴终端产品全生命周期管理，在每个阶段确保使用者的数据安全，并提升系统安全、网络安全。最后，加强行业管理，推动安全标准制定以及实施，加强对相关智能产品核心元器件的测试认证以及事后监管。